Green Marketing 4.0

Andrea Grimm · Astin Malschinger

Green Marketing 4.0

Ein Marketing-Guide für Green Davids und
Greening Goliaths

 Springer Gabler

Andrea Grimm
Ferdinand Porsche FernFH
Wiener Neustadt, Österreich

Astin Malschinger
Ferdinand Porsche FernFH
Wiener Neustadt, Österreich

ISBN 978-3-658-03697-3   ISBN 978-3-658-03698-0   (eBook)
https://doi.org/10.1007/978-3-658-03698-0

Die Deutsche Nationalbibliothek verzeichnet diese Publikation in der Deutschen Nationalbibliografie; detaillierte bibliografische Daten sind im Internet über http://dnb.d-nb.de abrufbar.

Planung/Lektorat: Manuela Eckstein
Springer Gabler ist ein Imprint der eingetragenen Gesellschaft Springer Fachmedien Wiesbaden GmbH und ist ein Teil von Springer Nature.
Die Anschrift der Gesellschaft ist: Abraham-Lincoln-Str. 46, 65189 Wiesbaden, Germany

Vorwort

Nachhaltigkeit hat sich von einem Nischenanliegen weniger Akteure zu einem Wirtschaftsfaktor mit einer transformativen Kraft entwickelt. Dieses Buch soll einen Beitrag zu diesem Projekt „Growing Green" in unserer 4.0-Ära leisten. Unser Anliegen ist es, die Leitsterne unserer transformativen Zeit zu beleuchten sowie Chancen und Handlungsfelder für das Green Marketing aufzuzeigen.

Und es geht uns darum, dass nachhaltige Unternehmen und grüne Leader ihr Mindset 4.0 für ein sogenanntes Mega-Green-Marketing weiterentwickeln, um eine zentrale transformierende Kraft im Projekt „Growing Green" zu bleiben. Angesichts der Zukunft mit ihren neuen Herausforderungen muss das Green Marketing sich von seinem engen Markt- und Produktfokus lösen und sich auch der politischen Dimension des Marketing bewusst werden. Diese weitere Perspektive verdankt die Marketingwelt insbesondere Phillip Kotler (2017). Und gerade im Nachhaltigkeitskontext erweist sich diese Haltung als Schlüssel zu einem neuen Marketingverständnis, das wir in diesem Buch in Analogie zu Kotler „Mega-Green-Marketing" genannt haben. Es rückt von Einzelinteressen eines Unternehmens ab, um systemisch auf eine Branche einzuwirken und diese im Interesse aller Akteure zu lenken. Diese Leistung hat die erste Generation der Ökopioniere mit dem Aufbau der Zertifizierungssysteme als kollektive Leistung zustande gebracht. In den letzten Dekaden ist diese gestaltende Kraft mit dem fortschreitenden Markterfolg grüner Produkte und einzelner Unternehmen in den Hintergrund getreten.

Wir sehen die Umwälzungen unseres 4.0-Zeitalters als Chance für nachhaltige Akteure, um im Sinne eines Mega-Green-Marketing wieder als Koordinatoren in ihren Ökosystemen zu agieren.

Wir wünschen Ihnen eine Menge „Green Power" beim Upgrade Ihres Green Marketing auf 4.0!

Dr. Andrea Grimm
Dr. Astin Malschinger

Worum geht in diesem Buch?

Mit dem Wandel einer mechanischen zu einer digitalisierten Welt hat sich nicht nur das Verhalten der Menschen, sondern auch der Märkte und letztlich des Marketing verändert. Dieser generelle Wandel des Marketing wird in Kap. 1 dieses Buches skizziert. Die wesentliche Veränderung für Unternehmen besteht darin, dass sie nicht mehr in einem kompetitiven Markt agieren, sondern in sozialen Netzwerken, in denen sie ihren Profit generieren, indem sie Kunden einen Wert bieten. Und letztlich treten in dieser Veränderung Unternehmen in die Domänen von Non-Profit-Organisationen ein und übernehmen Verantwortung. Die Relevanz der vertriebsfokussierten Marketingmethoden verschiebt sich zugunsten von Image-Management und Content-Marketing. Dieser tief greifende Wandel zeigt nicht nur Auswirkungen auf das konventionelle Marketing, sondern hat auch den Boden für das Green Marketing bereitet.

Die Entwicklung von Green Marketing 1.0 zu Green Marketing 4.0 wird in Kap. 2 im Überblick aufgezeigt. Im Zentrum des Wandels steht die Verschiebung des Vertrauens von Organisationen, Regierungen und Unternehmen hin zu vernetzten Communitys. Den Kern des Green Marketing bildet die Beziehungsgestaltung mit diesen vernetzten Konsumenten, wobei nachhaltige Ziele verfolgt werden und dabei auch ein profitables Unternehmen gemanagt wird.

In Kap. 3 und 4 wird klassisches Basiswissen des Green Marketing mit neuesten Entwicklungen im Kontext der Digitalisierung dargestellt. So hat die Machtverschiebung zum vernetzten Konsumenten, zum sogenannten Prosumenten, geführt, der zugleich als Verbraucher und als Produzent oder Finanzier von Unternehmen am Markt agiert. Oder grüne Brand-Advokaten erlangen in den neuen Generationen Y und Z eine höhere Relevanz in den Märkten und ermöglichen beispielsweise die Zunahme des Social Commerce. Auf der anderen Seite ist für ein erfolgreiches Green Marketing aber auch das Verständnis des paradoxen Handelns der Konsumenten essenziell, das gerade im Kontext von Nachhaltigkeit häufig den rationalen Planungen des Marketings zuwiderlaufen kann.

Wesentlich für das Verständnis der aktuellen Transformation der Märkte ist auch das Aufzeigen, wie die Ökologisierung der Märkte funktioniert: über welche Pfade die Green Davids ihre Marktanteile steigern, sich außerhalb der Ökonische in den

Massenmärkten etablieren und die Greening Goliaths ihre nachhaltigen Produktsortimente erweitern (Kap. 3). In Kap. 4 stehen digitale Innovationen im Blickpunkt der Veränderungen. Denn es werden derzeit Innovationen 4.0 wie der 3D-Druck, Künstliche Intelligenz oder digitale Analytik realisiert, die auch den Wandel der Nachhaltigkeit vorantreiben. Daher ist es für Green Davids und auch für Green Goliaths und deren Green Leader wesentlich, sich des Potenzials von 4.0-Lösungen bewusst zu werden, um Chancen für ihre Unternehmen zu erkennen und nutzen zu können. In Kap. 5 ist anhand der „Landkarte des ökologischen Massenmarktes" zu erkennen, wie sich die Märkte in den letzten beiden Dekaden verändert haben und entlang welcher Entwicklungspfade die weiteren Transformationen sich entwickeln werden. Im Anschluss werden in Kap. 6 die zentralen Prinzipien des Green Marketing 4.0 skizziert. Im Sinne eines Mega-Green-Marketing befassen sich Kap. 7 und 8 mit der Transformation grüner Märkte und den ökologischen Entwicklungspfaden von Marktsegmenten und zeigen die klassischen Rollen der darin wirkenden Akteure wie Unternehmen, Politik oder Konsumenten auf. In den folgenden Kapiteln vertieft sich das Buch auf die Akteure der Green Davids (Kap. 10), die kleinen innovativen Ökopioniere, und Greening Goliaths (Kap. 11), die großen Konzerne, die mit ihren grünen Produktlinien und Initiativen als Transformatoren der Massenmärkte fungieren. Im zentralen Blickfeld stehen dabei deren jeweils spezifische Marketingansätze, weil die Green Davids und Greening Goliaths sich zwar dasselbe Marketinginstrumentarium teilen, aber der Blick aus dem Mega-Green-Marketing kommend zeigt, dass sie durch ihre jeweilige Akteurrolle in der Agenda „Growing Green" mit unterschiedlichen Herausforderungen und anderen Spannungsfeldern konfrontiert sind. So sind die großen Unternehmen mit der Problematik der Glaubwürdigkeit und die Green Davids mit ihren Bemühungen, in die Massenmärkte zu gelangen oder sich in ihren Nischenmärkten zu etablieren, konfrontiert. Aus diesem Grund sind jeweils unterschiedliche Marketingansätze relevant – brauchen tun sie sie aber alle, um mit den Herausforderungen einer 4.0-Ära umzugehen.

Insgesamt gibt dieses Buch also den Blick auf das Ganze, skizziert zentrale Marketingansätze und bietet den Praktikern und Praktikerinnen in turbulenten und zunehmend komplexer werdenden Zeiten einen Marketingkompass, der den grünen Change-Makern als Orientierung dienen soll. Gewissermaßen versteht sich „Green Marketing 4.0" daher für Green Davids und Greening Goliaths als Leitstern am Marketingfirmament. Denn mit der zunehmenden Entfaltung einer VUKA-Welt muss sich das Marketing von seinem Anspruch lösen, dass einzelne Ansätze zum Ziel führen würden. Vielmehr fordern eine hohe Komplexität und ein hoher zeitlicher Druck die Ausbildung der Fähigkeit, den Überblick zu behalten. Und darum geht es in diesem Buch.

Inhaltsverzeichnis

Über die Autoren

Dr. Andrea Grimm und Dr. Astin Malschinger haben von der Stunde null an einen Wirtschafts- und Nachhaltigkeitscampus mit einem Consumer Science Center aufgebaut, ein Trendforum etabliert sowie nachhaltige Studienprogramme wie „Green Marketing" und innovative Lehrmethoden für ein Action-basiertes Studieren entwickelt. Dort haben sie zentrale grüne Vorwärtsdenker wie Dennis Meadows, Michael Braungart, Niko Paech oder Christian Felber, grüne Unternehmer der Pionier-Generation sowie junge Eco-Start-ups an den Campus gebracht, um die nächste Generation grüner Change-Maker zu inspirieren.

Ihr jüngstes Projekt ist die Gründung des **European Institute of Applied Sustainability,** das mit dem **European Green Award** grüne Change-Maker, Green Marketing, nachhaltige Hotels, grüne Initiativen und grüne Events auszeichnet und ihnen Weiterbildungen im Bereich Green Marketing, Innovation, Transformation, Leadership und Mindset anbietet. Ihre Mission ist es, herausragende ökologische und faire Leistungen nicht nur zu würdigen, sondern ihnen eine Plattform zu geben, sodass nachhaltige Exzellenz international Sichtbarkeit erhält. Damit leisten sie ihren persönlichen Beitrag beim Übergang Europas zu einer modernen, ressourceneffizienten, fairen und wettbewerbsfähigen Wirtschaft der Zukunft.

Darüber hinaus beraten sie in der Agentur **Say Green** nachhaltige Unternehmen in den Bereichen Marketing, Branding, Storytelling sowie Green Tranformation. Sie sehen es hier als ihre grüne Agenda, das Neue aus der Welt des Denkens in die Umsetzung zu begleiten.

Teil I

Green Marketing Evolution 1.0 bis 4.0

Marketing 1.0 bis 4.0

1

Zusammenfassung

In diesem Kapitel wird die Entwicklung des Marketing als Disziplin aufgezeigt. Dieser strukturelle Blick macht deutlich, dass das konventionelle Marketing über Dekaden gesehen eine Transformation durchlaufen hat und sich mit veränderten Rahmenbedingungen ebenfalls zu verändern beginnt. Es zeigt sich, dass sich die konventionelle Marketingpraxis, angetrieben von der Digitalisierung, in Richtung nachhaltiger Zielsetzungen wie „Purpose" und „Authentizität" entwickelt. Und dies stellt das Green Marketing vor neue Herausforderungen, weil das konventionelle Marketing in ihre „Domänen" eindringt.

Philip Kotler, die weltweit führende Autorität im Marketing, führte mit „Marketing 3.0" (2010) und „Marketing 4.0" (2017) die Versionierung des Marketing ein. Diese von der Versionierung von Softwareprodukten abgeleitete Kategorisierung setzte sich auch im Trendbereich durch (zum Beispiel Web 1.0 und Web 2.0), um die Phase eines Trends oder den Entwicklungsstatus einer Gesellschaft zu bezeichnen.

Unsere Welt befindet sich in einer tief greifenden Transformation, die sich letztlich auf das Verhalten vieler Menschen auf dem gesamten Globus auswirkt. Und diese essenziellen Verhaltensänderungen der Menschen und der Ökonomie bedingen, dass auch das Marketing gefordert ist, seine Zielrichtung, die Interaktion mit den Käufern wie auch die Marketingkonzepte an diesen Wandel anzupassen. In diesen Phasen des Marketing werden unter Version 1.0 die Kernaufgaben des Marketing verstanden. Hier stehen die Produkte im Fokus, die an definierte Zielgruppen in Massenmärkten verkauft werden. In der nächsten Phase 2.0 verschiebt sich der Fokus auf den Konsumenten. Der Mensch wird hier vom Marketing als Käufer betrachtet und als Teil einer grob definierten Gruppe, also der Zielgruppe, beschrieben. Wegen der stark umkämpften Märkte wird es für das Marketing unerlässlich, sich eine differenzierende Marktposition

© Springer Fachmedien Wiesbaden GmbH, ein Teil von Springer Nature 2021
A. Grimm und A. Malschinger, *Green Marketing 4.0*,
https://doi.org/10.1007/978-3-658-03698-0_1

zu erarbeiten. Denn die Konsumenten werden zunehmend selbstbewusster bei ihren Kaufentscheidungen. Dieses Consumer Marketing bildet auch heute noch in den meisten Unternehmen den Mittelpunkt der Marketingaktivitäten. Unter der neuen Phase 3.0 versteht Kotler eine weitere Phase, in der die Kunden eine neue Bedeutung im Marketing erlangt haben. Denn das Marketing 3.0 geht echte Beziehungen mit echten multidimensionalen Menschen ein. Hier ist das Individuum mit seinen Werten als Ziel und zentrale Aufgabenstellung des Marketing zu sehen. Mit Marketing 4.0 beschreibt Kotler die nächste Phase im Marketing und bezieht sich dabei auf die Digitalisierung, die in der gesamten Wertschöpfungskette relevant geworden ist, den Alltag der Konsumenten dominiert sowie die Konsumkultur völlig zu verändern beginnt. Hier wird der Mensch nun auch als Teil einer Community begriffen.

Mit dieser Versionierung des Marketing (Tab. 1.1) zeigt Philip Kotler nicht nur den Wandel der Kundensicht auf, diskutiert die zentralen Treiber der Veränderungen, sondern skizziert letztlich Eckpfeiler eines modernen Marketing, dessen Schlüsselkonzept sich in der neuen Ökonomie vollkommen verändert. Nun stehen Unternehmen vor der Herausforderung, mit seiner Community kollaborativ an gemeinsamen Zielsetzungen zu arbeiten. Um dies bewerkstelligen zu können, sind Unternehmen gefordert, ihr Verhalten im Markt und gegenüber ihren Stakeholdern zu transformieren, um auch langfristig ihre Positionen im Markt absichern zu können.

Diese Versionierungen bedeuten aber nicht, dass heute nurmehr Marketing 4.0 existiert, weil es das Neueste ist, sondern sie sind so zu verstehen, dass ein Unternehmen

Tab. 1.1 Evolution des Marketing

	Marketing 1.0 ab 1950er	Marketing 2.0 ab 1970er	Marketing 3.0 ab 1990er	Marketing 4.0 seit 2010er
Ausrichtung	Produkte	Kunden	Werte und Menschen	Verhalten und Community
Treiber	Industrialisierung	Informations-technologie	Neue soziale Medien	Digitalisierung
Ziel	Produktwerbung	Kunden gewinnen	Beziehungen	Engagement
Kundensicht	Massenkäufer mit physischen Bedürfnissen	Smarter Konsument	Ganzheitlicher Mensch mit Herz und Seele	Community-Mitglied
Schlüssel-marketingkonzept	Produktent-wicklung	Differenzierung	Werte	Kollaboration
Interaktion Konsument	One-to-Many-Kommunikation	One-to-One-Beziehung	Many-to-Many-Kommunikation	Many-to-Many-Kollaboration
Nutzen	Funktional	Funktional-emotional	Emotional-geistig	Sozial
Marketing	Produktmarketing	Consumer Marketing	Beziehungs-marketing	Content-Marketing

all diese als Dimensionen des Marketing beherrschen sollte. Mit Marketing 1.0 muss zunächst eine solide Basis des Produktmarketing aufgebaut werden, und erst wenn diese vollständig gegeben ist, kann das Marketing zusätzlich einen Fokus auf die Beziehungen zu seinen Kunden legen und letztlich die Digitalisierung und Content-Marketing realisieren.

Diese Entwicklungsphasen des Marketing verdeutlichen auch, dass Marketing von Beginn an eine dynamische Disziplin war und ist. Marketing entwickelte sich aus einem Führungsverständnis heraus weiter, weil es für die Performance des gesamten Unternehmens verantwortlich ist. Dieser holistische Ansatz steht jenem gegenüber, der Marketing als eine isolierte Managementfunktion betrachtet. Marketing wird demnach als eine dynamische Disziplin verstanden, die in der Lage ist, ihre Strategien, Methoden und Tools an die Anforderungen der Märkte anzupassen.

1.1   Marketing 1.0 – Produktorientierung

In der Nachkriegszeit der 1950er- und 1960er-Jahre war der Markt noch ein Verkäufermarkt. Verhältnismäßig wenige Produkte wurden an möglichst viele Menschen verkauft. Die Käufer hatten nur eine geringe Auswahl, die Verkäufer konnten alle ihre Produkte ohne hohen Aufwand verkaufen. Die Hersteller waren auf den Aufbau einer industrialisierten Herstellung fokussiert, um möglichst effizient und kostengünstig Massenprodukte herzustellen und diese mit hohem Gewinn zu verkaufen.

Deshalb war das Schlüsselkonzept des Marketing dieser Zeit die Produktentwicklung und die Vermarktung über Produktwerbung – und auch heute noch stellen die Produkte oder die Dienstleistungen den Kern der unternehmerischen Aktivitäten dar. Für die Werbung standen einige wenige Medien zur Verfügung, um die Massen an Käufern mit überwiegend funktionalen Verkaufsbotschaften zu erreichen. Die Interaktion des Unternehmens erfolgte also nach dem One-to-Many-Prinzip: Ein Sender (Unternehmen) vermittelte seine Botschaft (Werbung) an eine Masse von potenziellen Käufern. Zu dieser Zeit etablierte sich das Konzept der 4 Ps (Produkt, Preis, Promotion, Place) als Schlüsselkonzept im Marketing, das 1960 erstmals von Jerome McCarthy publiziert wurde und dann als Standard-Marketingmix galt.

1.2   Marketing 2.0 – Kundenorientierung

Mit zunehmendem Wohlstand kauften die Menschen mehr Produkte, deshalb existierte bald ein Überangebot an Produkten, was letztlich die Märkte von einem Verkäufer- zu einem Käufermarkt veränderte. Da die Käufer nun die Auswahl bei ihrer Kaufentscheidung hatten, wurde es für das Marketing essenziell, dass sich die vielen ähnlichen Produkte in Merkmalen voneinander unterschieden und dieses Differenzierungsmerkmal an den potenziellen Käufer kommuniziert wurde. In dieser Zeit veränderte sich parallel die Medienlandschaft markant. Das Fernsehen zog in die Privathaushalte ein, und es entstand ein differenzierter Markt an Printmedien. Dadurch konnten sich erstmals auch Programme etablieren, die sich an spezifischeren Interessen der Rezipienten ausrichteten. Mitte der 1980er-Jahre wurden neben den öffentlich-rechtlichen Sendern auch private Sender zugelassen, was im TV-Bereich zur Folge hatte, dass den Konsumenten letztlich bei ihrem Medienkonsum eine höhere Auswahl zur Verfügung stand. Dies führte in der Folge zu einem hoch segmentierten Medienmarkt, der es Unternehmen finanziell unmöglich machte, alle potenziellen Käufergruppen mit ihren Botschaften zu erreichen. Als Folge war das Marketing gezwungen, seine Konzepte auf Effizienz zu optimieren und neu auszurichten, um genau die tatsächlichen Käufergruppen seiner Produkte zu erreichen.

Mit dem Einzug der Computer in die Arbeitswelt wurde die Data Science zunehmend relevanter und wurde im Marketing genutzt, um die vielen und komplexen Informationen über die Konsumenten, die Märkte und die Medien zu interpretieren. Aufgrund des explodierenden Medienangebots musste im Marketing entschieden werden, wie Unternehmen ihre Budgets für die richtigen Kundensegmente ausgeben. Denn erstmals war es unmöglich, alle potenziellen Käufer zu erreichen, wie es in den Dekaden zuvor noch Praxis war. Es zeigte sich auch, dass es kostengünstiger war, bestehende Kunden in einer stabilen Verkäufer-Käufer-Beziehung zu halten, als konstant neue Kunden über Werbung generieren zu müssen. So wurden Direkt-Marketing, Service-Marketing sowie das Thema der Positionierung zu zentralen Konzepten des Marketing. Nachdem immer mehr Produkte in die Märkte gelangten und ein Verdrängungswettbewerb entstand, in dem die funktionalen Unterscheidungskriterien nicht mehr ausreichten, zeigte sich, dass ein emotionaler Nutzen für die Käufer ebenfalls einen Mehrwert darstellte. Dabei rückte der funktionale Nutzen von Produkten oftmals in den Hintergrund, und Produkte erfüllten vielmehr den Zweck, das Leben der Käufer zu verbessern oder sich in deren Lifestyle zu integrieren.

1.3   Marketing 3.0 – Werte- und Menschenorientierung

Durch die Vernetzung der Welt änderte sich auch das Marketing: 1990 begann die kommerzielle Phase des Internets und löste eine globale Vernetzung und Nutzung aus. Über die nächste Dekade hinweg etablierte sich das Internet in einer exponentiellen Entwicklung. Das Verhalten der Konsumenten wurde vor allem durch die sozialen Netzwerke wie Facebook (2004 gegründet) wesentlich beeinflusst, was eine weitere Transformation des Marketing zur Folge hatte. Denn Menschen tauschten sich in den sozialen Medien aus und begannen, selbst Medieninhalte im Internet zu generieren und in Netzwerken zu teilen. Menschen begannen, sich ihre Meinung über Themen, Unternehmen, Produkte oder Marken über diese Kanäle zu bilden. Für das Marketing wurde es entscheidend, dass die Käufer begannen, sich über die gekauften Produkte und Marken auszutauschen und diese auf Bewertungstools und -plattformen zu veröffentlichen. Die Kunden legten ihre Rolle als passive Empfänger von Botschaften und als treue Käufer von Produkten weitgehend ab und begannen, eine aktive Rolle zu spielen.

Bob Lauterborn läutete im Marketing mit seiner Forderung nach einer Kundenfokussierung die Reaktion auf diese Veränderungen ein. Er forderte die Ablösung der 4 Ps durch die 4 Cs (Consumer, Costs, Communications, Convenience) und begründete dies damit, dass ihm die Marketingmanager in den MBA-Programmen rückmeldeten, dass sie mit den 4 Ps wunderbar für eine Welt ausgestattet seien, die gar nicht mehr existiere. Er kritisierte beispielsweise, dass Promotion zu „manipulativ" sei und die kooperative Dimension von Kommunikation ignoriere. Daher stellte er besonders den Wert des Dialogs mit den potenziellen Käufern in das Zentrum des Marketing, das auf den Bedürfnissen der Menschen und deren Lifestyle basiert. Dieser Ansatz etablierte sich nach und nach in der Marketingwelt.

▶ **C – Kundenfokus nach Lauterborn (1990, S. 26)**
- **Consumer** ersetzt Produkt: Es werden Produkte auf Basis von Kundenbedürfnissen und Kundennutzen produziert.
- **Costs** ersetzen Preis: Bezifferbare und nicht bezifferbare Kosten bzw. Aufwände für den Kunden, um ihn zufriedenzustellen.
- **Communication** ersetzt Promotion: Es steht der Dialog mit den Kunden über relevante Kommunikationskanäle im Fokus.
- **Convenience** ersetzt Place: Der bequemste Weg für den Kunden, um die Produkte zu kaufen.

Parallel entwickelte sich auch das Bewusstsein für Nachhaltigkeit aus der „ökologischen Nische" heraus und zog in die Mainstream-Märkte ein. In den meisten konventionellen Supermärkten konnte man inzwischen biologische Lebensmittel oder ökologische Putz- und Waschmittel kaufen. Nachhaltigkeit wurde damit auch praktizierte Alltagsrealität in sehr vielen Haushalten und etablierte sich darüber hinaus zu einem konstanten Thema der Medienberichterstattung. Aber auch der mediale Diskurs von Nachhaltigkeit durchlief eine Veränderung. Denn das Internet und die sozialen Netzwerke ermöglichten es allen Menschen, mediale Inhalte im Internet zu produzieren und in ihren Communitys zu teilen. Mithilfe der digitalen Kommunikationstechnologien wurde erstmals eine neue Art der Kommunikation etabliert, bei der viele mit vielen kommunizieren können („Many-to-Many-Prinzip"). Sogenannte „Influencer" erreichten mit ihren Themen, ihrem Lifestyle, ihren Interessen oder Werten teilweise höhere Reichweiten als klassische Medienkanäle. Das Thema Nachhaltigkeit gewann also insgesamt an Relevanz, wodurch Werte mehr und mehr in den Fokus vieler Menschen und deren Kaufentscheidungen rückten.

Aus dieser Entwicklung resultierte, dass die Käufer nun nicht mehr als anonyme Verbraucher wahrgenommen wurden, sondern als individuelle Persönlichkeiten mit Emotionen, Geist und Spirit (Kotler 2010a). Die sozialen Netzwerke und Medien wurden als Chance gesehen, um die Menschen über Storytelling zu erreichen und auf diese

Weise eine Beziehung mit ihnen aufzubauen. Dabei lernten die Unternehmen, dass die neuen Werte eine wesentliche Rolle im Leben der Menschen spielten, und sie fingen an, ihre Unternehmensleitbilder nach Werten auszurichten, die ihnen und ihren Käufern wichtig waren. Damit begannen beide, Käufer wie Unternehmen, sich um die Welt zu kümmern.

Dass sich Onlineshops von der Experimentierphase zu einer relevanten Vertriebsform weiterentwickelten, war und ist auch heute noch ein Treiber des Wandels. Online-Vertriebsspezialisten stellten eine ernsthafte Konkurrenz für die etablierten Vertriebskanäle dar, Amazon wurde zum wertvollsten börsennotierten Unternehmen der Welt und konnte sogar Microsoft und Apple überholen. Aber auch kleinere Onlineshops mit einem hoch spezialisierten Angebot konnten erstmals mit ihrem Sortiment erfolgreich in kleinen Nischen agieren. Chris Anderson beschrieb 2008 erstmals das Geschäftsmodell des „Long Tail" und zeigte auf, dass in den Nischen der Onlineshops ein extrem breites Sortiment auch profitabel sein kann, was bis dorthin in den konventionellen Vertriebskanälen als unprofitabel galt.

Effekte des Long-Tail-Konzepts – Anderson (2008)

Die Märkte des 20. Jahrhunderts waren davon geprägt, dass eine limitierte Produktauswahl nach dem Prinzip „One-size-fits-all" zur Auswahl stand. Jene Produkte, die nicht binnen kurzer Zeit verkauft wurden, wurden wieder vom Markt genommen, weil sie nicht profitabel genug waren. Der frei gewordene Regalplatz erhielt ein Produkt mit mehr Erfolgsaussicht. Als Ergebnis hielt sich ausschließlich eine „populäre" Produktauswahl in den Verkaufsregalen, die dem durchschnittlichen Geschmack der Masse entsprach. Dies änderte sich mit dem Internet und dem E-Commerce, da in einem Onlineshop ein „unendliches" Verkaufsregal realisiert werden konnte. Denn die Produkte existierten nicht mehr physisch in einem Regal und für die Online-Präsenz eines Produkts entstehen nur geringe Kosten, um sie dem potenziellen Käufer zu präsentieren. Dies stieß einen maßgeblichen Wandel an: Erstmals hatte der Käufer eine noch nie dagewesene Auswahl – und das auch in Nischensegmenten oder auch für sehr spezielle Bedürfnisse. Als wesentlicher Effekt bildeten sich unzählige Nischen-Online-Stores heraus. Daher sieht Anderson für die Zukunft unserer Märkte einen Wechsel von der Dominanz weniger Mainstream-Produkte und Märkte mit einer hohen Popularität hin zu einer extrem großen Anzahl an Nischenmärkten mit Produkten, die eine geringere Popularität in den Mainstream-Märkten aufweisen. Auf diesen Effekt bezieht sich seine Bezeichnung des „Long Tail".

Anderson benennt drei Kräfte, die diese Explosion an Varietäten und Nischen-Shops ermöglicht haben:

- *Globalisierung und hocheffiziente Lieferketten:* Man kann an einem bestimmten Punkt der Welt verortet sein und es weltweit an Kunden verkaufen.

- *Veränderung der Demografie:* Es hat sich ein größerer Mix an Kulturen, Lebensstilen und Interessen etabliert.
- *Verbesserung der Technologie:* Die Produkte existieren samt ihren Beschreibungen nur mehr als elektronische Daten. Das eröffnet ebenfalls die Möglichkeit, beliebig viel an Informationen zu einem Produkt zu kommunizieren, was ein klassischer Retailer nicht kann.

Das breite Produktsortiment in Nischen-Onlineshops bietet dem Käufer ein höheres Maß an Individualisierung, ohne aber den Preis einer tatsächlichen Maßanfertigung zahlen zu müssen. Im Unterschied zu Marketing 2.0 stehen diese vielen Produkte zwar noch in Konkurrenz zueinander und müssen sich voneinander differenzieren, aber das neuartige Geschäftsmodell, das durch den Long Tail in Nischen-Onlineshops realisiert wird, verweist auf eine neue Marketingstrategie.

In Summe ist die gesamte Alltagswelt der Menschen individueller geworden: meine Musik, meine Produkte, meine Medien, mein Lifestyle, meine Ausbildung usw. Und daher rückte der ganzheitliche Mensch letztlich als Resultat dieser Entwicklung mit seinen individuellen Bedürfnissen, aber auch mit seinen persönlichen Werten in den Fokus des Marketing, das zunächst noch keine Antworten auf diese Veränderung parat hatte. Dies änderte sich mit dem nächsten evolutionären Entwicklungsschritt des Marketing.

1.4   Marketing 4.0 – Community und Digitalisierung

Die digitalen Technologien und Medien, die in der Phase des Marketing 3.0 ihre Entwicklung und dann den Aufstieg erlebten, sind seit den 2010er-Jahren im Alltag der Mehrheit angekommen: Beispielsweise wurden soziale Netzwerke wie Facebook im Jahr 2019 weltweit von 2,3 Mrd. Menschen (Statista 2019) oder Youtube von 1,9 Mrd. Menschen genutzt. Onlineshopping wurde für die jungen Zielgruppen zum bevorzugten Kaufverhalten.

Die inzwischen ausgereiften digitalen Technologien waren Schlüsseltreiber für die Entwicklung von unzähligen Communitys im Internet, die über die sozialen Netzwerke zu einem schnellen Anstieg der Mitglieder führte. Exemplarisch ein Blick auf die Community der Veganer und Vegetarier: Sie haben sich mittels digitaler Netzwerke erstmals breit wirksam von politisch aktiven Communitys über Sport-Communitys bis hin zu Ernährungs-Communitys organisiert. Es folgten bald darauf auch Online-Marktplätze für die speziellen Bedürfnisse von Communitys wie eben für Veganer und Vegetarier. In Deutschland wurde von dem Veganer Jan Bredack 2011 mit Veganz der erste stationäre Supermarkt für die vegane Community gegründet. Diese Sichtbarkeit der Community um eine fleischfreie Ernährung hat in Folge dazu geführt, dass der konventionelle Lebensmitteleinzelhandel diese Gruppe als Marktpotenzial erkannte. Das Resultat dieser

Entwicklung kann man heute in den Supermärkten erleben, die meist das fleischfreie Sortiment in einer speziellen Fläche oder in Regalen bündeln. Die Fleischersatzprodukte haben sich zu einem lukrativen Markt entwickelt. Im April 2019 startete McDonald's mit dem Verkauf eines veganen Burgers (Big-Vegan-TS Burger), der von Nestlé hergestellt wird. Diese Entwicklungen kennzeichnen den Höhepunkt eines Trends, der den Mainstream erreicht hat.

> **Übersicht: Communitys**
> - Communitys organisieren ihre Interessen, Lifestyles und Werte und den Verkauf sowie die Bewertung von Produkten.
> - Communitys weisen häufig eine exponentielle Dynamik im Wachstum auf.
> - Communitys schaffen es über digitale Netzwerke und deren virale Kompetenz, ihre Interessen schnell und breit in den gesellschaftlichen Mainstream zu kommunizieren.
> - Auf diese Weise bewirken Communitys letztlich Veränderungen im Mainstream.

Digitalisierung und vernetzte Communitys legen den Grundstein für eine Marketingrevolution, wie es Kotler (2017) bereits in „Marketing 4.0" darlegte. Wie im Marketing 3.0 steht der individuelle Mensch mit seinen Bedürfnissen und seinen Werten im Fokus. Die wesentliche Weiterentwicklung ist, dass er sich über seine Werte, seinen Lifestyle und seine Bedürfnisse, die das persönliche Leben gestalten, in Communitys von „Gleichgesinnten" organisiert. Zudem sind die Menschen in privaten Netzwerken mit ihren Freunden und Familien verbunden. Bemerkenswert ist hierbei, dass die Menschen ihre Netzwerke dazu nutzen, um in Massenkollaboration an der Umsetzung ihrer Interessen zu arbeiten, wie beispielsweise Communitys für soziale Anliegen, die sie durch die „Weisheit der Vielen" beziehungsweise durch die „Macht der Vielen" umsetzen. Sie bewerten Produkte, Dienstleistungen und Unternehmen und schaffen dadurch eine Transparenz, die zuvor in der Geschichte des Handels für den Einzelnen noch nie zur Verfügung stand. Die neu geschaffene Transparenz war und ist ein einflussreicher Treiber für transformative Veränderungen in den Märkten. All diese Veränderungen basieren in einer Verschiebung von Vertrauen von Organisationen, Regierungen und Unternehmen hin zu Communitys. Kotler (2017, S. 17–29) bezeichnet dies als „Machtverschiebung zum vernetzten Kunden". Wie reagiert das Marketing auf diese Veränderungen in seinem Umgang mit vernetzten Konsumenten?

Zusammenfassend führt Kotler drei essenzielle Umstellungen an, die ihn zu der Schlussfolgerung führen, dass sich mit Marketing 4.0 eine Marketingrevolution vollzieht.

(1) Transformation von exklusiv zu inklusiv

Die alte Hegemonie stellt sich auf multilaterale Machtstrukturen um. Inklusiv bedeutet nicht, dass alle gleich sind, aber dass ein harmonisches Miteinander realisiert werde (Kotler 2017, S. 23). Am Beispiel Wikipedia, das von unzähligen freiwilligen Mitwirkenden über nationale Grenzen hinweg aufgebaut wurde, ist dies gut ablesbar. „In der Online-Welt haben die sozialen Medien neu definiert, wie Menschen interagieren", fasst Kotler (2017, S. 23) zusammen. Kotler fokussiert insbesondere auf die neuen Formen von sozialen und inklusiven Formen wie beispielsweise den fairen Handel. Dieser hat sich bereits in der Ära des Marketing 3.0 etabliert, Eingang in die Märkte gefunden und einen professionellen Reifegrad ausgebildet. Neu in der Ära Marketing 4.0 ist, dass sich Unternehmen des fairen Handels mit den Communitys und seinen Käufern zusammenschließen, um gemeinsam an der Umsetzung des gemeinsamen Ziels zu arbeiten. Kotler (2010b, S. xii) kommentiert die sich gewandelte Rolle der Unternehmen dahin gehend, dass sie nun nicht mehr als Kämpfer um das Überleben in einem kompetitiven Markt operieren, sondern in einem loyalen Sozialnetzwerk agieren und ihren Profit aus einem Wert generieren, den sie ihren Stakeholdern bieten. So treten nachhaltige und faire Unternehmen in die Domänen von Non-Profit-Organisationen und von Regierungen ein und übernehmen Verantwortung.

(2) Transformation von vertikal zu horizontal

Während früher „Tool big to fail" früher ein Gesetz des Marktes war, ist die Größe von Unternehmen nicht mehr der entscheidende Wettbewerbsfaktor. Dank der Digitalisierung und der Communitys können nun auch kleine, junge und regional agierende Unternehmen erfolgreich am Markt teilhaben und sogar gegen alte Großkonkurrenten antreten. In der Ära Marketing 3.0 hat sich der Long-Tail-Effekt bereits als profitables Modell für kleine Online-Unternehmen etabliert, was zu einer Explosion von Onlineshops führte. Philip Kotler zeigt aber auch auf, dass die großen Marktplayer ihre Marketing- und Innovationsinstrumentarien auf die veränderte Situation umstellen. Auch sie beginnen, die Konsumenten in ihre Markt- und Innovationsaktivitäten zu integrieren. Reichwald und Piller (2009) haben hierzu das Konzept der „Interaktiven Wertschöpfung" von Unternehmen mit ihren Kunden und Nutzern vorgelegt und zeigen diverse Formen der Kooperation von Unternehmen und Kunden beziehungsweise Produktnutzern auf: Lead-User-Methode, Open Innovation oder Mass-Customization.

Threadless

Crowdsourcing – Kundenintegration in den Wertschöpfungsprozess

Threadless ist ein frühes und erfolgreiches Beispiel eines Unternehmens, das seine Käufer in das Geschäftsmodell integriert. Es wurde im Jahr 2000 in den USA (Chicago) von Jake Nickell und Jacob DeHart aus einem T-Shirt-Design-Wettbewerb gegründet. Auf dieser Online-Plattform (www.threadless.com) werden bedruckte

T-Shirts verkauft, deren Designs von der Community stammen. Die Community agiert nicht nur als passiver Käufer, sondern wird als kreativer Akteur in den Wertschöpfungsprozess integriert, indem die Designs der T-Shirts ausschließlich von den Kunden stammen. Die T-Shirts werden dann der Community in Form eines Design-Wettbewerbes zum Voting vorgestellt. Ein Voting bleibt sieben Tage für die Community offen, und der Gewinner erhält 2500 US$-Dollar. Bei hohen „Scorings" durch die Community entscheidet das Threadless-Team, welche davon in die Produktion gehen. In der Regel gehen pro Woche zehn Designs weltweit in den Verkauf.

Die Kunden/Designer werden in der ersten Runde nicht vergütet, erhalten jedoch nach erfolgreichem Nachdruck eines Designs 500 US$-Dollar. Diese aktiven Prosumer 4.0 machen aber auch die Werbung, indem sie Fotos von den T-Shirts in Aktion fotografieren und somit kostenintensive Werbeausgaben eingespart werden können. Die Community hat zudem die Möglichkeit, sich in einem Forum untereinander auszutauschen, und Menschen mit demselben Mindset können sich zu gemeinsamen Projekten zusammenschließen. Die Kunden übernehmen also in zentralen und sonst kostenintensiven Prozessen eine aktive Rolle: vom Design, über die Werbung bis hin zur Vertriebsprognose. Diese Strategie des Auslagerns von Prozessen auf die Kunden oder auf die Community wird später Crowdsourcing genannt.

Bereits 2004 produzierte Threadless wöchentlich T-Shirts und erwirtschaftete einen Profit von 1,5 Mio. $ 2006 verfasste Jeff Howe für das Magazin „Wired" einen Artikel über Threadless und beschrieb dabei das Prinzip „Crowdsourcing". Schon kurze Zeit später unterstützte Howe das Start-up Threadless bei der Weiterentwicklung des Crowdsourcings. Und 2008 wurde Threadless auf dem Cover des Magazins „Inc." als innovativstes Kleinunternehmen der USA gefeiert. Zu diesem Zeitpunkt wurde bereits ein Umsatz von 30 Mio. $ und eine Gewinnspanne von 30 % erzielt.

Da all diese Prozesse durch Tools der Digitalisierung automatisiert funktionieren, kann Threadless mit einem übersichtlichen Team die Online-Plattform effizient steuern. So können wöchentlich rund 1000 Designs zum Voting angeboten werden.

Seit 2016 bietet Threadless auch individualisierte Onlineshops für Designer an. Dabei werden die Basisprodukte von Threadless zu einem Basispreis verwendet, aber die Designer können mit ihren Designs wiederum eine eigene Community aufbauen, wobei nicht nur das Design, sondern auch die Preise und die Kommunikation selbst gestaltet werden. Inzwischen existieren bereits über 100.000 Künstler-Onlineshops. ◄

Key Learnings für das Green Marketing

- Threadless verfolgt zwar keine expliziten Nachhaltigkeitsziele, aber durch seine On-Demand-Produktion agiert es im Prinzip als Fast-Fashion-Anbieter.

- Das Geschäftsmodell realisiert aber durch seinen hohen Fit-to-Market, durch seine kleinen Auflagen und durch den weltweiten Online-Vertrieb eine minimale Überproduktion, weil die Designs von der Community bereits positiv beurteilt wurden.
- Der Price-to-Market kann trotz einer hohen Individualisierung und trotz eines breiten Sortiments nach dem Long-Tail-Prinzip moderat realisiert werden. Denn es werden wenige Basisprodukte in sehr limitierter Variation in großen Mengen kostengünstig auf Lager genommen. Die individualisierten Prints verursachen keine Mehrkosten und werden on demand (festgestellt durch den Design-Wettbewerb) produziert.
- Threadless hat also ein communitybasiertes Geschäftsmodell realisiert. ◄

Kotler (2017, S. 25–27) verzeichnet bei der Umstellung von vertikal auf horizontal aber auch eine Veränderung zwischen den Branchen. So kann ein zukünftiger Konkurrent nicht mehr nur aus der eigenen Branche kommen. Vielmehr können Unternehmen aus anderen Branchen Einfluss in angrenzenden Branchen gewinnen. Ein Beispiel hierfür ist die Billigfluglinie easyJet, die von der Flugbranche kommend auch easyCar, easyMoney, easyValue, easyHotel und easyInternetcafé gegründet hat. Damit hat sich easy von der Kernkompetenz „kostengünstig" entlang in unterschiedlichste Branchen hineinentwickelt.

Für das Marketing hat diese Umstellung von vertikal zu horizontal eine neue Beziehung zu den Käufern und Nutzern gebracht. Diese werden im Marketing weniger als Konsumenten und mehr als Freunde der Marke betrachtet (Kotler 2017, S. 27). Das rückt das Branding mehr in den Fokus der Aufgabenstellungen des Marketing. „Die Marke sollte ihren authentischen Charakter offenbaren und ihrem eigentlichen Wert wahrheitsgetreu Rechnung tragen. Nur dann ist sie vertrauenswürdig", skizziert Kotler die Rolle des Brandings im Marketing 4.0. Damit kam es zu einer Methodenverschiebung von der Verkaufsorientierung hin zu einem Image-Management und Content-Marketing.

(3) Transformation von individuell zu sozial
Der mobil vernetzte Konsument selbst wird die Entwicklung zur Vernetzung maßgeblich weiter forcieren. Für das Marketing sind die Bewertungen im Internet sowie die Preisvergleiche direkt am Point of Sale wichtige Einflussfaktoren, die auf den Kaufprozess einwirken. Waren die Kundenbeschwerden früher Einzelfälle, die von den Unternehmen bearbeitet wurden, so hat „Die Weisheit der Vielen" nun einen erheblichen verkaufsfördernden oder -bremsenden Effekt. Damit sind die Käufer nicht mehr passive Empfänger von Botschaften, sondern übernehmen zunehmend als soziales Netzwerk eine aktive Rolle.

Mit zu betrachten ist im Diskurs zu dieser Dimension der Transformation, dass die zukünftige Käuferschaft der Generation Z eine noch weiter vernetzte Gruppe darstellt: Sie ist jung, urban und gut ausgebildet. Kotler bewertet die Relevanz der Konnektivität der Käufergruppe als markantes Momentum in der Entwicklung des Marketing:

„Die Konnektivität beschleunigt die Marktdynamik bis zu dem Punkt, an dem es für ein
Unternehmen praktisch unmöglich wird, im Alleingang und nur mithilfe eigener Ressourcen
an die Spitze zu kommen. Ein Unternehmen muss sich der Realität stellen, dass es mit
externen Parteien zusammenarbeiten und auch Kunden aktiv einbeziehen muss, wenn es
ganz oben mitspielen will" (Kotler 2017, S. 33).

Im Idealfall werden die Inhalte rund um eine Marke von der Community mitkreiert,
der die anderen Community-Mitglieder vertrauen. Aber eine besondere Dynamik in
der Transformation von individuell zu sozial wird die soziale Konnektivität spielen,
bei der Unternehmen mit ihren Communitys eine starke Verbindung eingehen. Bei der
Betrachtung dieser Entwicklung ist anzumerken, dass die Stärke der Veränderungs-
dynamik von den etablierten Wertegemeinschaften von Unternehmen und ihren Kunden
in die nächste Generation des Marketing getragen wird. Denn die Etablierung von
Werten in der Ökonomie schiebt die Entwicklung von sozialen Zielen wesentlich mit an.

Das Beratungsunternehmen Deloitte verortet in seinem aktuellen Report „2020
Global Marketing Trends" ebenfalls, dass durch die mobile Vernetzung der Menschen
die viel zitierte Vierte Industrielle Revolution tatsächlich vollzogen wird. Besonders
betont wird, dass dabei nicht die Technologie im Vordergrund stehe, sondern eine
Kultivierung der menschlichen Vernetzung stattgefunden hat (O'Brien et al. 2019, 2).

„Putting the human at the center of our trends exploration can help brands forge their own
path to making an impact that matters" (O'Brien et al. 2019, S. 3).

Erst mit dieser Vernetzung wird nach Argumentation im Report von Deloitte der Mensch
mit seiner Individualität in der Marketingrealität auch in den Fokus gestellt, wie es Kotler eigentlich mit Marketing 3.0 beschrieben hat. Was kann der Grund hierfür sein?
Anzunehmen ist, dass erst mit der umfassenden Digitalisierung eine digitale Alltagsrealität für die meisten Menschen realisiert wurde und sich durch die umfassende Nutzung
erst zu einer gestaltenden Kraft der aktuellen Märkte wurde. Als Fazit aus dieser Entwicklung soll das Marketing der Jetztzeit die menschlichen Qualitäten in das Zentrum
stellen.

„Though purpose is not new, it's more important now than ever to direct every strategic
choice across the organization. Authentic, human-centric purposes are differentiated in the
mind of society in a way that's impossible for others to imitate" (O'Brien et al. 2019, S. 3).

Im Kern wird also ein **Purpose Driven Marketing** (mehr dazu in Abschn. 9.2) als Leitstern für das moderne Marketing empfohlen. Der höhere Sinn beziehungsweise die
innere Haltung eines Unternehmens verbindet seine Marke mit den Menschen und mit
Communitys. Darin zeigt sich die tatsächliche Abwendung von der Produktorientierung
des Marketing 1.0. Denn Produkte einer Marke bieten heute nur noch wenig Potenzial,
um sich von ihren Konkurrenten zu differenzieren. Nach O'Brien et al. ist eine der
Hauptaufgaben des Marketing, die Glaubhaftigkeit der propagierten Sinnorientierung
herzustellen. Und die Authentizität ist das entsprechende Instrument hierzu.

Wenn man sich diese Argumentationen betrachtet, glaubt man eigentlich, sich in einer exklusiven Welt des Green Marketing zu bewegen. Aber nein! Denn diese Tendenzen markieren auch in der konventionellen Welt des Marketing eine wesentliche strukturelle Veränderung, die davon gekennzeichnet ist, dass das konventionelle Marketing sich an Purpose und Authentizität zu orientieren beginnt.

1.5   Quo vadis Marketing?

Mit dieser Frage nach der Zukunft des Marketing soll ein Augenmerk auf die strukturelle Veränderung des Marketing selbst gelegt werden. Es wird sich zeigen, dass das konventionelle Marketing und das Green Marketing in ihrer jeweiligen Ausprägung der Version 4.0 beginnen, sich strukturell einander anzunähern. Daher ist für die gesamte Nachhaltigkeitsbranche die Frage nach dem Quo vadis zu beantworten.

Die Marketingpraxis wandelt sich strukturell in Richtung nachhaltiger Zielsetzungen

Die von Kotler beschriebenen Transformationen sowie die aktuellen Marketingtrends zeigen auf, dass sich diese strukturellen Veränderungen insgesamt in Richtung typischer Nachhaltigkeitszielsetzung wie „sozial", „sinn- und werteorientiert" und „inklusiv" entwickeln. Aus diesem Grund lassen sich mehr und mehr konventionelle Start-ups wie Threadless beobachten, die vordergründig keine Nachhaltigkeitszielsetzungen verfolgen, aber dennoch in einigen Aspekten in einem Eco-System Relevanz zeigen. Und es finden sich unter den Unternehmensgiganten viele Geschäftsführer, die ankündigen, dass sie ihre Marken gezielt nach einem Sinn ausrichten wollen und bereits damit begonnen haben. Denn es kristallisiert sich in der Praxis heraus, dass eine Purpose-Orientierung nicht nur die Zukunft sichert, sondern zu einem knallharten Wachstumsmotor geworden ist. Purpose-Marken gelangen über ihre Sinnstiftung in das relevante Set der Käufer, es erhöht sich die Weiterempfehlungsrate und diese stärkt die Kundenloyalität. Und diese Purpose-Kunden sind auch bereit, für eine Sinnstiftung dieser Marken mehr zu bezahlen.

Daher ist es insbesondere für nachhaltige Unternehmen und deren Marketing wichtig, dass sie diese strukturellen Entwicklungen genauestens beobachten. Es wird zunehmend schwieriger werden, bewusstes Greenwashing von jenen Geschäftsmodellen zu unterscheiden, die ebenfalls Nachhaltigkeitswirkungen entfalten, ohne sich jemals der Nachhaltigkeit verschrieben zu haben. Hier entstehen Spannungsfelder, innerhalb derer das Green Marketing einen Weg für sich finden muss.

Das Green Marketing muss sich also auch die Frage nach der eigenen Disziplin stellen und definieren, wie es seine Entwicklungspfade in diesen strukturellen Dynamiken gestalten will, soll oder kann. Für den Moment kann jedenfalls festgestellt werden, dass generell eine Pfadverknüpfung von Nachhaltigkeit und Business in der Wirtschaft festzustellen ist und das hart erkämpfte Nachhaltigkeitsterrain der Öko-pioniere, also der Green Davids, abzuschmelzen beginnt.

Die Marketingpraxis ist dynamisch und hybrid

Wie erwähnt, soll die Versionierung des Marketing nicht zur Vorstellung verleiten, dass heute ausschließlich nur mehr die Methoden von Marketing 4.0 zur Anwendung kommen, denn eine Phase hat die andere nicht abgelöst. Vielmehr ist die Marketingpraxis additiv und hochhybrid, weil sie aus allen Versionen die Methoden und Instrumente miteinander kombiniert und für das jeweilige Unternehmen oder Produkte smart miteinander vernetzt. In dieser Vernetzung und in der dynamischen Weiterentwicklung des Marketing wurzeln die neuen Herausforderungen für Marketingverantwortliche. Denn sie stehen einer neuen Komplexität des Marketing gegenüber und sind gefordert, in dieser komplexer werdenden Marketinglandschaft einen geeigneten Pfad für ihr jeweiliges Unternehmen zu tailorisieren. Es gilt, für die stattfindenden strukturellen Veränderungen in ihren Märkten und Branchen strategische Schwerpunkte zu setzen und ihr Marketing daran zu orientieren und auch weiterzuentwickeln. Diese Aufgaben stellten sich für Marketingverantwortliche des 20. Jahrhunderts noch nicht. Das Kompetenzlevel im Marketing ist markant angestiegen. Zudem ist das Marketing heute höchst dynamisch. Was heute noch Wirksamkeit in den Märkten entfaltet, kann in wenigen Jahren bereits nicht mehr funktionieren, weil sich die Rahmenbedingungen insgesamt verändert haben.

Und so hat sich das moderne Marketing des 21. Jahrhunderts mit der strukturellen Veränderung seiner Märkte auch zu einer vernetzten Marketingkompetenzlandschaft entwickelt. Für die heutigen Herausforderungen der vernetzten Märkte ist eine Netzwerkbildung aus zahlreichen Disziplinen und Kompetenzen erforderlich, damit ein Unternehmen einen erfolgreichen Pfad für sein komplexes Umfeld kreieren kann.

Die Marketingpraxis und ihre neuen Marketingagenden

Manfred Bruhn (2018) betont ebenfalls, dass die Disziplin Marketing an sich eine reflektierte Zukunftsfähigkeit entwickeln muss. Bruhn stellt insbesondere die Gestaltung von **Wertschöpfungsketten** als neue Agenda des Marketing in den Diskurs. Er begründet dies damit, dass die derzeitige Technologiendynamik ein essenzieller Treiber hierfür sei. Gerade die aus der Digitalisierung resultierende individuelle Mobilität von Kunden verändere die Herausforderungen des Marketing:

> „Hier wird es eine Aufgabe des Marketing sein, sich mit neuen und innovativen Wertschöpfungsketten zu beschäftigen. Es ist zu erwarten, dass durch eine veränderte Sichtweise und einem neuen Design von Wertschöpfungsketten neue Märkte und neue Geschäftsmodelle entstehen werden (z. B. Sharing Economy)" (Bruhn 2018, S. 37).

Das bedeutet, dass die klassischen Wertschöpfungsketten, die jeder Marketingstudent des 20. Jahrhunderts von Michael Porter gelernt hat, neu gedacht werden müssen. Porters wegweisendes Strategiewerk „Competitive Advantage" (Porter 1985) stellte Unternehmensprozesse in Form eines Wertschöpfungskettendiagramms vor. Aus der produktorientierten Denke heraus wird der Prozess eines Produkts von der Gewinnung seiner Rohmaterialien über deren Verarbeitung, deren Veredelung, Verpackung, der Logistik zum Handel bis zum Kundendienst als eine analoge Abfolge von Teilschritten der Werterstellung dargestellt. Diese einzelnen Schritte fädeln sich sinnbildlich auf eine Kette. Der Wettbewerbsvorteil dieses strategischen Tools liegt in der Analyse, wo das Unternehmen seine strategischen Vorteile gegenüber seinen Konkurrenten hat und diese ausbauen sollte. Es werden aber auch Fragen gestellt, ob sich die Wertkette wirklich an den Kaufkriterien der Kunden orientiert und wie sich die Kosten auf die einzelnen Schritte verteilen. Das Ziel ist es, in der Wertkette die relativen Stärken und Schwächen eines Unternehmens zu durchleuchten und letztlich die Kernkompetenzen des Unternehmens herauszuarbeiten.

Vor diesem Hintergrund entfaltet sich das innovative Potenzial, das Bruhn anspricht. Denn die Wertschöpfungsketten sind nun nicht mehr ein Strategieinstrument, das die Prozesse durchleuchtet, sondern die Basis, um neue Geschäftsmodelle zu entwickeln. Das erfordert eine enge Kooperation von Marketing mit dem New Business Development, meint Bruhn (2018, S. 37). Denn im 21. Jahrhundert muss das Marketing vor allem die Geschäftsmodelle seiner Konkurrenten und der vernetzten Märkte beobachten und herausfinden, ob sich hier Veränderungen etablieren, die wiederum Veränderungen im eigenen Geschäftsmodell erfordern. Das verändert nicht nur die Marketingstrategie, sondern kann eine Veränderung des gesamten Unternehmens bedeuten. Apple ist beispielsweise deshalb nachhaltig erfolgreich geblieben, weil es nicht nur Produkte auf den Markt brachte, die eine bessere Usability aufwiesen, sondern weil es ein ganzes System als Geschäftsmodell etablierte.

Aber auch die Europäische Kommission (2018, S. 5) hat in ihrer Agenda „Nachhaltige Bioökonomie für Europa" die Relevanz der Entwicklung neuer Wertschöpfungsketten erkannt. So sind Wertschöpfungsketten auch ein strategisches Ziel von Europa, um eine nachhaltige Bioökonomie realisieren zu können. Denn die Wertschöpfungsketten werden als Weg zur Realisierung einer Kreislaufwirtschaft gesehen. Diese sollen nach dem Strategiepapier der Europäischen Kommission vor allem den Aufbau von lokalen Bioökonomien realisieren. Dabei sei es wesentlich und neu, dass in lokalen Wertschöpfungsketten bereichsübergreifende Akteure miteinander verbunden sind (2018, S. 10). Als strategisches Ziel wird beispielsweise durch erste Pilotprojekte städtische Bioökonomie in zehn europäischen Städten umgesetzt, bei denen organische Abfälle nicht mehr als gesellschaftliches Problem wahrgenommen werden, sondern als wertvolle Ressource für die Produktion biobasierter Produkte umgewandelt werden sollen (2018, S. 11). Aus diesen neuen Wertschöpfungsketten sollen explizit neue Geschäftsmodelle geschaffen werden.

Literatur

Anderson C (2008) Why the future of business is selling less of more. Hyperion
Bruhn M, Kirchgeorg M (2018) Marketing Weiterdenken. Zukunftspfade für eine marktorientierte Unternehmensführung. Springer Gabler, Wiesbaden

Europäische Kommission (2018) Eine nachhaltige Bioökonomie für Europa. Stärkung der Verbindungen zwischen Wirtschaft. Gesellschaft und Umwelt, Europäische Kommission, Brüssel

Kotler P, Kartajaya H, Setiawan I (2010a) Die neue Dimension des Marketings Vom Kunden zum Menschen. Campus, Frankfurt

Kotler P, Kartajaya H, Setiawan I (2010b) Marketing 3.0. From products to customers to the human spirit. Wiley, Hoboken

Kotler P, Kartajaya H, Setiawan I (2017) Marketing 4.0. Der Leitfaden für das Marketing der Zukunft. Campus, Frankfurt

Lauterborn B (1990) New Marketing Litany. For Ps Passé: C-Words Take Over. Advertising Age 41: 26

O'Brien D et al. (2019) 2020 Global marketing trends. Bringing authenticity to our digital age. Deloitte Insights

Piller F, Reichwald R (2009) Interaktive Wertschöpfung. Open Innovation, Individualisierung und neue Formen der Arbeitsteilung. Gabler, Wiesbaden

Porter M (1985) Competitive advantage. Creating and sustaining superior performance. The Free Press, Toronto

Statista (2019) Ranking der größten sozialen Netzwerke und Messenger nach der Anzahl der monatlich aktiven Nutzer. https://de.statista.com/statistik/daten/studie/181086/umfrage/die-weltweit-groessten-social-networks-nach-anzahl-der-user. Zugegriffen: 24. Sept. 2019

Green Marketing 1.0 bis 4.0

2

Zusammenfassung

Das Green Marketing durchläuft im Vergleich zum konventionellen Marketing eine andere Evolution, an dessen Ende sich aber beide in wesentlichen Aspekten zu überschneiden beginnen. Der Blick auf die Evolution von Green Marketing 1.0 zu 4.0 zeigt die strukturellen Veränderungen auf, die es derzeit durchläuft: Einige ehemalige Green Davids, die als Ökopioniere im Green Marketing 1.0 begonnen haben, entwickeln sich zu Green Goliaths. Es treten neue Ökopioniere 4.0 als Akteure auf. Der Vertrieb ökologischer Produkte wechselt vom Fachhandel in den konventionellen Handel. Die Sortimente diversifizieren sich. Der Konsument gewinnt als Brand Advocate, Prosument und als Community-Mitglied eine neue strategische Bedeutung im Green Marketing. Die ökologischen Zertifizierungen erodieren vom Mehrwert zur Basiseigenschaft. Purpose und Authentizität hingegen werden zum neuen Mehrwert mit Kapitalisierungspotenzial.

2.1   Der Beginn des Green Marketing

In einem Vortrag im Jahr 2012 zeichnet Philip Kotler ein Bild des Marketing, das die Disziplin auch in die Verantwortung stellt, ihre Probleme, die sie mitverursacht hat, auch wieder selbst zu lösen. Marketing habe dazu beigetragen, den Lebensstandard vieler Menschen zu erhöhen und eine Reihe von Verbesserungen angestoßen, dabei jedoch Sicherheits- und Umweltfragen vernachlässigt. Unternehmen stünden nun beim Thema Abfallbeseitigung vor großen Herausforderungen (Kotler 2012).

Der Non-Profit-Bereich, Social Marketing und Umweltorganisationen wie Greenpeace (1971 gegründet) machten die Umweltproblematiken in der Öffentlichkeit bekannt. Hier hat man sich im Zuge der Aktivitäten die Instrumente der Public Relations angeeignet und professionalisiert. Organisationen wie Greenpeace bauten dadurch die Communitys auf, die sich um gemeinsame Umweltinteressen formierten. Parallel dazu etablierte und strukturierte die biologische Landwirtschaft einen Nischenmarkt für biologische Produkte, wodurch der Grundstein für ein professionelles Green Marketing gelegt wurde. Sieht man sich aus heutiger Sicht den Beginn des Green Marketing an, so sollte man immer bedenken, dass sich hier Ökopioniere engagierten, die nach und nach auch Strukturen für eine nachhaltige Unternehmensführung entwickelten, um sich von den nicht nachhaltigen Verhalten konventioneller Unternehmen zu unterscheiden.

2.2   Green-Marketing-Evolution im Überblick

Nach Kotlers Darstellungen tritt ein nachhaltigkeitsorientiertes Marketing in seiner Kernfunktion also an, um die Probleme zu lösen, die es selbst verursacht hat. Nachfolgend soll die Entwicklung des Green Marketing in der Versionierung von 1.0 bis zu 4.0 skizziert werden (Tab. 2.1). Denn so, wie sich das „konventionelle" Marketing mit

Tab. 2.1   Evolution des Green Marketing

	Green Marketing 1.0 ab 1950er	Green Marketing 2.0 ab 1970er	Green Marketing 3.0 ab 1990er	Green Marketing 4.0 ab 2010er
Ausrichtung	Biologische & ökologische Produktion	Bio/Öko-Zertifizierung	Innovationen	Green Communitys
Treiber	Kritik an der Industrialisie-rung der Landwirt-schaft	Umweltbewusst-sein	Megatrend Öko-logisierung	Digitalisierung und Megatrend Ökologisierung
Ziel	Produktqualität	Etablierung von Marktstrukturen	Wachstum	Community-Engagement
Kundensicht	Käufer mit Quali-täts-bedürfnissen	Homogene Bio-/ Ökokäufer	Heterogene Bio-/ Ökokäufer-segmente	Brand Advocate
Schlüssel-marketing-konzept(e)	Direktvertrieb	Ökologische Alternative zum konventionellen Produkt	Differenzierung zur ökologischen Konkurrenz	Authentizität, Transparenz Kollaboration
Interaktion Konsument	One-to-One-Verkauf	One-to-Many-Verkauf	Many-to-Many-Kommunikation	Peer-to-Peer
Nutzen	Funktional, öko-logischer Landbau	Funktionaler Gesundheits-nutzen	Emotional	Sozial
Marketing	Native Marketing	Vertriebs-marketing	Beziehungs-marketing	Green Marketing

Auf Basis von Kotlers Marketingversionierung (2010a, b, 2017)

der Zeit aufgrund der veränderten Marktsituation gewandelt hat, fand auch eine Transformation des Green Marketing statt. Hanni Rützler zeichnet in ihrer Studie „Organic 3.0" die Herausforderungen und Chancen, die sich durch diesen Wandel ergeben:

> „In der Gesamtschau zeigt sich, dass sich für Bio vor allem dann große Chancen auftun, wenn es Produzenten, Verarbeitern, Gastronomie und Handel gelingt, das tiefe Verständnis für die Zusammenhänge der Natur, das die ökologische Landwirtschaft entwickelt hat, auch im Konsumalltag der Menschen zu etablieren. Dafür muss die Bioszene aber umgekehrt ein ebenso tiefes Verständnis für die sich ständig verändernde Lebenswirklichkeit der Konsumenten entwickeln. Nur dann kann sie die richtigen Akzente setzen, Strategien entwerfen sowie Produkte und Services anbieten, die Produzenten wie Konsumenten eine nachhaltigere und lebenswerte Zukunft ermöglichen." (Rützler und Reiter 2014, S. 3)

Diese Marketingevolution soll an der ältesten Ökomarke der Welt beschrieben werden: **Weleda.** Das Unternehmen hat alle Phasen des Green Marketing von 1.0 bis 4.0 durchlaufen.

Weleda – die Gründungsphase

Die Realisierung der anthroposophischen Wirtschaftsprinzipien

Die Anthroposophie wurde von Rudolf Steiner, dem späteren Mitgründer von Weleda, um 1900 maßgeblich geprägt. Dabei steht der Mensch als Individuum im Zentrum, der sich über unterschiedliche Erkenntnisstufen entwickeln soll. Steiner ist es dabei aber wichtig, nicht nur eine philosophische Gedankenwelt zu erschaffen, sondern in unterschiedlichsten Bereichen des Lebens seine Ideen wirksam umzusetzen.

Weleda ist von Beginn an ein von der Anthroposophie inspiriertes Unternehmen und wurde 1921 von Rudolf Steiner, der Ärztin Dr. Ita Wegman und dem Chemiker Oskar Schmiedel gegründet. Das Unternehmen geht aus der bereits 1920 gegründeten Firma **„Der kommende Tag AG – Aktiengesellschaft zur Förderung wirtschaftlicher und geistiger Werte"** mit Sitz in Stuttgart hervor. Ziel war es von Beginn an, Nahrungsmittel und Arzneimittel herzustellen. Interessant ist an der Namensgebung, dass darin die modernen Ansprüche eines nachhaltigen Unternehmens integriert sind, nämlich Wirtschaft und Werte in ein harmonisches Verhältnis zu bringen. Rudolf Steiner hat „Der kommende Tag" als assoziatives Wirtschaftsunternehmen konzipiert, was ein von Steiner entworfenes und komplexes Wirtschaftssystem ist, und dies nach dem Prinzip der Dreigliederung eines sozialen Organismus gestaltet. Darin ist unter anderem das Leitbild für eine gesellschaftliche Ordnung enthalten, in der der zentral verwaltete Einheitsstaat durch autonom agierende Glieder des wirtschaftlichen, rechtlichen und geistlichen Lebens ersetzt werden soll. Diese autonomen Zellen sollen ähnlich wie ein Nervensystem miteinander verbunden sein. Dieses zunächst noch utopisch anmutende Konzept der Kreislaufwirtschaft findet im 4.0-Zeitalter in Form der Konnektivität seine Realisierung. Demzufolge war „Der kommende Tag" ein Verbund von zahlreichen Wirtschaftsunternehmen mit Unternehmen des Kulturlebens sowie von Forschungseinrichtungen, wobei Steiner die Idee verfolgte, dass sich diese Unternehmen gegenseitig tragen sollten. Interessanterweise findet sich dieser Ansatz auch im modernen Green Marketing in Form von Kooperationen zwischen Profit-Unternehmen und Non-Profit-Organisationen wieder. Wegen der Finanzkrise musste „Der kommende Tag" allerdings 1925 liquidiert werden.

Steiner legte gemeinsam mit Ita Wegman den Grundstein für eine anthroposophische Medizin. Ita Wegman hatte zuvor ein Sanatorium gegründet, an das ebenfalls eine Heilmittelfabrikation angeschlossen war. Daraus ging dann die spätere Internationale Laboratorien AG und schließlich Weleda hervor. Und auch heute sind die Hauptaktionäre der Aktiengesellschaft die Allgemeine Anthroposophische Gesellschaft sowie die Ita Wegmann-Klinik AG. ◀

2.3   Green Marketing 1.0 – nachhaltige Produktion und Etablierung eines Nischenmarkts

Die Idee „Bio" hatte sich nach dem Ersten Weltkrieg formiert, als in der Landwirtschaft erstmals flächendeckend Kunstdünger eingesetzt wurde. Rudolf Steiner wurde im deutschsprachigen Raum zu einer zentralen Leitfigur dieser Entwicklung. Denn Steiner hatte nicht nur seine Ideen in zahlreichen Vorträgen vor einem größeren Publikum eröffnet und verbreitet, sondern auch die Idee „biologisch-dynamischer Landbau" aus der Bewegung des natürlichen Anbaus entwickelt. Aus seinen Ambitionen entstand eine breite anthroposophische Bewegung, die sich auch auf den Bereich der Bildung erstreckte. Steiners Unternehmen gerieten in eine finanzielle Schieflage, konnten aber fusioniert werden und führten 1924 zur Gründung der „Weleda AG". Damit wurde die erste nachhaltige Marke der Geschichte gegründet. Und damit wird ein Weg gezeichnet, den viele Ökopioniere gegangen sind: Sie suchten nach einer Umsetzung von Alternativen, ohne ausgebildete Praktiker auf diesem Gebiet zu sein. Damit war zwar ihre Vision meist deutlich ausgeprägt, doch der Kompetenzaufbau wie auch das Marketing hatten einen langen Weg vor sich.

Während sich im konventionellen Bereich während des Wirtschaftsaufschwungs der 1950er- und 1960er-Jahre bereits Verkäufermärkte entwickelten, wurden biologische Lebensmittel noch in relativ geringer Menge angebaut und an einen kleinen Kreis spezieller Abnehmer verkauft. Dies waren beispielsweise Menschen der Naturkostbewegung, die für ihre Ernährungsweise nach entsprechenden Lebensmitteln suchten. Es bestand vorwiegend ein funktionales Interesse an bestimmten Qualitäten der Lebensmittel, die sie in der überwiegend industriell geprägten Lebensmittelindustrie nicht finden konnten. Auf diese Weise etablierte sich zunächst ein Ökonischenmarkt. Die wenigen Öko- oder Biolandwirte verkauften letztlich über einfache Strukturen ihre organischen Lebensmittel häufig direkt ab Hof oder direkt vom Lieferwagen. Ein professionelles Marketing war noch nicht notwendig, weil nicht mehr produziert wurde, als die kleinen Käufergruppen abgenommen haben. Die Vertriebsaufgaben übernahmen die Landwirte selbst, weil noch keinerlei Marktstrukturen etabliert waren.

Die biologischen Landwirte, die ohnehin ihren idealistischen Werten folgten, kämpften als Pioniere mit schwierigen und uneinheitlichen Produktionsbedingungen. Sie konnten im Vergleich zum konventionellen Anbau nur weitaus geringere Erträge erwirtschaften und wenige Produkte am Markt anbieten. Das führte dazu, dass für diese nachhaltigen Produkte ein höherer Preis erzielt werden musste, um die Produktion aufrechterhalten zu können. Letztlich war die Marktsituation davon geprägt, dass die Anbieter die Nachfrage nicht abdecken konnten.

Auch in den Ökonischenmärkten herrschte also ein Verkäufermarkt vor. Das Sortiment beschränkte sich noch auf wenige biologische Lebensmittel und auf nachhaltige Konsumartikel.

Weleda – die Aufbauphase

Die Grundsteinlegung einer anthroposophischen Marke, die Weltmarktführer wurde

Die Herstellung anthroposophischer Arzneimittel bildete zu Beginn das Kerngeschäft von Weleda. Dabei wurde das Augenmerk vor allem auf die natürliche Produktion gelegt, die auf den Prinzipien der biologisch-dynamischen Anbauweise beruhte, die auch von Steiner entwickelt worden war.

Im Bereich der anthroposophischen Medizin wurden die Grundlagen von Steiner und Wegman gemeinsam entwickelt. Zentral war das speziell entwickelte „Rh-Verfahren". Hierbei soll durch rhythmische Bewegungen die Haltbarkeit erhöht und eine „Vegetabilisierung" von Metallen erreicht werden. Zudem wurden die Heilpflanzen damals wie heute nach biologisch-dynamischen Prinzipien für die Verarbeitung angebaut. Dabei spielten die Bodenpflege, die Anwendung spezieller Präparate (Hornmist, Hornkiesel, Schafgarbe, Eichenrinde etc.) sowie die Beachtung kosmischer Rhythmen eine besondere Rolle. Auch hier war das Kreislaufdenken vorherrschend. Den Kern dieser Phase des Green Marketing 1.0 bildeten bei Weleda der Fokus auf die Qualitätskriterien des Anbaus und der Verarbeitung. Steiner und Wegman realisierten damit ein Gegenentwurf zu der sich etablierenden Industrialisierung, bei dem der Mensch im Einklang mit der Natur agiert.

Weleda gelang es, mithilfe der präzisen Anbaukriterien und -regeln von Beginn an seine **Qualitätsführerschaft** aufzubauen. Steiner wandte als First Mover eine Strategie an, die erst Jahrzehnte später beschrieben werden sollte.

Die Marketingfundamente

Der **Markenname** Weleda wurde 1928 eingeführt und geht auf die germanische Heil-priesterin Veleda zurück, die zur Zeit Vespasians zurückgezogen in einem Wald am Rhein (Lippe) lebte. Rudolf Steiner wollte mit dieser Namenswahl den Bezug zur anthroposophischen Heilkunst zum Ausdruck bringen. Denn danach sah man die Quelle des Heilverständnisses im übersinnlichen Bereich. Auch das noch heute ver-wendete **Logo** wurde von Steiner persönlich gestaltet. Es zeigt einen Stab und eine aesculapianische Schlange, die mythologisch mit Heilung verbunden ist. Um diesen Stab ist ein Spenden- und ein Empfangssymbol platziert, das den medizinischen wie auch den sozialen Ansatz von Weleda symbolisiert. Die Werte der Anthroposophie sollten sich auch in der äußeren Erscheinung dieser neuen Marke spiegeln.

Schon kurz nach der Markteinführung von Weleda wurde **international expandiert.** Es entstand eine weltweite Nachfrage nach den Arzneimitteln sowie nach der Naturkosmetik, weshalb schon ab 1924 begonnen wurde, internationale Tochter-gesellschaften in Frankreich, den Niederlanden, in England, Österreich und der Tschechoslowakei zu gründen. In der Lebensmittelbranche entwickelte sich im Unter-schied dazu das Konzept Öko oder Bio sehr viel regionaler. Aber Steiner und Wegman waren beide in der international agierenden Bewegung der Anthroposophie führend verankert.

Schon 1932 wurde ein Newsletter für Weleda-Kunden aufgebaut, der seither regelmäßig unter dem Namen „Weleda Nachrichten" erscheint. Damit wurde der zentrale Kommunikationskanal der Marke Weleda etabliert. Heute hat der Newsletter rund 700.000 Abonnenten. ◄

2.4   Green Marketing 2.0 – von der Umweltbewegung zu etablierten Marktstrukturen

In den 1970er-Jahren entstand mit der Hippie-Bewegung und den Revoltejahren von 1968 eine Alternativkultur, die darauf bedacht war, in der Gesellschaft Veränderungen zu bewirken. In dieser Zeit gruppierten sich viele Gleichgesinnte in Organisationen wie Greenpeace, um ihre Werte und Ziele auch mit radikalen Ansätzen durchzusetzen. Es gründeten sich auch die „Grünen" als politische Partei, um auch hier die Interessen dieser Alternativbewegung in der Politik zu vertreten. Und diese Bewegungen waren letztlich die Treiber für die Ausprägung eines breiten gesellschaftlichen Umweltbewusst-seins.

Auch im Lebensmittelbereich setzte sich eine alternative Ernährungskultur breiter durch, die auf einer Kritik an der industrialisierten Landwirtschaft fußte. Das Müsli wurde neben Birkenstock und Latzhose zu Lebensstilsymbolen dieser Alternativ-bewegung. In der Ernährung setzten sich beispielsweise die Vollwerternährung oder die Makrobiotik breiter durch. Dadurch entstand auch eine höhere Nachfrage nach biologischen Lebensmitteln, die durch die etablierten Direktvermarktungsstrukturen nicht mehr abgedeckt werden konnten. Auf Basis dieser Nachfrage entstand der Bedarf nach einer besser organisierten Struktur vom Anbau bis zum Vertrieb.

Diese Phase des Green Marketing 2.0 ist weniger von der technologischen Entwicklung angetrieben, sondern vor allem durch zahlreiche Professionalisierungsleistungen des ökologischen Landbaus sowie der Vermarktung geprägt.

Anfang 1970 eröffneten die ersten kleinen Bioläden oder Naturkostläden zwar in den urbanen Zentren, aber in Randlagen. Zu Beginn verkauften die Biolandwirte und die ersten Pioniere der Naturkostläden ihre Produkte an Gleichgesinnte der alternativen Bewegung. Die Kunden stellten ein ausgesprochen homogenes Käufersegment dar und unterschieden sich nicht wesentlich von den Verkäufern. Deshalb war in dieser Phase Marketing nicht wirklich relevant. Verkäufer und Käufer hatten dasselbe Mindset und waren Teil desselben „Biotops" der Alternativbewegung. Das Verkaufen nachhaltiger Produkte verlief nach dem One-to-One-Prinzip.

Anfang der 1970er-Jahre gründeten sich die nationalen Bio-Anbauverbände „Bioland", „Naturland" und „Biokreis": Damit wurde eine Herkulesaufgabe der Biobranche bewerkstelligt, dass sich eine ganze Branche in kurzer Zeit auf **Richtlinien** verständigte. Als nächster Schritt folgten die Etablierung von Biolabels und ein ausführliches Regelwerk für den dafür notwenigen Zertifizierungsprozess, um die biologischen Lebensmittel für die Konsumenten von den konventionell angebauten Produkten unterscheidbar zu machen. In dieser Zeit wurden die funktionalen Qualitätsvorteile des Systems „Bio" in den Vordergrund gestellt, die im Grunde darauf fußten, worauf die Biolandwirtschaft beim Anbau verzichtete. Hierdurch baute sich die Kausalität der Biolandwirtschaft auf, die aus dieser Funktionalität einen gesundheitlichen Benefit für die Biokäufer ableitete. Und auch heute ist der gesundheitliche Benefit noch immer das zentrale Kaufmotiv der Biokäufer. Damit wurde ein Weg der Professionalisierung des gesamten Marketingsystems für Biolebensmittel beschritten:

- Großhändler wie Dennree (1975 gegründet) handelten zunächst ausschließlich mit Demeter-Produkten und waren später auch als Einzelhändler aktiv. Auch Naturata wird als Großhandels- und Importunternehmen für biologische Lebensmittel gegründet.
- Es etablieren sich die ersten Bioproduzenten, bis Ende der 1980er-Jahre stieg die Zahl auf 2000.
- 1984 wird Alnatura in Kooperation mit der Drogerie dm gegründet.

Mitte der 1980er-Jahre wurden die ersten Bioeigenmarken im konventionellen Lebensmittelhandel eingeführt, und dort tauchten auch die ersten Ökomarken wie Frosch (1986) auf. Damit war Bio dann in allen Vertriebskanälen mit einem kleinen Sortiment vertreten. Dennoch blieb der Bio- und Naturkostfachhandel der dominierende Vertriebskanal und überholte in dieser Phase den bis dahin vorherrschenden Direktvertrieb der Biolandwirte.

In Summe hatten sich die Marktstrukturen in einer Ökonische etabliert und es folgte im Wesentlichen eine Ausweitung der Biosortimente im Lebensmittelbereich, danach auch bei Kosmetik und Textilien. Das Schlüsselkonzept des Green Marketing blieb in dieser Phase, die nachhaltigen Produkte als ökologische Alternativen zu den konventionellen Produkten zu positionieren. Aber die Biobranche war in dieser Phase weitaus mehr damit beschäftigt, mit der steigenden Nachfrage auch den Biolandbau konstant mit zu entwickeln. Expansion und der Aufbau der Qualitätsführerschaft waren die Hauptaufgabe der Biobranche.

Weleda – Expansionsphase

Internationalisierung und Ausweitung des Produktportfolios

Weleda expandierte in den 1960er- und 1970er-Jahren: Einerseits wurde das Produktportfolio erweitert und andererseits wurden neue Auslandsgesellschaften in Neuseeland, Schweden, Brasilien und Argentinien gegründet. Für Weleda war es in dieser Phase ein Durchbruch, als seine Mitarbeiter 1976 an den Monografien für das Deutsche Homöopathische Arzneibuch mitarbeiteten. Seither ist Weleda noch immer für Informationen über jene Heilmittel verantwortlich, die mit Mineralien, Wärme und rhythmischen Behandlungen zu tun haben. Auf diese Weise gelang es, die Qualitätsführerschaft zu festigen.

Die Vertriebsstrategie fokussierte sich weiterhin auf den Fachhandel, wo sich immer mehr Konkurrenzprodukte etablierten. ◄

2.5   Green Marketing 3.0 – Strukturwandel der Ökobranche

Die Umsätze des Biomarktes stiegen von rund 2 Mrd. € (2000) bis auf knapp 12 Mrd. € im Jahr 2019. Jahr für Jahr kann der Biomarkt in allen Vertriebskanälen konstante Wachstumszahlen verbuchen. Alnatura beginnt in dieser Phase seinen Weg vom Green David zum Green Goliath: Zunächst wird Alnatura ab 1986 bei der anthroposophisch inspirierten Drogeriekette dm wie auch im Lebensmitteleinzelhandel tegut verkauft. Schon 1987 folgt die Eröffnung des ersten Super-Natur-Markts in Mannheim.

Strukturell wuchs die Anzahl der Läden und Bio wurde nach und nach auch in ländlicheren Gegenden verfügbar. Während sich das konventionelle Marketing händeringend um die Beziehungen zu seinen Kunden bemühte, waren One-to-One-Beziehungen in der Biobranche ein nativer Bestandteil des Green Marketing. Insgesamt lässt sich in der Phase des Green Marketing 3.0 eine Annäherung zum konventionellen Marketing feststellen. Dennoch bestehen hier wesentliche Unterschiede. Biomarken wurden von den Ökopionieren gegründet und daher intuitiv und in ihrer DNA auf die gleichgesinnten Menschen auf nachhaltige Werte ausgerichtet, während konventionelle Hersteller eher nach kurzfristigen Lösungsansätzen suchten, um neue Wege zu ihren Kunden auch kapitalisieren zu können.

Die konstanten Wachstumszahlen in der Bionische weckten aber immer mehr das Interesse neuer Akteure. Und damit veränderte sich auch in der Ökonische der Verkäufermarkt zu einem Käufermarkt. Die ersten Biohersteller hatten die Möglichkeit, auch die Many-to-Many-Kommunikation der Massenkanäle zu nutzen. Und im konventionellen Lebensmittelhandel eröffnete das Konzept neue Käufersegmente.

Gegen Ende dieser Phase trat Bio seinen Siegeszug in den Massenmärkten an, womit der massive strukturelle Wandel der Öko- und Biobranche begann. Als Bio aus der Ökonische tritt, werden auch staatliche Bio-Siegel (Deutschland: September 2001, Schweiz: 1997) und ein EU-Bio-Siegel (1. Juli 2010) eingeführt. Damit trat letztlich der Staat als zentraler Akteur auf. In diese Phase fällt auch die Gründung der BioFach, die sich von 2001 zu der weltweit führenden Messe für ökologische Konsumgüter mit rund 3500 Ausstellern entwickelt hat und von rund 50.000 Menschen besucht wird. Nach einigen Jahren nahm die Messe den führenden Wissensplatz um die nachhaltige Konsumgüterbranche ein. Inzwischen ist die BioFach auch in Amerika, Lateinamerika, Japan, Indien und China vertreten und verzeichnet weltweit rund 100.000 Besucher. Bio entwickelt sich zum Big Business.

Während das konventionelle Marketing beginnt, sich um seine Käufer zu bemühen und sich mit Nachhaltigkeitswerten ausstattet, wird Bio immer konventioneller und massentauglicher. Die gesamte Wertschöpfungskette wird optimiert, letztlich fangen die Preise an, nach unten zu gehen, da die großen Händler auf das System Bio Preisdruck ausüben. Ökoprodukte werden zum neuen Normal. Die Speerspitze bildet hier die Ökoreinigungsmarke **Frosch.** In den 1990er-Jahren erreichen die Frosch-Produkte am deutschen Markt die Marktführerschaft bei Haushaltsreinigern, trotz einer Reihe von Rechtsstreitigkeiten insbesondere mit dem Giganten Procter& Gamble. Die ersten Nachhaltigkeitsmarken werden zu Champion-Brands in den Massenmärkten.

Das Beispiel Frosch zeigt, dass sich nachhaltige Marken im Massenmarkt zu Wachstums-Champions entwickeln können, wenn es ihnen gelingt, durch eine kohärente Nachhaltigkeitsausrichtung und wirkungsvolle Nachhaltigkeitslösungen das Vertrauen der Käufer langfristig aufzubauen. Der ehemalige Green David entwickelte sich zu einem Green Goliath im Massenmarkt und konnte sogar konventionelle Marken von globalen Giganten verdrängen.

Diese Entwicklung von Bio in Richtung Massenmarkt läutet eine Phase der Diversifizierung des Systems Bio und Nachhaltigkeit ein:

- Diversifizierung der Bio/Öko-Käufer in achtsame Nachhaltigkeitskäufer und Billig-Biokäufer
- Diversifizierung der Verfügbarkeit vom konventionellen Handel, Discount, Fachhandel bis zur Direktvermarktung ab Hof
- Der Onlinehandel erkennt seine Chance, um direkt an seine Käufer zu vermarkten.
- Diversifizierung der Ökohersteller in die kleinen Green Davids und in die neuen grünen Goliaths, die sich zu Marktführern entwickeln

Diese Entwicklung wurde vor allem von dem Megatrend der Ökologisierung getrieben, den das Zukunftsinstitut (Papasabbas 2019) als den prägendsten Trend unserer Zeit definiert. Und Nachhaltigkeit gewinnt auch in der medial vermittelten Öffentlichkeit an Relevanz und befeuert damit die Nachfrage nach nachhaltigen Produkten und Lösungen. Wesentlich ist, dass sich insgesamt ein Wertewandel in der Gesellschaft zu Nachhaltigkeit und Fairness abzeichnete, an dem sich am Ende dieser Phase alle Akteure orientierten. Im Zentrum dieser Entwicklung steht ein Umstrukturierungsprozess eines individuellen Umwelt-Lifestyles zu einer breiten gesellschaftlichen Agenda, und damit überschreitet der Megatrend Ökologisierung eine Schwelle und wird zu einer strukturierenden Kraft der Wirtschaft.

Die neue digitale Welt gewinnt vor allem mithilfe der sozialen Netzwerke zunehmend an Relevanz für die Menschen. Und bald schon organisieren sich auch die grünen Engagierten in digitalen Plattformen, etablieren grüne Blogs und fangen an, für ihre Interessen mediale Inhalte zu kreieren.

Weleda – inmitten des Strukturwandels

Marketing im Mainstream

Weleda setzte 2008 erstmals große Plakatkampagnen ein, was für Ökomarken noch ziemlich ungewöhnlich war. Weleda war aber bereits länger in Hochglanzmagazinen mit großen Anzeigen präsent und führte eine Marketingkommunikation wie große Konsumgüterhersteller. Das Resultat: Weleda hat auch bei konventionellen Verbrauchern einen hohen Bekanntheitsgrad und wird meist als erste Naturkosmetikmarke genannt.

Das Marketing durchlief in dieser Phase eine völlige Transformation der Grundhaltung. 1992 erhielt die Marke einen Relaunch und eine modernere Markenidentität. Die Produkte wurden bunter und differenzierten sich markant von den auf die Farbe Weiß reduzierten Markenidentitäten der Hauptkonkurrent Dr. Hauschka oder Börlind. Damit schlug Weleda die Richtung einer Lifestyle-Marke ein und konnte eine andere Positionierung im Mainstreammarkt erzielen.

Trotz des visuellen Wandels wahrte Weleda seine Kernwerte. Kritikpunkt bleibt jedoch, dass die Verpackungen noch „konventionell" hergestellt werden, also aus Plastik produziert werden.

2013 baut Weleda auch die Beziehungen zu seinen loyalen Kunden weiter aus. Das existierende Magazin wird um das Magazin „Werde" ergänzt. Dies erscheint seither viermal pro Jahr und kann im Abo kostenpflichtig für 25 € abonniert werden. Es versteht sich als nachhaltiges Lifestyle-Magazin mit dem Claim „The Art of Green Living" und wird von 20.500 Personen abonniert. ◄

2.6   Green Marketing 4.0 – Nachhaltigkeit wird zum Treiber der Transformation

Die Nachhaltigkeitsmärkte und allen voran der Biomarkt entwickelten sich zu profitablen Wachstumsmärkten, wofür sich nun auch die konventionellen Anbieter verstärkt zu interessieren beginnen. Und so machen sich alle Nachhaltigkeitsakteure auf, um Handlungsstrategien zu entwickeln. Gerade durch die Digitalisierung unserer Gesellschaft verändert sich das Green Marketing 3.0, das noch dem konventionellen Marketing 3.0 hinterherhinkt. Dort beschreibt Kotler schon eine neue Welt des Marketing, das sich authentisch und ernsthaft seinen Käufern als Menschen zuwendet und persönliche Beziehungen zu ihnen aufnimmt. Das Green Marketing 3.0 konzentriert sich darauf, seine Wege in die Massenmärkte zu etablieren. Die entscheidenden Veränderungen in einer exponentiellen Geschwindigkeit bringt die Digitalisierung.

Die Digitalisierung transformiert alle Märkte

Ist die digitale Transformation der Start einer neuen und nachhaltigen Betriebswirtschaft? Es kommt darauf an, so René Schmidpeter (2019):

> „Manche Unternehmen erkennen diese Chance und bauen Nachhaltigkeit in ihre neuen digitalen Geschäftsmodelle mit ein. Dazu zählen etliche Lebensmittelhersteller, die über ein nachhaltiges Supply-Chain-Management jetzt belegen, woher Rohstoffe und Vorprodukte kommen. Andere wiederum meinen, gerade durch den Aufwand für die Digitalisierung jetzt keine Zeit für Nachhaltigkeit zu haben. Diese Unternehmen werden jedoch früher oder später auch bei der Digitalisierung scheitern. Denn gerade für die Digitalisierung brauchen Unternehmen ein solides Nachhaltigkeitsverständnis.“

Letztendlich hat sich also gezeigt, dass die Digitalisierung als zentraler Treiber der gesamten Ökonomie zu bewerten ist und das „konventionelle“ wie auch das Green Marketing in seinen Veränderungen gestaltet.

Ökologisierung 4.0

Megatrends sind laut Definition epochale Veränderungen und daher ubiquitär, global und von langer Dauer (Rützler und Reiter 2014, S. 11). Sie sind Cluster von mehreren Entwicklungen, die alle Menschen betreffen und daher einen evolutionären Druck auf die Gesellschaft, Wirtschaft und auf die Kultur ausüben. Wichtig bei der Wirkungsweise von Megatrends ist zudem, dass diese großen Trends meist auch Gegentrends auslösen, die dann zu Entwicklungen in die Gegenrichtung führen. Im Gegensatz zu den Megatrends, die zumindest über einen Zeitraum von 30 bis 50 Jahren wirken, handelt es sich hierbei meist um kurzfristige Entwicklungen. Aber in Summe schieben Megatrends große Entwicklungen langfristig an.

> „Ein neuer Zeitgeist, der sich über viele Jahre hinweg seinen Weg aus der Nische in den Mainstream gebahnt hat, ist jetzt im kollektiven Bewusstsein verankert. Er bringt neue

Marktlogiken und neue Kundenbedürfnisse hervor, disruptiert Geschäftsmodelle und stellt
das System Wirtschaft auf den Kopf."

Laut Zukunftsinstitut wird die Ökologie der Megatrend sein, der die 2020er mehr prägen
wird als ein anderer. Das Umweltbewusstsein wird sich in der Ökologisierung 4.0 von
einem individuellen Lifestyle zur gesellschaftlichen Bewegung und vom Konsumtrend
zum Wirtschaftsfaktor entwickeln. (Papasabbas et al. 2019b) Im Kern wird eine Ver-
änderungsdynamik vom Individuellen zum Kollektiven diese neue Phase der Ökologisierung als Megatrend ausmachen. Dabei wird auch vom „Greta-Effekt" gesprochen.
Diese Bewegung wird der Generation Y und Z zugeschrieben, die sich darin wieder-
findet, dass der Ära des Beklagens der Klimaproblematiken ein Ende gesetzt werden
soll, um in eine Ära des Handelns zu wechseln. Papasabbas et al. (2019b) konstatieren
für den Megatrend Ökologisierung, dass er in den 2020er-Jahren zum unternehmerischen
Umdenken zwingen und entschlosseneres Handeln einfordern würde. Beflügelt wird die
Transformation von einem Umdenken zum Handeln, das auch viele Menschen zu ihrem
persönlichen Ziel erheben.

Nudie Jeans – Ökopionier 4.0

Ökologisch, fair, ethisch, transparent, kollaborativ und zirkular
   Nudie Jeans ist ein schwedisches Unternehmen, dass 2001 gegründet wurde und
ein Beispiel für die Umsetzung der Prinzipien der Circular Economy in der Fashion-
branche ist. Zum einen wird für die Herstellung der Textilien nur ökologisch her-
gestellte Baumwolle verwendet, zum anderen werden faire Löhne bezahlt. Dabei
agiert das Unternehmen äußerst transparent und gibt vollen Einblick in die Zulieferer-
liste. Die Jeans werden nicht extra gewaschen und erhalten auch keine anderen Nach-
behandlungen. Aber zirkular wird dieses Konzept von Nudie Jeans dadurch, dass die
Kunden ihre Jeans in den Stores kostenlos reparieren lassen können. Dafür hat Nudie
Jeans in jedem Store ein Näh-Atelier eingerichtet, das rund ein Drittel der Geschäfts-
fläche einnimmt. In seinem aktuellen Nachhaltigkeitsreport gibt Nudie Jeans an, dass
im Jahr 2018 insgesamt 55.173 Jeans repariert wurden (Nudie Jeans 2019, S. 37). Ein
weiteres Drittel der Nudie-Geschäfte nimmt der Verkauf von Secondhandprodukten
ein. Im Jahr 2018 wurden insgesamt 2900 gebrauchte Jeans wiederverkauft und
10.500 wieder eingesammelt (Nudie Jeans 2019, S. 39). In Zukunft wird Nudie Jeans
die gebrauchten Jeans auch online verkaufen. Lediglich auf einem Drittel der Fläche
eines Nudie Stores werden neue Produkte verkauft.
   Nudie Jeans nennt dies „wear, tear and repair" Mindset, das 2018 in der Kampagne
„Get the Balance Right" an seine Stakeholder kommuniziert wurde. Nudie Jeans will
damit zum Ausdruck bringen, dass sich das Unternehmen um das rechte Maß bemüht,
was sich auch dadurch zeigt, dass alle nackt und barfuß gehen würden.
   Nudie Jeans ist in seiner Kommunikation ungewöhnlich tiefgründig, umfangreich
und transparent. Insgesamt agiert das Unternehmen auf all seinen Kanälen so, dass

man einen authentischen Willen zur direkten Kommunikation mit den Kunden feststellen kann.

„We love to share our knowledge und experiences with customers, the industry and our employees. But we also love when customers share their denim experience with us." (Nudie Jeans 2019, S. 46)

Die Marke interagiert mit seinen Kunden auch so weit, dass die Kunden gebeten werden, nicht nur Storys, sondern auch Bilder von ihren Jeans zu teilen. Sie erzählen damit authentische Geschichten des Gebrauchs einer Jeans und was die Jeans mit ihnen erlebt hat. ◄

Key Learnings für das Green Marketing

- Nudie Jeans kann als Prototyp eines Ökopioniers 4.0 betrachtet werden. Denn Nudie Jeans schafft es, alle neuen ökologischen Tugenden – ökologisch, fair, ethisch, transparent, kollaborativ, zirkular – in seinem Geschäftsmodell zu realisieren. Und damit ist das Unternehmen bereits seit rund 20 Jahren erfolgreich am Markt.
- Das Beispiel Nudie Jeans zeigt auch, dass 4.0 im Green Marketing nicht unbedingt die Digitalisierung als treibende Kraft zu verstehen ist. Vielmehr ist Nudie Jeans ein Enabler der Zukunft in eine nachhaltige Wirtschaftswelt und zeigt letztlich den Weg auf, der für viele Unternehmen noch zu beschreiten ist. Aber es sind diese Pioniere der 4.0-Ära, die meist andere zu ihrer eigenen Weiterentwicklung inspirieren. Diese Leuchtturmfunktion wird auch die zahlreichen Awards unterstützt, die Nudie Jeans konstant erhält.
- Die Wirkung dieser Ökopioniere 4.0 entfaltet sich auch als sozial-kulturelle Transformation, weil Nudie Jeans vor allem die Gewohnheiten, Routinen und die alltägliche Lebensführung seiner Community und allen voran seiner Kunden verändert. Denn solche 4.0-Pioniere bilden meist eine Öko-Community 4.0, die von diesem Konzept angezogen wird und sich mit diesem Unternehmen gezielt verbindet. Das sind die Brand-Advokaten 4.0, die in ihren Netzwerken von ihren authentischen Erfahrungen mit dieser Marke und deren Konzept berichten. Dabei stehen keine stumpfen Kaufempfehlungen mehr im Vordergrund, sondern es werden echte Storys geteilt. ◄

Das neue Ziel des Green Marketing ist das Community-Engagement

Das Green Marketing 4.0 wendet sich von seinen Wachstumsbestrebungen ab, um letztlich auch dem Verdrängungswettbewerb ausweichen zu können. Die Community rückt in den Fokus des Marketing, aber vor allem auch in den Mittelpunkt der Konzeption von Wertschöpfung. Es kommt vermehrt zu einer Kollaboration zwischen allen Stakeholdern in der gesamten Wertschöpfungskette, und es findet ein Wandel vom Individuum zur Community statt, der im Zentrum der Transformation steht. Community-Engagement ist somit ein strategischer Prozess.

Die Eckpfeiler des Community-Engagements bilden folgende Prinzipien:

- Fairness
- Gerechtigkeit
- Empowerment
- Partizipation
- Selbstbestimmung

Die Herausforderung für Unternehmen besteht im Management, in der Kombination und der Integration der kollektiven Erfahrungen und Beziehungen innerhalb von Communitys mit dem eigenen Organisationsmodell. Bevor das Marketing die ersten Initiativen ins Leben ruft, sollte abgesichert sein, dass das eigene Unternehmen die Communitys auch tatsächlich kennt: ihre Kultur, die wirtschaftlichen Rahmenbedingungen, das soziale Netzwerk und die Machtstrukturen darin, die Normen und Werte, die diese Community letztlich gebildet hat. Danach gilt es, Beziehungen zu den Communitys aufzubauen.

Brand Advocates
Begeisterte User sind der Zugang zu den Green Communitys und sollten daher im Green Marketing 4.0 im Fokus stehen und in die Marketingplanung integriert werden. Dennoch sollte Green Marketing 4.0 nicht wie Influencer Marketing betrieben werden. Denn Influencer unterscheiden sich von Brand-Advokaten dadurch, dass sie auf ihren Plattformen inzwischen häufig gegen Bezahlung Produkte empfehlen. Brand-Advokaten sind hingegen überzeugte Markenfans, die wegen ihrer Begeisterung und Loyalität die Marke weiterempfehlen. Sind die Brand Advocates einmal identifiziert, ist es am zielführendsten, die Beziehung zu ihnen über ein hohes Maß an Relevanz aufzubauen.

> „When a consumer becomes connected to a brand, this connection can lead to advocacy for the brand where the consumer spreads positive word-of-mouth about the brand." (Kemp et al. 2012, S. 510)

Kemp et al. (2012, S. 509) zeigen in diesem Zusammenhang auf, dass eine solche Beziehung dann gelingt, wenn eine hohe Übereinstimmung (Fit) des Markenimages mit dem Selbstkonzept der loyalen Markenkäufer vorliegt. Und hier ist eine Stärke von Green Marketing zu sehen: Die Green Davids vertreten und kommunizieren meist stark ausgeprägte Werte und weisen dadurch eine natürliche Basis auf, um diesen Beziehungsaufbau gestalten zu können. Denn mit dieser Basis verbunden ist meist Sympathie gegenüber einer Marke. Darüber hinaus sind für einen Brand-Advokaten natürlich die Wahrnehmung der Marke in ihrer Qualität und in ihrer Uniqueness sowie die persönliche Zufriedenheit wesentlich, sodass er oder sie sich mit einer Marke dauerhaft verbindet und diese dann auch aktiv in den Freundesnetzwerken empfiehlt. Und diese Weiterempfehlung nimmt gerade mit der Digitalisierung und der Etablierung der sozialen Netzwerke eine wesentliche Rolle in der Relevanz für Unternehmen ein. Denn die Brand Advocates bleiben der Marke auch dann treu, wenn negative Themen oder Kritik an einer Marke aufkommen und nehmen die Marke im Fall eines Shitstorms sogar in Schutz. Die Motivation bei Brand-Advokaten ist das Helfen und nicht die Selbstdarstellung wie bei Influencern, deshalb sollte sich das Green Marketing 4.0 auf sie fokussieren. Hier stehen also gute Beziehungen im Vordergrund und nicht Quantitäten wie die Anzahl von Followern.

Rosenthal und Bahr (2019) unterscheiden folgende drei Brand-Advocate-Typen:

- Markenloyalist: nutzt ein Produkt, aber empfiehlt es nicht weiter
- Markenfürsprecher: nutzt das Produkt nicht, empfiehlt es aber weiter
- Markenbotschafter: nutzt das Produkt und empfiehlt es weiter

---

Marketingziele, die nachhaltige Unternehmen durch Brand Advocacy unterstützen können

1. **Erhöhung von Sichtbarkeit:** Vor allem die Markenbotschafter empfehlen die Marke intensiv weiter. Nur wenige Botschafter erreichen meist eine beachtliche Größenordnung an Menschen.
2. **Generierung von Leads:** Die gesteigerte Sichtbarkeit und die positive Fürsprache führen aber auch zu Verkäufen.
3. **Steigerung der Marketingproduktivität:** Durch die aktive Fürsprache wird organisch für Suchergebnisse gesorgt, neue Kunden werden akquiriert und das Image einer Marke positiv unterstützt. Durch eine solche Beziehungsarbeit mit den Brand-Advokaten kann sich auch die Produktivität steigern, die ansonsten ein Marketingteam nicht selbst leisten könnte.
4. **Steigerung des Vertrauens:** Menschen vertrauen Brand-Advokaten mehr als Werbung. Und Vertrauen in eine Marke ist das wichtigste Fundament eines nachhaltigen Erfolgs am Markt.

Gerade der Aufbau von Vertrauen ist für Green Davids und für Greening Goliaths essenziell, denn im Green Marketing 4.0 zeigt sich, dass Vertrauen über alle Phasen des Marketing konstant gehalten hat. Lediglich die Art und Weise, wie Vertrauen zwischen den grünen Akteuren auf Seite der Unternehmen und auf Seite der Konsumenten aufgebaut wird und letztlich zu stabilen Beziehungen heranwächst, hat sich verändert.

Verdrängungswettbewerb und Diversifizierung

Dass nachhaltige Unternehmen unterschiedliche Wege einschlagen, zeichnete sich bereits in der ersten Dekade des 21. Jahrhunderts ab. Die strategische Ausrichtung wurde von folgender Frage angeleitet: Ökonische oder Massenmarkt? Neu ist die Entwicklung etwa ab 2000, dass die Nachhaltigkeitsmärkte in einen Verdrängungswettbewerb eintreten. Ab 2010 trifft dieses auf Biomärkte zu, denn hier etablierten sich marktbeherrschende Biounternehmen, die auch schwächere Konkurrenten vom Markt verdrängen. Damit ist für die Biobranche die Kooperation der Pionier-Phase endgültig vorbei.

Bio setzt sich nach Österreich auch in Deutschland im Discount durch. Und so bewarb Aldi 2018 beispielsweise sein Biosortiment und verkündete, Deutschlands führender Biohändler sein. Obwohl Biofachhändler eindeutige Vorteile gegenüber Discountern bieten (Beratung, Auswahl etc.), erzielte der Lebensmitteleinzelhandel 2018 bereits 59 % des gesamten Biomarktumsatzes. Dem steht der Biofachhandel mit einem Umsatzanteil von nur 27 % gegenüber. Der Lebensmitteleinzelhandel wächst konstant stärker als der Biofachhandel und erobert damit nach und nach den Biomarkt für sich (Tab. 2.2).

Ein weiteres Zeugnis der fortschreitenden Diversifizierung nach den Absatzkanälen zeigt ein Blick auf die Befragung der Biokäufer (Statista 2019): Die Werte geben an, wie viele der Befragten in der jeweiligen Einkaufsstätte Bioprodukte einkaufen:

- 88 % im Supermarkt
- 72 % im Discount
- 64 % bei Bäckern
- 61 % am Wochenmarkt
- 59 % beim Metzger

Tab. 2.2 Umsatzanteile nach Absatzebenen, Deutschland

	Naturkostfachgeschäfte	Lebensmitteleinzelhandel	Sonstige
2016	Umsatz 2,85 Mrd.	Umsatz 5,45 Mrd.	Umsatz 1,54 Mrd.
	Anteil 29,0 %	Anteil 55,4 %	Anteil 15,6 %
	Wachstum 5,0 %	Wachstum 14,6 %	Wachstum 2,2 %
2017	Umsatz 2,91 Mrd.	Umsatz 5,92 Mrd.	Umsatz 1,57 Mrd.
	Anteil 28,1 %	Anteil 57,2 %	Anteil 14,6 %
	Wachstum 2,2 %	Wachstum 8,5 %	Wachstum −1,6 %
2018	Umsatz 2,93 Mrd.	Umsatz 6,43 Mrd.	Umsatz 1,55 Mrd.
	Anteil 26,9 %	Anteil 58,9 %	Anteil 14,2 %
	Wachstum 0,8 %	Wachstum 8,6 %	Wachstum 2,4 %

Quelle: BÖLW (2019, S. 17)

- 54 % direkt beim Erzeuger
- **52 % im Bioladen oder im Naturkostladen**
- 42 % im Reformhaus
- 6 % über das Internet
- 6 % Abokiste
- 3 % Kiosk oder Tankstellen

Hier wird eine eindeutige Präferenz von Supermarkt und Discount bei deutschen Biokäufern deutlich. Diese Zahlen zeigen markant, dass die Diversifizierung der Vertriebskanäle bereits weit fortgeschritten ist und dass der konventionelle Lebensmitteleinzelhandel im Begriff ist, Bio zu für sich einzunehmen.

Peter Schader (2018) führt hierfür folgende Gründe an:

1. In ihren Wachstumsstrategien haben sich die Biosupermarktketten an dem Vorgehen am konventionellen Lebensmitteleinzelhandel orientiert. „Das macht es schwerer, sich als glaubwürdige Alternative zu positionieren." (Schader 2018)
2. Die Zielsetzungen und Herangehensweisen kleiner und großer Biofachhändler unterscheiden sich inzwischen sehr voneinander, sodass gemeinsame Interessen abnehmen. „Der Biofachhandel spricht – anders als er vorgibt – nicht mehr mit einer Stimme." (Schader 2018)
3. Die Biofachhändler erwarten von den Bioherstellern, dass sie exklusiv bei ihnen verkaufen und auf Listungen in konventionellen Supermärkten oder Drogerien verzichten. Sie fordern also eine Fachhandelstreue ein. „Das entzweit ehemalige Verbündete und lässt Kunden ratlos zurück." (Schader 2018)
4. Insgesamt wird es zunehmend schwerer, den Kunden zu erklären, warum Bio im Fachhandel besser als im konventionellen Supermarkt ist. Denn die konventionellen Supermärkte würden sich zudem, so Schader (2018), die Strategien des Biofachhandels abschauen.
5. Auch im Biofachhandel hat in den letzten Jahren eine Konzentration auf einige wenige und landesweit agierende Biohandelsketten stattgefunden.
6. Alnatura ging 2015 (nach der Trennung von dm) eine Allianz mit Edeka (Deutschland) und mit Merkur und Billa (Rewe, Österreich) ein und ist nun auch dort gelistet. Im Gegensatz dazu geht die Bio Company einen konsequenten Kurs der Abgrenzung vom konventionellen Lebensmitteleinzelhandel und achtet besonders darauf, dass die gelisteten Biohersteller nicht im konventionellen Supermarkt vertreten sind.
7. Aber auch die Biohersteller fordern von den Biofachhändlern, die preisaggressive Kopien ihrer Pionier-Leistungen in ihre Regale aufnehmen, eine höhere Herstellertreue ein. Damit „torpedieren Fachhändler das Alleinstellungsmerkmal der Marken, von denen sie diese Treue einfordern, mit Eigenmarken, die weniger kosten." (Schader 2018)

8. Auch das Unterscheidungsmerkmal der strengeren Anbauverbände weicht sich derzeit auf, da Rewe und Lidl ebenfalls nach strengeren Kriterien von Anbauverbänden wie Bioland, Demeter oder naturland zertifiziert werden. Auch Demeter, das unbestritten als strengstes Anbausiegel gilt, vollzieht hier einen Zickzack-Kurs und ist dabei, seine Demeter-Ware auch im konventionellen Handel zu listen.
9. Alnatura agiert bei seinen Eigenmarken intransparent und verzichtet auf der Verpackung auf Herstellerangaben.

In Summe schwindet die Unverwechselbarkeit des Biofachhandels, konstatiert Schader am Ende seiner Analyse (2018). Insbesondere die Verbandsware im konventionellen Handel und im Discount hat das bisherige Unterscheidungsmerkmal eliminiert. Zudem stellt Schader im Rahmen seiner Recherche fest, dass die Informationspolitik der Discounter Aldi und Lidl weitaus transparenter sei als jene der dominierenden Biofachhändler, die sich gegenüber Nachfragen abschotten. Schader sieht es nach dieser Bilanz als „erschreckend dürftig" an, wie der Biofachhandel seine schwindenden Alleinstellungsmerkmale und Umsatzanteile gegenüber dem konventionellen Handel verteidigt.

Der Blick nach England weist hier ein neues Potenzial für Profilbildungen in der Ökonische auf. So ist **As Nature Intended** in London mit sechs Shops und folgendem Konzept beheimatet: Bio ist hier kein Muss mehr, wenn auch 80 % der Produkte biozertifiziert sind. Hier finden sich vor allem lokale Produkte („locally sourced"), vegane Lebensmittel, Free-from- und Fair-Trade-Produkte. Verkauft werden aber auch Superfoods, es stehen spezielle Naturheilmittel in den Regalen und man kann in einem großen Bereich unverpackt aus Rüsselautomaten einkaufen. As Nature Intended vereint mit seinem Konzept also diverse Spezialinteressen und wird damit zum Anbieter für Menschen, die bewusst jenseits des Mainstreams einkaufen, aber sich nicht nur dogmatisch an einem Prinzip (bio, regional, verpackungsfrei) beim Einkaufen orientieren. Das Shopdesign ist modern und überwiegend in Holz ausgeführt, sodass die Shops mehr einem Fashionstore gleichen als einem Bioladen im typischen Öko-Chic. Und As Nature Intended zeigt auch, dass Quereinsteiger aus dem konventionellen Bereich solche Konzepte auf die Beine stellen können. Im Fall von As Natur Intended ist es Malcolm Walker, der Chef der britischen Frozen-Food-Kette Iceland. Er hat aus dem Massenmarkt heraus dieses innovative Konzept realisiert.

Blickt man auf den Verdrängungswettbewerb, der aus den aktuellen Wachstumsbestrebungen resultiert, so sei hier noch kurz darauf hingewiesen, dass damit immer der strukturelle Wandel einer Preisspirale nach unten verbunden ist. Denn bei zunehmender Konkurrenz wird der Preis ein immer wichtigeres Instrument, das dem Käufer hilft, sich in einem unübersichtlichen Angebot zurechtzufinden. Wie geht ein Käufer intuitiv vor? Man selektiert über den Preis zunächst die Premiumanbieter und die Massenprodukte. Und so führt dieser Automatismus dazu, dass grüne Anbieter nicht mehr von einer automatischen Mehrpreisbereitschaft bei nachhaltigen Lösungen ausgehen können.

Die neuen Green Goliaths geraten vorwiegend wegen ihrer Größe und Markt-dominanz in die Kritik

Der Strukturwandel der Biomärkte hat sich faktisch schon vollzogen, aber die einstigen Ökopioniere werden noch als solche wahrgenommen, was sie eigentlich nicht mehr sind. Sie selbst zeichnen immer noch dieses Image von ihren Ökopioniermarken. Faktisch hat sich hier eine Kluft zwischen dem alten Image und dem tatsächlichen Agieren als Big Player im Biomarkt aufgetan. Denn die Verbraucher merken, dass das Agieren dieser neuen Green Goliaths nicht mehr zu ihrem ursprünglichen bzw. dargestellten Selbst-verständnis passt. Das eröffnet ein weites Feld für Kritik. Und so erscheint 2012 bei-spielsweise das Buch „Der große Bio-Schmäh: Wie uns die Lebensmittelkonzerne an der Nase herumführen" von Clemens Arvay. Der Autor übt hier Kritik an der Lebensmittel-industrie und am Lebensmittelhandel, die in Österreich einen Großteil des Biomarktes in der Hand haben und den Biogedanken dem Massenmarkt unterwerfen (Arvay 2012):

- **Alnatura:** Der einstige Biopionier ist inzwischen ein dominierendes Biounternehmen im deutschen Markt geworden und gerät schon 2010 in die Kritik der Medien. Ein Bericht der „Taz" (Maurin 2010) thematisiert, dass Alnatura als „Ökokapitalist" zwar nachhaltige Produkte verkaufe, aber die eigenen Mitarbeiter schlechter als der konventionelle Handel bezahle. Dieser Widerspruch im Umgang mit den eigenen Mitarbeitern und dem kommunizierten fairen Umgang mit allen Partnern tritt eine Diskussion los. Am Ende lenkt Alnatura ein und vergütet seine Beschäftigten nach Tariflohn. 2015 wollten die Mitarbeiter von Alnatura in einer zweiten Filiale in Bremen einen Betriebsrat gründen, was die Geschäftsführung durch taktische Manöver zu verhindern versucht (Baeck 2015). Dies führt zu Prozessen, die auch heute noch andauern. Die mediale Kritik der „Taz" stellt in den Vordergrund, dass die Außenwirkung des „Gutgefühls" nicht mit dem tatsächlichen Handeln einhergehe (Baeck 2015). Der Bericht zeigt aber auch auf, dass Alnatura nur ein Beispiel sei und die gesamte Branche der Biosupermärkte nur vereinzelt Betriebsräte etabliert habe und einen Nachholbedarf aufweise.
- **Dennree und Bioland:** 2017 geraten Dennree sowie die Bio-Zertifizierer in die mediale Kritik, als die 2015 Agrofarm „Eichigt" erworben wird, die aus mehreren landwirtschaftlichen Betrieben mit über 4000 Hektar Fläche besteht, wovon sich 800 Hektar in Tschechien befinden. Der Betrieb wurde auf eine ökologische Bewirt-schaftung umgestellt und hat vom Bio-Verband „Bioland" die Zertifizierung erhalten. Diese Betriebsgröße hat eine Debatte um die Vorgehensweise des Zertifizierungs-unternehmens „Bioland" losgelöst. Auch hier führt der Journalist Maurin von der „Taz" (2017) den Widerspruch von Bioland ins Feld, das es als seine Mission betrachtet, dass seine Mitglieder Landwirte und nicht agrarindustrielle Unter-nehmen seien, was unter anderem an der Betriebsgröße festgemacht wird. Dennree wird hier vorgeworfen, das Ziel einer Billigproduktion zu verfolgen, wodurch

kleinere Biolandwirtschaften unter Preisdruck gesetzt würden, die infolgedessen
rationalisieren müssten. Die Kritik wirft aber auch anderen Bio-Zertifizierern wie
„Naturland" vor, dass sie noch weniger als „Bioland" auf die bäuerliche Produktion
der landwirtschaftlichen Erzeugnisse Wert legen würden (Maurin 2017).

- **Kampf gegen die etablierten Bioketten:** 2015 erscheint in der Welt ein Artikel von
  Michael Gassmann, bei dem es um den Kampf eines Green David gegen die über-
  mächtigen Bioketten geht. Alnatura, Bio Company, Denn's und Basic würden den
  Bioladenmarkt „rücksichtslos" aufrollen, so Gassmann (2015) in der Headline. Dieser
  Konflikt wird am Beispiel des Bioladenbesitzers Raoul Schaefer-Groebel in Bonn
  dargestellt. Die Ladeneigner wird hier als echter Ökopionier mit Wuschelhaaren und
  Ringelpullover beschrieben. Alnatura dagegen: Beton und große Glasflächen. Diese
  äußerlichen Kennzeichen, die Gassmann hier verwendet, zeichnen bereits dieses
  Bild eines David-gegen-Goliath-Konflikts. Der kleine Bioladen namens „Momo"
  liegt genau Alnatura gegenüber und die Bioketten würden eigentlich schon als Sieger
  dieses Konflikts feststehen.

  „Es sieht so aus, dass es den Ökopionieren des Handels heute so geht wie zwei
  Generationen zuvor den Tante-Emma-Läden, die vor Discountern und SB-Warenhäusern
  kapitulieren mussten." (Gassmann 2015)

  Momo ist aber ein Biofachgeschäft, das sich gegenüber dieser Biokettenkonkurrenz
  behaupten kann. Der Ladeneigentümer verweist auf seine 70 % Stammkunden. Damit
  ist Raoul Schaefer-Groebel das Best-Practice-Beispiel eines inhabergeführten Fach-
  handels, der mit der lokalen Nachhaltigkeitsszene verbunden ist. Ein weiterer Teil
  des Erfolgs ist aber sicherlich auch, dass der ehemalige Miniladen von 80 auf 600
  Quadratmeter angewachsen ist und zudem ein Onlineshop eröffnet wurde. Dann zog
  Alnatura genau gegenüber ein und eröffnete eine Filiale, was das Team von Momo
  aber weiter anspornte. Das Ergebnis war ein Solidarisierungseffekt der Kunden mit
  Momo, das seinen Umsatz um 30 % erhöhte.

- **Weleda:** 2012 kam Weleda ebenfalls in die mediale Kritik. Weleda hat einen Internet-
  blog von Claus Fritzsche mitfinanziert, der Kritiker von komplementärmedizinischen
  Praktiken systematisch angriff. Wesentlich dabei war aber, dass der von Weleda
  finanzierte Influencer Fritzsche unterschiedliche Server nutzte, die sich gegenseitig
  verlinkten, um so die Google-Suchergebnisse zu optimieren und seine Artikel besser
  platzieren zu können. Man hat also die unfairen Praktiken systematisch an Externe
  ausgelagert, um nicht Gefahr zu laufen, das Image der eigenen Marke zu beschädigen.
  Erst die öffentliche Anprangerung dieses Vorgehens als „schmutzige Methoden der
  sanften Medizin" (Lubbadeh 2012) führte dazu, dass Weleda die Finanzierung dieses
  Blogs einstellte.

Kooperationen 4.0

Unter Green Marketing 3.0 wurde bereits der Prozess der Angleichung der Ökonischen und des Massenmarktes beschrieben. Da viele Unternehmen, gerade aus dem konventionellen Marktbereichen, sich mit der Glaubwürdigkeit ihrer Nachhaltigkeitsagenden klar positionieren müssen, gehen viele von den Greening Goliaths dazu über, sich mit etablierten Nachhaltigkeitsakteuren in Kooperationen zusammenzuschließen, um gemeinsame Nachhaltigkeitsziele umzusetzen. Hierzu zwei praktische Beispiele:

- **Völauer & WWF Climate Group:** Völauer ist in Österreich Marktführer am Mineralwassermarkt und hat sich als ein nationaler Leitbetrieb in Sachen Nachhaltigkeit etabliert. Das Unternehmen hat sich ganzheitlich dem Ansatz verpflichtet, seinen ökologischen Fußabdruck zu reduzieren. Aus diesem Grund setzt Völauer nicht nur Zeichen, sondern integriert sich auch nach seinem Prinzip der Selbstverpflichtung zum Beispiel in den Aktionsplan Kreislaufwirtschaft der EU und überführt die übernommene Verantwortung auch in konkretes Handeln. So hat Völauer als Pionier 2018 eine zu 100 % recycelte PET-Flasche (rePET) eingeführt und parallel seine Glasmehrweglösungen weiterentwickelt. Die 0,5-Liter-Glasflasche ist in Österreich die erste Mehrwegflasche in dieser Größe. Anfang 2020 wurde dann die Kooperation mit der Climate Group vom WWF bekannt gegeben, die auf jeder Glasmehrwegflasche mit einem eigenen Siegel gut sichtbar platziert wird. Für diese Kooperation ist Völauer Mitglied in der WWF Climate Group geworden. Dieses Unternehmensnetzwerk setzt sich aktiv für einen wirksamen Klimaschutz ein. Hier soll klimabewusstes Handeln in Wirtschaft, Politik und in der Gesellschaft verfolgt werden. Die Kooperation beider Partner soll auf die ressourcenschonende Wirkung von Glasmehrweg verweisen, aber das primäre gemeinsame Ziel ist, die Ökobilanzierung dieser Glasmehrweglösung gemeinsam zu erstellen. Damit hat diese Kooperation sich ein Science Based Target im Bereich CO_2-Reduktion gesetzt. Denn beide Partner haben einen unabhängigen und objektiven Beirat damit beauftragt, diese Ökobilanzierung durchzuführen. Auf dieser Basis sollen in diesem Pionier-Projekt noch Optimierungspotenziale gefunden werden, beispielsweise für den Transport der schwereren Mehrwegflaschen aus Glas. Darüber hinaus wollen beide Partner gemeinsam Aktivitäten der Bewusstseinsbildung zum Thema Mülltrennung und -sammlung durchführen. Dass die Partner dieser Kooperation ein hohes Maß an Relevanz beimessen, erkennt man auch daran, dass beide gemeinsam über den Fortschritt des Projekts berichten. Die WWF Climate Group agiert in ihren Kooperationen wie mit Völauer möglichst transparent und erläutert auch, dass ihre Firmenpartner sie finanziell für die Kooperation unterstützen. Im Fall von Völauer ist auch angegeben, dass hier ein Betrag von „bis 25.000 €" entrichtet wurde
- **WWF & Erste Asset Management:** Der WWF hat bereits 2006 eine Kooperation mit die Erste Asset Management begründet, was auch international zu einer viel

beachteten Partnerschaft wurde. Gemeinsam wurde der „Erste WWF Stock Environment" begründet, der weltweit in Unternehmen der Umweltbranche investiert. Dabei
stehen die Themen Wasseraufbereitung und -versorgung, Recycling, Abfallwirt-
schaft, Erneuerbare Energien und nachhaltige Mobilität im Vordergrund. Der WWF
bildet im Rahmen dieses Fonds den Umweltbeirat und unterstützt hier beratend.
Auch in diesem Beispiel zeigt sich, dass beide Partner eine langfristige Partnerschaft eingegangen sind, da der Fond auch die Namen beider Partner trägt. Aus dieser
Kooperation kann auf eine jährliche Bilanz verwiesen werden, dass die nachhaltigen
Investments zum Beispiel 26 Mio. Menschen mit sauberem Trinkwasser und 18 Mio.
Haushalte mit erneuerbarer Energie versorgen.

Das Umweltbundesamt (2017) hat sich aufgrund der Zunahme der Kooperationen, die
seit 2000 verstärkt wahrzunehmen sind, intensiv mit den Kooperationen zwischen
Unternehmen und NGOs auseinandergesetzt, weil hier noch eine systematische Untersuchung von Umweltauswirkungen und Erfolgsfaktoren ausstand. Dort wird eine
Kooperation dann als vorliegend definiert, „wenn beide Partner die Verantwortung
für die Zusammenarbeit tragen und von den positiven Effekten der Kooperation
profitieren." (Sperfeld 2017, S. 8) Ziele sind hier, neue Impulse für nachhaltige Unternehmensführung oder innovative Geschäftsmodelle zu finden, innovative Lösungen für
Umweltprobleme gemeinsam zu finden oder auch neue Denkansätze zu entwickeln.
Die individuellen Ziele, die jeder Partner dabei verfolgt, sind aber ebenfalls Teil einer
funktionierenden Kooperation. Bei einer Kooperation zwischen Unternehmen mit
einer Umweltorganisation, wie oben mit dem WWF beschrieben wurde, birgt aber für
Umweltorganisation auch ein Risiko. Denn sie bringen meist ihre Kompetenz in die
Kooperation mit ein und würden im Falle des Scheiterns oder im Fall von Greenwashing
selbst Schaden nehmen. Mehr zu Kooperationen wird im Marketing Guide für Greening
Goliaths (Kap. 9) erläutert.

Neben dieser Zusammenarbeit zwischen Unternehmen und Umweltorganisationen
haben sich vielzählige Kooperationsformen etabliert. Insbesondere die FoodCoops
(Lebensmittelkooperativen) haben sich in dieser Phase 4.0 weiterentwickelt. Hier
schließen sich Konsumenten zusammen, um selbst organisiert gemeinsam direkt bei
Landwirten Produkte einzukaufen. Die Konsumgenossenschaften oder Erzeuger-Ver-
braucher-Gemeinschaften sind hier also die Vorläufer der neuen FoodCoops. Sie verstehen sich als Alternative zum bestehenden Lebensmittelsystem, weil sie durch ihre
direkte Kooperation den Handel umgehen und sich somit gemeinsam mit Lebensmitteln versorgen können, die sie selbst bevorzugen. Zudem ist es den Mitgliedern einer
FoodCoop meist auch ein Anliegen, die kleinstrukturierten Landwirtschaften zu unterstützten, die sich gegen die Agrarindustrie durchsetzen müssen. In einigen Ländern
haben diese Kooperationen zwischen Konsumenten und Landwirten schon eine jahr-
zehntelange Tradition, in anderen boomen sie etwa um 2010. Die Plattform FoodCoop.
at veröffentlicht auch im Detail die Motivationen vieler der Mitglieder von FoodCoops:

„FoodCoop-Mitgliedern geht der Ökotrend innerhalb des konventionellen Lebensmittel-
systems jedoch nicht weit genug. Sie definieren ihre Rolle als Konsument*in nicht allein
dadurch, sich von romantisierenden Werbebotschaften zum Kauf von Bioprodukten
bewegen zu lassen. Konsument*innendemokratie bedeutet für sie nicht, vor dem Super-
marktregal zu entscheiden, ob sie den Gewinn der Handelskette mit dem Premium- oder
dem Billigprodukt steigern." (Foodcoops 2020)

Es zeigt sich also, dass diese selbst aktiv werdenden Konsumenten dadurch motiviert
sind, als selbstbestimmter Akteur im Lebensmittelsystem auftreten zu wollen. Hier
wird bewusst der Handel umgangen, um sicherzustellen, dass ihr Geld direkt bei
den Landwirten ankommt. Die Wertschätzung der Arbeit des Landwirts wird hier
explizit angeführt. Aber auch die Frage des Vertrauens kommt hier ins Spiel. Denn den
bestehenden Kontrollstellen und Gütesiegeln wird von diesen Akteuren meist nicht
mehr vertraut, weshalb sie selbst Engagement aufbringen, um diese Kontrollleistung zu
erbringen.

„Die Idee einer FoodCoop ist es, dass Vertrauen nicht allein auf der Ebene von Kontrollstellen und Gütesiegeln liegt, sondern auf direkten Kontakten basiert. Durch Besuche und
auch Mithilfe auf den Bauernhöfen erhalten die Konsument*innen einen Einblick in die
Produktion ihrer Lebensmittel und die Produzent*innen erfahren Wertschätzung für ihre
Arbeit." (Foodcoops 2020)

Diese Form der Kooperation spiegelt also die Bestrebungen von einer neuen Generation
an Ökopionieren wider, für eine Community von Gleichgesinnten eigentlich eine neue
Handelsnische der Direktvermarktung zu etablieren. Dabei gehen sie bewusst den Weg
von lokalen und kleinen Netzwerken an Mitgliedern. Diese Kooperationen werden
überwiegend von sehr jungen – oft von Studierenden – Menschen organisiert, die in
einem städtischen Umfeld leben. Hier zeigt sich, dass vor allem in den Generationen
Y und Z ein hohes Potenzial zu sehen ist, in denen Nachhaltigkeitswerte und vor allem
Engagement realisiert werden. Lebensmittel sind hier kein Ausdruck von Lifestyle mehr,
wie es bei der Zielgruppe der LOHAS typisch ist, sondern Teil einer identitätsbetonten
Lebensführung.

Michael Kopatz hat sich im Rahmen des Forschungsprojekts „Wirtschaftsförderung
4.0" ebenfalls mit regionalen Kooperationen auseinandergesetzt, die Ansätze der
Gemeinwohlökonomie in sich tragen: Tauschringe, Regionalgeld, Repair-Cafes, Tausch-
läden, Soziale Kaufhäuser, Leihsysteme, Stadtgärten und solidarische Landwirtschaft.
Kopatz konnte in diesen Kooperationen meist ehrenamtliches Engagement identifizieren, die von der Förderung einer kooperativen Wirtschaftsform motiviert sind.
Die Bezeichnung 4.0 hat in diesem Zusammenhang einen anderen Hintergrund, als er
in diesem Buch mit Digitalisierung und Vernetzung begriffen wird. Kopatz sieht darin
Kooperationen, die eine Resilienzfähigkeit entwickelt haben. Diese Kooperationen
bleiben auch trotz externer Störungen in ihrer Funktionsweise bestehen (Kopatz o. J.,
S. 105). Denn diese Kooperationen sind innerhalb ihrer Grenzen in der Lage, sich neu
zu ordnen. Dabei stehe aber mehr die Effektivität als die Effizienz im Fokus, so Kopatz.

Interessant ist seine Überlegung, dass solche Kooperationen durchaus auch aufgrund individueller Nutzenmaximierung eines Einzelnen genutzt werden können: zum Beispiel beim Tausch von Kleidern. Dennoch entfaltet sich hierbei eine sozial-kulturelle Transformation, so seine Argumentation, weil Gewohnheiten, Routinen und alltägliche Lebensführung aller Akteure einer solchen Kooperation verändert werden. Und auf dieser Basis kommt Kopatz auch zu dem Schluss, dass kooperatives Wirtschaften nicht nur eine Ökomasche, „sondern von elementarer Bedeutung für eine zukunftsfähige Wirtschaftspolitik" sei (Kopatz o. J., S. 107). Der Kern von dieses kooperativen Wirtschaftens 4.0 ist also keine Hightech-Strategie, sondern fußt in unterschiedlichsten Formen von Kooperation. Im Netzwerk der Tauschbörsen, das in Österreich entstanden ist, hat sich ebenfalls eine 4.0-Funktion in Form einer Clearingstelle für den Tausch zwischen den unterschiedlichen Tauschkreisen gegründet. Damit wurde eine Funktion etabliert, die die erwähnten Störfaktoren eines solchen Tauschsystems abfedern kann.

In Summe hat sich seit 2010 ein hohes Innovationspotenzial in den unterschiedlichen Formen der Kooperation entfaltet, indem viel ausprobiert wird. Hier schließen sich die Ökopioniere der Gegenwart zusammen, um das Neue in die Welt zu bringen.

Weleda 4.0 – von der Krise in das digitale Zeitalter

Weleda vollzieht seinen digitalen Marketingwandel

Um 2010 zeichnet sich bei Weleda eine Finanzkrise ab. Vor allem der Arzneimittelbereich verursacht die hohen Verluste. Aber die Naturkosmetik entwickelt sich in den nächsten Jahren immer mehr zum tragfähigen Geschäftsbereich. 2011 räumte dann der Weleda-Vorstandsvorsitzende Patrick Sirdey überraschend „aus privaten Gründen" den Chefsessel – mit acht Millionen Verlust. Mit ihm verlassen noch einige Führungspersönlichkeiten das Unternehmen. Inzwischen wurde eine Krisen-Taskforce gegründet, die Sanierungsmaßnahmen vorbereitet. Nun werden auch ehemalige Manager von Nestlé und Novartis engagiert. Das ist ein echter Meilenstein. Denn bisher waren nur erfahrene Anthroposophen in den Führungspositionen denkbar. Aber neben diesen Managern treten nun auch die Hauptaktionäre in Schlüsselpositionen ein und ein externer Sanierer wird engagiert. Zunächst wurden rund 100 Mitarbeiter aus den Führungsebenen entlassen und das Sortiment der Arzneimittel stark reduziert. Ein Jahr später konnten wieder die ersten Gewinne verzeichnet werden. Und letztlich wurde ein kollegiales Führungsmodell eingeführt, bei dem eine moderne Managementphilosophie vorherrscht und weniger ein anthroposophischer Ansatz verfolgt wird.

Es wird wieder ein neuerlicher Wachstumskurs eingeschlagen. Der neue Zielmarkt ist die USA. Dort wird eine Produktion aufgebaut und das strategische Ziel verfolgt, die Abhängigkeit von den beiden Heimmärkten Schweiz und Deutschland zu reduzieren, wo rund 50 % der Umsätze generiert werden. Und es wird nach Wegen gesucht, um den Arzneimittelbereich in die Gewinnzone zu führen. Hier fehlt es aber noch an Ansätzen.

Weleda ist inzwischen zum Weltmarktführer für ganzheitliche Naturkosmetik geworden. 2019 launchte das Unternehmen die globale Markenkampagne „Eins mit der Natur", die von März bis Mai vor allem in den sozialen Medien präsent war. Thematisiert wurden die Kernwerte der Marke Weleda. Mit einer hohen Emotionalisierung durch hyperästhetische Bilder von Natur und Menschen sowie durch eine emotionale Sprache wurde der Konsument gefeiert, der mit der Natur verbunden („Einssein") ist, wenn er Weleda-Produkte verwendet.

Die Kampagnen zur Markteinführung werden intensiv in Kooperation mit Influencern und gesponsertem Content begleitet. Weleda hat mit Google eine Kooperation: Good SEO, Adword, Google Shopping. Für alle digitalen Medien hat Weleda ein konsequentes Content Marketing aufgebaut und auch das eigene Onlinemagazin „The Wellbeing Hub" etabliert. In Videos werden einerseits die Kunden beraten und informiert, zugleich können hier auch die eigenen Produkte gepusht werden. Eine eigene Content-Reihe ist die „Ausbildung" ihrer E-Konsumenten. Hier wird viel Hintergrundwissen zu den Produkten vermittelt und es wird auch gelegentlich von Kunden kreierter Content veröffentlicht.

In Frankreich hat Weleda einen Flagship-Store eröffnet, der sowohl Shop als auch ein Beauty-Institut ist. Aber sonst funktioniert der Vertrieb über den Fachhandel. In den letzten Jahren hat Weleda seinen Vertrieb erweitert und im Kontext von 4.0 auch einen Onlineshop eröffnet. Die Produkte sind heute auch bei Amazon erhältlich.

Weleda geht in Frankreich ungewöhnliche Wege: Hier wurde zum Beispiel eine Licht- und Musikshow mit Straßenkünstlern veranstaltet. In England wurde 2018 eine „Arnika-Tour" durchgeführt. Ein Expeditions-Jeep tourte durch das ganze Land und führte kostenlose Behandlungen durch. ◄

Key Learnings für das Green Marketing

- **Customer Centricity:** Weleda hat im Marketing konstant den Aufbau der Beziehungen zu seinen Käufern und Markenfans verfolgt. Von Beginn an wurde in den sozialen Netzwerken eine starke Community um die Marke aufgebaut. So hat die Facebook-Seite von Weleda beachtliche 1,2 Mio. Follower und Instagram 100.000 Abonnenten. Ein Vergleich zur Beurteilung dieser Größenordnung: Die Nachhaltigkeitsplattform und -Community Utopia gilt in Deutschland als die größte Green Community und belegt in Deutschland Platz 300 der am häufigsten besuchten Internetangebote insgesamt (10,2 Mio. Unique User pro Monat). Auf Facebook hat Utopia.de rund 250.000 Fans. Die Community von Weleda kann in diesen Dimensionen als „gigantisch" bezeichnet werden. Durch ein Monitoring seiner Communitys kann Weleda die Bedürfnisse seiner Käufer genauestens studieren und sein Marketing gezielt danach ausrichten.
- **Brand Advocates:** Weleda bietet seinen Brand-Advokaten zum Beispiel die Möglichkeit, zu Hause mit Freunden ein „Wellbeing Event" zu veranstalten.

Weleda hat auch Brand-Advokaten aus Hollywood aufgebaut, wodurch zum einen hohe Vertrauenswürdigkeit und Glaubhaftigkeit erzeugt und dadurch globale Medienreichweite erzielt wird. Beispielsweise verwenden Adele, Julia Roberts, Victoria Beckham, Rihanna und Madonna Weleda-Produkte. Und sie posten dies auch über ihre sozialen Kanäle und sprechen darüber in Interviews mit den Medien, was von Millionen Menschen zur Kenntnis genommen wird. Der Faktor Hollywood hat aber der gesamten Naturkosmetikbranche einen großen Push versetzt. Julia Roberts sprach in einem Interview mit „Instyle.com" für die inzwischen 90 Jahre alte Creme „Skin Food", die sie vor allem nach dem Geschirrwaschen verwendet. Und sie wringe die Tube sogar aus, damit sie alles rausbekomme, behauptet Roberts in diesem Interview. Über diese Interviews berichten dann in weiterer Folge zahlreiche Magazine wie zum Beispiel „Die Bunte" (7.12.2019), „Freundin" (27.1.2020), „The Sun" (28.5.2018) oder dem „USmagazine". Aber auch Victoria Beckham hat in einem Interview mit „Into the Gloss" über ihr Körperpflegegeheimnis „Skin Food" von Weleda gesprochen. Rihanna lässt sich dieselbe Creme sogar vor jeder Maniküre in ihren Lieblingssalon liefern. ◀

2.7   Quo vadis Green Marketing?

Der Umbau der gesamten Marktwirtschaft zu einer nachhaltigen Wirtschaft ist das große Projekt des 21. Jahrhunderts und wird von allen Unternehmen getragen werden. Und dennoch sind die nachhaltigen Unternehmen mit anderen Fragen und Herausforderungen konfrontiert, als es die konventionellen Unternehmen sind, die Nachhaltigkeit als Mehrwert in der Praxis umsetzen. Die Frage ist: Wie kann das gelingen?

7 Leitfragen an das Green Marketing der Zukunft
Zum Thema Green Marketing 4.0 kommen wir in Kap. 3 noch ausführlich zu sprechen. An dieser Stelle sei aber bereits darauf hingewiesen, dass in Zukunft nicht diese oder jene Methode oder dieses oder jenes Instrument des Marketing echte Zukunftslösungen generiert. Vielmehr wird das Marketing Antworten auf die großen Herausforderungen finden müssen. Die Kunst des Green Marketing 4.0 liegt also im Kreieren von holistischen Nachhaltigkeitslösungen, die ihren Nutzern wie auch der Umwelt einen Mehrwert bieten.

- **Frage 1:** Wenn die Digitalökonomie die Wertschöpfungsprozesse revolutioniert, wie können Green Davids und Greening Goliaths daraus innovative Geschäftsmodelle mit einem höheren ökologischen Impact ableiten?

- **Frage 2:** Für welche strategische Seite entscheidet sich das eigene Unternehmen, für die konsequente Besetzung der Ökonische oder für den konventionellen Massenmarkt?
- **Frage 3:** Wie kann der Verlust an Kooperation innerhalb der Ökopioniere reinstalliert werden, um langfristige Zielsetzungen einer Branche zu realisieren?
- **Frage 4:** Sind die Ökopioniere 4.0 die Zukunftsenabler für eine Ökologie 4.0?
- **Frage 5:** Wie relevant ist Wachstum für eine nachhaltige Zukunft tatsächlich?
- **Frage 6:** Wie kann es in Zukunft gelingen, die Qualitätsunsicherheit der Produkte und Dienstleistungen für die Nutzer zu definieren und transparent darzustellen?
- **Frage 7:** Sind die digitalen Communitys neben dem Handel die Gatekeeper der Zukunft, die die Vermittlungs- und Ausrichtungsfunktionen innerhalb ihrer Green Communitys übernehmen?
- **Frage 8:** Welche neuen Instrumente der Vertrauensbildung bietet die Economy 4.0 für nachhaltige Lösungen?
- **Frage 9:** Soll dem konventionellen Handel die Rolle als zentraler Akteur überlassen werden?
- **Frage 10:** Wie kann das Green Marketing in Zukunft Authentizität glaubhaft vermitteln?
- **Frage 11:** Lassen sich innovative Lösungen etablieren, um die Informationsasymmetrie in Bezug auf Einhaltung von Qualitätskriterien zu reduzieren?

Die Ökopionierleistungen der Green Davids werden also auch in Zukunft die Enabler der Nachhaltigkeit bleiben. In den diversifizierten Märkten werden künftig sehr viele neue Alternativen ausprobiert werden müssen. Daher ist Green Marketing 4.0 auch ein Marketing, das weiterhin grüne Innovationen ermöglicht, erprobt und optimiert. Ein einfacherer Zugang zu den Märkten ist ein kritischer Erfolgsfaktor zur Durchsetzung einer nachhaltigen Wirtschaft. Daher wird es wesentlich sein, dass diesen neuen grünen Lösungen nicht nur der konventionelle Handel mit seinem Fokus auf Massenmärkte zur Verfügung steht. Und an diesem neuralgischen Punkt etablieren sich aktuell auch zahlreiche alternative Vertriebskanäle und auch -strategien, die auch so weit gehen, dass die Prosumenten dies selbst in die Hand nehmen.

Im Green Marketing 4.0 wird zudem immer die Informationsasymmetrie in Bezug auf die nachhaltigen Qualitätskriterien ein zentrales Thema und damit eine große Herausforderung bleiben. Hierauf sind mithilfe neuer Methoden, wie zum Beispiel mittels Blockchain, neue Antworten zu finden. Marketingverantwortliche sollten gerade dieses Thema mit auf ihrer Top-Agenda haben. Das Überwinden der Informationsasymmetrie bildet letztlich immer die Vertrauensbrücke zum Konsumenten. Und daher wird auch in einer Zukunft 4.0 das Aufbauen, Pflegen und Vertiefen des Vertrauens der Nutzer in die Marke die zentrale Aufgabe bleiben. Qualitäts- und Vertrauensführerschaft bleiben also der Leitstern des Green Marketing 4.0.

Literatur

Arvay C (2012) Der große Bio-Schmäh: Wie uns die Lebensmittelkonzerne an der Nase herumführen. Ueberreuter, Wien

Baeck J-P (2015) Betriebsrat-Zott beim Bioladen. Taz, 26.10.2015. https://taz.de/Bio-in-Bremen-ohne-Mitbestimmung/!5241985/. Zugegriffen: 5. Dez. 2019

BÖLW (2019) Die Bio-Branche 2019. Zahlen, Daten, Fakten. BÖLW, Berlin. https://www.boelw.de/fileadmin/user_upload/Dokumente/Zahlen_und_Fakten/Broschüre_2019/BOELW_Zahlen_Daten_Fakten_2019_web.pdf. Zugegriffen: 3. Febr. 2020

FoodCoops (2020) Was ist eine FoodCoop? Plattform FoodCoop Österreich. https://foodcoops.at/was-ist-eine-foodcoop/. Zugegriffen: 23. Febr. 2020

Gassmann M (2015) Der fast aussichtslose Kampf gegen die Bioketten. Welt 18. Februar. https://www.welt.de/wirtschaft/article137574570/Der-fast-aussichtslose-Kampf-gegen-die-Bioketten.html. Zugegriffen: 4. Febr. 2019

Kemp E, Childers C, Williams K (2012) Place branding: creating self-brand connections and brand advocacy. J Prod Brand Manag 21(7):508–515. https://www.researchgate.net/profile/Elyria_Kemp/publication/235274347_Healthy_brands_Establishing_brand_credibility_commitment_and_connection_among_consumers/links/54219e7f0cf238c6ea65efac.pdf. Zugegriffen: 23. Juli 2019

Kopatz M (o. J.) Wirtschaftsförderung 4.0. Kooperative Wirtschaftsformen in Kommunen. https://epub.wupperinst.org/frontdoor/deliver/index/docId/6003/file/6003_Kopatz.pdf. Zugegriffen: 4. Apr. 2020

Kotler P (2012) „Marketing". Vortrag Chicago Humanities Festival. https://www.youtube.com/watch?v=sR-qL7QdVZQ. Zugegriffen: 9. Nov. 2019

Kotler P, Kartajaya H, Setiawan I (2010a) Die neue Dimension des Marketings. Vom Kunden zum Menschen. Campus, Frankfurt

Kotler P, Kartajaya H, Setiawan I (2010b) Marketing 3.0. From Products to Customers to the Human Spirit. Wiley, Hoboken

Kotler P, Kartajaya H, Setiawan I (2017) Marketing 4.0. Der Leitfaden für das Marketing der Zukunft. Campus, Frankfurt

Lubbadeh J (2012) Schmutzige Methoden der sanften Medizin. Süddeutsche Zeitung, 30. Juni. https://www.sueddeutsche.de/wissen/homoeopathie-lobby-im-netz-schmutzige-methoden-der-sanften-medizin-1.1397617. Zugegriffen: 5. Dez. 2019

Maurin J (2010) Ein Ökokapitalist sahnt ab. Taz, 29.3.2010. https://taz.de/!5145113/. Zugegriffen: 5. Dez. 2019

Maurin J (2017) Biobauern reden von Verrat. Taz, 8.5.2017. https://taz.de/Baeuerliche-Landwirtschaft-in-Deutschland/!5403859/. Zugegriffen: 5. Dez. 2019

Nudie Jeans (2019) Sustainablility report 2018. https://cdn.nudiejeans.com/media/files/Nudie-Jeans-Sustainability-Report_2018.pdf. Zugegriffen: 17. März 2020

Papasabbas L et al (2019) Neo-Ökologie – Der wichtigste Megatrend unserer Zeit. Zukunftsinstitut, Frankfurt a. M.

Rosenthal A, Bahr I (2019) Brand Advocacy: Die Geheimwaffe kleiner Unternehmen. https://www.capterra.com.de/blog/751/brand-advocacy-kleine-unternehmen . Zugegriffen: 22. Mai 2021

Rützler H, Reiter W (2014) Organic 3.0. Trend- und Potentialanalyse für die Biozukunft. Zukunftsinstitut, Wien

Schader P (2018) Die große Ratlosigkeit der Bio-Fachhändler: Sie Supermärkte und Drogerien die erfolgreicheren Bioläden? SupermarktBlog, 23. Februar. https://www.supermarktblog.com/2018/02/23/die-grosse-ratlosigkeit-der-bio-fachhandler-sind-supermarkte-und-drogerien-die-erfolgreicheren-bioladen/. Zugegriffen: 15. Apr. 2019

Schmidpeter R (2019) Wer jetzt keine Zeit für Nachhaltigkeit hat, wird scheitern. Lout, 15. Juli. https://lout.plus/Experten/Wer-jetzt-keine-Zeit-Nachhaltigkeit-hat-wird-scheitern.html. Zugegriffen: 21. Okt. 2020

Sperfeld F et al (2017) Innovative NRO-Unternehmens-Kooperationen für nachhaltiges Wirtschaften. Umweltbundesamt, Dessau-Roßlau

Statista (2019) Bio-Supermärkte in Deutschland. Statista. Study_id25061

Weleda (2019) Geschäfts- und Nachhaltigkeitsbericht 2018. Weleda AG, Arlesheim

Teil II
Green Marketing 4.0

Grüne Konsumenten 4.0

3

Zusammenfassung

Seit der Jahrtausendwende galten die LOHAS als das Zielgruppensegment, für das die meisten nachhaltigen Unternehmen und Agenturen ihre grünen Marketing- und Kommunikationskonzepte entwickelt haben. Heute haben sich die grünen Konsumenten entlang unterschiedlicher Motive, Interessen, Werte und Verhaltensweisen diversifiziert. Dieses Kapitel gibt einen Überblick über die aktuellen Zugänge, um Zielgruppen segmentieren zu können, und diskutiert die paradoxen Verhaltensweisen von Konsumenten, die gerade im Zusammenhang mit Nachhaltigkeit auftreten. Am Ende werden die strategischen Segmente Eco-Prosumer, strategisch-ethische Konsumenten und Nachhaltigkeitspragmatiker vorgestellt.

Mit dem Wertewandel innerhalb der Gesellschaft sowie durch die Digitalisierung haben sich die Menschen verändert – auch in ihrem Konsumverhalten und in ihren Ansprüchen an Unternehmen und Produkte.

Insbesondere der Einfluss der Digitalisierung und der Durchsetzung der sozialen Netzwerke hat zu einer höheren Partizipation unter den Konsumenten geführt. Sie sind im Zuge der Mediatisierung immer aufgeklärter und damit immer kritischer gegenüber Institutionen, Konzernen und der Politik geworden. Als moderne Bürger haben sie aufgrund ihres Zugangs zu mehr Informationen auch individuelle Vorstellungen entwickelt und sind eher bereit, an der Verbesserung der Gesellschaft zu partizipieren und sie aktiv zu gestalten. Deshalb organisieren sie sich in sozialen Systemen wie in Vereinen oder in **Communitys,** die sich dazu konstituieren, um einen bestimmten Zweck zu erfüllen. Dabei haben Vereine eine lange Tradition und sind sowohl durch regionale Nähe als auch durch eine persönliche Präsenz geprägt. Neu ist in der 4.0-Ära, dass sich erstmals Communitys virtuell bilden und organisieren können. Hier schließen sich Menschen mit denselben Wertehaltungen, Interessen oder Zielsetzungen auch über Nationen oder

© Springer Fachmedien Wiesbaden GmbH, ein Teil von Springer Nature 2021
A. Grimm und A. Malschinger, *Green Marketing 4.0,*
https://doi.org/10.1007/978-3-658-03698-0_3

Regionen hinweg zusammen, um sich gegenseitig zu informieren oder auch gemeinsame Ziele zu verfolgen. Die Bewegung „Fridays for Future" hat erstmals aufgezeigt, dass von einer einzigen Person (Greta Thunberg) ausgehend in einer sehr kurzen Zeitspanne solche Communitys über weltweite nationale Hubs koordiniert aktiv werden können und Millionen Menschen mit denselben Interessen und gemeinsamen Zielsetzungen mobilisieren können.

Mittels der unterschiedlichen digitalen Tools kann ein einzelner Mensch sich in den Communitys weitaus besser einbringen, als es in den traditionellen Verbands- oder Vereinsstrukturen der Fall ist. Gut illustrieren lässt sich dies an der Bewegung der Veganer, die im letzten Jahrzehnt ihre Interessen nicht nur innerhalb ihrer zahlreichen Communitys gut artikulieren konnten, sondern ihre Interessen auch in den Massen-märkten ihren Niederschlag gefunden haben. Durch die Möglichkeit, auch virtuell Communitys zu etablieren, bilden sich immer mehr und immer spezifischere Gemein-schaften. Idealismus und Gemeinnützigkeit sind hierbei die Hauptmotivationen. Communitys bilden sich allerdings auch, um gemeinsame Ängste vor Entwicklungen wie beispielsweise die Gentechnologie. Solche Beweggründe bringen die Menschen dazu, sich zu solidarisieren und Aktivismusgruppierungen zu etablieren.

Insgesamt hat sich also die Rolle des Konsumenten massiv gewandelt (Tab. 3.1), da er sich von einem passiven und machtlosen Produktkäufer und -nutzer zu einem relevanten Akteur entwickelt hat. Natürlich trifft das noch nicht auf die Gesamtheit aller Konsu-menten zu. Da aber die jungen Generationen Y und Z in der kommenden Dekade die Gestalter der Ökonomie werden, ist zu erwarten, dass sich die neue Rolle der Konsu-menten in dieser Zeit etabliert haben wird. Denn diese neuen Generationen zeichnen sich nicht nur dadurch aus, dass sie Digital Natives sind, sondern es auch ihr Recht ist, Nach-haltigkeit als Standard in ihr Leben zu integrieren.

Aber auch das Marketing an sich hat sich verändert. Denn in einem immer komplexer werdenden Wirtschaftsleben funktionieren die alten und einfachen Marketing Tools oft nicht mehr. Im Fall der Bildung von Käufersegmenten, also von Zielgruppen, trifft dies besonders zu. War es früher möglich, die Käufer nach demografischen Merkmalen wie Alter, Einkommen oder Geschlecht in Segmente einzuteilen, so kann man heute mit der Lebensrealität von hoch individualisierten und aktiven Konsumenten weitaus schwieriger Käufergruppen definieren. Hinzu kommt noch die Schwierigkeit, dass sich viele Menschen unter dem Einfluss des ökologischen Megatrends in einigen Aspekten

Tab. 3.1 Wandel der Konsumenten. (Nach Rippin 2008, S. 9)

Früher	Heute
Passiver Konsument	Aktiver Prosument
Lebensstandard	Nachhaltiger Lebensstil
Genormter Verbrauch	Individualisierter Konsument
Unkritischer Verbraucher	Mündiger Verbraucher
Puritanischer Ethos	Genussmoralität

nachhaltig verhalten und somit eine grüne Zielgruppe bilden. Wie ist dieser Problematik in der Praxis zu begegnen?

Interessant ist, dass sich keine der derzeit gängigen Publikationen über grüne Konsumenten dieser Fragestellung widmet. Meist wird auf die eine oder andere Weise eine Simplifizierung der Realität vorgenommen, um allgemeingültige Erkenntnisse darstellen und in der unternehmerischen Praxis strategische Zielgruppensegmente identifizieren zu können. Die groben Segmentierungen zeigen die markanten Unterschiede dieser Segmente auf, die bei der Vermarktung nachhaltiger Produkte oder Dienstleistungen essenziell und oft unvereinbar sind. Basis sind hier repräsentativ erhobene Studien über nachhaltige Konsumenten. Damit ist abgesichert, dass die Informationen für das eigene Land zumindest mit einer sehr hohen Wahrscheinlichkeit auch für das eigene Unternehmen relevant sind. Im zweiten Schritt erst werden dann in dem strategisch festgelegten Segment die tatsächlichen Käufertypen beschrieben und erforscht – nämlich ihr tatsächliches Kaufverhalten sowie ihre echten Werte, Kaufmotive, Einstellungen usw. Hier werden dann die eigenen Käufer untersucht oder jene, an die man in Zukunft die Produkte verkaufen möchte – also die potenzielle Zielgruppe (Abb. 3.1).

Zugegeben, die Erkenntnisse für das Marketing sind dabei nicht besonders innovativ. Aber die Mehrheit der Green Davids und Greening Goliaths definiert auch heute noch die „LOHAS" als Zielgruppe und befasst sich nicht weitergehend mit ihrer Zielgruppe. Hier liegt also noch ein offenes Handlungsfeld vor dem Green Marketing 4.0. Gut beraten wäre das Green Marketing, hier mit den aktuellen Entwicklungen auch neue

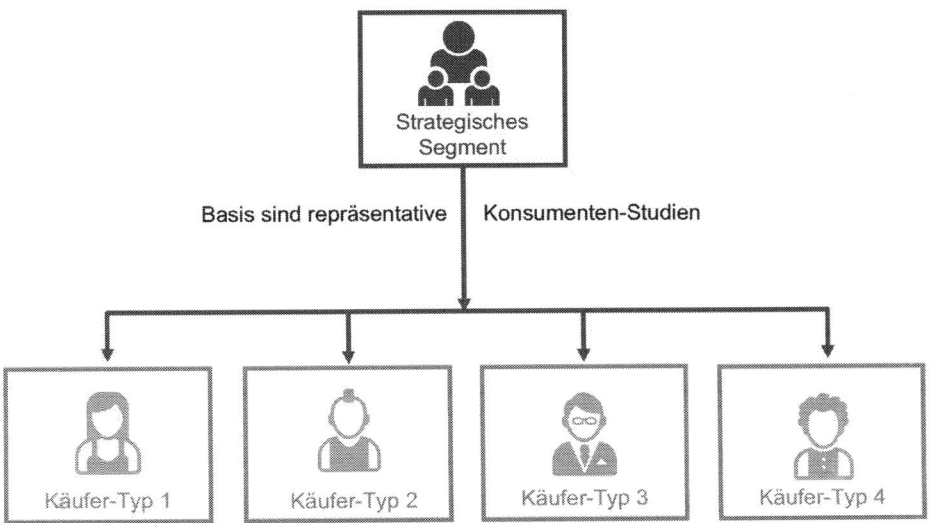

Abb. 3.1 Zielgruppen

Tools zu entwickeln. Sollten nicht die Brand Advocates (konkrete Individuen) und die Communitys (Gemeinschaften mit denselben Interessen, Zielen, Ängsten) in den Fokus rücken, um ein effektives Green Marketing umzusetzen? Aber das würde für das Green Marketing bedeuten, dass es von seinen starren Prozessen und Tools abrücken und ein agiles Marketing implementieren sollte, um zwischen Individuen und Gemeinschaften ihre (Verkaufs-)Beziehungen zu gestalten. Für das Green Marketing etabliert sich daher eine neue Vertrauensfunktion, das für persönliche und anonyme Nutzer dieselben Vertrauenssphären kreieren muss.

3.1   Sind wir alle grüne Konsumenten?

Wie aber sieht der Status quo aus? Sind schon alle grüne Konsumenten? Schon 2011 hat Jacquelyn Ottman, die führende US-Expertin für Green Marketing, festgestellt, dass Nachhaltigkeit nun im Mainstream angelangt sei und grundsätzlich alle grüne Konsumenten seien (Ottman 2011, S. 22–42). Konkret hält Ottman fest, dass 83 % der US-Bevölkerung in eines der definierten Segmente grüner Konsumenten fallen würde. Diesen Menschen ist gemeinsam, dass sie sich über nachhaltigkeitsbezogene Themen Gedanken machen oder besorgt sind. Ein Blick nach Deutschland zeigt, wie relevant Nachhaltigkeitsthemen für die deutsche Gesamtbevölkerung sind. Der deutsche Ernährungsreport 2019 stellt in der repräsentativen Befragung die Frage, wie sehr die Deutschen ihren Lebensmitteln vertrauen (Bundesministerium für Ernährung und Landwirtschaft 2019, S. 17)?

- 5 % Gar nicht
- 22 % Eher nicht
- 54 % Eher
- 18 % Voll und ganz

Deutsche Konsumenten interessieren sich für folgende freiwillige Informationen auf den Verpackungen (Bundesministerium für Ernährung und Landwirtschaft 2019, S. 20):

- 86 % Artgerechte Tierhaltung
- 82 % Umweltverträgliche Produktion
- 81 % Faire Produktionsbedingungen
- 80 % Hinweis auf Gentechnikfreiheit
- 35 % Hinweis auf vegetarische/vegane Produkte

Auf die Frage, was ist die richtige Lösung für die Ernährung einer wachsenden Weltbevölkerung sei, lauten die Antworten (Bundesministerium für Ernährung und Landwirtschaft 2019, S. 25):

- 84 % Lebensmittelabfälle reduzieren
- 74 % Fleischkonsum reduzieren
- 55 % Neue Formen der Landwirtschaft
- 44 % Produktivitätssteigerung
- 29 % Alternative Fleischarten

Im Bereich der täglichen Ernährung zeigt sich, dass die Deutschen nachhaltigkeitsbezogene Themen als prioritär einstufen. Dass die Realität des Handelns eine andere ist, bezeugt eine andere Studie von GfK. Denn tatsächlich wirft jeder Haushalt pro Jahr 109 kg Lebensmittel weg (Adlwarth und Hübsch 2017, S. 11). Das hat eine aufwendige GfK-Studie ergeben, bei der knapp 7000 Haushalte exakt Buch über ihre Lebensmittelabfälle führten. 44 % der Abfallmengen wären nach Angaben der Studienteilnehmer sogar prinzipiell vermeidbar gewesen. Die Deutschen finden es also wichtig, Lebensmittelabfälle zu reduzieren, weil sie wissen, dass sie noch zu viel wegwerfen und vermutlich in den Medien den Diskurs um diese Thematik mitverfolgt haben.

Bei der Segmentierung von Konsumenten ist außerdem die Einstellung zu Themen, die Werte von Menschen sowie die Motivation für nachhaltiges Konsumieren oder Handeln ein Maß der Dinge. Denn der Nachhaltigkeit gegenüber positiv eingestellte Menschen sind auf jeden Fall potenzielle Konsumenten, die in Zukunft grüne Produkte kaufen oder nutzen könnten.

Wie hat Jacquelyn Ottman nun den Großteil der US-Bevölkerung nach nachhaltigen Gesichtspunkten segmentiert? Auf Basis einer Studie des Natural Marketing Instituts hat sie in der gesamten US-Bevölkerung folgende Käufersegmente identifiziert und deren Größe bestimmt:

- 19 % LOHAS
- 15 % Naturalisten
- 25 % Trendsetter
- 25 % Grüne Pragmatiker
- 17 % Nicht grüne Konsumenten

LOHAS (Lifestyle of Health and Sustainability)
Sie sind in Umweltthemen involviert, führen ein holistisches, nachhaltiges Leben, sind umfassend über aktuelle Nachhaltigkeitsthemen informiert und konsumieren am liebsten Produkte, die ihrer Gesundheit wie auch der Umwelt guttun. Sie sind gut gebildet und gut situiert und am wenigsten preissensibel beim Einkaufen. Sie kaufen gerne nachhaltige Produkte, befassen sich aber auch intensiv mit Informationen und überprüfen genau, ob die Unternehmen und Marken auch mit ihren persönlichen Werten übereinstimmen. Dafür lesen sie sich auch die Nachhaltigkeitsprogramme von Unternehmen im Detail durch. 71 % von ihnen boykottieren eine Marke, bei der sie herausfinden, dass ihnen die Unternehmenspraxis missfällt.

Diese erste Nachhaltigkeitszielgruppe, die sogenannten LOHAS, wurde erstmals 2000 von den Soziologen Paul Ray und Sherry Anderson in ihrer Publikation „The Cultural Creatives: How 50 Million People Are Changing The World" beschrieben. Sie haben in ihren Forschungen dafür über 100.000 Menschen befragt und sich mit deren Werten und Einstellungen befasst. Ray und Anderson beschreiben, dass sich dieses Segment an Menschen, die sich um die Umwelt sorgen, die skeptisch gegenüber Institutionen sind, sich mit spiritueller und psychologischer Entwicklung befassen und Materialismus sowie Status ablehnen, seit den 1960er-Jahren entwickelt hat. Deren Haltung beschreiben sie als die Entwicklung einer Kultur der Kreativen. Die Relevanz der LOHAS sehen Ray und Anderson darin, dass sie einerseits bereits 26 % der amerikanischen und der europäischen Bevölkerung ausmachen und den kulturellen Wandel einer Gesellschaft antreiben können. Ihre Kraft für einen Wandel resultiert daraus, dass sie bereit sind, sich auch als Teil der gesellschaftlichen Lösung einzubringen.

- „They demand authenticity – at home, in the stores, at work, and in politics. (…) They insist on seeing the big picture in news storys and ads. This is already influencing the marketplace and public life" (Ray und Anderson 2001, S. 6).

Die beiden Soziologen beschreiben die LOHAS als Idealisten, die sich aber vor allem durch Engagement und Aktivismus auszeichnen. Sie denken global und sind am Erhalt der Umwelt interessiert. Aus der Perspektive des Marketing ist an dieser Gruppe besonders, dass sie sich nicht demografisch durch Alter, Einkommen, Geschlecht oder Bildung beschreiben lassen. Die LOHAS sind in ihren Werten vereint, so Ray und Anderson (2001, S. 22).

LOHAS – Checkliste nach Ray und Anderson (2001, S. xiv)
Wer zumindest mit zehn dieser Aussagen übereinstimmt, kann als „Cultural Creative" (LOHA) identifiziert werden.

- Ich liebe die Natur und bin besorgt über deren Zerstörung.
- Ich nehme sehr bewusst die Probleme des gesamten Planeten (globale Erwärmung, Zerstörung der Regenwälder, Überbevölkerung, Mangel an ökologischer Nachhaltigkeit, Bevölkerungsexplosion in ärmeren Ländern) wahr und will mehr Aktion zur Problembekämpfung sowie eine Limitierung des Wirtschaftswachstums sehen.
- Ich würde mehr Steuern oder mehr für Konsumgüter zahlen, wenn ich wüsste, dass das Geld zur Säuberung der Umwelt oder zur Bekämpfung der globalen Erwärmung verwendet würde.
- Mir sind der Aufbau und die Pflege von Beziehungen und Freundschaften wichtig.
- Mir ist es wichtig, anderen Menschen zu helfen.

- Ich engagiere mich für eine oder mehrere gute Angelegenheiten.
- Ich kümmere mich intensiv um eine psychologische und spirituelle Entwicklung.
- Ich sehe Spiritualität oder Religion als wichtig in meinem Leben an und bin der Meinung, dass religiöse Rechte in der Politik eine Rolle spielen sollten.
- Ich wünsche mir mehr Gleichberechtigung für Frauen am Arbeitsplatz und wünsche mir mehr Frauen in Führungspositionen in der Wirtschaft und in der Politik.
- Ich bin besorgt um die Gewaltbereitschaft und um den Missbrauch von Frauen und Kindern auf der gesamten Welt.
- Ich erwarte mir von der Politik, dass sie mehr Gelder für die Ausbildung und Gesundheit der Kinder in Nachbarschaftshilfe oder Communitys und in eine nachhaltige Zukunft investiert.
- Ich bin mit den Linken ebenso wie von den Rechten der Politik enttäuscht und wünsche mir einen neuen Weg, der nicht die schwammige Mitte ist.
- Ich tendiere zu einer optimistischen Einstellung in Bezug auf die Zukunft und misstraue den zynischen und pessimistischen Perspektiven der Medien.
- Ich möchte mich in meinem Land einbringen, um einen neuen und besseren Lebensstil zu etablieren.
- Ich bin besorgt, was die Großkonzerne für ihren Profit alles tun: Umweltprobleme verursachen und ärmere Länder ausbeuten.
- Ich habe meine Finanzen und Ausgaben unter Kontrolle und bin nicht von Überschuldung betroffen.
- Ich mag die erfolgsfordernde Haltung unserer modernen Kultur nicht; auch nicht das Raffen von Geld und das Ausgeben für Luxusgüter.
- Ich mag Menschen aus dem Ausland und exotische Orte, weil ich gerne von Erfahrungen mit anderen Lebensstilen lerne.

Im deutschsprachigen Raum wurden die LOHAS durch die Studie „Zielgruppe der LOHAS" (Wenzel et al. 2007) populär und von Entscheidern in der Wirtschaft intensiv rezipiert. Sie beschreiben die LOHAS als moralische Hedonisten oder idealistische Pragmatiker, die bisherige Widersprüche wie das Bedürfnis nach Nachhaltigkeit und Genuss, nach Umweltorientierung und Design, Ethik und Luxus miteinander vereinen können. Diese Beschreibung der LOHAS brachte bald Kritiker hervor, die die Konsumorientierung der LOHAS kritisierten. Sie würden eher das Zeitgeistimage für sich nutzen und weniger auf Konsum verzichten, um ihre Macht gegenüber dem Markt und der Politik zu nutzen, so die Vorwürfe von traditionellen Ökoaktivisten. Laut Statista (2018) betrug der Anteil der LOHAS-Kerngruppe 2015 in Deutschland 15,1 % und die LOHAS-Randgruppe weitere 12,7 %.

Helmke, Scherberich und Uebel (2016, S. 6) argumentieren, dass die LOHAS einen Konsumententypus verkörpern, „der durch seine Verbrauchermacht die Welt bewusst

in eher kleinen Schritten in ökologischer und sozialer Sicht nachhaltig verbessern will"
(Helmke et al. 2016, S. 6) und definieren folgende konstrastierende Charakteristika der
LOHAS (Helmke et al. 2016, S. 7):

- Technikaffin und intensiver Naturbezug
- Gesundheit und Genuss
- Individuell, aber nicht elitär
- Anspruchsvoll, aber kein Statusluxus
- Modern und wertebewusst
- Selbstbezogen und gemeinsinnorientiert
- Wirklichkeitsbezug und Spiritualität

Für das Green Marketing 4.0 ist aber aus heutiger Sicht auch essenziell, dass die LOHAS
schnell das aufstrebende Leitmedium Internet für ihre Anliegen nutzbar machten. So
haben viele der LOHAS begonnen, die neuen partizipativen Formate wie Blogs zu
nutzen. Hierzu ein Beispiel: Christoph Harrach, der nach einer Karriere bei Neckermann
zu Hess Natur wechselte, dann seine Arbeitszeit reduzierte und den Blog karmakonsum.
de gründete. Das Motto des Blogs „Do good with you money" steht für die Anliegen
der LOHAS. Das Gegenstück dazu ist in Österreich „Biorama", ein Magazin für einen
nachhaltigen Lebensstil, das von dem Journalisten Thomas Weber gegründet wurde.
Auch er ist ein nachhaltig denkender und schreibender Vertreter der LOHAS, wie Ray
und Anderson sie beschrieben haben. An Nachhaltigkeit Interessierte können an diesen
Internet-Infoknotenpunkten fundiert recherchierte Artikel lesen und sich umfassend
und tiefgehend mit zahlreichen Aspekten der Nachhaltigkeit befassen. Es ist aber auch
zu beobachten, dass diese Internet-Leitmedien und kommunikative Knotenpunkte von
grünen Communitys zunehmend bezahlte Kaufempfehlungen geben. Die LOHAS haben
ihr Engagement konstruktiv und effektiv für die Verbreitung der Nachhaltigkeit in das
Bewusstsein der breiten Öffentlichkeit gebracht.

LOHAS in Deutschland
Die demografischen Daten von Statista (2019, S. 6–11) über die LOHAS zeigen in
Deutschland, dass es sich tendenziell um Frauen (64 %) und ältere Personen (knapp
80 % sind über 40 Jahre alt) handelt. Sie haben einen höheren Bildungsabschluss (47 %
mit Hochschulreife oder höher) und verfügen über ein monatliches Haushaltsnettoein-
kommen über 3000 € (51 %).

Die LOHAS sind aber keine homogene Zielgruppe geblieben, sondern unterscheiden
sich mittlerweile im Kaufverhalten und im Lebensstil wesentlich voneinander. Lebens-
stile begründen sich vor allem in unterschiedlichen Wertehaltungen und in Verhaltensweisen:

- **LOVOS:** Das ist die Abkürzung für Lifestyle of Voluntary Simplicity, also der Lebensstil der freiwilligen Einfachheit. Sie integrieren bewusst Einfachheit in ihr Leben und hinterfragen bei ihrem Konsum, ob ein Kauf wirklich notwendig ist. Der Verzicht wie auch der Boykott sind für ihren Lebensstil kennzeichnend. Dadurch weisen sie auch Ähnlichkeiten zum Minimalismus, Zero Waste Living und zu Frugalisten auf.
- **PARKOS:** Bei ihnen handelt es sich um partizipative Konsumenten.

Es sind also die Werteorientierungen und die Lebenseinstellungen wesentlich, um Zielgruppensegmente voneinander zu unterscheiden. In Deutschland sind für die LOHAS soziale Gerechtigkeit, Beziehungen zu Freunden und Familie, Natur und ein unabhängiges Leben entscheidend. Und sie differenzieren sich von der durchschnittlichen Bevölkerung durch eine hohe Affinität zur Beschäftigung mit Sinnfragen des Lebens.

Statista (2019, S. 13) hat die Relevanz die Werteorientierungen und Lebenseinstellungen der LOHAS erhoben. Die Top-5-Werteorientierungen beziehungsweise Lebenseinstellungen sind in Deutschland folgende, wenn man ausschließlich die Antworten der befragten LOHAS heranzieht:

1. Soziale Gerechtigkeit (95,6 %)
2. Gute Freunde haben, enge Beziehungen zu anderen Menschen (93,7 %)
3. Naturerfahrungen, viel in der Natur sein (89,9 %)
4. Für die Familie da sein, sich für die Familie einsetzen (89,7 %)
5. Unabhängigkeit, sein Leben weitgehend selbst bestimmen können (87,0 %)

Vergleicht man aber die Lebenseinstellungen der LOHAS mit dem Durchschnittsergebnis der Deutschen, so zeigt dieser Unterschied (Gap) eine andere Top-5-Reihenfolge auf Statista (2019, S. 13):

1. Naturerfahrungen, viel in der Natur sein
2. Auseinandersetzung mit Sinnfragen des Lebens
3. Soziale Gerechtigkeit
4. Menschen helfen, die in Not geraten
5. Die Welt, andere Länder und Kulturen kennenlernen

Zu erkennen ist, dass sich die LOHAS weitaus mehr mit Sinnfragen auseinandersetzen, ihnen Naturerfahrungen weitaus wichtiger sind als den Durchschnittsdeutschen. Und es zeigt sich durch diese Verhältnismäßigkeit, dass ihnen soziale Anliegen nicht nur wichtiger sind, sondern dass ein aktives Helfen für sie relevant ist. Insgesamt kann das Green Marketing hier besser ansetzen, weil die Menschen sich auch selbst durch ihre Differenzierung gegenüber anderen Menschengruppen definieren. Im nächsten Schritt ist dann die Frage von Bedeutung, wie sich diese Einstellungen im konkreten Handeln wiederfinden und vor allem das Einkaufsverhalten prägen. Die deutschen LOHAS sind nach Statista (2019, S. 14) vor allem Qualitätskäufer, kaufen regionale und langlebige Produkte und sind bereit, für nachhaltige Produkte mehr auszugeben, was sich im Top-5-Ranking ablesen lässt:

- 89,0 % der LOHAS sind bereit, für gute Qualität mehr zu zahlen.
- 86,85 % der LOHAS achten bei Nahrungsmitteln vor allem auf die Qualität und weniger auf den Preis.
- 85,5 % der LOHAS bevorzugen beim Einkauf regionale Produkte aus der Heimat.
- 74,9 % der LOHAS achten beim Kauf von Produkten auf ihre Langlebigkeit, also dass die Produkte möglichst lange benutzt werden können.
- 74,0 % der LOHAS sind bereit, für umweltfreundliche Produkte mehr zu zahlen.

Trendsetter
Sie sind an grünen Themen interessiert, weil diese Themen im Trend sind, und bilden damit das Gegenstück zu den LOHAS. Sie haben Nachhaltigkeit nicht in ihren Lifestyle integriert und werden auch nicht von nachhaltigen Werten geleitet. Sie fahren ein Elektroauto, weil es trendy ist und nicht, um Energie zu sparen oder Emissionen zu reduzieren.

Naturalisten
Ihr Ziel ist es, einen gesunden Lebensstil zu pflegen. Sie verfolgen die Geist-Körper-Spirit-Philosophie und interessieren sich beim Kauf von Produkten überwiegend für Gesundheitsbotschaften wie „natürlich" oder „frei von". Sie befassen sich mit den gesundheitsschädlichen Folgen von Chemikalien in Lebensmitteln, Textilien oder Kosmetik. Aber ihre Kaufentscheidungen sind nicht so fundiert recherchiert wie bei den LOHAS, und sie entscheiden sich weitaus rascher für die gesündere Alternative, die sich ihnen bietet. Wenn man dieses Segment zum nachhaltigen Handeln oder Kaufen ansprechen will, so muss ihnen der Vorteil einer nachhaltigen Kaufentscheidung für ihre persönliche Gesundheit kommuniziert werden. Demografisch gesehen haben sie in den USA aber das geringste Einkommen und die geringste Bildung innerhalb der grünen Käufersegmente.

Grüne Pragmatiker
Sie drehen beispielsweise die Heizung runter oder das Licht aus, um Geld zu sparen. Ihr nachhaltiges Handeln wird also hauptsächlich durch praktische Motivationen geleitet. Sie sind sich der Nachhaltigkeitsproblematik bewusst, sind aber nicht wie die LOHAS bereit, für biologische Lebensmittel einen Mehrpreis zu bezahlen.

Nicht grüne Konsumenten
Sie sind nachhaltigen Themen gegenüber wenig aufgeschlossen und können auch nur dann zum nachhaltigen Handeln bewegt werden, wenn es hierzu gesetzliche Vorgaben

gibt und ihnen keine Alternative bleibt. Sie kaufen zum Beispiel biologische Lebensmittel gelegentlich, aber nur aus Versehen.

3.2   Typologien

Typologien sind „simplexe" Beschreibungen, die im Marketing helfen, die Konsumenten in Gruppen so zusammenzufassen, dass die Menschen in einer Gruppe bestimmte Ähnlichkeiten oder Gemeinsamkeiten aufweisen. Welche Merkmale herangezogen werden, um solche Gruppen zu bilden, ist je nach Segmentierungsmodell unterschiedlich. Denn die einen verwenden die Wertehaltungen oder die Kaufmotive und die anderen Modelle stellen das konkrete Kaufverhalten und Einkaufspräferenzen in den Fokus. Da bei der Bildung solcher Segmente immer nur eine übersichtliche Anzahl an Kriterien herangezogen werden kann, sind solche Segmente immer eine Simplifizierung der Realität. Denn die einzelnen Menschen in einer Gruppe weisen natürlich eine Vielzahl an individuellen Lebensweisen, Bedürfnisse und Handlungsstrategien auf.

Typologien des alltäglichen Nachhaltigkeitshandelns und deren Argumentationsaffinität
René John und Inka Bormann haben für Deutschland eine repräsentative Typologie zu Umweltbewusstsein und Umweltverhalten erarbeitet. Für das Green Marketing liegt der Wert dieser Arbeit in der Ausarbeitung von Argumentationen, die für den jeweiligen Typus in Bezug auf Umweltbelange relevant ist. John und Bormann (2014, S. 103–108) haben folgende Typologien identifiziert und beschrieben. Zudem werden Ansätze und das Potenzial des jeweiligen Typus skizziert (Tab. 3.2).

Diese beiden engagierten Typen der Optimierer als auch der Idealisierer sind das Hauptpotenzial von Green Davids, die einen tiefen Ökologisierungsgrad durch die gesamte Wertschöpfungskette aufweisen. Sie können und sollten mit umfassender Transparenz agieren, um ein hohes Maß an Authentizität zu erreichen. Ihre Ökoinnovationen werden gerade von diesen beiden Gruppen schnell übernommen und durch ihre Netzwerke verstärkt. Sie sind zudem auch hochpartizipative Akteure, die nachhaltige Unternehmen durch ihr Engagement oder durch ihre finanzielle Unterstützung (Crowdfunding) unterstützen.

Dennoch muss man aus der Perspektive des Marketing sich auch immer bewusst bleiben, dass diese beiden Typen exzellente mediale Verstärker, aber oft keine langfristigen loyalen Käufer sind, weil sie gerne Neues ausprobieren und etablierte Lösungen der Masse wieder aufgeben, um sich mit neuen Lösungen auseinanderzusetzen. Hier kommt also ihre wahrgenommene Selbstwirksamkeit zum Tragen, da sie durchaus ihre Aufgabe als Opinion Leader in ihren Netzwerken bewusst verfolgen. Und so kommt es, dass auch die Erwartungen der Communitys sie vorauseilend nach dem Neuen suchen

Tab. 3.2 Typologien des nachhaltigen Alltagshandelns und Argumentationsaffinität. (Nach John und Bormann 2014, S. 103–108)

Typus	Umweltorientierte Einstellung und Alltagshandlungen
Engagierter Optimierer	Menschen dieses Typus suchen in Bezug auf Umweltbelange aktiv nach Innovationen und verändern auch ihr umweltbezogenes Handeln. Neue Informationen werden also gesucht und reflektiert. Sie orientieren sich aber auch an Suffizienz – aber vor allem bei Produkten des nicht alltäglichen Bedarfs (Kleidung, Elektronik) Ihre Einstellung beim Lebensmittelkonsum ist davon geprägt, dass sie der Meinung sind, dass eine nachhaltige Ernährung weit mehr umfasst, als nur Biolebensmittel zu kaufen. Sie vertrauen den Biogütesiegeln, tendieren aber zum Kauf von Lebensmitteln mit strengeren Richtlinien Menschen dieses Typus fahren auch Rad, sind aber ebenso dem Genuss und der Erholung im Leben zugetan. Sie sind in Bezug auf ihr persönliches umweltbezogenes Handeln davon überzeugt, dass dies auch Effekte für die Gesellschaft habe. Sie nehmen sich also mit einer hohen Selbstwirksamkeit wahr Da Menschen dieses Typus sich konstant Wissen zu Umweltthemen aneignen, weisen sie ein hohes Vertrauen in angebotene Strukturen auf, und ihre Ansichten werden nicht von Skandalen getrieben Wenn sie nicht nachhaltige Produkte kaufen müssen, weil sie strukturelle Probleme haben, sind sie unzufrieden. Das veranlasst sie dazu, in einigen Konsumfeldern pragmatisch bis skeptisch zu argumentieren
Potenziale für das Green Marketing	Sie sind eine wichtige Zielgruppe als grüne Innovatoren, die sich über neue Lösungen aktiv informieren und dieses Wissen privat und über digitale Medien aktiv teilen. Dadurch haben sie einen hohen Einfluss in nachhaltigen Communitys oder sind selbst Influencer Auf der Ebene der Kooperation sind sie wichtige Akteure in einer Netzwerkökonomie. Folgende Rollen können sie als Akteure einnehmen: a. Akteur als Netzwerker: Sie sollten als Meinungsführer aktiv gesucht werden und im Zentrum von Communitys mit Informationen versorgt werden. Sie können auch als aktive Gast-Blogger in die Kommunikation integriert werden, wodurch ihr Engagement auch gewürdigt wird. Dort können sie neue Produkte oder Dienstleistungen in ihrem Alltag ausprobieren und beurteilen. Aufgrund ihres Wissens sind sie aber auch imstande, Umweltthemen aus Nutzersicht kritisch zu reflektieren b. Akteur als Markenbotschafter: Sie können als engagierter Optimierer als Botschafter der Marke auftreten. Die Strategie ist hier, im Sinne der Authentizität mit echten Menschen, ihren Werten und ihrem Engagement zu kooperieren. Sie können in unterschiedliche Dialogformaten (Blog, Forum, Runder Tisch etc.) integriert werden. Gerade bei erklärungsbedürftigen Produkten können sie für andere potenzielle Käufern die Umweltwirksamkeit und die Alltagsanwendung mit Hintergrundinformationen anreichern. Denn diesen erfahrenen Menschen vertrauen die engagierten Idealisierer und Pragmatiker weitaus mehr. Sie schaffen Vertrauen und personalisieren das nachhaltige Markenversprechen. Wichtig ist dabei, dass diese Markenbotschafter ihren Werten treu bleiben können. Im Idealfall findet man Markenbotschafter, die dieselben Werte wie die Marke repräsentieren c. Akteur als Ideengeber: Sie sind es, die aufgrund ihrer umfassenden Wissensaneignung und ihrer umfassenden Alltagserfahrung neue Ansprüche formulieren und diese Ansprüche oder auch Ideen an entsprechende Stellen verteilen können Wenn ein nachhaltiges Unternehmen mit mehreren engagierten Optimierern zusammenarbeitet, entsteht ein reger Austausch mit Communitys und vor allem ein Proof für Authentizität und Transparenz

(Fortsetzung)

Tab. 3.2 (Fortsetzung)

Typus	Umweltorientierte Einstellung und Alltagshandlungen
Engagierter Idealisierer	Sie sind von der Motivstruktur den engagierten Optimierern im Grunde ähnlich, weil sie viel eigene Erfahrungen in Bezug auf umweltbezogenes Handeln machen. Ihr Wissenserwerb wird aber von einer emotionalen Betroffenheit angestoßen und wirkt sich weit weniger auf ihre idealisierten Überzeugungen aus. Sie tendieren dazu, abzuschweifen und den Problemfokus zu verlieren Sie vertrauen vor allem Personen und fokussieren sich auf nachhaltige Alltagspraktiken. Aber in Bezug auf die umweltbezogenen Wirkungen ihrer Alltagshandlungen sind sie unsicher, was sie auch nicht durch Wissen ausgleichen oder ausräumen können. Sie hoffen also mehr, dass ihr Handeln auch Wirkung zeigt Sie kaufen Lebensmittel im konventionellen Supermarkt oder bestellen Biolebensmittel in der Abo-Kiste. Da sie die Transparenz bei der Produktkennzeichnung als mangelhaft einstufen, bevorzugen sie strenge Labels. Zudem boykottieren sie auch Produkte oder Marken, die für sie ein schlechtes Image aufweisen Sie verlangen politische Regulierungen mit strikten Sanktionen und einem Belohnungssystem
Potenziale für das Green Marketing	Sie spielen in Communitys eine wesentliche Rolle, und zwar nicht als Wissensakteure, sondern als emotionale Verstärker. Sie agieren in ihren Communitys als emotionale Überzeuger, denn sie weisen in diesen Themen eine hohe Kommunikationsaktivität in ihren Communitys auf. Dabei steht meist nicht die faktische Sache im Fokus, sondern die persönliche Nutzung oder Erfahrung im persönlichen Kontext im Vordergrund Für das Green Marketing ist wesentlich, dass ihnen ebenso wie den engagierten Optimierern rationale Argumentationen zugänglich sind. Aber sie benötigen einen emotionalen Zugang zu den nachhaltigen Produkten und Leistungen. Über diese Emotionalisierung können ihre Unsicherheiten abgebaut werden, und das bringt die engagierten Idealisierer in eine gefühlt sichere Haltung gegenüber der umweltbezogenen Wirkung. Es muss also im Marketing hinterfragt werden, wie diese Unsicherheiten abgebaut werden können und eine positive Einstellung gegenüber dem Produkt, der Marke oder dem Unternehmen herbeigeführt werden kann. Zum Beispiel: Label gut sichtbar platzieren und transparente Informationen anbieten, Empfehlungen durch Dritte oder Experten verwenden, positive Nutzungserlebnisse von anderen Nutzern (engagierte Optimierer) zugänglich machen, Transparenz durch Fakten, aber auch durch Storytelling (Nutzungserlebnisse von Kunden, persönliche Statements der Geschäftsführer oder Mitarbeiter) schaffen, den relativen Vorteil des Produkts in möglichst konkreten Zahlen darstellen Die Emotionalisierung ist aber das Hauptpotenzial dieses Typus. Das bedeutet, dass sie gerne über ihre nachhaltigen Erfahrungen und Produkte in ihrem persönlichen Umfeld kommunizieren. Das Green Marketing muss sich also überlegen, wie es emotional geprägte Erfahrungen oder Erlebnisse anbieten kann. Die emotionale Wirkung wird über persönliche Erlebnisse am besten erreicht. Typisch sind beispielsweise Besichtigungen der Produktion, des Hofes oder Teilnahme an Workshops oder Seminaren. Das schafft Anlässe, über die diese emotionalen Überzeuger in ihren Netzwerken in Form von persönlichen Erlebnisreports berichten

lassen und sie von den ehemals neuen Produkten wieder ablassen. Sie sind also gerade
am Beginn einer Produkteinführung wesentlich im Marketing.

Diese beiden engagierten Typen, der Pragmatiker und Skeptiker, weisen ein hohes
Potenzial für die Implementierung von ökologischen Angeboten in Massenmärkten auf.
Sie weisen ohnehin ein hybrides umweltbezogenes Verhalten auf. Wenn ihnen der Zugang
zu ökologischen Lösungen erleichtert wird, indem sie leicht in ihre Alltagshandlungen
implementiert werden können, sind sie jene Käufergruppen, die sich relativ lange als
loyale Käufer erweisen. Dadurch sind sie für nachhaltige Unternehmen jene Käufer-
gruppen, mit denen sie eigentlich am ehesten ihre Umsätze generieren können. Denn
sie benötigen die geringsten Marketingaufwendungen im Verhältnis zu den erreichten
Umsätzen für einen Kundenlebenszyklus.

Interessant sind noch folgende reflektierenden Erkenntnisse der Autoren John und
Bormann (2014, S. 108): Sie stellten in Bezug auf das nachhaltige Mobilitätsverhalten
fest, dass hier über alle Typologien hinweg eine pragmatische Argumentation vor-
herrsche. Die Teilnehmer der Studie sehen im Bereich Ernährung ein hohes Potenzial für
ihre alltäglichen Umweltpraktiken.

3.2.1   Konsumtypen Biolebensmittel

Das deutsche Ökobarometer hat vier Nutzertypen von Biolebensmitteln. Die Unterscheidung der Nutzertypen wurde anhand der Faktoren „Häufigkeit des Biolebensmittel-
konsums", „Kaufortpräferenz" und anhand von Kaufmotiven getroffen (Ökobarometer
2019, S. 10–18).

- **Überzeugter Biointensivkonsument (14 %):** Kauft häufiger bis ausschließlich Biolebensmittel, präferiert spezielle Einkaufsstätten und Umweltaspekte sowie Regionalität; altruistische Motive stehen im Vordergrund. Auch wenn sie für die Umwelt bio
  einkaufen, ist es ihnen am wichtigsten, dass Rückstände von Pflanzenschutzmitteln
  vermieden werden und ein positiver Beitrag zum Umweltschutz geleistet wird. Ihnen
  sind aber auch die Einhaltung von Sozialstandards und ein faires Einkommen überdurchschnittlich wichtig. Von allen Typen legen sie den größten Wert auf eine persönliche Bekanntheit mit Erzeugern.
- **Bewusster Biostammkonsument (22 %):** Kauft regelmäßig Biolebensmittel, hat
  dabei eine differenzierte Präferenz zu Einkaufsstätten und ist mehr auf den eigenen
  Nutzen (also egoistische Motive) fokussiert. Für diesen Typus ist der natürliche
  Geschmack überdurchschnittlich wichtig und weniger der positive Beitrag zum
  Umweltschutz. Aber auch die Bekanntheit zum Erzeuger ist für sie von Bedeutung.
- **Zufälliger Biogelegenheitskonsument (37 %):** Kauft unregelmäßig Biolebensmittel
  und weist einen geringen Konsum auf, präferiert eher normale Einkaufsstätten und
  hat keine dominierenden Aspekte für den Kauf. Sie sind mehr an der Qualität der
  Produkte interessiert und bevorzugen einen natürlichen Geschmack. Die Beziehung

zum Erzeuger ist für sie weniger relevant. Erstaunlich ist auch, dass das Vermeiden von Rückständen von Pflanzenschutzmitteln, eigentlich das klassische Kriterium für den Kauf, am wenigsten wichtig für sie ist.

- **Nicht-Konsument (26 %):** Kauft gar keine oder sehr wenig Biolebensmittel, hat daher auch keine Präferenz beim Einkauf sowie keine explizite Motivation zum Kauf.

In Bezug auf die Biolebensmittel haben Ökolandbau (2020) wie auch Sigrid Schmid (2012) von der Gesellschaft für Innovative Marktforschung eine Konsumentenstudie durchgeführt und folgende Zielgruppen als relevant beschrieben:

- **Ernährungsumstellung mit dem ersten Kind:** Im Fachhandel kaufen derzeit noch immer 90 % Frauen ein. Und gerade junge Mütter mit einem hohen Bildungsabschluss legen auf eine gesunde Ernährung ihrer Familie großen Wert. Mit dem ersten Kind stellen viele Familien ihre Ernährung auf biologisch um. Gerade die neue Generation an jungen Müttern setzt sich intensiv mit den Biolebensmitteln auseinander, speziell mit jenen, die sie für ihre Kinder kaufen.
- **Verantwortungsvolle Konsummitte:** Dies ist überwiegend die Generation 30 plus und wird von Schmid auch als „Öko-Bürgertum" beschrieben. Sie repräsentieren noch die grüne Ideologie, und ihnen ist insbesondere das Sendungsbewusstsein gemeinsam. Sie leben in Großstädten. Ihnen sind Werte grundsätzlich wichtig. Dabei spielen ein gesundes Leben sowie ein fairer Genuss eine wichtige Rolle beim Einkaufen. Damit sind sie also die klassischen Nachhaltigkeitsvertreter. Denn ihnen ist es auch wichtig, dass die nächste Generation nicht ihrer Grundlagen beraubt wird und dass mit sozial Schwächeren nachsichtig umgegangen wird. Für ihre Meinungsbildung ziehen sie Informationen aus Qualitätsmedien und aus Nachhaltigkeits-Informationsportalen heran, aber auch ihren Freundeskreis. Gegenüber den Bioprodukten erwarten sie sich eine ausgeprägte Hochwertigkeit, die sie auch gerne mit einem höheren Preis honorieren. Laut Schmid (2020, S. 40) handelt es sich zwar eine relativ kleine Zielgruppe, die jedoch glaubwürdige Multiplikatoren mit hoher Kaufkraft seien. Dieser Zielgruppe wird auch der Markterfolg der fair gehandelten Lebensmittel zugeschrieben, deren Umsatz sich von 2002 bis 2011 (400 Mio. €) verzehnfacht hat. Dieser Umsatz wird nicht mehr in den „Welt-Läden", den ersten Anbietern von Fair-Trade-Produkten, sondern bei Rewe und Edeka gemacht. Dort werden bereits um die 100 Produkte (Stand 2012) angeboten, während die Welt-Läden nur mehr 10 % des Umsatzes mit Fair Trade ausmachen. Die verantwortungsvolle Konsummitte zeichnet sich aber auch dadurch aus, dass sie aus einer Selbstverständlichkeit heraus ein umfassendes nachhaltiges Leben führt. Dazu gehören u. a. energiesparende Elektrogeräte, Fahrrad und Bahn fahren, frische Mahlzeiten zubereiten, nachhaltige Inneneinrichtung, Naturkosmetik und nachhaltige Kleidung. Sie bemühen sich um eine gute ökologische Gesamtbilanz ihrer Lebensweise und hinterfragen deshalb auch, wo und wie sie ihren Urlaub verbringen (Schmid 2012, S. 42).

- **Bio-Natives:** Der Ökolandbau beschreibt damit die aufstrebende Biogeneration, die in Zukunft den Biohandel bestimmen wird. Die Bio-Natives sind in Analogie zu den Digital Natives jene junge Generation, die bereits mit Biolebensmitteln aufgewachsen sind. Sie haben also in ihrem Elternhaushalt selbstverständlich viel über Biolebensmittel gelernt und können daher auch die unterschiedlichen Qualitäten gut differenzieren. Sie haben aber auch die Lebensmittelskandale miterlebt und schon in ihrer Jugend Reportagen über Massentierhaltung gesehen, die ihre Qualitätswahrnehmung mitgeprägt haben. Ihnen sind qualitativ hochwertige Produkte sehr wichtig, aber sie können sie sich noch nicht immer leisten. Daher ist die Preisfrage für sie beim Einkaufen auch eine wichtige Kaufentscheidung. Sie sind auch jene Zielgruppe, die für eine regionale Beschaffung von speziellen Lebensmitteln Zeit und Kosten investiert. Im konventionellen Handel oder im Discount kaufen sie ihre Alltagslebensmittel. Für sie sind die Biolebensmittel aber auch ein Teil ihres Lifestyles, weil für sie ihre Konsumentscheidungen ein Zeichen ihrer Persönlichkeit darstellen. Sie sind meist sehr gut vernetzt. In Bezug auf Biolebensmittel sind sie sehr gut informiert und prüfen die Produkte sehr sorgfältig, bevor sie sie kaufen. Social Media und das Internet sind dabei für sie die entscheidenden Informationsquellen und auch die entscheidende Prüfinstanz. In Social-Media-Kanälen findet ein intensiver Diskurs über nachhaltige Produkte statt. Hier informieren sie sich u. a. über Angebote und hier wird auch über die Glaubwürdigkeit von Herstellern entschieden. Eymann und Schmid (2020) haben in ihrer Studie auch herausgefunden, dass in diesem kollektiven Diskurs gerade „Pseudo-Bio" identifiziert und dann konsequent gemieden wird.

Eymann und Schmid (2020) beschreiben die Bio-Natives aber auch als jene Zielgruppe, die die Position vertreten, dass man auch konsequent Handeln und beispielsweise auf Billigfleisch verzichten sollte. Händler wie H&M werden nach Möglichkeit gemieden. Da sie ihre Überzeugung jedoch nicht immer konsequent umsetzen können, sind sie auch mit einem schlechten Gewissen konfrontiert. Wenn sie dann mit einem Job mehr finanzielle Freiräume haben, gehen sie dann konsequent im Biohandel einkaufen. Auch sie versuchen, ein holistisch nachhaltiges Leben zu realisieren: von Lebensmitteln, Kosmetik, Putzmittel, Kleidung über Möbel bis zum Reisen. Daher interessieren sie sich auch für Upcycling und wollen gegen die Wegwerfgesellschaft etwas unternehmen.

3.2.2 Ethische Konsumtypen

Peter Wippermann (2011, S. 22–26), Gründer des Hamburger Trendbüros, hat im Auftrag der Otto Group die Trendstudie zum nachhaltigen Konsum verfasst und hier vier Konsumtypen im Kontext von ethischem Konsum und Vertrauen identifiziert.

- **Misstrauische Verweigerer (8 %):** Sie sind ein eher kleines Segment, tendenziell männlich, jünger und verfügen über ein geringes Einkommen. Sie haben ein geringes

Interesse an ethischem Konsum, weil sie der Auffassung sind, dass sie damit nichts ändern können. Entsprechend dieser Einstellung haben sie auch kein Interesse, sich aktiv mit Informationen auseinanderzusetzen. Ihnen mangelt es generell an Vertrauen in Politik, Unternehmen oder in die Medien und daher auch in ethische Produkte, weshalb sie für diese Gruppe keinen Mehrwert bringen. Interessanterweise sehen sie schon, dass einzelne Menschen wichtige Impulsgeber für Veränderung sein können. Aber sie selbst haben keine Bereitschaft dafür, Verantwortung zu übernehmen und aktiv zu werden. Beim Einkaufen spielt der Preis die größte Rolle. Denn beim günstigsten Preis fühlen sie sich nicht über den Tisch gezogen. Wippermann stellt fest, dass diese Gruppe sehr schwer für ethischen Konsum zu begeistern ist (2011, S. 22).

- **Verhaltene Skeptiker (25 %):** Menschen dieses Segments sind auch tendenziell männlich, aber ein wenig älter als die Verweigerer (Generation X). Sie sind nur mäßig am ethischen Konsum interessiert und weisen ein sehr geringes Engagement auf. Ihr Wissen um die Hintergründe von nachhaltigen Problematiken ist zwar vorhanden, wird aber nicht in die Handlung umgesetzt. Immerhin kaufen 18 % aus dieser Gruppe dennoch ethische Produkte und 40 % beziehen ethische Aspekte überhaupt in Kaufentscheidungen mit ein. Sie sind der Meinung, dass die Politik die Verantwortung für ethischen Konsum habe oder andere mit der Umsetzung vorangehen sollen, um die Rahmenbedingungen zu ändern. Wippermann (2011, S. 23) meint, dass sie sich ihrer Macht als Konsumenten nicht bewusst seien. Sie stehen dem ethischen Konsum also eher verhalten gegenüber, sind aber nicht gänzlich verschlossen, so Wippermann. Sie brauchen bequeme und einfache Angebote, die sie zum ethischen Konsum bringen. Sind sie einmal überzeugt, dann können sie durchaus ein loyales Verhalten aufweisen.

- **Aufgeschlossene Pragmatiker (34 %):** Hier sind Männer wie Frauen der älteren Generation (Generation X und Babyboomer) ausgewogen vertreten. Sie nehmen ihre Verantwortung für den nachhaltigen Konsum sehr ernst, weshalb 82 % von ihnen immer ethische Kriterien bei ihren Kaufentscheidungen berücksichtigen. Diesen Pragmatikern kommt aber immer wieder in die Quere, dass ein ethischer Konsum mit Aufwand verbunden ist. Sie wollen nicht zu viel Zeit in die Informationssuche stecken. Daher verlassen sie sich oft auch auf ihr Bauchgefühl, mein Wippermann (2011, S. 24). Ihr Motto ist: „Gut genug reicht auch." Oder sie verlassen sich auf Bewertungen anderer Kunden und auf Testergebnisse unabhängiger Institutionen. Sie benötigen Orientierung und vertrauen auf externe Informationsquellen. Sie sehen vor allem die Konsumenten und die Wirtschaft in der Verantwortung für eine nachhaltige Entwicklung und für Impulse zur Veränderung. Aber als ethische Pragmatiker handeln sie auch selbst, wollen dabei aber nicht zu viel Zeit verlieren. Sie wollen einfache und schnelle Entscheidungen treffen.

- **Informierte Aktive (34 %):** Hierbei handelt es sich vor allem um Frauen und ältere Menschen, die ethische Kriterien in ihren Konsum einbeziehen und sich aktiv in den ethischen Konsum einbringen. Sie haben auch ein ausdifferenziertes Verständnis und orientieren sich an unterschiedlichen Kriterien – von Umweltfreundlichkeit, regionaler Erzeugung bis zu fairer Herstellung. Diese Gruppe bringt Unternehmen, die ethische Produkte herstellen, ein hohes Maß an Grundvertrauen entgegen. Wippermann (2011, S. 25) hat in seiner Studie herausgefunden, dass sie einen höheren Preis als Indikator für faire Löhne oder eine teurere Herstellung bewerten. „Ethische Produkte geben Sicherheit, die richtige Wahl getroffen zu haben", bringt es Wippermann (2011, S. 25) auf den Punkt. Man könnte auf Basis dieses Statements meinen, es handle sich um uninformierte Konsumenten. Mitnichten: Sie sind sehr gut informiert, in die Breite wie auch in die Tiefe. Sie suchen also aktiv nach Informationen und reden mit Freunden, um gute Entscheidungen treffen zu können. Gütesiegel fungieren für sie nur als Anker zur Orientierung und die Angaben auf den Verpackungen werden im Vergleich zu den anderen Gruppen mehr gelesen. Sie fordern transparente Informationen ein und haben hohes Vertrauen in unabhängige Kontrollinstanzen. Und letztlich sehen sie sich selbst auch in der Verantwortung, etwas für eine positive Entwicklung beizutragen. Sie sind der Meinung, so Wippermann (2011, S. 26), dass nur durch ein Zusammenspiel von eigener Verhaltensänderung und politischen Rahmenbedingungen neue Impulse in Veränderung umgesetzt werden können. Sie weisen das höchste Bewusstsein für Selbstwirksamkeit auf.

3.2.3   Holistische Nachhaltigkeitslebensstile

Der deutsche Volkswirt Niko Paech (2011) prägte ab 2006 die sogenannte „Postwachstumsökonomie" und brachte damit ein Wirtschaftssystem in den Diskurs, das nicht mehr davon ausgeht, dass die Bedürfnisse der Menschen nicht mehr auf Wachstumsprinzipien beruhen. Er argumentiert, dass aufgrund von knappen Ressourcen ohnehin die ökologischen Grenzen bald erreicht seien, die ein Ende des Wachstums nach sich ziehen würden. Aus der Perspektive des Green Marketing ist zum einen interessant, dass sich Niko Paech auch gegenüber dem „grünen Wachstum" und damit gegenüber dem Green

Abb. 3.2 Prosument

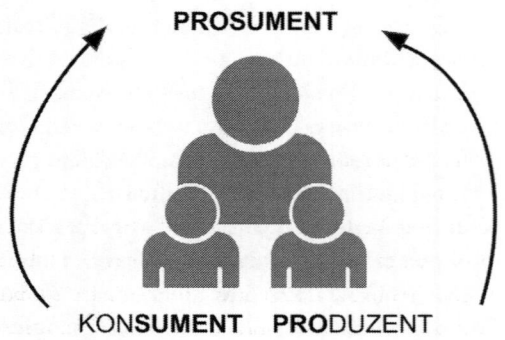

Marketing nicht nur deutlich abgrenzt. Vielmehr bezeichnet er dies als „utopische Vorstellung" (Paech 2009, S. 85).

Von diesem Ansatz ausgehend hat Niko Paech auch über die Relevanz des Verhaltens der Konsumenten als zentralen Nachhaltigkeitshebel für eine ökologische Wirksamkeit nachgedacht und vertritt den Ansatz, dass die nachhaltigen und vor allem die möglichst holistisch umgesetzten Eco-Lebensstile eine relevante Größe darstellen und weniger die nachhaltigen Produkte selbst. Er gibt zu bedenken, dass häufig ökologische Güter hergestellt werden, die nicht wirklich genutzt werden, weil sie mitunter ein „Resultat zusätzlicher Produktion" (Paech 2011) sind. An einem Beispiel konkretisiert bedeutet dies, dass auch aus dem Trinken einer Bionade ökologische Auswirkungen resultieren. Er meint, dass der Kauf und das Trinken von biologischen Limonaden demnach ein „schizophrenes" Verhalten sei. Denn blickt man nur auf den Biokonsum von einem Ökoprodukt, liegt darin noch nicht die transformierende Kraft, um die notwendigen Zwei-Grad-Klimaschutzziele zu erreichen, wonach jedem Erdbewohner pro Jahr 2,7 t an CO_2 zustehen würden (Paech 2011).

Erst wenn eine Person nicht nur Biolimonade trinkt, sondern nachhaltig wohnt, lebt, sich nachhaltig kleidet, Ökostrom bezieht und ihr gesamtes Ess- und Mobilitätsverhalten an Nachhaltigkeitszielen ausrichtet, dann wird ein holistischer Nachhaltigkeitslebensstil realisiert. Daher schlägt Paech vor, dass weniger die ökologische Leistung von Produkten im Vordergrund stehen solle, sondern die Menschen sollten ihre individuellen Öko-Bilanzen ziehen und daran ihr Verhalten ausrichten. Für Menschen aus den wohlhabenden Ländern würde das bedeuten, dass sie ihren CO_2-Verbrauch deutlich reduzieren müssten. Menschen aus Schwellenländern können hingegen nach dem Prinzip der Gleichheit weitaus mehr CO_2 verbrauchen, als es aktuell der Fall ist. Laut Paech sei diese Norm der individuellen Öko-Bilanzierung ein probates Mittel, um das Verhalten der Menschen in Richtung Nachhaltigkeit zu lenken und dadurch einen relevanten Beitrag für die Klimaschutzziele zu erwirken.

3.2.4 Prosument

In der 4.0-Ära eröffnete sich aber noch ein weiterer Zugang zu den Menschen, die Produkte und Dienstleistungen verwenden: Sie lösen sich von der Idee, dass die Menschen, die nicht ausschließlich ökologisch schädliche Verhaltensweisen an den Tag legen, letztlich ein Problem für die Erreichung von Nachhaltigkeitszielen darstellen. Denn die Konsumenten beginnen als Prosumenten erstmals, eine aktive und konstruktive Rolle bei der Lösung von Nachhaltigkeitsproblemen zu spielen.

Im Gegensatz zum durchschnittlichen Endverbraucher, der sich ausschließlich durch Kauf und Verbrauch von Produkten definiert, zeichnet sich ein Prosument dadurch aus, dass dieser Verbraucher (Konsument) und Produzent (Producer) zugleich ist (Toffler 1983) (Abb. 3.2). Ein Prosument stellt zudem auch professionellere Ansprüche an ein Produkt. Er ist selbst aktiv im Herstellungsprozess und nicht nur in dessen Verbrauch.

Die Aktivität von Prosumenten kann einerseits als Designer oder Co-Designer von Produkten wahrgenommen werden. In dieser Funktion ist der Prosumer dem Hersteller von Produkten dabei behilflich, die Produkte zu verbessern. Geht diese Aktivität sogar so weit, dass der Prosumer selbst eine Lösung entwickelt, wird er allerdings bereits als Lead User bezeichnet (von Hippel 1986, S. 791–805). Ein Lead User spielt also auch eine aktive Rolle im Wertschöpfungsprozess eines Produkts, die über seine persönliche Sphäre hinausgeht.

Ein Prosumer kann aber auch die Rolle als Hersteller oder als Co-Hersteller wahrnehmen. Ein ökologischer Prosumer stellt beispielsweise mit der eigenen Photovoltaikanlage auf dem eigenen Dach Strom her, den er einerseits persönlich verbrauchen, aber auch in das öffentliche Stromnetz einspeisen kann. Von Prosumage (Schill et al. 2017, S. 10) wird dann gesprochen, wenn ein Besitzer einer Solaranlage auch Elektrizität aus dem öffentlichen Netz in seinen Batterien temporär speichert. Oder man baut das Gemüse im eigenen Garten an, um es selbst zu verbrauchen. Prosumage kann also auch eine nicht kommerzielle Dimension enthalten.

Aus ökologischer Perspektive gibt es einen weiteren Aspekt des Prosumenten. Im Prozess der Entsorgung von Produkten wie beim Recycling nimmt er eine aktive und erweiterte Rolle ein. Er wird zum Rohstoffsammler für eine zirkulare Wertschöpfungskette, bei der die gesammelten Rohstoffe zu Wertstoffen für neue Produkte werden.

Der Prosument ist also in den 1980er-Jahren als Akteur in den Märkten entstanden, und dies in einer Zeit, als es noch keine global umspannende Internetnutzung gab und auch noch nicht absehbar war, wie soziale Netzwerke Teil der täglichen Kommunikation von Millionen Menschen werden würden.

Prosument 4.0
Das Internet hat alles verändert. Der Prosument 4.0 kann also folgende Rollen einnehmen:

- User
- Produzent
- Konsument
- Kunde
- Teilnehmer

Beispiel

Karma Classics – Ko-Kreation mit Prosumenten Über Startnext, eine Crowdfunding-Plattform, hat das vierköpfige Team von Karma Classics einen fairen und GOTS-zertifizierten Rucksack in Kooperation mit den zukünftigen Prosumenten realisiert. Zunächst wurde über Startnext die Produktion von 500

Stück finanziert, wofür zunächst 15.000 € gesammelt werden mussten. Die Crowd der Prosumenten konnte bei der der Finalisierung des Designs mit abstimmen, welches Modell produziert werden soll. „Unsere Crowd hat im Vorfeld den Rucksack im Rahmen einer dreistufigen Ko-Kreation mitgestaltet: Farbe, Badgedesign und Innentaschengröße machen nun aus dem Rucksack unseren Crowd-designten #KarmaBag" (Startnext 2017).

Vertrauen und Solidarität Mit einem Karma-Deal wird Prosumenten, die sich keinen nachhaltigen Rucksack für 85 € leisten können, ein Angebot gemacht, das zu 100 % auf Vertrauen basiert. Dabei bezahlt man als Nutzer eines Karma-Deals nur für die Versandkosten des Rucksacks in Höhe von von 8,50 €. Das Team erklärt auch, warum es das Prinzip Vertrauen strategisch in sein Marketing inkludiert hat: „Wieso tun wir das? Weil wir Euch vertrauen. Wir vertrauen darauf, dass die Karma Deal-Nutzer*innen gerade nicht in der Lage sind, 85 € für einen #KarmaBag auszugeben. Und das prüfen wir nicht nach, sondern vertrauen ihnen – bedingungslos. Wir finden, dass ‚gegenseitiges Vertrauen' ein Wert ist, der in unserer Gesellschaft wieder eine viel stärkere Bedeutung bekommen muss. Als Gegenleistung zum Karma-Deal freuen wir uns über Angebote von den Deal-Nutzer*innen, uns bei unserer Kampagne zu unterstützen. Zum Beispiel in Form eines Fotoshootings, Video-Interviews, Podcast-Beitrag, Blogposts, Social Media Posts, Unterstützung bei der Orga etc" (Startnext 2017). Die Prosumenten bezahlen also das Produkt, indem sie eine Gegenleistung in der Werbung erbringen. Das ist der Karma-Deal. Diese Karma-Deals finanzieren sich wiederum durch eine „Special Edition", die mit nur zehn Stück aufgelegt werden und das Doppelte vom Normalpreis kosten. Der Käufer dieser Edition unterstützen und finanzieren die Kosten für den Karma-Deal.

Mehr Menschen zu Prosumenten machen „Wir möchten mit unserer Kampagne ein Zeichen dafür setzen, dass stylish auch ohne Ausbeutung, Kinderarbeit und giftige Materialien geht. Je mehr Menschen jeden Tag diese Alternative tragen, desto mehr Prosument*innen werden hoffentlich darauf aufmerksam, dass wir eine Wahl haben. Auch und vor allem beim Konsum von Kleidung. Gemeinsam können wir die Nachfrage nach fairen Alternativen steigern und so den Ausbau der Produktionskanäle ermöglichen. Hierfür ist uns Transparenz in der Wert(e)schöpfungskette enorm wichtig" (Startnext 2017).

Transparenz Es wird die Preiszusammensetzung auf den Euro genau angeführt. Der Gesamtpreis ist 84,97 € inklusive des Versands in Deutschland.

- 50 % (36 €) Produktion
- 1,3 % (0,90 €) Transport zum Lager
- 30,8 % (22 €) Geschäftskosten für Buchhaltung, Personal, Steuerberatung, Webservice etc.

- 7,1 % (5,04 €) für Startnextgebühren
- 10 % (7,14 €) Versand zum Käufer
- 0,5 % (0,32 €) Beilage einer Grußkarte

In der Webserie „Give & Take" auf Youtube zeigen sie, wie die fair produzierte Baumwolle hergestellt wird. Ein Teammitglied fuhr nach Pakistan und sah sich alle Produktionsschritte vom Anbau bis zum Spinnen an. Im Fokus steht hier, wie die Stoffe fairtrade zertifiziert werden und welche Probleme dabei entstehen. Dies wird anhand der Herstellung eines Schuhs von Karma Classics gezeigt. Auch zu sehen ist, wie die Gelder der Welfare Society selbstbestimmt von den Arbeitern eingesetzt und überwiegend Gesundheits- und Bildungsprojekte finanziert werden. ◄

Key Learnings für das Green Marketing

- Kampagnencharakter als Selbstverständnis: Karma Classics versteht sich nicht als Textilproduzent, sondern als Kampagne.
- Das Ziel ist es, Konsumenten zu einem bewussteren Konsum zu bewegen.
- Dabei verfolgen sie keinen moralisierenden, sondern einen partizipativen Ansatz, um ihre Kampagnen zu verfolgen.
- Entsprechend der Kampagnen-Charakteristik werden die Produkte auch nicht laufend angeboten.

3.2.5 Generationen X, Y und Z

Der aktuellste Stand bei der Beschreibung von Zielgruppen ist die Einteilung in Generationen. Hier ist prägend, wann man geboren und in welcher Zeit man aufgewachsen ist. Dies wurde im Marketing relevant, als man feststellte, dass die junge Generation, die mit digitalen Endgeräten aufgewachsen ist, einen gänzlich anderen Erfahrungshintergrund hat als die Generationen vor ihnen. Jede Generation weist also bestimmte übereinstimmende Merkmale auf, die diese Menschen ihrer Zeit gemeinsam haben. Einerseits die Zeit, in der sie geboren wurden. Sie haben aber alle dieselbe Kultivierung durch dieselbe Musik, dieselben Trends, dieselben Protestanliegen usw. durchlaufen, um sich eben von der Generation vor ihnen abzugrenzen. Allgemein spricht man hier auch von einem verbindenden Lebensgefühl. Diese Erfahrungen einer Generation prägen eine Masse an Menschen, die meist zu derselben Zeit ihre Kindheit und Jugend verbracht haben.

Für das Green Marketing sind Generationen relevant, weil in dieser kollektiven Kultivierung einer Generation auch eine übereinstimmende Vorstellung darüber entwickelt wird, was Erfolg bedeutet, welche Ziele die Menschen als erstrebenswert ansehen und welche Freiräume sie für sich beanspruchen und durch welche Werte sie geprägt sind.

Vorab ist noch anzumerken, dass die Generationenforschung sowohl Kritiker als auch Befürworter findet. Hierzu muss sich ein Unternehmen eine eigene Position erarbeiten. Aus der Sicht des Green Marketing und aus der Perspektive der Transformation ist aber anzuführen, dass die neue Generation Z eine Veränderung – auch in Bezug auf die Nachhaltigkeit – mit sich bringen wird. Denn die neuen Jungen sind im Begriff, die Wirtschaftswelt zu verändern. Sie schließen gerade ihre Ausbildungen ab und fangen an, die Jobs und dann mit ihrem selbst verdienten Geld den Konsum zu verändern. Das tun sie vor allem mit ihrer Forderung nach mehr Nachhaltigkeit. Sobald die Generation Y und Z die Mehrheit des produktiven Teils einer Gesellschaft bildet, werden die Effekte der Transformation massiv zu spüren sein.

Babyboomer
Geboren zwischen 1946 und 1965 (in Deutschland wegen des verlorenen Krieges erst ab 1955) sind sie in der Zeit des Wirtschaftswunders aufgewachsen. Sie haben die Kriegszeiten nicht mehr miterlebt, wuchsen aber noch im Schatten der Kriegsauswirkungen auf. Auf sie warteten hochkarätige und gut bezahlte Jobs, beruflicher Erfolg war demnach ein erstrebenswertes Ziel. Durchsetzungsvermögen, hohes berufliches Engagement und Überstunden waren typisch, daher sind sie von einem hohen Pflichtgefühl geprägt. Man lebte, um zu arbeiten (Geißler 2005).

Generation X
Geboren zwischen 1965 und 1980 und mit MTV groß geworden, werden sie auch Turnschuh-Generation genannt. Nach dem Wirtschaftswunder war diese Generation mit einer sehr hohen Jugendarbeitslosigkeit konfrontiert. Null-Bock und No-Future prägt diese Generation, die auch die Punks als Gegenkultur hervorbrachte. Viele von ihnen waren auf Demonstrationen zu finden. Sie sind aber auch eine Generation, die im Wohlstand aufgewachsen und gut ausgebildet sind. In der Regel waren beide Elternteile berufstätig, wodurch sich die Familienstrukturen in der Gesellschaft änderten. Die Scheidungsraten stiegen an und es entstanden Patchworkfamilien. In dieser Generation wuchsen viele Kinder als Schlüsselkinder auf, die nach der Schule ohne Aufsicht durch Erwachsene ihre Zeit verbrachten. Daher werden sie auch als „verlorene Generation" bezeichnet. So verwundert es nicht, dass die X-ler das Modell der typischen Familie infrage stellen und es als altmodisch empfinden. Viele Vertreter dieser Generation leben zusammen und haben Kinder, ohne zu heiraten. Zudem ist für sie typisch, dass sie generell Tradition und Autoritäten infrage stellen. Für sie sind Werte wie Individualität und Unabhängigkeit erstrebenswert.

Ein prägendes Erlebnis für diese Generation ist die Arbeitssuche, die sich auch für Hochschulabsolventen wie die Suche nach der sprichwörtlichen Nadel im Heuhaufen gestaltete. Haben sie dann einen Job und sich etabliert, zeigen sie ein ausgeprägtes Konsumverhalten. Sie haben Ziele für sich selbst, streben nach hoher Lebensqualität, leben ihre Individualität aus und schätzen daher einen möglichst großen Freiraum.

Deshalb stellt Unabhängigkeit einen wichtigen Wert dar. In dieser Generation ist die Sinnsuche ebenfalls ein zentrales Thema für viele Menschen.

Die Generation X ist auch jene Generation, die insbesondere vom einsetzenden technologischen Wandel massiv betroffen war. Ihre Jugend verlief noch weitgehend technologiefrei: Fernsehen konnte erst ab Nachmittag in wenigen Kanälen gesehen werden. Sie haben die Einführung des Computers und des Mobiltelefons miterlebt und sich das Wissen zur Anwendung mühsam selbst beigebracht. Diese Generation hat auch eine andere Einstellung zur Arbeit als die Babyboomer: Sie wissen um die Relevanz, dass ein Job ihnen die erstrebenswerte Unabhängigkeit bringt, damit sie ein abgesichertes Leben führen können. Arbeiten ist für sie also mehr Mittel zum Zweck. Diese Generation prägte auch den Begriff der „Work-Life-Balance". Flexibilität ist für sie daher ein zentrales Thema: Flexible Arbeitszeiten oder ein flexibles Arbeitsumfeld sind ihnen wichtig. Warum? Sie haben ihre Elterngeneration miterlebt, deren Leben sich nur um die Arbeit drehte, und so will die Generation X nicht leben.

Die Generation X ist auch die erste Generation, die in der Arbeitswelt nach einem kulturellen Fit der eigenen Wertewelt mit der eines Unternehmens fragt oder danach sucht. Sie wollen also in einem Arbeitsumfeld tätig sein, in dem sie sich wohlfühlen und einen Sinn sehen in dem, was sie tun.

Generation Y (Millennials)

Sie sind zwischen 1980 und 1999 geboren und werden auch die Generation „Why" genannt. Sie hinterfragen ständig: Traditionen, Regeln und die vorliegenden Umstände. Im Gegensatz zur Generation X sind sie schon mit den zentralen Technologien in Unterhaltung und Kommunikation sowie mit Computern aufgewachsen. Zu einer Zeit, als ihre Bedienung endlich einfach funktionierte. Diese technisch versierte Generation bewegt sich natürlich in sozialen Netzwerken. Als „Digital Natives" sind sie von Kindheit an mit dem Internet vertraut, es ist Teil ihres Alltags und integrativer Bestandteil ihres Lebensstils, den sie dort ausdrücken können. Ein Leben ohne Handy ist für diese Generation gar nicht mehr vorstellbar.

Ihre Jugendjahre sind ist bereits von der Wahrnehmung der Klimakrise, von Globalisierung und von Terrorismus gekennzeichnet. Ihre Zukunft ist wesentlich weniger aussichtsreich als die der Babyboomer. Daher ist es für diese Generation wichtig, im Hier und im Jetzt zu leben. Vielen ist es wichtig, sich selbst zu verwirklichen und einen tieferen Sinn zu finden. Die negativen Themen, durch die sie geprägt wurden, führen aber auch dazu, dass sie sich orientierungslos fühlen.

Sie sehen keinen Sinn darin, zu arbeiten, um zu leben. Ihr Ideal ist es, beides miteinander zu verbinden. Arbeiten und Leben werden nicht streng getrennt wie in den Generationen zuvor. Das Konzept „Work-Life-Balance" der Generation X wurde von dieser Generation zum Konzept „Work-Life-Blend" weiterentwickelt. Was wollen sie erreichen? Mehr Zeit für sich. Die Arbeit ist nicht mehr der Zweck, um Geld zu verdienen. Sie möchten auch in der Arbeit Sinn finden. Das motiviert sie. Wenn sie keinen Sinn finden, sind sie schnell bereit, sich nach einem neuen Job umzusehen, denn eine langfristige Bindung an ein Unternehmen ist für sie nicht erstrebenswert. Sie sind auch die Generation Teamwork und arbeiten lieber im Team als alleine. Im Job bevorzugen sie flache Hierarchien und eine hohe Vernetzung. Der kulturelle Fit ihrer Persönlichkeit mit den Werten des Unternehmens hat für sie große Bedeutung. Sie gestalten mit ihren Vorstellungen die Arbeitswelt massiv um, denn sie sind auch die erste Generation, die von ihrem Arbeitsplatz erwartet, dass er sich an ihre persönlichen Lebensumstände anpasst.

Daher ist es nicht verwunderlich, dass sie diese Anforderungen eines kulturellen Fits von Werten auch an Unternehmen stellen, von denen sie Produkte kaufen. Da sie an Informationen in Echtzeit gewöhnt sind, erwarten sie auch beim Einkaufen, dass ihnen diese Informationen zur Verfügung stehen. Ihre Freunde aus den sozialen Netzwerken haben höchsten Einfluss auf ihre Kaufentscheidungen. Von Unternehmen erwarten sie, dass ihnen binnen von Minuten geantwortet wird und man sich um sie persönlich bemüht oder gar individualisierte Angebote für sie bereithält.

Die Generation Y ist eine einfordernde Generation. Tatsächlich verändert ihr selbstverständliches Einfordern auch die Wirtschaftswelt, wie es Clement Fournier (2017) prägnant skizziert. Mit ihren Erwartungen haben sie die Bühne des Konsums betreten, weil sie inzwischen ihre Ausbildungen abgeschlossen haben und mit ihrem Geld bewusst umgehen. Sie sind jene Generation, die aktuell die Arbeitswelt „erobern" und sich hinsichtlich „Finanzstärke" zur dominierenden Konsumgeneration entwickeln. Daher ist erwarten, dass die Generation Y ihre Agenda über ihren Konsumstil durchsetzen wird.

Ihr Fordern nach Verantwortung für die Umwelt und nach mehr Nachhaltigkeit prägt und transformiert vor allem die Wirtschaftswelt maßgeblich. Sie sind es, die auch als Start-up die Dinge in die Hand nehmen: Soziale Gerechtigkeit, nachhaltige Entwicklung und Transparenz sind ihnen nach Fournier (2017) wichtige Anliegen der Veränderung. Die Generation Z vereint nicht nur die Arbeits- und die Privatwelt, sondern auch das Streben nach Profit im Einklang mit Ansprüchen an faire Arbeitsbedingungen und an eine saubere Umwelt. Fournier führt daher auch ins Feld, dass die Generation Y es ist, die viele nachhaltige Unternehmen gründet – „Generation Sustainable Enterprises", wie er sie tauft. Es ist die Generation, die auch selbst Lösungen umsetzen will. Denn ihnen ist bewusst, dass sie die Umweltauswirkungen noch erleben werden, die die Generationen vor ihnen verursacht haben – was aktuell auch die Argumentationsbasis der Bewegung „Fridays For Future" ist. Laut der Millennial Impact Studie von Feldermann, Hosea und Ponce (Feldermann et al. 2015, S. 6) ist es den Millennials äußerst wichtig, dass ihr persönliches Involvement etwas bewirkt. Sie sind laut dieser Studie auch bereit, für ihre Anliegen zu spenden. Wenn ein Unternehmen eine spendenbezogene Kampagne realisiert, so ist es wahrscheinlicher, dass sie ihr Geld diesem Unternehmen überlassen (Feldermann et al. 2015, S. 7). Und: „In general, Millennials are more likely to give when their peers ask them to on a person-to-person level" (Feldermann et al. 2015, S. 7). Dies liegt vor allem darin begründet, dass sie selbstverständlich mit ihren Freunden vernetzt sind und auch auf deren Meinung Wert legen. In ihrem persönlichen Freundes-Netzwerk werden also viele Entscheidungen auch für die Nachhaltigkeit getroffen.

Aber auch ihr kollaboratives Arbeiten prägt die Transformation. Sie werden dadurch zu Trägern einer kooperativen Netzwerkökonomie. Und auch hierin liegt ein Meilenstein der anstehenden Transformation begründet. Denn die Vertreter dieser Generation bringen sich auch in Charity-Projekten als Volunteers ein. Als Gegenleistung erwarten sie kein Geld, aber Inspiration und Involvement bei wichtigen Aufgaben.

Mit den Millennials formt sich also eine Generation, die auch ein ganz anderes Konsumverständnis entwickelt hat. Man bedenke, dass klassische Werbung in klassischen Kanälen wie TV und Radio sie gar nicht mehr erreichen, da ihr Medienkonsum dort nicht stattfindet. Sie konsumieren auch die Medien mobil und online. Und auch hier partizipieren sie an dem geschaffenen Netz des Internets und von Facebook & Co. Was in ihrem persönlichen Netzwerk thematisiert wird, ist für sie auch wirklich relevant. Sie lesen aber auch intensiv Blogs und konsultieren Plattformen, bevor sie etwas kaufen. Sie gehen beim Einkaufen also weitaus geplanter vor. Und sie werden ab 2030 bereits weltweit 74 % der aktiv arbeitenden Bevölkerung ausmachen (Fournier 2017). Die Wirtschaft ist gerade dabei, sich auf diese neuen Konsumenten einzustellen, was die Transformation wesentlich mitprägen wird. Und dabei spielt die Digitalisierung also eine maßgebliche Rolle.

> „Necessarily, companies that want to reach these young people will have to make efforts and become greener, fairer and more ethical. Out of necessity, this forces companies to seriously address social environmental issues" (Fournier 2017).

Generation Z
Sie sind nach 1998 geboren und machen global bereits ein Drittel der Weltbevölkerung und bereits die Hälfte in Afrika aus. Sie sind aktuell noch jung und meist in der Ausbildung, werden aber in Kürze die relevanteste Konsumgruppe darstellen. Sie sind die erste Generation, die einen umfassenden Zugang zu Entertainment, Marken und Celebrities haben – mehr als die Generationen vor ihnen, die sich die Medien noch mit ihren Familien teilen mussten. Dadurch hat sich bei ihnen aber auch eine globale Wahrnehmung von Themen etabliert.

Sie sind eine globalisierte Generation, die häufig als stille Generation beschrieben wird. Sie seien sensibel und bleiben gerne zu Hause. Dort sind sie digital in ihre Communitys integriert und kommunizieren über soziale Kanäle. Sie wachsen in Zeiten ökonomischer und politischer Unsicherheiten auf. Die umfangreiche und globale Studie von OC&C (2019) über die Generation Z fasst diese Generation anhand folgender Merkmale zusammen:

- Sie sind **global** und haben über die digitalen Medien schon mehr über die Welt gelernt als die Generationen vor ihnen. Sie sind enthusiastische Online-Forscher. Sie unterscheidet aber von Generation Y, dass sie weitaus öfter direkt zu den Online-Kanälen der Marken navigieren und anschließend den Preis-Check durchführen. Tendenziell verwenden sie weniger Multi-Brand-Plattformen.
- Sie stehen permanent unter **Beeinflussung:** durch Influencer, Celebrities und Instagram, aber auch durch einige Marken. Sie ziehen die meisten Onlinequellen

(drei im Durchschnitt) heran, um sich für einen Kauf oder für Produkte inspirieren zu lassen.

- Sie sind **fordernd** und der Meinung, dass Marken oder auch Arbeitgeber sich anstrengen müssen, um sie für sich zu gewinnen, weil sie einer Welt der endlosen Auswahl aufgewachsen sind. Die Studie (OC&C 2019) macht aber auch deutlich, dass sich diese Jungen nach mehr Übersichtlichkeit sehnen. Sie wünschen sich eine reduziertere Auswahl an Optionen, die es ihnen erleichtert, das zu finden, wonach sie tatsächlich suchen. Bei der Produktauswahl stehen noch immer der Preis sowie die Qualität an der Spitze der Kaufkriterien. Sie ziehen aber auch sekundäre Faktoren wie die Nachhaltigkeit, Flexibilität und Unverwechselbarkeit bei ihrer Entscheidung heran.
- Sie sind auf **Individualität und Einzigartigkeit** fokussiert. In Zeiten, da jeder auf sozialen Plattformen vertreten ist, möchten sie sich einzigartig zu fühlen und von der Masse abheben. Sie sind bestrebt, sich durch ihren persönlichen Standpunkt zu differenzieren und dies drücken sie durch ihren Kleidungsstil, ihre Hobbys und durch ihre Kreativität aus. Das Kreieren von einzigartigem Content ist ihnen ebenfalls wichtig.
- Sie suchen nach **Erfahrungen.** Essenziell ist für diese Generation, was sie aus diesen Erfahrungen individuell für sich und ihr Leben gelernt haben.
- Sie sind **ethisch** orientiert: „Ethics and message are most important to me. You cannot expect people to buy your products if your ethics are trash" (OC&C 2019, S. 9). Gerade beim Kauf von Lebensmitteln legt diese Generation Wert auf Kuratierung und auf Nachhaltigkeit.

Mit der Generation Z wird ein bewusster und nachhaltiger Konsum in den Mainstream einziehen. Insbesondere die soziale Verantwortung ist dieser Generation ein wichtiges Anliegen. OC&C (2019) hat in seiner Studie ein Set an Werten abgefragt und konnte ebenfalls Unterschiede zu anderen Generationen ausweisen. Diese sind:

- Human-Rights-Organisationen unterstützen
- Ungleichheit in der Community bekämpfen
- Diversität am Arbeitsplatz/in der Ausbildung
- Sicherheit in der Nachbarschaft
- Nachhaltige Produkte oder ethische Konzerne bevorzugen
- Dabei helfen, lokale Communitys aufzubauen

Bei dieser Befragung kaum zudem zutage, dass die Generation Z die Reduktion der Verwendung von Einwegplastik und des Mülls, den man produziert, weitaus weniger relevant findet als die Generationen vor ihnen (OC&C 2019, S. 20). Die Abfrage der Relevanz der einzelnen Nachhaltigkeitsaspekte zeigt, dass es in Zukunft komplizierter und auch anders werden wird. Auf den ersten Blick scheint es so, dass der Generation Z soziale Agenden wichtiger werden als die Umwelt. Nur 13 % versuchen, ihren Verbrauch an Einwegplastik zu reduzieren. Im Vergleich dazu verfolgen noch 30 % der Baby-boomer dieses Ziel. Es lässt sich in Bezug auf die Nachhaltigkeit also schließen, dass die Generation Z zu jenen Nachhaltigkeitslösungen tendiert, die keine Veränderung ihres Lebensstils abverlangen. Dennoch verhalten sie sich weitaus bewusster im Konsum. Hier zeigt sie ein suffizientes Konsumverhalten (OC&C 2019, S. 21):

- Rund ein Viertel (27 %) bevorzugen Produkte, die wiederverwendet werden können.
- Mehr als ein Drittel (37 %) kaufen und behalten nur, was sie wirklich brauchen.

Was bedeutet das für ein Green Marketing in Action?
- Die traditionelle Segmentierung nach Alter, Nationalität oder Kaufverhalten nimmt an Bedeutung ab, weil diese neue Generation zunehmend global orientiert ist.
- Es entstehen neue (digitale) Gemeinschaften, die einerseits durch geteilte Werte, durch Influencer oder durch dieselben Experience-Typen gebildet werden. Ihre Markenpräferenzen zeigen in Zukunft noch klarer auf, um welche Gemeinschaft es sich handelt. Da die Menschen sich in unterschiedlichen Gemeinschaften bewegen, kann man auch sagen, dass die Segmentierung in Zukunft fluider werden wird, als wir es zurzeit noch gewohnt sind. Denn heute gehen wir noch von Modellen aus, bei denen sich Menschen aufgrund ihrer Werte und Einstellungen konstant gleich ver-halten.
- Die Aufgabe für grüne Marken wird es also sein, die relevanteste Marke in ihrem Segment zu werden – und das nicht nur in ihrem Land.
- Auch grüne Marken müssen sich durchsetzen und konkreter mit ihren Käufern und Communitys kommunizieren. Die Website sollte dabei die Marke als Persönlich-keit repräsentieren und mit ihren Käufern in echte Dialoge gehen und nicht nur informieren. Dabei sollte man sich die Frage stellen, wie man den Käufern dabei helfen kann, einzigartig zu sein. Unternehmen werden also gefordert sein, herauszu-finden, welche Uniqueness ihren Käufern wichtig ist. Sie sind aber auch gefordert, einen Weg zu finden, mit einer Masse an Konsumenten so individuell wie mög-lich zu interagieren. Das betrifft die Kommunikation ebenso wie das Verkaufen von Produkten.
- Grüne Unternehmen müssen sich zudem die Frage stellen, wie sie nachhaltige Lösungen oder Produkte realisieren können, die keine zu radikalen Verhaltensver-änderungen erwarten.
- Wichtig ist auch die Fragestellung: Welche Erfahrungen kann meine Marke anbieten, die über die Einkaufserfahrung hinausgeht? Hierzu haben sich in den letzten Jahren viele Beispiele schon sehr erfolgreich etabliert: Sonnentor bietet seinen Besuchern unterschiedliche Erlebnisse und Workshops zum Thema Kräuter, zeigt auf einem eigenen Versuchsbauernhof die Prinzipien der Permakultur. Zotter zeigt seinen Besuchern die gläserne Produktion, informiert umfassend über das Thema Kakao und thematisiert die Herausforderungen von Fair Trade. Hier wird nicht nur Show geliefert, sondern wirklich umfassende Information geliefert, kombiniert mit diversen

sensorischen Erfahrungen. Bei Ritter Sport (Berlin) können die Gäste sich ihre eigene Schokolade kreieren und sich so selbst in der Rolle des Produktentwicklers erleben. Es ist hierbei also wichtig, dass die Erfahrungen, die den Käufern und Interessierten geboten wird, mit der DNA der Marke übereinstimmen.

- Aber auch die Einkaufserlebnisse müssen für diese Generation Z ausgebaut werden. Wenn sie schon nicht im Internet einkaufen, dann werden im Retail die echten Erlebnisse noch bedeutender. Gerade Onlinehändler sollten sich einen Weg wie beispielsweise Pop-up-Stores suchen, bei denen sie mit ihren Käufern direkt in Kontakt treten können.

- Hat man es geschafft, eine starke grüne Marke zu etablieren, so sollte man sich umgehend an die Arbeit machen, um eine Community um die eigene Brand aufzubauen. Bei der Veggie-Marke Hermann kann man dies aktuell unter „I mind my Food" mitverfolgen. Mit den grünen Marken-Communitys muss man Wege finden, wie man mit seinen Mitgliedern interagiert, mit ihnen Wissen teilt und auch Kommentare zu Produkten zulässt. Die Community wird am besten mit Erfahrungen an die Marke gebunden.

- Interaktion mit der Community über die Integration von „Super Usern". Sie können auf der Website Bilder von sich hochladen, wie sie die Produkte der Marke verwenden und Kommentare dazu verfassen. Zudem kann man einen Membership-Bereich einrichten, in dem die Mitglieder sich über bestimmte Themen austauschen können.

- Grüne Marken sollten ihre Käufer und Interessierte inspirieren, sich ihrer nachhaltigen Mission anzuschließen und auch selbst aktiv zu werden. Dadurch baut man eine **„Inspiration-Community"** auf. Im Idealfall ist die Community dort täglich aktiv und gibt die persönliche Inspiration dann an andere weiter.

- Diese Generation Z ist prädestiniert für ein **Peer-to-Peer-Marketing,** weil die Empfehlung von Freunden, Influencern und anderen Mitgliedern der Community das Einkaufverhalten wesentlich mitbestimmen. Früher ist man mit einer Freundin oder einem Freund einkaufen gegangen. Die Generation Z geht mit allen Menschen, die sie kennt, zum Einkaufen und fragt live ab, was sie kaufen soll. Als ersten Schritt muss man sich entscheiden, welches Peer-to-Peer-Modell für die eigene Marke am besten passt:

  a) Beim **Affiliate Marketing** kommen neue Käufer oder neue Community-Mitglieder von Online-Plattformen wie beispielsweise Utopia, die „per click" bezahlt werden, wenn sie von dort auf die Brand-Website gehen.

  b) Das **Empfehlungsmarketing** ist nicht neu, aber sehr effektiv. Vor allem, weil die Freunde in der Generation Z noch wichtiger werden. Was kann man den loyalen Käufern anbieten, die das eigene Produkt weiterempfehlen?

  c) Das **Influencer Marketing** wählt für die eigene Marke relevante Influencer aus, um über diesen Zugang zu bestimmten Käufergruppen zu erhalten. Die Bioeigenmarke „Ja! Natürlich" von Rewe Österreich organisiert beispielsweise hochwertige Veranstaltungen zu Nachhaltigkeitsthemen, zu denen Influencer wie auch sogenannte „Super User" eingeladen werden und auch Beiträge in den Diskurs mit einbringen.

- Dennoch ist das Modell **Direct-to-Consumer** im digitalen Zeitalter wieder ein höchst effizientes und profitables Vertriebssystem. Daher gilt es zu überprüfen, ob der Weg über das Peer-to-Peer-Marketing eventuell aufwendiger und teurer ist, als einen direkten Vertrieb aufzubauen. Als Beispiel sei hier die „Landspeis" erwähnt. In Selbst-Service-Containern werden in der Region von Wien regionale Produkte angeboten. An einem Terminal werden die Produkte selbst gescannt und bezahlt. Die lokalen Landwirte liefern ihre Bioprodukte direkt in den Verkaufsraum. Hier ist die Digitalisierung der Enabler für ein lokales Direktvertriebskonzept, für das eine Gemeinschaft von Landwirten und diesen Point of Sale ihre Produkte anbaut und herstellt.

- Die Generation Z wird weitaus informierter sein als andere Käufer jemals zuvor. Sie haben Zugang zur gesamten Wertschöpfungskette der Produkte und können die Informationen überprüfen. Wenn hier „geschummelt" oder Greenwashing betrieben wird, werden sie es herausfinden. Was bedeutet das für grundständige nachhaltige Brands? Sie müssen ihren Käufern gegenüber transparent zeigen und sie umfassend darüber informieren, wo sie unter welchen Umständen ihre Produkte herstellen und wie dabei die Arbeiter behandelt werden. Zertifikate sind heute noch ausreichend, bei denen Dritte die Einhaltung von definierten Standards garantieren. Die neue Generation fordert aber vom Unternehmen selbst tiefe Einblicke in die gesamte Wertschöpfungskette der Produkte.

- **Ethos Marketing:** Eine ethische Positionierung der Marke ist essenziell, auch wenn man im Kerngeschäft im ökologischen Bereich verankert ist. Im Idealfall basiert die Marke auf einem Set an nachhaltigen Werten, die zur Gänze in das Marketing integriert werden. Die Glaubwürdigkeit ist dann am höchsten, wenn die Mitarbeiter zur Gänze hinter den Werten stehen und auch als Markenbotschafter agieren – auch unbezahlt und in der Freizeit. Das ist der Proof, ob es funktioniert. Da Themen wie Diversität für die Generation Z ein wesentliches Anliegen sind, wäre es auch stimmig, wenn man seine Mitarbeiter vorstellt und zeigt, dass es sich auch bei den Mitarbeitern um eine engagierte Wertegemeinschaft handelt, die Diversität tatsächlich lebt. Als Beispiel sei hier die US-Putzmittelfirma Method erwähnt, die als Start-up angefangen hat und sich durch Fairness im Arbeitsprozess auszeichnet und auch Informationen in Form von Content auf ihrer Webseite teilt. In Video sprechen nicht nur Betriebsräte, sondern die Menschen, die wirklich die Dinge tun, die getan werden müssen. In Deutschland ist Frosta diesen Weg als erstes Lebensmittelunternehmen konsequent gegangen. Zu einer Zeit, als die Konkurrenz gerade mal die Zutatenliste der Verpackungen im Internet zur Verfügung stellte, konnte man bei Frosta vom Qualitätsmanager seine letzte Reise zu Lieferanten mitverfolgen, vom Marketingteam zu einer Verkostung eines neuen Produkts eingeladen werden oder vom Vorstand einen

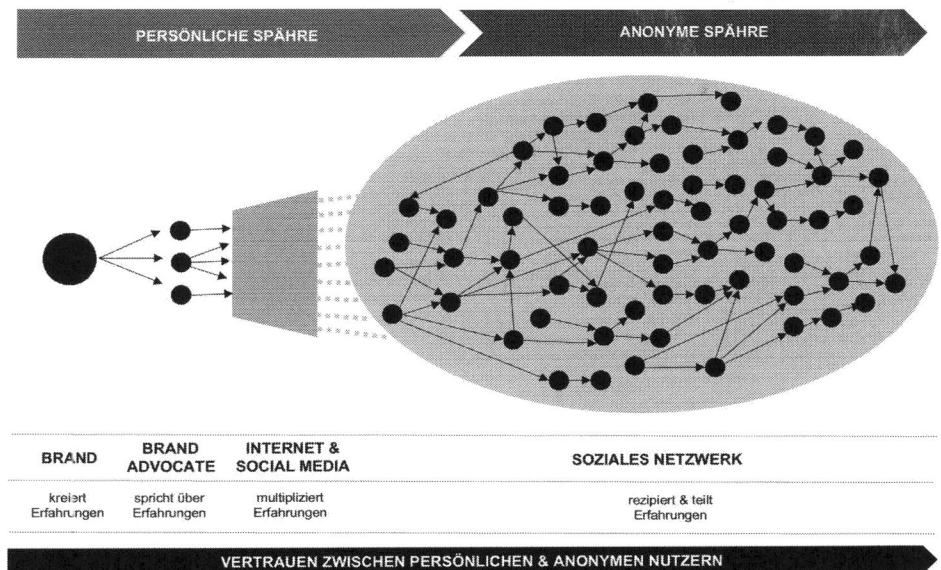

PERSÖNLICHE SPÄHRE   ANONYME SPÄHRE

BRAND	BRAND ADVOCATE	INTERNET & SOCIAL MEDIA	SOZIALES NETZWERK
kreiert Erfahrungen	spricht über Erfahrungen	multipliziert Erfahrungen	rezipiert & teilt Erfahrungen

VERTRAUEN ZWISCHEN PERSÖNLICHEN & ANONYMEN NUTZERN

Abb. 3.3 Brand Advocates

Kommentar lesen, warum das Unternehmen schlechtere Ergebnisse erzielt hat. Und der spricht nicht zu Investoren, sondern erklärt das seinen Kunden. In diesem konkreten Fall waren eben die Investitionen in nachhaltige Verpackungen im Jahr 2019 der Grund dafür. Und der Verzicht auf Zusatzstoffe wird hier auch aus der Sicht des Vorstands thematisiert, wie sich diese Maßnahme auf das Betriebsergebnis niederschlägt. Oder die Nachhaltigkeitsmanager berichten bei Frosta eben von ihren Schwierigkeiten, wenn ein Produkt auf eine nachhaltige Verpackung umgestellt wird. Hier wird die Information sehr weit ins Detail mit den Interessierten geteilt. Jeder schreibt in seinem persönlichen Stil. In Summe entsteht hier ein hohes Maß an Transparenz und Glaubwürdigkeit.

- Die Mission muss aber in der intensiveren Kommunikation glasklar und einfach zu verstehen sein. Darin liegt die Herausforderung, mit der Generation Z zu interagieren. **Storytelling** ist der Schlüssel im Marketing für die Generation Z. Aber Zeigen geht noch vor Reden. Das kann man über Videos erreichen, die Einblicke geben. Oder aber die Werte werden sogar erlebbar gemacht. Auf jeden Fall muss alles echt sein und keine Show – nicht extra für das Video. Irgendeiner aus der Community kommt dahinter und teilt es mit allen anderen. Das Markenimage kann in Tagen ruiniert sein.

3.3   Cultural Fitness & Brand Advocates

Dieser Ansatz beschreibt eine kulturelle Übereinstimmung zwischen Individuen und Unternehmen und wird derzeit insbesondere im Recruiting angewendet. Für das Green Marketing ist dieser Ansatz insbesondere im Zusammenhang mit den Generationen Y und Z relevant, wenn es darum geht, die richtigen Young Professionals für sich zu engagieren oder Brand Advocates zu gewinnen.

Aktuell ist der Cultural Fit zwar ein Tool aus dem Bereich des Mitarbeiter-Recruitings, doch aus der Perspektive des Green Marketing lohnt es sich, sich die Frage zu stellen, ob es möglich ist, mit diesen jungen Generationen und ihrer hohen Affinität zu nachhaltigen Werten einen Wettbewerbsvorteil zu erzielen. Im Idealfall stimmen also die Werte von den Mitarbeitern eines Unternehmens, der Marke und der Konsumenten in hohem Maß überein.

Wenn Marke, Mitarbeiter und Käufer eine solche Übereinstimmung aufweisen, so ist eine gute Basis dafür geschaffen, dass alle Stakeholder als **Brand Advocates** agieren. Aufgrund der empfundenen Übereinstimmung von Werten und aufgrund einer positiven Nutzungserfahrung sind sie überzeugte Markenfans und werden dann zu Marken-Advokaten, wenn sie beginnen, diese Marken aktiv zu empfehlen. Als Marken-Fürsprecher empfehlen sie die Marke in ihrer Familie und unter ihren Freunden. Das ist nicht neu und wurde natürlich schon immer von überzeugten Kunden persönlich, also Mund zu Mund, weitergegeben. Anders ist in der digitalen 4.0-Welt, dass das Internet als Multiplikator dieser Botschaften agiert (Abb. 3.3). Da die jungen Generationen überwiegend Netzbewohner sind, erreicht ihre Fürsprache mehr Menschen als in der analogen Welt. Solche Empfehlungsbotschaften können sich online und via Social Media viral und global in einer noch nie dagewesenen Geschwindigkeit verbreiten. Das ist hinreichend bekannt. Für Green Marketing 4.0 ist hierbei aber wesentlich, dass das Vertrauen in die geteilten Erfahrungen, Empfehlungen und Informationen auch dann nicht verloren geht, wenn die Sphäre des persönlichen Umfelds verlassen wird und sich in einer anonymen Sphäre verbreitet. Darin liegt die Macht der Empfehlungen 4.0 im Internet begründet.

Und mit den Millenials und der Generation Z erhält diese Entwicklung zusätzlich eine intensiv treibende Kraft. Denn sie entscheiden, wie eine Entwicklung zukünftig voranschreiten wird. Da sie nun die Arbeitswelt zügig bevölkern und anfangen, ihr eigenes Geld zu verdienen, werden sie sich in den kommenden Jahren zu einer kaufkräftigen Generation entwickeln. Und die aktuellen Studien, wie z. B. der globale Social Media Flagship Report 2019 von GlobalWebIndex, zeigen, dass sie sich bei ihren Kaufentscheidungen gerne via Social Media und durch die dort verbreiteten Empfehlungen überzeugen lassen.

In den letzten Jahren hat sich neben den öffentlich geteilten Inhalten auch ein „Dark Social" entwickelt. Das ist jener Web-Traffic im Internet, den User untereinander direkt und privat miteinander teilen. Die Menschen nutzen hier private Messaging Apps wie beispielsweise WhatsApp (63 %), posten auf Social Media Accounts (54 %), per SMS (48 %) oder via E-Mail (37 %), so Kavanagh und Mander (2019, S. 11). Aber die Studie hat im Vergleich dazu auch erhoben, dass noch 51 % der Menschen Informationen mit Freunden und Familie zusätzlich persönlich, also offline, teilen. In Summe zeigt sich derzeit, dass die privaten Kommunikationskanäle bereits einen beträchtlichen Teil der Netzwerkkommunikation absorbieren. Kavanagh und Mander (2019, S. 16) haben in 45 Ländern mit knapp 280.000 Internet-Usern deren Social-Media-Nutzung erhoben:

- 43 % recherchieren Produkte auf Social Netzworks.
- 28 % entdecken Marken oder Produkte via Werbung in den Social Media.
- 25 % entdeckten Marken oder Produkte via Empfehlungen in den Social Media.
- 22 % kaufen mit höherer Wahrscheinlichkeit Produkte mit vielen „Likes".
- 12 % kaufen mit höherer Wahrscheinlichkeit Produkte über einen Kauf-Button.

Die Ergebnisse dieser Social Purchase Journey von Kavanagh und Mander verdeutlichen, dass der **Social Commerce** bei den jungen Generationen ein hohes Potenzial aufweist und in Zukunft hier eine höhere Effizienz der Kommunikation begründet sein wird als in klassischer Werbung. Die heutige Situation von Social Commerce in Europa beurteilt der Social Media Flagship Report 2019 so, dass sie eine große Rolle bis zum Verkauf selbst spielt. Man kann den Daten entnehmen, dass das Kaufen noch am wenigsten ausgeprägt ist im Vergleich zum Entdecken, Recherchieren oder zum Empfehlen eines Produkts oder einer Marke. Der Kauf wird derzeit also noch auf Retailer-Kanälen abgeschlossen. Beim Entdecken von Produkten spielen die Plattformen Instagram und Pinterest eine besonders hohe Rolle bei der Suche nach Kaufinspiration.

Ein Blick darauf, welchen Typen von Menschen in der Social-Media-Welt die Generation Z folgt, zeigt markant die Relevanz von Marken auf. Denn Lieblingsmarken wird gleich nach den Menschen, die man im echten Leben kennt, gefolgt – ebenso Marken, die man gerade in Betracht zieht zu kaufen. Daraus kann man zunächst schließen, dass gerade die Jungen sich gerne mit Marken befassen, die sie interessieren. Und die Frage ist, welche Marken für welche Gruppen Lieblingsmarken sind.

Warum Brand Advocates eine hohe Beeinflussung zuwege bringen, zeigt die deutsche Yahoo!-Studie. Dort werden sie als aufgeschlossene, gut vernetzte Meinungsführer beschrieben, die das „richtige" Produkt mit dem „richtigen" Image kaufen wollen. Und aus diesem Grund lesen sie überdurchschnittlich viele Produktberichte. Ihr Potenzial zur Meinungsbildung liegt in ihrem großen sozialen Online-Umfeld begründet, wodurch sie überdurchschnittlich viele Menschen mit ihrer Meinung erreichen (Yahoo 2008, S. 11–15). Dort teilen sie auch ihre Erfahrungen über gekaufte Produkte. Dies betrifft explizit auch das Teilen von guten Erfahrungen. Interessante Erkenntnisse bringt auch noch der Blick in die Motivationen von Brand-Advokaten, warum sie aktiv ihre Meinung über Produkte und Marken im Internet teilen. Es zeigt sich, dass Brand-Advokaten altruistisch motiviert sind und eine gewisse Verantwortung für Menschen und ihre Kaufentscheidungen empfinden, auch wenn sie diese nicht unbedingt persönlich kennen.

Es zeigt aber auch die gewandelte Rolle einer Gruppe von Käufern, die sich von einer passiven kaufenden Rolle zu einer aktiven und gestaltenden Rolle gewandelt haben. Sie wenden dafür sogar ihre Zeit auf, um sich in den Kaufprozess von anderen Menschen zu integrieren (Yahoo 2008).

3.4   Verhalten nachhaltiger Konsumenten

Green Marketing unterscheidet sich vom konventionellen Marketing zunächst darin, dass es sich nicht nur auf den Kaufprozess fokussiert, sondern den gesamten Prozess der Wertschöpfung von Produkten betrachtet: vom Anbau, der Herstellung, dem Verkauf, Gebrauch bis hin zur Entsorgung von Produkten. Umweltbewusste Konsumenten sind in diesem Prozess jene, die also die Einsicht haben, dass das eigene Verhalten Umweltschäden verursacht, und ihr Handeln nach diesen Einsichten ausrichten. Konkret haben sie die Option, Belastungen zu vermeiden oder zu minimieren (Balderjahn 2013, S. 209). Die drei Nachhaltigkeitsprinzipien Effizienz, Konsistenz und Suffizienz determinieren nicht nur das Design von Ökoprodukten, sondern auch das Verhalten von Konsumenten.

3.4.1   Effizienz

Effizienz beschreibt eine ressourcenschonendes Verhalten oder die Verwendung von Produkten oder Leistungen, die weniger Ressourcen verbrauchen. Zum Beispiel: Kühlschränke oder Elektrogeräte mit geringem Energieverbrauch, Autos mit einem geringen Treibstoffverbrauch. Und hier erbringen überwiegend die Produkte die Nachhaltigkeitsleistungen, weshalb von Konsumenten keine wirkliche Veränderung ihres Verhaltens oder gar ihres Lebensstils erforderlich ist. Insbesondere für durchschnittlich umweltbewusste Konsumenten ist dies eine erstrebenswerte Lösung, um mehr Nachhaltigkeit zu erreichen.

Dabei kann es bei der Nutzung von ökoeffizienten Produkten zu einem widersprüchlichen Verhalten, nämlich den sogenannten **Rebound-Effekt** kommen (Balderjahn 2013, S. 208). Dieser Effekt beschreibt, dass Menschen, die Einsparungen ihrer ökoeffizienten Produkte nicht wirklich realisieren, sondern sie diese Einsparungen nutzen, um sich beispielsweise einen erhöhten Verbrauch zu gönnen. Wenn also ein neues Heizsystem nicht nur umweltfreundlich ist, sondern auch Geld einspart, tendieren auch die umweltbewussten Menschen dazu, sich mit den Einsparungen einen wärmeren Wohnraum zu leisten. Die Effizienzsteigerungen der nachhaltigen Produkte werden also durch das Verhalten der Nutzer „aufgefressen". Oder mit dem ersparten Geld werden andere Produkte gekauft und dort wieder Umweltbelastungen erzeugt. Es werden also die Effizienzvorteile durch den Rebound-Effekt rückgängig gemacht.

3.4.2   Suffizienz

Die **Suffizienz** beschreibt ein verminderndes Verhalten. Zum Beispiel orientiert sich das Verhalten daran, einen geringeren Ressourcenverbrauch zu realisieren oder das Kaufen selbst zu reduzieren, was meist die Veränderung des Lebensstils zur Folge hat. Es zeigt sich beispielsweise, dass Menschen, die zunächst nur ihren Fleischkonsum reduzieren, nach und nach auch ihren gesamten Lebensstil zu verändern beginnen. Mit Suffizienz ist daher kein Verzicht gefordert, sondern die Reduktion des Verbrauchs auf ein verträgliches, also nachhaltiges Maß. Da hier eine deutliche Verhaltensänderung erforderlich ist, steht unter den Konsumenten häufig im Diskurs, wie weit eine Verhaltensveränderung zielführend sei.

An diesem Punkt muss wohl jeder Involvierte im Green Marketing sich auch der Frage stellen, was das **rechte Maß an Marketing** darstellt, das die grünen Produkte in ihrem Verkauf zwar fördert, aber die Konsumenten nicht bewusst manipuliert, mehr zu kaufen, als sie tatsächlich benötigen. Dadurch entsteht eine ambivalente Situation. Denn wie viel Promotion braucht ein Produkt, damit die bereits hergestellten Produkte verkauft werden und nicht übrig bleiben und dadurch zu einem Umweltproblem werden? Und wann fördert eine aggressive Verkaufsförderung, wie beispielsweise „Nimm drei und zahl zwei" oder hohe Rabatte, ein Zuvielkaufen?

Günther Faltin bezeichnet das Marketing beispielsweise als „Marketing-Rucksack" in Analogie zum ökologischen Rucksack (Faltin 2019, S. 182), der auch nachhaltige Produkte teurer macht, als es notwendig ist. Und hierin sieht der Ökonom die Chance für neue Geschäftsmodelle, die diesen Marketing-Rucksack umgehen und den Käufern eine höhere Produktqualität zu einem faireren Preis anbieten. Er hält gerade die informierten Käufer des 4.0-Zeitalters für so smart, dass sie diesen Vorteil für sich erkennen und sie daher die Produkte von selbst finden, kaufen und weiterempfehlen. Man müsse die Produkte nicht mehr „zu Markte tragen" (Faltin 2019, S. 182), so seine Argumentation, wenn die Produkte auch das Bedürfnis der Konsumenten treffen. Und der Erfolg seines ursprünglichen kleinen Experiments der „Teekampagne" mit seinen Studierenden gibt seiner Behauptung recht: Denn die Teekampagne ist inzwischen zum größten Teeimporteur in Deutschland geworden. Ohne Marketing-Rucksack! Hier werden die Käufer in einem suffizienten Verhalten unterstützt, indem ein Service für Jahresbestellungen angeboten wird. Dadurch wird das Produkt für den Käufer billiger, es reduzieren sich aber auch die Umweltbelastungen durch die Logistik auf ein Minimum. Und die Käufer werden darüber hinaus dazu animiert, dass sie für ihren Freundeskreis Sammelbestellungen durchführen, um die Logistikbelastungen noch weiter zu minimieren. Hier erwirkt also das Geschäftsmodell eine Win-win-Situation für alle Beteiligten und den ökologischen Suffizienz-Effekt. Faltin erklärt seinen Kunden auch persönlich und in eine Anekdote verpackt, dass sie bei der Premiumqualität weniger Tee verwenden können oder ihn auch nicht wegschütten müssen, falls er zu lange zieht. Solche Empfehlungen, mit der Verwendung des Produkts sparend umzugehen, würde ein konventionelles Marketing nicht in Erwägung ziehen. Aber die Käufer der Teekampagne schätzen offensichtlich den respektvollen Umgang in der Kommunikation mit ihnen, indem sie loyal sind und lange Käufer bleiben. Fazit: Ein faires Geschäftsmodell kann die Marketingkosten und -aufwendungen maßgeblich reduzieren und sich dadurch auf ein faires Miteinander von Hersteller/Händler und Kunde fokussieren. Damit stellt **Suffizienz-Marketing** eine wesentliche Dimension des Green Marketing dar.

Beispiel

2019 trat die **Suffizienz-Kampagne „Fly responsibly" von KLM** eine rege Diskussion um das Verhalten von Konsumenten und unternehmerischer Verantwortung los. In dieser Kampagne fordert KLM seine Kunden dazu auf, bewusster zu fliegen.

„Fly Responsibly ist KLMs Verpflichtung, eine führende Rolle bei der Realisierung einer nachhaltigeren Zukunft für die Luftfahrt zu übernehmen. Und mit der Einführung von Fly Responsibly möchten wir in der Welt unsere gemeinsame Verantwortung bewusst machen. Wir können nur Fortschritte erzielen, wenn wir zusammenarbeiten, also lassen Sie uns zusammen die Entscheidung für ein nachhaltiges Morgen treffen" (KLM 2019).

Auf der Kampagnenseite zeigt KLM die Aktivitäten, die sie realisieren, um ihre Flüge nachhaltiger zu gestalten. KLM entwickelt in seinem „Sustainable Aviation Fuel Programm" seit 2009 einen nachhaltigen Kraftstoff, der die CO_2-Emissionen um 85 % reduziert. 2011 führte die KLM ihren ersten Linienflug mit diesem Kraftstoff durch. 2019 wird die tägliche Flugstrecke von Amsterdam nach Los Angeles damit versorgt. Derzeit ist KLM dabei, mit dem Partner SkyNRG die erste Anlage zur Produktion von nachhaltigem Flugkraftstoff zu errichten. Der Flugkraftstoff wird aus regionalen organischen Abfallströmen wie Altspeiseöl und aus anderen industriellen Rückständen hergestellt. KLM realisiert also einen Recyclingkreislauf und bietet den interessierten Stakeholdern in einem Webinar umfassende Informationen an, wie diese Herstellung funktioniert und welche Hürden dabei überwunden werden müssen. Auch hier wird explizit darauf verwiesen, dass es immer noch ein Verbrennungsprozess ist, der CO_2-Emissionen verursacht. Es wird hier aber die Effizienz erläutert, die eine massive Reduktion der CO_2-Emissionen zur Folge hat.

KLM setzt aber noch andere Maßnahmen: Das genutzte Kunststoffgeschirr wird eingesammelt und wiederaufbereitet. Die Airline gibt an, dass sie bis 2030 ihr Abfallvolumen um 50 % reduzieren will. Die Art und Weise, wie KLM seine als verantwortlich wahrgenommene Position im Kontext von Nachhaltigkeit erläutert, kann durchaus als Best Practice eines Greening Goliaths bewertet werden.

„Stimmt, wir sind eine Fluggesellschaft. Und wir sind uns bewusst, dass die Luftfahrt heute noch weit von Nachhaltigkeit entfernt ist – selbst wenn wir alles daran gesetzt haben und auch weiterhin daran setzen, die einzelnen Aspekte unseres Geschäfts im Sinne der Nachhaltigkeit zu verbessern. Wir sind in der Kategorie „Airline" des Dow-Jones-Nachhaltigkeitsindex ganz vorne mit dabei: Seit 15 Jahren in Folge können wir uns einen

Platz unter den Top 3 sichern. Und darauf sind wir stolz. Doch wir müssen noch mehr tun. Allerdings können wir die Dinge nicht alleine bewegen. Wir haben es uns zum Ziel gesetzt, unsere Produkte und Prozesse noch nachhaltiger zu gestalten und dadurch in unserer Branche Maßstäbe für den nachhaltig erzielten ökonomischen und sozialen Mehrwert zu setzen. Deshalb appellieren wir an alle Akteure, sich uns und den zahlreichen KLM-Passagieren anzuschließen, die uns durch den Ausgleich ihres CO_2-Fußabdrucks bereits in unserem Nachhaltigkeitsbestreben unterstützt haben. Machen wir uns gemeinsam für eine nachhaltige Zukunft stark" (KLM 2019).

Kern dieser Suffizienz-Kampagne ist aber auch, dass KLM seinen Kunden erklärt, welchen Beitrag sie zu einer Kompensation leisten können, um ihre Flugreise nachhaltiger gestalten zu können. Es werden auch nachhaltige Reiseoptionen wie das Zugfahren vorgeschlagen und erläutert, dass Zugfahren auf Kurzstrecken die nachhaltigere Alternative sei. Hier wird auch aufgezeigt, dass man beispielsweise auf der Strecke Amsterdam-Brüssel mit dem Zug schneller zum Ziel kommt. Die zentrale Botschaft ist hier: weniger fliegen. KLM hat für die Kunden schon seit zehn Jahren einen Kompensationsservice namens „CO2ZERO" realisiert, der direkt während des Prozesses der Buchung mitgekauft werden kann. Hiermit wird eine Wiederaufforstungsinitiative „CO2OL Tropical Mix" in Panama finanziert. Aber auch Unternehmen aus anderen Branchen können sich an diesem Programm als Partner beteiligen, deren Mitarbeiter beruflich viel fliegen müssen. Durch diese finanzielle Unterstützung wird die Verfügbarkeit von nachhaltigem Flugkraftstoff erhöht und dessen Wettbewerbsfähigkeit gegenüber Kerosin verbessert. Damit realisiert KLM das Prinzip einer geteilten Verantwortung. ◄

Der Diskurs um diese Kampagne zeigt an einem aktuellen Beispiel das Suffizienz-Dilemma auf. Einerseits entscheidet das Goliath-Unternehmen KLM, maßgebliche Nachhaltigkeitsmaßnahmen für die gesamte Branche zu realisieren, die faktisch ein essenzielles Umweltproblem darstellt. Hier wird auch alles richtig gemacht, und KLM steht mit seinen Kommunikationsaktivitäten und den gesetzten effizienzorientierten CSR-Aktivitäten für seine unternehmerische Verantwortung ein und bezieht darüber hinaus seine Kunden in die Realisierung von CSR-Zielen mit ein. Dennoch wird von Vertretern der Gegenposition ein konsequenter Konsumverzicht als ideale Lösung gefordert, um eine Dekarbonisierung der Mobilität zu erreichen. Vor diesem Hintergrund wird auch diskutiert, ob diese Kampagne ein Greenwashing von KLM sei. Maike Gossen (2019) setzt dem entgegen, dass die Kampagne in ein Set an tatsächlichen CSR-Aktivitäten integriert ist und transparent dargestellt wird. Greenwashing würde dann vorliegen, wenn ein Unternehmen lediglich die Kommunikation als isolierte Maßnahme umsetzt. Sie fokussiert vor allem auf die erzielte Verhaltensänderung als positiven Effekt, die vor allem bei Menschen angestoßen wird, die nicht zu den nachhaltigsten Gruppen gehören.

Dass eine reine Kommunikationskampagne mit dem Ziel der Suffizienz dennoch frei von Greenwashing-Spekulationen ist, beruht auf der Tatsache, dass der Absender der

Botschaft hierbei entscheidend ist. Wenn ein Green David wie die **Bio Company** im September 2019 für zwei Wochen die **Kampagne „Kauf weniger!"** realisiert, so entsteht keine Wahrnehmung von unehrlicher Kommunikation. Warum? Ein Green David ist ein holistisch nachhaltiges Unternehmen und die Zielgruppen kennen eventuell nicht alle Nachhaltigkeitsmaßnahmen, aber meist sehr viele davon. Sie zweifeln also aufgrund der Authentizität nicht an der Ehrlichkeit der Botschaft. Sie ist glaubhaft, weil die Intention des Unternehmens als authentisch wahrgenommen wird. Was wird kommuniziert?

> „Zu viele wollen zu viel und brauchen nur wenig. Durch den ständigen Verbrauch der Konsumgesellschaft werden unsere eigenen Lebensgrundlagen geschädigt. Wichtige Ressourcen werden für Lebensmittel verbraucht, die am Ende niemand isst. Wir wollen ein sinnvolles Wachstum. Wir wollen eine nachhaltige Lebensweise. Wir wollen ein vernünftiges Verhältnis zur Umwelt. Wir wollen ein Bewusstsein schaffen gegenüber Lebensmitteln und Produkten. Und wir wollen jeden Einzelnen dazu einladen: Kauf weniger" (Bio Company 2021).

Es folgten noch konkrete Tipps für ein suffizientes Verhalten. Die Kampagne wurde durch ein Gewinnspiel begleitet, es wurden die Einkaufstaschen mit der Kampagne bedruckt und die Mitarbeiter mit Kampagnen-Shirts ausgestattet. Im Supermarkt standen zahlreiche Roll-ups und unterschiedliche Plakate wurden platziert: „Überfluss ist doch Käse", „Weniger Fleisch schmeckt nicht weniger lecker" oder „Mehr als genug ist zu viel". Die Kampagne wurde über Facebook auch in sozialen Netzwerken gelauncht und es wurden Radiospots geschaltet. Zudem wurde am 24. September 2019 ein Aktionstag „Was ist es dir wert?" umgesetzt, der den Start für eine Diskussion der Bio Company mit seinen Kunden bildete. Dafür wurde eine Kasse eingerichtet, bei der die Kunden selbst den Preis bestimmen konnten, den sie für ihren Einkauf zahlen wollten. Der erzielte Gewinn durch diese Aktion sollte als Spende an die Berliner Tafel gehen. Die Realität: 9 % der Einkäufe entsprachen ungefähr dem tatsächlichen Einkaufswert und 62 % haben einen zu niedrigen und 29 % haben einen höheren Preis bezahlt. Die Preisabweichung lag bei insgesamt minus 20 %. Der Geschäftsführer Georg Kaiser reflektiert dieses Ergebnis dahin gehend, dass auch die bioaffinen Käufer der Bio Company das Gefühl der fairen Preisgestaltung verlieren würden. Freiwillig wurde die faire Preisgestaltung der gesamten Wertschöpfungskette von den meisten Käufern nicht geschätzt. Die Bio Company hat damit als erster Lebensmittelhändler eine Suffizienz-Kampagne in Zeiten des ausufernden Konsums realisiert, um mehr Nachhaltigkeit im Lebensmittelbereich realisieren zu können.

Günther Faltin berichtet aber im Zusammenhang von Suffizienz von einem Beispiel, das ein hohes Potenzial in diese Richtung aufweist, aber Marketingentscheidungen und Gewinnbestrebungen diesen Effekt kompensiert haben. Konkret ist von **Philips** die Rede (Faltin 2019, S. 181), wofür Michael Braungart nach dem Cradle-to-Cradle-Prinzip ein Fernsehgerät entwickelt hat, das mit zwei Drittel weniger Stromverbrauch auskommt, weniger umweltschädliche Stoffe beinhaltet und dadurch auch noch kostengünstiger in der Herstellung ist.

„Die Idee von Braungart war, dass Philips durch die Einsparungen das Fernsehgerät preis-
werter auf den Markt bringen könne. Eine Chance also, nachhaltigen Produkten über einen
niedrigeren Preis breitere Märkte zu erschließen. Aber was ist passiert? Philips verkaufte
das Gerät 200 € teurer" (Faltin 2019, S. 182).

Auch hier steht das Marketingelement der Preisbildung im Fokus von Marketingentscheidungen und deren Auswirkungen auf das Verhalten der Käufer.

3.4.3   Konsistenz

Die **Konsistenz** ist im Nachhaltigkeitskontext die Verwendung naturverträglicher
Technologien, die die Stoffe des Ökosystems nutzt, ohne dieses zu zerstören. Dabei
werden naturgefährdende Stoffe in einem eigenen Kreislauf gehalten. Ziel ist es, wie
beim Cradle-to-Cradle-Prinzip, dass alle Stoffe in einem Kreislaufsystem (ein Kreislauf für die natürlichen Stoffe und einer für die technischen Stoffe) gehalten werden
und auch die Produkte schon so designt werden, dass die Endprodukte nach dem
Gebrauch auch wieder Eingangsstoffe für einen neuen Produktionskreislauf sind. In
Bezug auf das Verhalten von Konsumenten verlangt dieses Nachhaltigkeitsprinzip
keine Verhaltensänderung ab. Denn die zirkularen Produkte sind hier selbst die Lösung.
Braungart und McDonough (2014) sind hier die bekanntesten Verfechter dieses Weges
und argumentieren, dass der Konsum nicht mehr ein Problem darstelle, sondern die
Menschen hierdurch flächendeckend konsumieren können, ohne Schaden an der Umwelt
zu erzeugen. Dieser Ansatz von Cradle-to-Cradle verlangt den Menschen also keine
wesentliche Verhaltensveränderung ab, weil die anderen Akteure wie die Eco-Designer
oder die Unternehmen die Wertschöpfungsketten um die Käufer oder Nutzer herum
organisieren.

Aus der Perspektive der Wirtschaftspsychologie bedeutet die Konsistenztheorie, dass
Menschen grundsätzlich versuchen, Widersprüche zwischen ihrem Denken und ihrem
Handeln zu vermeiden (Felser 2015, S. 224). Sie streben also nach der Übereinstimmung
von Handeln und Denken, weil sie ansonsten einen inneren Konflikt auslösen. Und der
Blick auf Studien zeigt, dass gerade zwischen nachhaltigem Handeln und nachhaltigen
Einstellungen der Menschen eine Dissonanz, also das Gegenteil von Konsistenz, fest-
stellbar ist. Beispielsweise zeigen gerade die Sorgen der Menschen, womit sie sich
intensiv auseinandersetzen. Eine Studie von Ipsos (2019, S. 2–3) hat untersucht, welche
Themen den Deutschen am meisten Sorgen bereiten. Und es zeigt sich, dass sich um
Umweltthemen durchaus viele Sorgen machen:

- 30 % der Deutschen sorgen sich um Kriminalität und Gewalt.
- 26 % der Deutschen sorgen sich um den Klimawandel.
- 23 % der Deutschen sorgen sich um die Gefährdung der Umwelt.

Deutschland ist nebenbei bemerkt weltweit das Land, das sich am meisten Sorgen über die Einwanderungskontrolle macht. Vergleicht man Deutschland aber mit den Top-5-Sorgen der gesamten Welt, verändert sich die Relevanz der Sorge um die Umwelt, denn hier dominieren ganz andere Probleme. In Ländern wie Südafrika beispielsweise, die von hoher Kriminalität betroffen sind, ist die Sorge um den Klimawandel am wenigsten ausgeprägt. Das Land, das sich am meisten Sorgen um die Gefährdung der Umwelt macht, ist übrigens China mit 41 % und erst gefolgt von Deutschland mit 23 %.

Was bedeutet dies für das Verhalten von Menschen? Man kann davon ausgehen, dass Sorgen einen wesentlichen Bestandteil der Emotionswelt von Menschen darstellen und dadurch auch das Bewusstsein für die Umweltproblematik schaffen. Die Psychologie hat aufgezeigt, dass die Gedanken und die Emotionen das Handeln der Menschen steuern. Tut es das auch wirklich? Zieht man noch andere Untersuchungen hinzu, zeigt sich, dass hierin ein gewisser Widerspruch zu finden ist. Der Greendex (Consumer Choice and the Environment – A Worldwide Tracking Survey) wird von Nationalgeographic und dem Forschungsinstitut GlobalScan ermittelt, bei dem 17.000 Konsumenten weltweit zu ihrem Konsumverhalten in den Bereichen Haushalt, Mobilität, Lebensmittel und Konsumgüter befragt werden. Erfasst wird also der Impact des Verhaltens der Konsumenten auf die Umwelt. Das Ergebnis (Greendex 2012):

Es hat sich gezeigt, dass in den Ländern Indien, China und Brasilien die Umweltauswirkungen des Konsumverhaltens am geringsten sind.

- In den entwickelten Ländern wie Frankreich, Japan, Kanada und den USA wurden die größten Umweltauswirkungen des Verhaltens festgestellt. Deutschland hat dabei den neunten Platz belegt. Es ist weniger überraschend, dass die entwickelten Länder zwar ein höheres Umweltbewusstsein haben, aber ihre tatsächlichen Umweltauswirkungen als hoch einzustufen sind.
- Die ökonomischen sowie die politischen Probleme in den entwickelten Ländern sind im Top-of-Mind der Konsumenten, das Umweltbewusstsein spielt jedoch noch eine relativ geringe Rolle in ihrem Land.
- Erst in Bezug auf ein globales Bewusstsein zeigen die Bewohner von Schwellenländern ein Umweltbewusstsein wie Klimawandel, Wasser- und Luftverschmutzung oder die Verfügbarkeit von Trinkwasser. „In contrast, consumers in industrialized countries tend to be less concerned about the environment and more concerned about the economy and the cost of energy and fuel" (Greendex 2012, S. 17).

Erstaunlich ist die Erhebung, in welchen Ländern die Konsumenten ein Schuldgefühl hinsichtlich ihres Impacts auf die Umwelt haben. Der Greendex 2012 hat erhoben, inwiefern die Konsumenten in den jeweiligen Ländern der Aussage sehr zustimmen, dass sie ein Gefühl von Schuld hinsichtlich ihres persönlichen Impacts auf die Umwelt haben (Greendex 2012, S. 77):

- 21 % der Inder
- 18 % der Mexikaner
- 17 % der Brasilianer
- 17 % der Argentinier
- 15 % der Chinesen
- 13 % der Russen
- 10 % der Spanier
- 10 % der Ungarn
- 7 % der Kanadier
- 7 % der Schweden
- 6 % der Amerikaner
- 6 % der Australier
- 5 % der Briten
- 5 % der Franzosen
- **4 % der Deutschen**
- 2 % der Japaner

Bemerkenswert ist, dass die Industriestaaten mit geringem Umweltbewusstsein und Umweltverhalten die höchsten Marktanteile von Biolebensmitteln und beim Kauf von nachhaltigen Produkten aufweisen. Diese Liste von Widersprüchlichkeiten lässt sich im Verhalten von Konsumenten in Bezug auf die Nachhaltigkeit unendlich weiterführen. Gut untersucht ist auf jeden Fall die Tatsache, dass das Verhalten der Konsumenten in Bezug auf die Umwelt in vielen Dimensionen paradoxe und auch widersprüchliche Züge aufweist. Und genau diese schwere Einschätzbarkeit des Verhaltens ist es, was es dem Green Marketing in der Praxis relativ schwer macht, auf Basis von Konsumentenstudien seine Planungen zu entwickeln.

Auf jeden Fall befassen sich auch die Experten für nachhaltiges Konsumentenverhalten mit diesem „Dilemma des nachhaltigen Konsums". Wissenschaftlich wird dies als **„Attitude-Behavior-Gap"**, „Ethical-Purchase-Gap" oder auch „Value-Behavior-Gap" (Balderjahn 2013, S. 220) bezeichnet. Im Endeffekt wird damit ausgedrückt, dass zwischen dem Umweltbewusstsein und dem tatsächlichen Verhalten eine Lücke besteht und die nachhaltigen Produkte oder die nachhaltigen Lösungen dann doch nicht gekauft oder genutzt werden.

Für das Green Marketing sind die Kaufbarrieren interessant, wenn es um die Ursache geht, warum nachhaltige Produkte als positiv wahrgenommen, aber doch nicht gekauft werden. Balderjahn (2013, S. 221) führt hier folgende **Kaufbarrieren** an:

- **Preisbarriere:** Wenn nachhaltigere Produkte teurer sind als herkömmliche Konkurrenzprodukte. Je günstiger nachhaltige Produkte sind, umso weniger kommt die Preisbarriere zum Tragen. Beispielsweise hat der Preiskampf zwischen fairen beziehungsweise biologischen Bananen und konventionellen Bananen eine Abwärtsspirale des Preises von Biobananen zur Folge. Tatsächlich kommt es bei aggressiven

Promotion-Angeboten vor, dass die ökologische Variante gleich viel kostet wie die konventionelle Variante. Und dieser Preiskampf (Das Erste 2019) findet nicht zwischen unterschiedlichen Handelsformaten statt, sondern überwiegend im Massenmarkt der konventionellen Lebensmittelhändler. Letztendlich ist die Preisdifferenz von Biobananen zu konventionellen Bananen aber im Durchschnitt geschrumpft. Das führt dazu, dass diese nachhaltigen und faireren Produkte im Massenmarkt verstärkt gekauft und nachgefragt sind. Hier reguliert also der Handel stark den Preis, um sich von seinen Handelskonkurrenten unterscheiden zu können. Als Ergebnis dieser Entwicklung erlebt man am Beispiel der Preisstützung der Bananen, dass diese weniger kosten als regionale Äpfel. Der Effekt: Es werden weniger regionale Obstprodukte gekauft, die eine weitaus bessere Ökobilanz aufweisen als die 11.000 km weit gereisten und gekühlten Bananen. Fazit: Preisreduktionen setzen auch Preisspiralen nach unten in Gang und führen zu Umweltauswirkungen im gesamten System, die mit bedacht werden sollten. Gerade die Preisbildung wirkt bei nachhaltigen Produkten sehr sensibel über die gesamte Wertschöpfungskette.

- **Gewohnheitsbarriere:** Wenn der Kauf oder die Nutzung einer gewohnten und lieb gewonnenen Gewohnheit verändert oder sogar ganz aufgegeben werden muss. Je weniger bestehende Gewohnheiten aufgegeben werden müssen, desto weniger relevant ist diese Barriere und steht dem Kauf oder der Verwendung im Wege.
- **Egoismusbarriere:** Wenn die Bedürfnisse, für die Umwelt oder für andere etwas zu tun, in Konkurrenz zum Bedürfnis stehen, das eigene Wohl oder das Wohl der Familie zu berücksichtigen. Je besser nachhaltige Produkte egoistische Bedürfnisse erfüllen, umso eher werden sie gekauft. Siehe nächstes Beispiel.
- **Bequemlichkeitsbarriere:** Wenn beim Kauf oder bei der Nutzung Unbequemlichkeiten entstehen. Je bequemer der Kauf oder die Nutzung von nachhaltigen Produkten ist, desto eher werden diese gekauft. Auch dieser Punkt wird aktuell intensiv diskutiert. Denn auch im Biobereich wachsen gerade die Convenience-Produkte überdurchschnittlich stark. Fertigsalate, Ready-to-Eat- oder Ready-to-Heat-Suppen, -Pizzen, -Saucen, geschnittene Kräuter usw. Da verhalten sich die Biokäufer wie die konventionellen Käufer, konstatiert Michael Bolzli (2018). Der Nachteil: Convenience-Food produziert viel Plastikmüll und belastet die Umwelt. Trotzdem kaufen auch die Biokäufer immer mehr Convenience-Produkte. Der biologische Inhalt dieser Produkte ist den Käufern wichtig, „aber bei der Verpackung wird ein Auge zugedrückt" (Bolzli 2018). Und hier zeigt sich sehr gut, dass die Egoismusbarriere Auswirkungen auf das Kaufverhalten hat. Die biologischen Lebensmittel wirken sich positiv auf die eigene Gesundheit aus, und das scheint relevanter zu sein als der negative Effekt auf die Umwelt, der sich an einem anderen Ort und nicht im persönlichen Umfeld auswirkt (Ort-Dilemma).
- Greenpeace-Sprecher Schweiz Yves Zenger vertritt hier die Position, dass nicht der Konsument das Problem darstellt und somit eine Negativspirale auslöst. „Das Hauptproblem sind nicht die Kunden, sondern die Großverteiler, die diese vor vollendete Tatsachen stellen und zum Wegwerfkonsum verleiten", meint Zenger (Bolzli 2018).

Die Großverteiler würden Bedürfnisse schaffen, die niemand zuvor hatte und nicht unbedingt gebraucht werden. Laut Greenpeace sollten solche Produkte unverpackt oder in Mehrwegverpackungen angeboten werden. Auch hier wird deutlich, dass alle Teilkomponenten über die gesamte Wertschöpfungskette miteinander abgestimmt sein müssen, um ein für die Umwelt möglichst positives Verhalten der Konsumenten zu erzielen. Letztlich müssen sich alle Stakeholder in der gesamten Wertschöpfungskette kooperativ verhalten, um ein stabiles und nachhaltiges System etablieren zu können.

- **Unsicherheitsbarriere:** Wenn nachhaltige Produkte Unsicherheiten in Bezug auf ihre soziale oder ökologische Qualität aufweisen. Je weniger Unsicherheiten in der Wahrnehmung der ökologischen Qualität bestehen, desto eher werden nachhaltige Produkte gekauft. Das Green Marketing muss also gerade mit all seinen Kommunikationskanälen und -instrumenten in diesem Punkt unbedingt erreichen, dass der potenzielle Käufer das Produkt in seiner ökologischen Leistung auf keinen Fall anzweifelt. Siegel und Zertifikate sind hier ein typisches und gut gelerntes Instrument, die am Point of Sale schnell erkannt werden und diese Barrieren abbauen – zumindest im Vergleich zur konventionellen Konkurrenz. Aber heute müssen sich die nachhaltigen Produkte nicht nur im Fachhandel gegen die nachhaltige Konkurrenz durchsetzen, sondern auch im Massenmarkt. Wenn also alle nachhaltigen Produkte dieselben Label aufweisen, kann der Konsument keinen Unterschied mehr feststellen und versucht, anhand anderer Merkmale einen Unterschied auszumachen. Auf jeden Fall befindet sich der Konsument im Zustand der Konfusion (Consumer Confusion), wenn solche Unsicherheiten bestehen, denn man muss immer bedenken, dass nachhaltige Qualität vom Käufer meist nicht selbst wahrnehmbar ist. Im Zweifelsfall orientieren sich die Käufer dann wieder am Preis, dieser wird in einem solchen Fall als Qualitätsvermutung herangezogen. Das entlastet Käufer von der Konfusion, die durch ein Zuviel an Information ausgelöst wird. Dann kommt im Kaufprozess noch das Ziel hinzu, einen größtmöglichen Nutzen für sich zu erzielen (Buerke 2016, S. 7). Der Zustand der Konfusion herrscht am Point of Sale auch dann vor, beschreibt Buerke, wenn die Produkte sich so sehr ähneln, dass sie vom Käufer verwechselt werden können – durch ähnliches Aussehen und vergleichbare Preise. Aus diesem Zusammenhang erklärt sich für das Green Marketing, wie wichtig inzwischen eine differenzierende und wirksame Marke geworden ist. Eine Marke muss ebenfalls zweifelsfrei sein und darf keine Unsicherheiten in Bezug auf die kaufentscheidenden Kriterien auslösen. Ansonsten kommt das Phänomen der Brand Confusion (Buerke 2016, S. 15) zum Tragen.

- **Vertrauensbarriere:** Wenn den Herstellerinformationen zur Nachhaltigkeit der Produkte misstraut wird. Je höher das Vertrauen in die Hersteller ist, desto eher werden nachhaltige Produkte gekauft. Warum hat gerade das Vertrauen eine so hohe Relevanz im täglichen Konsum? Menschen, die Kaufentscheidungen binnen von Sekunden treffen, verfügen in diesem Moment nicht über die vollständige Information bezüglich Qualität, Preis und Umweltauswirkung, um die ideale Kaufentscheidung für sich selbst und auch für die Umwelt zu treffen. Sie müssen sich letztendlich auf einige, wenige Informationen stützen, wenn sie ihre Entscheidung treffen. Hierzu noch ein kleiner Erklärungsausflug: Die Theorie hat an diesem Punkt immer von einer bestehenden Informationsasymmetrie (Friedel und Spindler 2016, S. 25) gesprochen. Der Verkäufer kennt alle Qualitätseigenschaften, wohingegen der potenzielle Käufer nur Vermutungen darüber hat. Das hat sich aber zum Teil im digitalen Zeitalter in einigen Punkten relativiert. Beispielsweise nutzen viele Konsumenten Apps wie „Codecheck", die diese Asymmetrie wieder aufheben und mit einem kurzen Scan der Produkte alle Inhaltsstoffe und die Bedenklichkeit oder sogar bessere Kaufalternativen aufzeigen. Diese neu geschaffene Transparenz reduziert das Maß an Vertrauen, das Käufer am Point of Sale aufbringen müssen.

Herrscht beim Kaufen also Unsicherheit und wenig Vertrauen vor, so ergibt sich folgende Reaktion bei den Konsumenten, wie Friedel und Spindler (2016, S. 25) beschreiben: Die Käufer haben die Erwartung, dass das Produkt nur mehr eine durchschnittliche Qualität aufweist. Daher sind sie dann nur noch bereit, einen durchschnittlichen Preis zu bezahlen. Und die Reaktion der Verkäufer? Sie zeigen keine Bereitschaft, ihre hochwertigen Produkte zu einem zu niedrigen Preis zu verkaufen und nehmen ihre Produkte vom Markt, was einen ganzen Markt zum Erliegen bringen kann. Dieser Zusammenhang ist im **Modell der „adversen Selektion"** beschrieben, das der Nobelpreisträger George Akerlof 1970 entwickelt hat. Auch hier wird wieder eine Dynamik beschrieben, die einen Markt maßgeblich transformieren kann. Das bedeutet, dass man bei einer systemischen Sichtweise auf Märkte gut daran tut, genügend Aufmerksamkeit zu investieren, bevor man sich zu solchen Schritten entschließt. Denn die Logik dieser Transformationsdynamik geht dann in die Richtung, dass die Produkte mit der jeweils höchsten Qualität aus dem Markt austreten, bis nur noch Produkte mit niedriger Qualität am Markt existieren. Letztlich brechen in dieser Dynamik also die Märkte aufgrund von Informationsasymmetrien zusammen. Für das Green Marketing ist es deshalb eine wesentliche Aufgabenstellung, diese Informationsasymmetrien zu vermeiden und letztlich das Vertrauen in die nachhaltige Qualität der Produkte zu stabilisieren. Wie dargelegt, ist der Aufbau einer vertrauensstarken und bekannten Marke eine der Hauptmaßnahmen in diesem Zusammenhang. Denn heute schaffen die Label der Zertifizierungen als sogenanntes „Signaling Tool" (Friedel und Spindler 2016, S. 25) nicht mehr ausreichend Vertrauen bei den Konsumenten. Es sind weitreichendere Transparenzmaßnahmen in der Kommunikation zu etablieren, um das erforderliche Vertrauen herzustellen. Videodokumentation und Berichte mit umfassenden Herstellerinformationen über die gesamte Wertschöpfungskette stehen bereits zur Verfügung und setzen sich allmählich im Markt durch. Die Menschen wollen mit „eigenen Augen" sehen und überprüfen können, ob die Produktversprechen auch der Wahrheit entsprechen und überprüfbar sind. Und sie erwarten diese Transparenz vom Hersteller selbst, denn die Vertrauensbildung über Dritte verliert derzeit an Relevanz, da die Menschen aktuell den Erfahrungen und Empfehlungen anderer Nutzer eher vertrauen als anonymen Labels und Zertifizierungen.

Andere Konsumexperten wie Lucia Reisch haben noch weitere Dilemmata identifiziert, die diese Lücke zwischen Verhalten und Einstellung oder Werten beschreiben (Reisch 1998, S. 18):

- **Zeit-Dilemma:** Das Dilemma zwischen dem kurzfristigen Konsum und dessen langfristigen Auswirkungen.
- **Ort-Dilemma:** Das Dilemma zwischen lokalem Konsum (Verwendung von Plastiktüten) und den globalen Auswirkungen (Plastikverschmutzung der Meere).
- **Wahrnehmungs-Dilemma:** das Dilemma zwischen direkt wahrnehmbaren Auswirkungen auf die Umwelt (Mülldeponien) und indirekt (über Medien) vermittelten Umweltauswirkungen (Ozonloch).

Es zeigt sich, dass nachhaltiger Konsum an vielen Stellen Widersprüche aufwirft. Und an diesem Punkt stellt man sich natürlich die Frage, ob bzw. wie sich diese auflösen lassen. Das nachfolgende Beispiel soll diese Problematik möglichst konkret verdeutlichen.

Beispiel

Sind Widersprüche auflösbar? Der Biojoghurt-Test

Bei diesem Test wurden Biojoghurts aus der Schweiz (strenge Verarbeitungsrichtlinien) und Deutschland (weniger strenge Verarbeitungsrichtlinien) durchgeführt. Richter et al. (2004, S. 71–86) führte im Auftrag der FiBL einen Degustationsvergleich von Bioerdbeerjoghurt durch. Drei Sorten stammten aus der Schweiz (Demeter Schwedenmilch, coop-Naturaplan, Migros Bio) und drei Sorten aus Deutschland (Söbbeke, Breisgaumilch Bio, BioBio von Plus). Ziel war es, den Einfluss der unterschiedlichen Zusatzstoffe und die unterschiedlichen Verarbeitungsrichtlinien im Hinblick auf die Qualitätswahrnehmung zu testen. Denn die Verarbeitungsrichtlinien der Schweiz (Bio Suisse) lassen beispielsweise das Färben der Bioprodukte nicht zu. In Deutschland ist dies nicht untersagt, weshalb die Joghurts markante gustatorische Unterschiede aufweisen. Die deutschen Joghurts dürfen auch Johannisbrotkernmehl zur Optimierung der Konsistenz verwenden und das Produkt mit Rote-Bete-Saft-Konzentrat färben (BioBio).

Das Ergebnis: Die Schweizer Biokonsumenten beurteilen den Geschmack der deutschen Joghurts tendenziell besser. Denn das Mundgefühl ist durch das Johannisbrotkernmehl cremiger, sie sind farbiger und süßer, weil auch gesüßte Fruchtzubereitungen verwendet werden dürfen. Der Schweizer Demeter-Joghurt mit der faktisch höchsten Qualität schneidet im Geschmack sogar sehr schlecht ab. Viele Konsumenten haben diese als „chemisch", „zu sauer" oder als „fad" bewertet. Hier zeigt sich also, dass höchste Qualität im Widerspruch mit der sensorischen Präferenz steht.

Dieser Test ging aber noch weiter und konnte aufzeigen, wodurch sich ein solcher Widerspruch auflösen lässt. Denn nach der Bewertung der sensorischen Faktoren sowie der Markenpräferenz insgesamt bewerteten die Schweizer den Joghurt von coop in der Westschweiz am besten. Präferiert wurde also im Gesamteindruck, was die Menschen gewohnt sind und bereits kennen. Denn coop ist nach Migros mit 32 % Marktanteil (Statista 2018) in der Schweiz der zweitgrößte Lebensmittelhändler. Die Menschen kennen also die Eigenmarken dieses Händlers. Dadurch haben sie eine hohe emotionale Verbindung zu dieser Marke aufgebaut, die auch dann noch stabil ist, wenn andere Produkte „rational" beurteilt besser schmecken. Daraus kann man schließen, dass gewohnte Marken einen hohen Bindungsgrad aufweisen. Käufer bleiben ihrer vertrauten Marke sogar dann treu, wenn ein solcher direkter Vergleich aufzeigt, dass die anderen Produkte besser schmecken. Man kann davon ausgehen, dass die Konsumenten diese Bindung dann auch noch über einen langen Zeitraum aufrechterhalten werden. Auch an diesem Punkt zeigt sich, dass die Green Brand ein wesentlicher Erfolgsfaktor ist. ◄

Konsumboykott 4.0 – auch ein aktives Verhalten von Konsumenten
Wir haben bereits gesehen, dass sich die Rolle der Konsumenten von einer passiven zu einer aktiven Rolle gewandelt hat. Für Brand Advocates beispielsweise steht das Kaufen und Empfehlen von Produkten im Fokus ihrer Aktivität. Relativ neu ist auch das Phänomen, dass Konsumenten sich aktiv für einen persönlichen Boykott bestimmter Marken oder Unternehmen entscheiden oder sich gar als Aktivisten engagieren. Belz und Peattie (2012, S. 85) weisen darauf hin, dass der Produktboykott vom Marketing gerne übersehen wird, weil man sich überwiegend auf den Kaufprozess und nicht auf das Nichtkaufen konzentriere. Aber tatsächlich agieren nachhaltig-ambitionierte Menschen in ihrem Alltag so, dass sie Unternehmen und Marken nach ihren Umweltverhalten beurteilen und dies nicht mehr anhand ihrer persönlichen Bedürfnisse, sondern anhand von Nachhaltigkeitskriterien. Sie treffen ihre Beurteilungen auf der Basis von ethischen, politischen Einstellungen und Werten. Mit ihrer Entscheidung, keine Produkte mehr von einem Unternehmen zu kaufen, das ihren persönlichen Vorstellungen zuwiderläuft, wollen sie dieses Verhalten mit Umsatzeinbußen „bestrafen" und zu einem Umdenken bewegen. Inzwischen nehmen nachhaltige Konsumenten ihre aktive Rolle sehr ernst und sind sich der Tatsache bewusst, dass sie mit ihren Entscheidungen auch Märkte beeinflussen können. Oder dass sie über den Erfolg eines Unternehmens sein Handeln beeinflussen können. Die Partizipation von Menschen hat sich dadurch von der politischen Dimension auf die Dimension der Wirtschaft erweitert.

Konsumboykotts können zunächst eine individuelle Entscheidung sein, aber ihre marktbeeinflussende Kraft entfalten sie vor allem durch ihr Entstehen in einem kollektiven Kontext. Im Kollektiv versuchen die Menschen, ihre Marktmacht zu nutzen, indem sie nicht nachhaltige oder unfaire Unternehmen bestrafen und durch finanzielle Einbußen oder durch Imageschädigung zum Umdenken oder zu einem anderen Handeln bewegen. Damit die Menschen sich als Kollektiv organisieren, muss ein hohes Maß an

Partizipationswillen gegeben sein. Sie müssen alle dasselbe Ziel haben und ihr Handeln muss sich auf eine Zielsetzung fokussieren, um Wirksamkeit entfalten zu können.

In Deutschland war der erfolgreichste und größte Konsumboykott 1995 gegen den Ölkonzern **Shell,** der in diesem Jahr einen schwimmenden Öltank namens Brent Spar im Meer versenken wollte, um sich seines Industrieschrotts zu entledigen. Unterschiedliche Umweltinitiativen und federführend Greenpeace riefen dazu auf, die Tankstellen von Shell zu meiden. Kurz zuvor hatte Greenpeace den Öltank besetzt, um die Versenkung zu verhindern. Ziel war es, mit dieser Aktion einen Präzedenzfall zu schaffen, wie man mit diesem Industrieschrott in der Nord- und Ostsee umgehen solle. Greenpeace erklärte als Ziel, dass in Zukunft der Industrieschrott nicht mehr im Meer versenkt wird, sondern an Land zerlegt und recycelt werden sollte, was durchaus schon gängige Praxis war.

Die Erfolgsbilanz (Wikipedia o. J. – Brent Spar): Die Umsätze sanken um 50 %. Diese Breitenwirkung kam dadurch zustande, dass sich Unternehmen, Händler, Politiker und Medien an dem Boykott beteiligten und als Multiplikatoren viele Menschen mit ihrem Boykottaufruf erreichen konnten. Am Ende entschloss sich Shell, die Plattform an Land zu entsorgen. Aber auch Greenpeace musste öffentlich einlenken, denn um die Partizipation öffentlich anzuheizen, hatte die Organisation das geschätzte Ausmaß an giftigen Rückständen von der realen Schätzung von 100 t auf 5500 t angehoben und damit den Boykott in der Diskussion angefeuert. In weiterer Folge war Greenpeace den Vorwürfen ausgesetzt, sich nicht an Fakten zu halten. Und drei Jahre später wurde ein Versenkungsverbot für Ölplattformen im Nordatlantik beschlossen. Die Brent Spar wurde dann für 36 Mio. € verschrottet.

3.5   Vier Strategien zur Förderung nachhaltiger Konsumstile

Es hat sich gezeigt, dass zahlreiche Dilemmata im Zusammenhang mit einem nachhaltigen Konsum entstehen. Ingo Balderjahn stellt vier Strategien vor, die die Balance zwischen öffentlichem und persönlichem Nutzen einer Konsumhandlung berücksichtigen. Die folgenden beiden Strategien verfolgen das Ziel, nachhaltige Konsumstile über einen Nutzen zu beeinflussen (Balderjahn 2013, S. 237):

1. **Value added Strategy:** Das ist die Strategie der Nutzensteigerung. Es wird der persönliche Nutzen des nachhaltigen Konsums erhöht.
2. **Value deducted Strategy:** Diese Strategie verfolgt das Ziel der Nutzenreduktion. Es wird der persönliche Nutzen des nachhaltigen Konsums verringert.

Zudem können nachhaltige Konsumstile aber auch über die Kosten gefördert werden (Balderjahn 2013, S. 237):

3. **Reduce Costs Strategy:** Das ist die Strategie der Kostensenkung. Die persönlichen Kosten des nachhaltigen Konsums werden gesenkt.

4. **Increase Costs Strategy:** Bei dieser Strategie werden die Kosten für einen opportunistischen, also nicht nachhaltigen Konsumstil gesteigert.

Für Unternehmen und Institutionen sind die Anreizstrategien geeignet, denn Produkte oder Leistungen verkaufen sich am Markt nur dann erfolgreich, wenn sie neben der Nachhaltigkeit auch einen persönlichen Anreiz bieten. Bietet das Produkt einen persönlichen Zusatznutzen, so wird von der Value added Strategy gesprochen. Aus diesem Grund besteht die Hauptmotivation für den Kauf biologischer Lebensmittel darin, dass die Produkte für einen selbst gesund sind. Balderjahn (2013, S. 237) zeigt auf, dass umweltverträgliche Produkte zwar schon gewünscht sind, sie dürfen aber nicht teurer als die herkömmlichen Alternativen sein und die lieb gewordenen Gewohnheiten beim Kauf und bei der Verwendung nicht mindern. Die zweite Anreizstrategie ist ebenso plausibel: Wenn sich die persönlichen Kosten reduzieren, dann wählen die Menschen die nachhaltige Alternative. Natürlich kann man hier auch umgekehrt argumentieren, dass beim Vergleich von zwei Produkten mit gleichem Preis das nachhaltige Produkt dann den Zusatznutzen Nachhaltigkeit aufweist. Ist der Preis sogar günstiger, dann fällt das Preis-Leistungs-Verhältnis für das nachhaltige Produkt aus.

Als Unternehmen muss man sich also darauf fokussieren, was für den einzelnen Menschen einen Nutzen darstellt. Was ist dann für die Bewertung eines persönlichen Nutzens relevant und führt zu einer Präferenz für ein nachhaltiges Produkt? Dahinter steht ein Kosmos an Faktoren: die individuellen Bedürfnisse, Motive, Werte und Einstellungen, Überzeugungen, soziale Konsumnormen (Erwartungen von Freunden und Familie), aber auch Wissen.

Die beschränkenden Strategien werden für einzelne Hersteller keinen Erfolg aufweisen, weshalb sie überwiegend von Gesetzgebern mittels Verboten durchgesetzt werden. Zum Beispiel durch Verbote, umweltschädliche Stoffe in der Produktion zu verwenden, Fahrverbote etc. Es können aber auch herkömmliche Produkte beispielsweise durch Steuern verteuert werden. Auch hierbei handelt es sich um ein Steuerungsinstrument des Staates.

3.6   Fazit für das Green Marketing

Unter den Nachhaltigkeitsexperten für Marketing wird viel darüber diskutiert, dass Zielgruppen wie die LOHAS beispielsweise viel zu allgemein segmentiert seien und Unternehmen ihr Marketing nicht darauf aufbauen können. Dieser Einwand ist insofern richtig, weil die LOHAS nur ein Segment und noch keine Zielgruppe sind, mit der ein Unternehmen konkret arbeiten kann.

Das Green Marketing braucht zunächst eine grundsätzliche **strategische Ausrichtung** auf ein **Segment,** das nicht zu feinteilig differenziert sein sollte. Hierauf beruhen das gesamte Geschäftsmodell sowie die Positionierung am Markt, und die Ausrichtung sollte daher nur behutsam verändert werden. Dabei sollten die strategischen Kriterien berücksichtig werden, also weniger die Frage Beachtung finden, wie häufig diese Zielgruppe einkauft, sondern vielmehr, in welchen Einkaufskanälen man sie erreichen kann. Und zu klären ist, auf welcher Ebene man eine Vertrauensbeziehung herstellen kann.

Erst nach der strategischen Festlegung des Segments wird die **konkrete Produktzielgruppe** ausgearbeitet. Hier werden die konkreten Informationen erhoben, was deren genauen Kaufmotive sind, wie oft sie wo einkaufen, welche Werte ihnen wichtig sind und auf welche Informationen sie beim Einkaufen achten usw. Dafür ist zuerst eine hypothetische Zielgruppenbeschreibung erforderlich, die zunächst nur aus einer Annahme des Unternehmens besteht, wer seine Käufer sind. Die Konsumentenforschung erhebt dann das reale Bild der Kunden und kann Auskunft darüber geben, welche angenommenen Aspekte (zum Beispiel Kaufmotive) tatsächlich wie stark ausgeprägt oder relevant sind. In der Vorgehensweise weist das Green Marketing keine Unterschiede zum konventionellen Marketing auf.

3.6.1 Strategisches Segment: Eco-Prosumer

Wenn man sich durch die unterschiedlichen Modelle und Typologien durcharbeitet, so ist es augenscheinlich, dass ihnen gemeinsam ist, dass Menschen mit guter Bildung, tendenziell eher Frauen und mit einem höheren Einkommen ihre Selbstwirksamkeit in Bezug auf ihre persönliche Relevanz in einer positiven Veränderung von Nachhaltigkeitsproblemen hoch einschätzen. Das ist jene Gruppe, die ein hohes Verantwortungsgefühl hat und deshalb zu den zentralen Akteuren der nachhaltigen Transformation gehört. Die einen nehmen diese Verantwortung im Privaten wahr, die anderen engagieren sich aktiv in Communitys, die ihnen wichtig sind. Das sind die Menschen, die man für seine Marken, Unternehmen oder Organisationen identifizieren muss, wenn man ihr Potenzial zur Vernetzung in das eigene Geschäftsmodell, in die Produktentwicklung, die Produktion, in die Finanzierung oder in die Kommunikation integrieren will. Sie leben einen ganzheitlichen nachhaltigen Lebensstil und sind aktiv darum bemüht, ihr persönliches Nachhaltigkeitsverhalten zu optimieren. Deshalb finden sich in dieser Gruppe auch am meisten Menschen, die um Suffizienz bemüht sind.

Im Kontext von 4.0 sind sie es, die sich im Internet einerseits viel tiefgründiges Wissen aneignen und es auch reflektiert in ihren Communitys weitergeben. Sie sind die zentralen Netzwerker einer nachhaltigen Entwicklung oder diejenigen, die in Crowdfunding von Unternehmen investieren, denen sie vertrauen und für deren Ziele sie sich mit einsetzen wollen. Sie sind die zentralen Personen, die innerhalb der eigenen Produktkäufer oder Brand Communitys gesucht werden müssen und als Akteure in das Marketing integriert werden sollten. Sie sind es aber auch, die die Macht der Konsumenten aktiv gestalten, wenn es um das Verfolgen nachhaltiger Ziele geht.

Für welche Unternehmen ist dieses Segment geeignet?

- Für Green Davids
- Unternehmen, die neue Impulse erzielen oder einen möglichst hohen Impact für nachhaltige Lösungen erzielen wollen
- Unternehmen, die eine Community um sich herum aufbauen möchten
- Unternehmen, die entschieden haben, sich auf Ökomarktnischen zu fokussieren
- Unternehmen, die direkt an ihre Käufer verkaufen wollen, um den Handel zu umgehen
- Unternehmen, die starke Eco-Marken aufbauen wollen

Was muss man diesem Segment anbieten?

- Eine höchstmögliche Transparenz entlang der gesamten Wertschöpfungskette
- Angebote zur Integration ihres Aktivismus in die Unternehmensaktivitäten
- Ein hohes Maß an Diskursfähigkeit über aktuelle und neue Nachhaltigkeitsthemen
- Ein hohes Maß an Authentizität
- Respekt und Anerkennung der Leistung der Eco-Prosumer
- Vertrauen
- Menschen aus dem Unternehmen, mit denen sie in Kontakt treten können
- Impulse für eine Transformation in Richtung mehr Nachhaltigkeit in der Gesellschaft
- Konsequente Weiterentwicklung der Qualität
- Nachhaltigkeitsinnovationen
- So viel Convenience, dass die sie nicht im Sinne von DIY selbst aktiv werden oder sie dabei unterstützen
- Informationen, wie sie im Alltagsleben ihre Nachhaltigkeit verbessern können

Was ist das Konkurrenzumfeld?

- Hier stehen die führenden und innovativen Nachhaltigkeitsanbieter miteinander in Konkurrenz. Die Produkte und Leistungen müssen sich in einem dichten Eco-Umfeld differenzieren.

3.6.2 Strategisches Segment: Strategisch-ethische Konsumenten

Sie fokussieren ihre Verantwortung strategisch auf konkrete Nachhaltigkeitsagenden, die sie meist aufgrund ihrer persönlich gelebten Werte und Interessen festlegen und dann im Alltagsleben akribisch umsetzen. Hier finden sich die Zero-Waster, Veganer, Plastik-frei-Käufer, Slow-Fashion-Käufer, Autarkie-Interessierte, Fair-Käufer, Secondhandkäufer usw. Oder sie boykottieren strategisch bestimmte Produkte, Hersteller oder Unternehmen. Sie sind also im gewissen Sinne Nischen-Aktivisten. Hier weisen sie ein hohes

Informationsbedürfnis und auch Wissen auf und agieren sehr konsequent im Sinne der Nachhaltigkeitsziele, die in dieser Nische verfolgt werden.

Betrachtet man aber das Nachhaltigkeitsverhalten dieser Konsumenten, so handeln sie nicht ganzheitlich nachhaltig wie die Eco-Prosumer. Sie sind zwar Veganer, haben aber kein Problem, mit dem Flugzeug zu verreisen. Sie sind bewusste Fair-Fashion-Konsumenten, wohnen aber ohne Rücksicht auf Nachhaltigkeit und sind intensive Fleisch- und Fischesser. Das Marketing spricht hier vom „paradoxen Konsumenten", weil dessen Verhalten durchaus auch Widersprüche aufzeigt. Die Fokussierung ihres Verhaltens auf eine Ökonische speist aber das Selbstverständnis dieser Gruppe in Bezug auf die Nachhaltigkeit.

Für welche Unternehmen ist dieses Segment geeignet?

- Unternehmen, die sich auf solche strategischen Nischen spezialisiert haben
- Unternehmen, die sich auf einen Nachhaltigkeitsaspekt (Herstellung, Rohstoff etc.) spezialisiert haben
- Greening Goliaths mit einem Eco-Sortiment
- Unternehmen, die sich auf E-Commerce spezialisieren wollen

Was muss man diesem Segment anbieten?

- In dieser Ökonische muss der Anbieter das höchste Maß an Nachhaltigkeit umsetzen (siehe Eco-Prosumer).

Darüber hinaus sind noch folgende Aspekte relevant, die typisch für Nischenspezialisten sind:

- Höchstmögliche Expertise durch tiefes Know-how weitergeben
- Die Käufer selbst zu Experten oder Opinion Leadern ausbilden
- Möglichst konsequent als Vorbild agieren (keine Fleischesser bei einem veganen Produkt)
- Innovationen aufgreifen und diesem Segment zugänglich machen
- Die Möglichkeit, dass sich die Käufer in diesem Segment mit anderen Käufern vernetzen können

Was ist das Konkurrenzumfeld?

- Hier stehen wenige Nachhaltigkeitsanbieter miteinander in Konkurrenz. Meist haben die Konsumenten nur wenige Spezialisten im „Top of Mind". Die Produkte und Leistungen müssen sich gegen diese Top-3-Konkurrenten durchsetzen und eine höhere Expertise aufweisen.

3.6.3   Strategisches Segment: Nachhaltigkeitspragmatiker

Sie externalisieren ihr Vertrauen in Nachhaltigkeitsleistungen aus pragmatischen
Gründen. Denn sie wollen zwar nachhaltig handeln, ohne aber einen zu hohen Aufwand dafür betreiben zu müssen. Und daher sind sie zwar bestrebt, nachhaltige Produkte
zu kaufen, aber sie orientieren sich weniger an Werten, sondern mehr an dem, was das
moralische Postulat der Gesellschaft ist und sie in den Medien erfahren. Sie vertrauen
auf die Kontrollen von öffentlichen Instanzen und kaufen nach Siegeln und dort, wo sie
es gewohnt sind, einzukaufen. Sie vertrauen auch den Bewertungen anderer Käufer.

Für welche Unternehmen ist dieses Segment geeignet?

- Eigenmarken vom Handel haben hier ein großes Potenzial.
- Greening Goliaths, die ihren Käufern eine ökologische Option anbieten
- Alltags-Eco-Marken mit einem breiten Sortiment
- Unternehmen, die sich auf das Anbieten von günstigen Nachhaltigkeitsoptionen
  spezialisieren.

Was muss man diesem Segment anbieten?

- Eine schnelle und offensichtliche Kommunikation der Nachhaltigkeitsleistung am
  Point of Sale
- Eine vernünftige, smarte Marke
- Testsieger in der Kategorie sein
- Bewertungen und Kommentierungen von Konsumenten
- Ein günstiges Preis-Leistungs-Verhältnis
- Ein hohes Maß an Convenience
- Einen Nachhaltigkeits-Proof durch unabhängige Dritte (Siegel)

Was ist das Konkurrenzumfeld?

- Die Eigenmarken des Handels sowie die Eco-Produktlinien der Greening Goliaths

3.6.4   Weitere strategische Segmente mit Nachhaltigkeitspotenzial

Das sind jene Segmente, die ein Potenzial für ein nachhaltiges Handeln aufweisen, es
aber noch nicht konkret umsetzen. Auch Soon-to-be-Costumer genannt. Sie müssen aber
über kommunikative Maßnahmen mit einem hohen Aufwand zu einer positiven Einstellung zur Nachhaltigkeit gebracht werden und dann zum nachhaltigen Handeln und
Einkaufen. Dieser Vertrauensaufbau in die Relevanz von nachhaltigem Handeln sollte
von der Politik gesteuert werden. Über breite Kampagnen, die sich an die gesamte

Bevölkerung richten, kann Nachhaltigkeit als wichtige gesellschaftliche Agenda platziert werden. Solche Kampagnen bereiten den Unternehmen ein gesellschaftliches Umfeld.

Literatur

Adlwarth W, Hübsch H (2017) Systematische Erfassung von Lebensmittelabfällen der privaten Haushalte in Deutschland. Schlussbericht Studie. GfK durchgeführt für das Bundesministerium für Ernährung und Landwirtschaft. Nürnberg. https://www.bmel.de/SharedDocs/Downloads/Ernaehrung/WvL/Studie_GfK.pdf;jsessionid=3288260E357F5C9DB22E8F275A59D386.1_cid288?__blob=publicationFile. Zugegriffen: 17. Juli 2019

Balderjahn I (2013) Nachhaltiges Management und Konsumentenverhalten. UKV, Konstanz und München

Belz F-M (2001) Integratives Öko-Marketing: Erfolgreiche Vermarktung ökologischer Produkte und Leistungen. Springer, Wiesbaden

Belz F-M, Peattie K (2012) Sustainability marketing: a global perspective. Wiley, Chichester

Bio Company (2021) Kauf weniger. https://www.biocompany.de/kaufweniger/. Zugegriffen: 23. Juni 2021

Bolzli M (2018) Convenience Food: Auch Bio-Kunden mögen es bequem. Nau. https://www.nau.ch/news/wirtschaft/convenience-food-auch-bio-kunden-mogen-es-bequem-65397409 Zugegriffen: 7. Jan. 2020

Braungart M, McDonough W (2014) Cradle to Cradle: Einfach intelligent produzieren. Piper, München

Buerke A (2016) Nachhaltigkeit und Consumer Confusion am Point of Sale. Eine Untersuchung zum Kauf nahhaltiger Produkte im Lebensmitteleinzelhandel. Schriftenreihe der HHL Leipzip Graduate School of Management, Springer Gabler, Wiesbaden

Bundesministeriums für Ernährung und Landwirtschaft (2019) Deutschland, wie es isst. Der BMEL-Ernährungsreport 2019, Berlin. https://www.bmel.de/SharedDocs/Downloads/Broschueren/Ernaehrungsreport2019.pdf?__blob=publicationFile. Zugegriffen: 1. Okt. 2019

Das Erste (2019) Preiskampf um Bananen. Warum sich das faire Obst nicht durchsetzen kann. TV-Dokumentation, plusminushttps://www.daserste.de/information/wirtschaft-boerse/plusminus/sendung/plusminus-sendung-faires-obst-100.html Zugegriffen: 6. Jan. 2020

Eymann J, Schmid S (2020) KarmaKonsum goes Mainstream Teil2: Zielgruppe „Bio-Natives". Marke 41. https://www.marke41.de/content/karmakonsum-goes-mainstream-teil-2-zielgruppe-bio-natives Zugegriffen: 7. Jan. 2020

Faltin G (2019) David gegen Goliath: Wir können Ökonomie besser. Haufe, Freiburg

Feldermann D, Hosea J, Ponce J (2015) The 2015 millenials impact report. Cause, Influence & the next Generation Workforce. https://achievemulti.wpengine.com/mi/files/2015/07/2015-MillennialImpactReport.pdf. Zugegriffen: 21. Jan. 2020

Felser G (2015) Werbe- und Konsumentenpsychologie. Springer, Wiesbaden

Friedel R, Spindler E (2016) Zertifizierung als Erfolgsfaktor: Nachhaltiges Wirtschaften mit Vertrauen und Transparenz. Springer Gabler, Wiesbaden

Fournier C (2017) How Is generation Y (Maybe) going to save the business world? https://youmatter.world/en/generation-y-millenials-changes-enterprise-responsible/. Zugegriffen: 9. Jan. 2020

Geißler C (2005) Bobyboomer? Harvard Business Manager. Heft 10/2005. https://www.harvardbusinessmanager.de/heft/artikel/a-620759.html. Zugegriffen: 6. Mai 2019

Gossen M (2019) Wenn Fluggesellschaften für Flugverzicht werben. https://www.postwachstum.de/wenn-fluggesellschaften-fuer-flugverzicht-werben-20190815. Zugegriffen: 21. Sept. 2020

Greendex (2012) Consumer choice and the enironment. A worldwide tracking survey, national geographic, GlobeScan, Toronto. https://globescan.com/wp-content/uploads/2017/07/Greendex_2012_Full_Report_NationalGeographic_GlobeScan.pdf. Zugegriffen: 13. Juli 2019

Helmke S, Scherberich J, Uebel M (2016) LOHAS-Marketing. Strategie – Instrumente – Praxisbeispiele. Springer Gabler, Wiesbaden

Hippel, E von (1986) Lead users: a source of novel product concepts. Manag Sci, 32(7):791–805. https://web.mit.edu/evhippel/www-old/papers/Lead%20Users%20Paper%20-1986.pdf. Zugegriffen: 22. Sept. 2019

Ipsos (2019) What worries the world. https://www.ipsos.com/de-de/langzeitstudie-immer-mehr-deutsche-sorgen-sich-um-klima-und-umwelt. Zugegriffen: 12. Sept. 2020

John R, Bormann I (2014) Repräsentativumfrage zum Umweltbewusstsein und Umweltverhalten im Jahr 2012 einschließlich sozialwissenschaftlicher Analysen. Umweltbundesamt. https://www.umweltbundesamt.de/sites/default/files/medien/378/publikationen/texte_78_2014_repraesentativumfrage.pdf. Zugegriffen: 2. Okt. 2019

Kavanagh D, Mander J (2019) Global WebIndex's flagship report on the latest trend in social media. https://www.globalwebindex.com/hubfs/Downloads/2019%20Q1%20Social%20Flagship%20Report.pdf. Zugegriffen: 22. Jan. 2020

KLM (2019) Fly responsibily. https://flyresponsibly.klm.com/de_de#home. Zugegriffen: 30. Jan. 2020

OC&C (2019) A generation without borders. Embracing Generation Z. OC&C, https://www.occstrategy.com/media/1806/a-generation-without-borders.pdf. Zugegriffen: 20. Jan. 2020

Ökobarometer (2019) Ökobarometer 2018. Umfrage zum Konsum von Biolebensmittel. Bundesanstalt für Landwirtschaft und Ernährung. https://www.oekolandbau.de/fileadmin/redaktion/dokumente/service/Zahlen/Oekobarometer2018.pdf. Zugegriffen: 5. Juli 2019

Ökolandbau (2020) Zielgruppen im Biohandel. https://www.oekolandbau.de/handel/marketing/vertrieb/zielgruppen-im-biohandel/. Zugegriffen: 7. Jan. 2020

Ottmann J (2011) The new rules of green marketing. Strategies, tools, and inspiration for sustainable branding. Berrett-Koehler, San Francisco.

Paech N (2011) Wachstumsdämmerung. https://oya-online.de/article/read/328-Wachstumsdaemmerung.html. Zugegriffen: 22. Okt. 2019

Paech N (2009) "Wachstum light? Qualitatives Wachstum ist eine Utopie. In: Wissenschaft & Umwelt, 85–86

Ray P, Anderson S (2001) The cultural creatives. How 50 million people are changing the world. Three River Press, New York

Reisch L (1998) Sustainable Consumption: Three Questions about a fuzzy concept, Research Group „Consumption, Environment an Culture", Working Paper No. 13, Copenhagen Business School.

Richter T et al (2004) Ermittlung von zusätzlichen Nachfragepotenzialen zur Erhöhung des Absatzes von Biomilch in der Schweiz. Forschungsinstitut für biologischen Landbau (FibL), Frick, www.orgprints.org/6275

Rippin M (2008) Analyse von Forschungsergebnissen im Hinblick auf die praxisrelevante Anwendung für die Vermarktung und das Marketing von Öko-Produkten. Zusammenfassung – vergleichende Betrachtung und Erarbeitung von Empfehlungen für die Praxis. BÖL (Bundesprogramm Ökologischer Landbau), AgroMilagro Research, Bornheim. https://orgprints.org/13769/1/13769-06OE301-agromilagro-rippin-2008-VermarktungOekoprodukte.pdf. Zugegriffen: 26. Sept. 2019

Schill W, Zerrahn A, Friedrich Kunz F (2017) Prosumage of solar electricity: pros, cons, and the system perspective. Econ Energy Environ Policy 6(1), https://doi.org/10.5547/2160-5890.6.1.wsch. https://www.iaee.org/en/publications/shoppingcart.aspx?view=true. Zugegriffen: 22. Sept. 2019

Schmid S (2012) Karmakonsum goes Mainstream Teil 1: Zielgruppe „Verantwortungsvolle Konsum-Mitte". In: Marke41, Ausgabe 5, S. 40–42

Schmid S, Wakenhut G (2012) KarmaKonsum goes Mainstream Teil 1: Zielgruppe „Verantwortungsvolle Konsum-Mitte". In: Marke41, 5/2012. https://www.marke41.de/sites/default/files/media/autoren-pdf/karmakonsum.pdf. Zugegriffen: 7. Jan. 2020

Schmid S, Eymann J (2020) KarmaKonsum goes Mainstream Teil 2: Zielgruppe „Bio-Natives". https://www.marke41.de/content/karmakonsum-goes-mainstream-teil-2-zielgruppe-bio-natives. Zugegriffen: 22. Oktober 2020

Startnext (2017) Karma Bag. Karma Classics erweitert die Produktfamilie! https://www.startnext.com/karmabag#video. Zugegriffen: 9. Juli 2019

Statista (2018) Ethischer Konsum. Statista Dossierplus zum ökologischen und sozialen Konsumverhalten. Statista, Hamburg

Statista (2019) Umsatz mit Fairtrade-Produkten in Deutschland bis 2018. https://de.statista.com/statistik/daten/studie/226517/umfrage/fairtrade-umsatz-in-deutschland. Zugegriffen: 3. Dez. 2019

Toffler A (1983) Die dritte Welle, Zukunftschance. Perspektiven für die Gesellschaft des 21. Jahrhunderts. Goldmann, München

Wenzel E, Rauch C, Kirig A (2007) Zielgruppe der LOHAS: Wie der grüne Lifestyle die Märkte erobert. Zukunftsinstitut, Frankfurt

Wikipedia (o. J.) Brent Spar. https://de.wikipedia.org/wiki/Brent_Spar. Zugegriffen: 25. Aug. 2020

Wippermann P (2011) Otto Group Trendstudie 2011. 3. Studie zum ethischen Konsum. Otto, Hamburg. https://www.ottogroup.com/media/docs/de/trendstudie/2_Otto-Group-Trendstudie-2011-Verbrauchervertrauen.pdf. Zugegriffen: 3. Nov. 2019

Yahoo! (2008) Brand Advocates in Deutschland: Ihre besten Kunden. Wie das Internet Konsumenten Einfluss ermöglicht & Empfehlungsmarketing langfristig verändert. https://www.cpc-consulting.net/wp-content/uploads/2013/06/yahoo-brandadvocates-studie.pdf. Zugegriffen: 26. Jan. 2020

Grüne Lösungen 4.0

4

Zusammenfassung

Am Schnittpunkt von Nachhaltigkeit und aktuellen digitalen Innovationen wie Künstliche Intelligenz, Bilderkennung, digitale Analytik, 3D-Druck oder Sensortechnologie werden derzeit zahlreiche Innovationen realisiert, die auch den Wandel der Nachhaltigkeit vorantreiben. Diese disruptiven Technologien eröffnen neue Optionen, eine massive Transformation zu gestalten, über deren positive als auch negative Auswirkungen aktuell eine ausgiebige Diskussion geführt wird. In diesem Kapitel soll aufgezeigt werden, dass es für Green Davids wie auch für Green Goliaths und deren Green Leader wesentlich ist, sich des Potenzials von 4.0-Lösungen bewusst zu werden. Denn sie entfalten ihre Wirksamkeit in einer exponentiellen Welt und nicht mehr in einer linearen. Es wird auch der Frage nachgegangen, welchen Beitrag diese Technologien für eine nachhaltige Entwicklung leisten können.

4.1 Eco-Produkte 4.0

Die Zukunft von ökologischen Produkten liegt darin, dass sie in der Lage sind, Umweltprobleme zu lösen, indem sie die Lebensmittelproduktion, die wir seit Jahrtausenden praktizieren, umgehen und Lebensmittel aus CO_2 herstellen. Sie kehren also unsere bisherige problembehaftete Herstellung und Nutzung von Produkten in einen Prozess um, der sich positiv auf die Umwelt auswirkt. Zunächst einige Beispiele hierzu:

- **Eco Vodka von Air Co:** Das New Yorker Start-up Air Company hat den ersten Eco Wodka auf ein völlig neues Niveau gehoben. Denn dieser Wodka ist der erste, der Kohlendioxid aus der Atmosphäre verwendet, Wasser hinzufügt und mithilfe von Elektrizität Kohlendioxid und Wasser in Ethanol und Sauerstoff umwandelt. Dies bedeutet keine Landwirtschaft, kein Getreide und keine Bewässerung, denn dieser Wodka benötigt kein gärungsfähiges Obst, Kartoffeln oder Getreide. Konventioneller Wodka benötigt enorme Flächen der Landwirtschaft, um die benötigten Lebensmittel für die Fermentierung anzubauen. Die CO_2-Vermutzung der Luft wird also genutzt, um umweltfreundlichsten und reinsten Geist der Welt herzustellen. Dann wird das Ethanol zu einem 80-prozentigen Wodka destilliert, der der erste kohlenstoffnegative Wodka ist. Ein Wodka enthält die tägliche Kohlenstoffaufnahme von acht Bäumen. Das entspricht in etwa einem halben Kilo CO_2. Der Mitgründer Stafford Sheehan verrät über den Herstellungsprozess soviel, dass dieser von der Photosynthese der Pflanzen inspiriert sei, bei dem die Pflanzen CO_2 „aufsaugen". Pflanzen nehmen zudem noch Wasser auf und nutzen die Sonnenenergie, um Stoffe wie Zucker und andere hochwertige Wasserkohlenstoffe zu erzeugen. Weil dieser Prozess keine Gärung oder Fasslagerung benötigt, wie es konventionelle Brennereien tun, kann Air Co in kleinen Gebäuden, mobil und dezentral produzieren. Dieses Konvertierungs-patent hat einige hoch dotierte Preise von der Nasa, den Vereinten Nationen und von XPrize gewonnen.

Air Co zieht auch die gesamte Wertschöpfungskette heran, die durch die Logistik wiederum Emissionen verbraucht. Aber entlang seiner gesamten Wertschöpfungskette ist der Wodka von Air Co emissionsfrei. Der Wodka wird derzeit nur in New York in teuren Restaurants und Bars verkauft und wird im Geschmack mit anderen Premium-Wodkas verglichen.

- **SkyBaron:** Das ist ein kollaborativer Online-Marktplatz für Produkte, die mittels Carbon-Upcycling-Technologie Kohlenstoffe recycelt haben. Oder kürzer: ein Markt-platz für Kohlenstoff. Die Mission von SkyBaron ist es, die Wirtschaft zu trans-formieren und zu zeigen, dass Produkte einen positiven Umwelteffekt erzeugen können, anstatt weitere Ressourcen aus der Natur zu extrahieren. Damit liefern sie einen Beitrag zum Aufbau einer zirkularen Ökonomie. Denn die Kohlenstoffe werden wieder zu hochwertigen Produkten verarbeitet. Zum Beispiel in futurische Beton-Uhren oder Beton-Stifte.

- **Solar Foods:** Dieses finnische Start-up stellt mittels einer innovativen Technologie ein Proteinpulver aus CO_2 her. Dabei handelt es sich um ein ganz neues Lebensmittel, das weder Böden noch Aquakulturen belastet und letztlich aus der Luft CO_2 ent-nimmt. Das Ergebnis des Herstellungsprozesses mit Elektrizität und Luft ist Solein, ein reines Protein, das die die Umwelt nicht belastet. Der Geschmack wird von Solar Foods als vergleichbar mit Weizen beschrieben. Mit seiner radikalen Food-Innovation hat Solar Foods einen Future Award und den dänischen Index Award gewonnen, weil das Unternehmen mit seiner Entwicklung einen Beitrag für das Ziel einer emissionsfreien Zukunft geleistet hat. Das Protein ist aktuell auf dem Weg zu einer kommerziellen Produktion.

- **Kiverdi:** Dieses Start-up arbeitet aktuell an der Entwicklung eines umweltfreund-lichen Ersatzes für Palmöl, der aus CO_2 hergestellt wird. Kiverdi betont seine Ambition, dass es mit seiner Lösung einen wesentlichen Beitrag für eine Zirkulare

Ökonomie leisten möchte, indem es Kohlenstoff transformiert, anstatt weitere Ressourcen des Planeten zu verbrauchen. Auch dieses Unternehmen spricht von der Befreiung der Lebensmittelherstellung von der massiven Ressourcenverschwendung.

All diese Lösungen wurden durch Experimente der NASA aus den 1960er-Jahren inspiriert, die für Langzeitaufenthalte im All damals nach Lösungen suchte, um Lebensmittel mit einer limitierten Fläche und limitierten Ressourcen herstellen zu können. Dabei entdeckten die NASA-Wissenschaftler eine Mikroben-Art namens „Hydrogenotrophs", die sich wie Pflanzen verhalten, weil sie CO_2 in Lebensmittel verwandeln können. Für das Problem der Astronauten war das eine perfekte Lösung, denn sie atmen auf einer Mission CO_2 aus und können damit wieder Lebensmittel gewinnen. Und heute haben sich diese ersten Green Davids als Pioniere an die Weiterentwicklung und die Kommerzialisierung dieser Basis-Lösung gemacht.

Solche groß gedachten Lösungen entspringen einem **Moonshot-Thinking & Mindset.** Diese Bezeichnung hat sich mittlerweile als Begriff für ein Denken in exponentiellen Größenordnungen durchgesetzt. Geprägt wurde dieser Begriff von Astro Teller, der bei Google das Projekt „Moonshot" und die Abteilung neue, innovative Projekte leitet. Ein Moonshot versteht Teller als ein anvisiertes Problem, das zur Lösung radikale Lösungsvorschläge benötigt. „The world is full of garbage. Let's recycle more. That is not a moonshot", so Teller (2013). Das Mindset eines Moonshot-Denkens ist dagegen die Fähigkeit des Beobachtens, dass es eine Technologie gibt, die durch einen neuen Prozess der Vergasung den Müll wieder in seine Atome zerlegen kann, sodass man jene Atome extrahieren kann, die für eine neue Anwendung verwendet werden können (Teller 2013). Am Ende bleibt eine viel kleinere Menge an Material übrig, das viel einfacher zu deponieren ist. Das sind alles Lösungen, die bereits existieren. Teller beschreibt anhand dieses Beispiels, dass eine Moonshot-Lösung dann vorliegt, wenn man kleine Müllverbrennungseinheiten für jeden Haushalt baut. Dort kann der Müll verarbeitet werden, und am Ende steht dem Haushalt Gas für andere Zwecke zur Verfügung. Wir wissen heute, dass es technisch möglich ist. Dann erscheint es einem tatsächlich als sinnlos, so Teller, dass wir heute den Müll noch immer auf LKWs packen und abführen. In diesem Denken steckt ein **„10X-Denken",** so Teller. Er meint, es kann sein, dass es einfacher ist, etwas zehnmal besser und damit radikal besser zu machen als nur 10 % besser. Aus diesem Ansatz ist das Unternehmen „The Moonshot Factory" (www.x.company) von Alphabet entstanden, das sich das Ziel gesetzt hat, mit radikal neuen Technologien die größten Probleme dieser Welt zu lösen. Sie wollen mit der Implementierung ihrer Lösungen das Leben von Millionen Menschen verbessern. Zum Beispiel arbeiten sie an folgenden Fragestellungen:

- Wie können Ballons in ländlichen und noch nicht mit dem Internet verbundenen Gegenden eine Verbindung ermöglichen?
- Können Drohnen die Art verändern, wie Produkte ausgeliefert werden?

- Können Kites zur Erzeugung von erneuerbarer Elektrizität in ungewohnten Orten genutzt werden?
- Wie kann aus Meereswasser ein kohlenstoff-neutraler Treibstoff hergestellt werden?

All diese Probleme konnten von der Moonshot Factory in Form von Machbarkeitsstudien gelöst werden und einige wurden dann in Form einer Lizensierung an Unternehmen verkauft, die die Lösungen in Massen kommerzialisieren. Hier arbeiten also Innovations-Davids mit Goliaths zusammen, um sehr große Herausforderungen bewältigen zu können.

Manche Projekte, wie beispielsweise der kohlenstoffneutrale Treibstoff, hatten ein beachtliches Potenzial, um die Treibhausgase unserer Mobilität zu reduzieren. Die Umsetzung hätte voraussichtlich global einen positiven Effekt auf die Verlangsamung der Klimaerwärmung gehabt. In diesem Fall konnte die technische Machbarkeits-demonstration jedoch nicht in eine finanzierbare Lösung überführt werden, die mit den derzeitigen Treibstoffen konkurrieren kann. Aber die Moonshot Factory hofft aktuell noch darauf, dass sich jemand findet, der eine günstigere Technologie entwickelt, um Kohlendioxide zu binden. Und hier schließt sich der Kreis mit den oben angeführten Beispielen, wo die jungen Green Davids Lösungen gefunden haben und auch dabei sind, sie zu kommerzialisieren.

Dieser kurze Ausflug in die Welt der Eco-Produkte 4.0 zeigt das Potenzial auf, dass es Produkte gibt, mit denen Umweltprobleme wie das CO_2-Problem tatsächlich gelöst werden können. Das ist eine direkte Wirkungsebene. In einer weiteren Folge eröffnet sich eine völlig neue Dimension der Lebensmittelversorgung, wenn die Lebensmittel-produktion von der Landwirtschaft entkoppelt werden kann. Es wird kein Land mehr für eine industrielle Landwirtschaftsproduktion benötigt. Die Produktionseinheiten sind klein und dezentral einsetzbar, wodurch man von dem System der großen zentralen Produktionsstätten von Lebensmitteln abrücken kann. Das schafft regionale Arbeits-plätze, es wird weniger über den tatsächlichen Bedarf auf Lager produziert und dann wieder weggeworfen und die kleinräumige Logistik belastet die Umwelt weniger.

Aus der Perspektive des Bedarfs nach gesunden und biologischen Lebensmitteln entfaltet sich hierin auch ein **10X-Potenzial,** das in Analogie vom 10X-Denken der Moonshot Factory hier so benannt wird. Wenn biologischer Anbau von Lebensmitteln heute durch ein Weniger an Pestiziden definiert wird und damit letztlich immer einen Kompromiss bedeutet, so liegt in Lebensmitteln wie von Solar Food ein 10X-Potenzial. Denn sie sind zu 100 % pur und werden zu 100 % umweltfreundlich hergestellt und extrahieren keine Naturstoffe und Nährstoffe aus der Umwelt. Die CO_2-Belastung der Produktion und der Logistik fällt weg. Das klingt aus heutiger Sicht wie das Vorhaben eines Mondflugs in den 1960er-Jahren. Aus dieser 10X-Perspektive stellt sich also die Frage, wie das heutige System biologischer Lebensmittel für eine Welt dieser Möglich-keiten fit gemacht werden kann, um auch weiterhin relevant zu bleiben.

Eco-Produkte 4.0 sind aber nicht nur positiv für die Umwelt, sondern eröffnen Green Davids auch Chancen für ein Green Business und entsprechen damit der klassischen

Auffassung von Green Marketing, das grüne Produkte verkauft und damit zugleich positive Nachhaltigkeitseffekte erzeugt. Im gewissen Sinne sind es also Nachhaltigkeits-plus-Lösungen. Dieses **Eco 4.0 Mindset** vertritt unter anderen **Bertrand Piccard**. Er war der erste Mann, der mit einem Ballon und später mit einem Solar-Flugzeug namens „Solar Impulse" die Welt als erster umrundet hat und der sich als „Explorer for Sustainability" begreift. Er hat mit dem Solarflug den Beweis der Machbarkeit erbracht, dass man mit einem Flugzeug ohne Treibstoff Tag und Nacht fliegen und die Welt umrunden kann. Also ein Beweis für etwas, das bis dahin als unmöglich galt. Für Piccard war dieses Projekt vor allem eine Botschaft, die allerdings 150 Mio. € kostete. Denn damit war für ihn der Beweis erbracht, dass Nachhaltigkeit das Potenzial der Zukunft ist. Heute begreift Piccard sich als Botschafter für das Mindset, dass der Klimawandel nicht als teures Problem, sondern als eine fantastische Marktchance verstanden werden sollte. Die Nachhaltigkeit sollte also aus der Perspektive des Profits betrachtet werden. Aus diesem Mindset heraus argumentiert er, dass der derzeitige Weg des „Immer-ein-wenig-nachhaltiger-machen" nicht den Klimawandel stoppen wird, wenn Regierungen einzelne Akteure in Industrien zu überzeugen versuchen, ihre Branche ein wenig effizienter zu gestalten. Damit reiht sich Piccard in die Reihe der 10X-Denker und -Macher ein. Die Frage ist also, ob diese neuen Eco-Produkte 4.0 mit dem 10X-Moonshot-Mindset einen effektiven Schritt in die Richtung einer sauberen Zukunft ermöglichen.

4.2   Künstliche Intelligenz kreiert nachhaltige Lösungen

Diese neue Technologie (Tab. 4.1) hat in den letzten Jahren vermutlich den größten Hype im Diskurs um die Transformation im 4.0-Zeitalter ausgelöst. Kein Wunder, denn die Algorithmen haben in einigen Branchen – Stichwort Uber – massive strukturelle

Tab. 4.1 Charakteristika von Künstlicher Intelligenz

	KI + Menschlicher Interaktion	KI ohne Menschliche Interaktion
Fest verdrahtete / spezielle Systeme	*Assistierte Intelligenz* KI-Systeme, die Menschen bei Entscheidungsfindung unterstützen zu handeln oder zu entscheiden. KI lernt nicht aus ihren Interaktionen	*Automatisation* Automatische Ausführung manueller und kognitiver Aufgaben, die routinemäßig ausgeführt werden
Lernfähige Systeme	*Augmentierte Intelligenz* KI-Systeme, die die Entscheidungsfindung des Menschen verbessern. Sie lernen aus Interaktionen	*Autonome Intelligenz* KI-Systeme, die sich an verschiedene Situationen anpassen können. Sie handeln ohne Unterstützung durch den Menschen

Veränderungen ausgelöst. Man denke hier an die Streiks der Taxilenker, die sich vom Geschäftsmodell von Uber in ihrer Existenz bedroht fühlen. Wir haben uns im Alltag aber auch schon an die individualisierte Onlinewerbung gewöhnt (Stichwort: Retargeting), die uns nach einer Onlinerecherche wochenlang diese Produkte anzeigen. Aber auch die Digitalassistenten wie Alexa basieren auf diesen Technologien.

Heather Clancy (2020), Herausgeberin und Autorin bei GreenBiz, ist auf transformative Technologien im Handlungsfeld Nachhaltigkeit spezialisiert. Sie zeigt auf, dass Künstliche Intelligenz in der kommenden Dekade für nachhaltige Unternehmen einen dramatischen Impact erzielen wird.

Automatisierung des Energiemanagements
Bedenkt man, dass das Tracking von Nachhaltigkeitsdaten auf einer Technologie basiert, die rund 40 Jahre alt ist, zeigt dies ein hohes Potenzial für eine massive Veränderung auf. Google war eines der ersten Unternehmen, das mittels Künstlicher Intelligenz die Effizienz seines Energiemanagements optimiert hat.

Heute befasst sich auch die deutsche Politik mit dem Potenzial von Künstlicher Intelligenz im Energiemanagement und hat 2019 hierzu ein Policy Paper veröffentlicht, in dem der Weg der Transformation des deutschen Energiesystems skizziert wird. Die transformierenden Aspekte sind hier die Digitalisierung, eine Dezentralisierung, Dekarbonisierung sowie eine Effizienzsteigerung. In diesem Paper werden die Effekte der Transformation und damit auch eine steigende Komplexität des Energiemanagementsystems skizziert und der Bedarf nach einem flexiblen und resilienteren Energiesystem verortet. „So können KI-Systeme beispielsweise zur (Teil-)Automatisierung von Entscheidungs-, Steuerungs- und Regelungsprozessen im Energiesystem beitragen", so Zinke (2019, S. 4). Künstliche Intelligenz kann hier zur Verbesserung von Erzeugungs- und Lastprognosen oder auch zur Prognose von Energiepreisen eingesetzt werden. Zinke meint zudem, dass KI-Systeme auch den Verbrauch optimieren und auf Basis von Messdaten Empfehlungen an die Verbraucher geben können. Das würde also eine KI-gestützte Suffizienz im Verbraucherverhalten bedeuten. Denn das besondere an der Leistung von KI ist das Potenzial, dass diese Technologie imstande ist, personalisierte Handlungsempfehlungen zu geben. In der konkreten Anwendung musss man sich dies vorstellen, wie der Musik-Streamingdienst Spotify auf Basis von Nutzerdaten hoch individualisierte Playlists zusammenstellt. Beim Musikkonsum haben sich also bereits Millionen Menschen an die Fähigkeiten nicht nur gewöhnt, sondern schätzen diesen Service sehr. In Zukunft wird sich dies also noch mehr in den Alltag vieler Menschen integrieren und zum neuen Normal werden. Wenn man also davon ausgeht, dass KI einen Impact darauf hat, dass es den Energienutzern dabei hilft, Energie bequem einzusparen, sind hier erhebliche Optimierungspotenziale zu verorten. Ein wenig pragmatischer formuliert kann man auch das Potenzial darin sehen, das KI-gestützte Systeme den Verbraucher zu einem sinnvollen Umgang mit Energie erziehen und dadurch Optimierungen erreichen. Aber letztlich sind auf diese Weise hohe Skalierungseffekte zu erwarten, weil hier nicht nur die aktiven Nachhaltigkeitsakteure, sondern die gesamte Bevölkerung erreicht werden können.

Zukunftsmusik? Nein. Denn die ersten Leuchtturmprojekte sind bereits realisiert worden. E.ON hat in Kooperation mit Sight Machine eine Lösung in diesem Feld entwickelt. Mittels integriertem KI-basierten Assistenten in die Energiemanagement-Plattform können Kunden in die Lage versetzen, die Folgen energierelevanter Entscheidungen, wie etwa die Anschaffung einer neuen Maschine, im Vorfeld zu bewerten. Oder das schottische Unternehmen eGain bietet KI-basierte Assistenzsysteme für Kunden an, wodurch ein Energieanbieter eine weitaus höhere Anzahl an Kundenanfragen und -beratungen durchführen kann. Die sprachliche Qualität dieser künstlichen Berater entspricht angeblich bereits der natürlichen Sprache, sie können inzwischen eigenständig Aufgaben bearbeiten.

Der Energiemarkt in Deutschland befindet sich durch die angestrebte Energiewende bereits mitten in der Transformation: Alte Geschäftsmodelle funktionieren oft nicht mehr und die großen Energieanbieter geraten unter Druck. Es treten neue Akteure in den Markt ein. Fazit ist, dass die gesamte Struktur des Energiesystems neu definiert werden müsse, so Zinke (2019, S. 6). Wesentlich ist bei dieser Umgestaltung, dass das hierarchisch organisierte Energiesystem zu einem dezentralen und digital vernetzten System umgebaut werden soll, in dem eine große Anzahl kleinerer Akteure agieren sollen (Zinke 2019, S. 6). Die Herausforderung in dem neuen und komplexen Netzwerk-System ist, die Energieerzeugung mit dem Energieverbrauch örtlich und zeitlich zu synchronisieren. Denn im alten System waren noch einfache Handlungsleitfäden und telefonische Absprachen ausreichend. Im neuen System (s. Zinke 2019, S. 7) müssen aber komplexe Entscheidungen auf Basis von weitaus mehr Informationen als zuvor getroffen werden.

Den Energiemarkt zu digitalisieren, der in Zukunft nicht nur dezentral sein, sondern auch einen hohen Anteil an Erneuerbaren Energien effizient integrieren soll, bedarf einer tief greifenden Orchestrierung diverser Digitalisierungsmaßnahmen (Zinke 2019, S. 5): Smart-Grid-Komponenten erfassen Daten des Netzes und ermöglichen von der Ferne die Steuerung des Systems. Dafür wird eine schnelle und sichere Kommunikationsinfrastruktur benötigt. Bei einem neuen dezentralen System werden ungeheure Mengen an Datenströmen produziert, die in der Systemarchitektur vereinheitlicht werden müssen. Es müssen die Datenströme strukturiert und maschinenlesbar aufbereitet werden. Data-Analytics-Methoden erstellen automatisiert Prognosen. Und letztlich können die Daten durch Algorithmen interpretiert werden und den Entscheidern, aber auch den Nutzern Handlungsempfehlungen geben. Aufgrund der zunehmenden Komplexität wird diese Digitalisierung des Energiemarktes lediglich mit zahlreichen Anwendungen von Künstlicher Intelligenz zu bewerkstelligen sein, wie Zinke (2019, S. 8) ausweist:

- Wertschöpfungsstufe **Erzeugung:** Ertragsoptimierung, Optimierung von Einsatzplanung und Portfoliomanagement, vorausschauende und autonome Instandhaltung.

- Wertschöpfungsstufe **Netze:** Datenaufbereitung und Unterstützung der Netz-planung, Prognosen zur optimierten Netzsteuerung, automatisiertes Demand-Side-Management, vorausschauende und autonome Instandhaltung.
- Wertschöpfungsstufe **Handel:** Optimierte Last- und Ertragsprognose, optimierte Marktanalyse und Preisprognosen.
- Wertschöpfungsstufe **Vertrieb:** Personalisierte Kundenansprache, optimierte Ver-mittlung von Dienstleistungen und Equipment, Automatisierte Datenzusammen-führung im CRM-System, automatisierter Flexibilitätshandel, Trendanalyse und automatische Warnungen.
- Wertschöpfungsstufe **Verbrauch:** Automatisches Energieberatung, optimiertes Energiemanagement, Energiedatenmanagement und automatische Warnungen, auto-matisches Erkennen von Energiediebstahl.
- Wertschöpfungsstufe **Abrechnungen:** Energierechnungsvorhersage, Überwachung des Zahlungsverkehrs, Energiekostenoptimierung.
- Wertschöpfungsstufe **Kundenservice:** Jederzeit verfügbare virtuelle Assistenten, automatische Auswertungen von Kundenanfragen, Trendanalyse der Kunden-zufriedenheit, individualisiertes Angebot an Zusatzleistungen.

Hinter einer optimierten Netzplanung verbirgt sich ein sehr großes Potenzial für die Nachhaltigkeit. Denn eine KI-gestützte Energie-Marktplattform wie „PowerScout" ver-netzt Energieanbieter mit potenziellen Kunden. So können energieerzeugende Prosumer 4.0 beispielsweise mit einer lokalen Ladestation für E-Fahrzeuge verbunden werden und so ihren Solarstrom dorthin verkaufen, wo sie es möchten. Aber es schon ein Fortschritt, dass Kleinstproduzenten dank dieser Dienstleistung einfach am sich dezentralisierenden Strommarkt teilnehmen können. Auf diese Weise kann weitaus mehr Energie aus nach-haltigen Quellen in das Energiesystem eingespeist und verteilt werden. Die intelligente Netzplanung kann zudem die wachsende Herausforderung bewerkstelligen, die sich aus den Belastungen der Verteilnetze durch volatile erneuerbare Energien und neue Verbraucher wie Elektromobilität oder Wärmepumpen ergeben. Eine solche Lösung wird beispielsweise von Envelio angeboten. Das ist ein digitales Assistenzsystem, das mittels Maschinenlernen Netzdaten analysiert und Optimierungsrechnungen durchführt. Dadurch wird es dem Netzanbieter letztlich ermöglicht, den Netzanschluss einer neuen Anlage in der Dauer von Wochen auf Minuten zu reduzieren.

Die Künstliche Intelligenz spielt im Energiesektor ebenfalls bei der Optimierung der Energieverbräuche eine wichtige Rolle. Hier konnten bereits erste Erfolge realisiert werden. Zum Beispiel kann die KI die Regelung von Gebäuden effizienter steuern, indem die Energienutzung sich dynamisch an das Nutzerverhalten anpasst. Google ist hier ein internationales Leuchtturmprojekt. Google war mit dem Problem konfrontiert, dass man für das Rechenzentrum den Energieeinsatz bereits optimieren konnte. Dennoch musste Google noch immer eine große Wärmemenge durch Kühlleistungen abführen. Das komplexe System aus Serverhardware, Kühlanlagen, Gebäude und Wetter-bedingungen konnte mit simplen Steuerungen nicht mehr effizient betrieben werden. Das hat Google dazu veranlasst, die Künstliche Intelligenz von DeepMind zu verwenden. Zum Trainieren der KI hatte Google eine große Menge an Sensordaten seit Aufbau ihres Rechenzentrums gesammelt. Als Resultat konnte Google seine Kühlleistung um 40 % reduzieren (Zinke 2019, S. 19).

Im Energiebereich werden noch weitaus mehr Nutzungen von KI umgesetzt und an zukünftigen Lösungen geforscht. In Summe ist die Künstliche Intelligenz ein wichtiger Baustein, um die Energiewende realisieren zu können.

- **Nachhaltige Optimierung der landwirtschaftlichen Produktion:** Dies lässt sich anhand des KI-Start-ups Taranis gut skizzieren. Taranis, 2015 gegründet, bietet der Landwirtschaft intelligente Lösungen für die Bewirtschaftung von Agrarflächen an. Sie sammeln Bilder von den Feldern von Satelliten, von Flugzeugen und von Drohnen, werten die Daten mit Deep-Learning-Algorithmen aus und können den Anbau vor Insekten, Pflanzenkrankheiten, Unkraut oder Düngungsdefiziten bewahren, indem weitaus gezielter vorgegangen werden kann als mit der präventiven Vorgehens- weise, die aktuell im konventionellen Anbau betrieben wird. Landwirte können dadurch ihre Kosten für den Anbau stark reduzieren und auf höhere Gewinne hoffen. Konkret kann Taranis beispielsweise das junge Unkraut mit den aufgenommenen Bildern und dem KI-System klassifizieren und es können spezifischere Maßnahmen ergriffen werden. Die nachhaltigste Lösung befindet sich ebenfalls in der Ent- wicklung. Hier können mit Drohnen die Unkräuter mechanisch und automatisch aus dem Boden entfernt werden. Basierend auf den Bildern kann Taranis auch den Status der Bewässerung und der Düngung kontrollieren, damit der Landwirt gezielt eingreifen kann, bevor nachteilige Effekte für die Pflanzen entstehen. Das hätte weit- reichende Auswirkungen auf die Verbesserung der Böden und nicht nur jener, die biologisch bewirtschaftet werden. Damit könnte das gesamte System Landwirtschaft optimiert werden und dadurch enorme Entlastungen für die Umwelt erzielen. Ähnlich wie im Energiesektor liegt das hohe Potenzial von KI-gestützten Systemen darin, dass über die Motivation des höheren Gewinnes auch Landwirte zu einer nachhaltigeren Feldbewirtschaftung gebracht werden können, die bisher nicht davon überzeugt werden konnten. Auf der anderen Seite ist aber auch zu überlegen, welche Effekte das auf die zukünftige Relevanz der Biolandwirtschaft haben wird.
- **Modellierung zukünftiger Klimarisiken:** Aktuell werden von Versicherungsunter- nehmen umfangreiche Daten zum Klimawandel gesammelt: Anstieg des Meeres- spiegels, Windmessungen usw. Dadurch lässt sich voraussichtlich in 30 Jahren die globale Lage des Klimas weitaus präziser dokumentieren, als es heutigen Modelle imstande sind. Die Bilder von Google Earth leisten hier ebenfalls einen essenziellen Beitrag, indem die Satellitenbilder vom Abschmelzen der Gletscher oder von der fort- schreitenden Abholzung des Regenwaldes für die Analysen liefern.
- **Schutz der Biodiversität:** Auch hier leistet Google Earth mit seinen Aufnahmen wesentliche Beiträge. Beispielsweise liefert Google Earth Bilder an die brasilianische Non-Profit-Organisation Imazon (www.imazon.org.br). Sie können anhand der Bild-

analysen mit ihrem „Deforestation Alert System" die aktuellen Aktivitäten in dem riesigen Amazonasgebiet identifizieren, aber auch neue Straßen erkennen, die meist auf illegale Rodungen hinweisen. Insgesamt wäre dies in einem schwer zugänglichen und so großen Gebiet wie dem Amazonas mit dieser Genauigkeit niemals möglich. Google hat seinen positiven Impact auf die Nachhaltigkeit in seinem Nachhaltigkeitsprogramm „Geo for Good" gebündelt. In der jährlichen „Geo for Good Summit" kommen Teilnehmer aus der ganzen Welt zusammen, um mehr darüber zu erfahren, wie sich mit den Daten von Google ein positiver Einfluss auf die Nachhaltigkeit bewirken lässt. Die Bilder von Google Earth in Kombination mit KI-gestützter Analyse kreieren neues Wissen, das zuvor noch nicht vorhanden war und somit weitaus gezieltere Aktionen zur Lösung von Problemen ermöglicht. Auch das hat Google nun in die Hand genommen und die Daten von Google Earth mit seiner cloudbasierten KI-Plattform verbunden, berichtet Rebecca Moore, Direktorin von Google Earth auf der Summit 2019 (Seamster 2019).

Ein weiteres Beispiel von Google ist „Open Water Data" (water-data-web-app. appspot.com). Es nutzt die Google-Tools Earth Engine, Google Maps Platform und Google Cloud Platform, hinzukommen aber auch Daten von der NASA. Es hilft zum Beispiel in Indien, das Wassermanagement zu optimieren. Denn es können saisonale Wasserfluktuationen, Flussverläufe und Bodenbeschaffenheit analysiert werden. Einerseits kann häufig auftretender Wassermangel in einer Region schneller kompensiert werden, es kann aber auch dabei behilflich sein, sich auf extreme Wasser-Events vorzubereiten. Dieses System bietet in vielen ländlichen Regionen von Indien die Absicherung der Lebensgrundlage von Millionen Menschen.

Aber auch der Software-Gigant Microsoft kooperiert in seiner AI Plattform mit Amazon, um Lösungen zu generieren, die vom Menschen nicht erbracht werden können. Ende 2018 hat Amazon die Sustainability Data Initiative, also einen Webservice, gestartet. Auch hier werden Daten von Satelliten und von Forschern gesammelt, um Umweltmodellierungen und Analysen durchführen zu können. Ein konkretes Beispiel ist „Famine Action Mechanism", der von den United Nations, der World Bank und dem Roten Kreuz entwickelt wurde und auf dem Cloud Service von Amazon betrieben wird. Hier können Ursachen für Lebensmittel-Unsicherheiten in der Versorgung identifiziert werden. Berücksichtigt werden hier Daten wie Überschwemmungen, Lebensmittelpreise etc. Microsoft investiert 50 Mio. $ in seine „AI for Earth Initiative" und adressiert hier insbesondere die Erhaltung der Biodiversität als ein wesentliches Ziel seiner Initiative.

Noch ein kurzer Blick auf die Einschätzung, welchen Impact KI voraussichtlich auf die deutsche Wirtschaft haben wird. Eine Studie von Pricewaterhouse (2018) hat untersucht, welche Auswirkungen Künstliche Intelligenz auf die deutsche Wirtschaft haben wird. Deren Prognosen nach würde die KI das deutsche Bruttoinlandsprodukt (BIP) bis zum Jahr 2030 um durchschnittlich 11 % steigern. Differenziert nach Branchen zeigt Pricewaterhouse auf, dass im Bereich Handel, Konsumgüter, Hotels, Bildung und Gesundheit ein überdurchschnittliches Potenzial liege (Pricewaterhouse 2018, S. 4). Es wird aber auch festgestellt, dass Deutschland im Vergleich zu den USA oder China noch einen großen Aufholbedarf darin aufweist, Geschäftsmodelle basierend auf KI zu entwickeln.

Pricewaterhouse (2018, S. 12) identifiziert vor allem vier Effekte, die sich auf das BIP in Deutschland positiv auswirken:

- Produktivität
- Personalisierung von Produkten
- Gewonnene Zeit
- Produktqualität

Die Autoren prognostizieren vor allem den Verbraucherprodukten ein hohes Potenzial für einen positiven Impact auf die Wirtschaft. Denn die zu erwartenden Qualitätsverbesserungen, die Erweiterung des Angebotsspektrums um personalisierte Produkte und das Einsparen von Zeit wird dazu führen, dass in Zukunft vermehrt Aufgaben an KI-Technologien abgegeben werden. Aber den höchsten Effekt werden nach deren Modellierung die Produktverbesserungen erzielen, weil sie als attraktivere Produkte die Nachfrage deutlich steigern werden. Dadurch treten neue Unternehmen in den Markt ein, wodurch sich die Produktionsmengen steigern werden. Dies lässt aber wiederum die Preise fallen und diese KI-basierten Produkte werden für mehr Menschen erschwinglicher werden.

4.3   Produkte mit Update-Design

Hierunter sind Produkte zu verstehen, die sich im Handumdrehen, also über digitale Konnektivität, aktualisieren und sich auf die Individualität der Nutzer einstellen können. **Tesla** ist beispielsweise nicht nur eine Green-Lifestyle-Ikone, sondern auch ein Produkt, das konstant ein Upload erfährt und sich ständig verbessert. Mit jedem Upload verbessert sich das integrierte Autonome Fahrsystem, weil es konstant mit den gewonnenen Daten anderer Fahrer gespeist wird. Je mehr Daten aus dem Netzwerk aller Tesla-User in ein Auto implementiert werden, desto schneller wird sich Tesla zu einem von Künstlicher Intelligenz gesteuerten autonomen Fahrsystem entwickeln, das der menschlichen Fahrweise überlegen sein wird.

4.4   3D-Druck und additive Fertigung

Neben den beschriebenen technologischen Fortschritten im 4.0-Kernbereich der Digitalisierung werden durch die Anwendung der 3D-Druck-Technologie ganz neue ökologische Lösungen realisiert. 3D-Drucker tragen Materialien Schicht um Schicht auf, weshalb man auch von einer additiven Fertigung spricht. Das Ergebnis ist ein vollständiges dreidimensionales Objekt. Zu Beginn wurde die Anwendung von 3D-Druck in einer schlechten Qualität als Spielerei ohne wirklichen Nutzen abgetan. Inzwischen hat sich aber die Qualität verbessert und die Kosten sinken. Daher birgt diese Technologie auch für soziale und ökologische Veränderungen ein großes Potenzial. In wenigen Jahren werden viele Menschen einen 3D-Drucker bei sich zuhause stehen haben und damit ist diese Technologie dann für die breite Masse zugänglich. Jeder Mensch kann dann zuhause die Daten für ein Produkt herunterladen und selber ausdrucken. Man benötigt dafür kein Geschäft mehr, und deshalb wird die ressourcenverschlingende Produktion auf Lager völlig unnötig. Es muss nichts mehr auf Vorrat produziert werden. Ein Ersatzteil für das Fairphone kann dann einfach ausgedruckt werden. Dies wird On-Demand-Druck genannt.

Der Konsum, den wir heute noch kennen, würde damit vollständig revolutioniert. Kleidung könnte dadurch exakt auf den individuellen Körper gedruckt werden, also auf den „Laib geschneidert" werden, ohne dafür aber den Preis einer Maßanfertigung zahlen zu müssen. Das würde auch die bisherige Wertschöpfungskette in vielen Bereichen maßgeblich verändern: keine Herstellung, Logistik, Lagerung und kein Handel mehr. Es könnte alles verschwinden. Da nur mehr Daten für die Herstellung über einen 3D-Drucker notwendig sind, haben die Konsumenten auch mit sehr einfachen Mitteln die Möglichkeit, selbst Produkte herzustellen, die sie benötigen. Sie werden also zu Prosumenten.

Welche Anwendungsbereiche gibt es bereits?

- **Biotechnologie:** In der Medizin können bereits personalisierte Prothesen oder Knochenimplantate gedruckt werden und kommen für den medizinischen Gebrauch zur Anwendung. Das schwedische Unternehmen **Cellink** hat zum Beispiel eine Art „Biotinte" entwickelt, die mit menschlichen Zellen gemischt ist, womit menschliches Gewebe und sogar Haut bei Verbrennungen gedruckt werden kann. Auf diesem Gewebe können aber auch die notwendigen Labortests für Kosmetikprodukte durchgeführt werden, was Millionen Labortieren ein elendes Leben ersparen wird. Man geht auch davon aus, dass in rund 20 Jahren Organe gedruckt werden können, wodurch unzähligen Menschen geholfen oder deren Leben gerettet werden kann.
- **Biodiversität:** Die Non-Profit-Organisation **Paso Pacifico** nutzt den 3D-Druck, um gegen den illegalen Handel mit bedrohten Tierarten vorzugehen. Sie stellen dabei mittels 3D-Druck künstliche Schildkröteneier her, in denen sie einen GPS-Tracker verstecken. Somit können die Mitarbeiter dieser Organisation die Wilderer verfolgen.
- **Humanitäre Hilfe:** Einige NGOs verwenden den 3D-Druck, um für Menschen mit körperlichen Behinderungen Prothesen zu fertigen. **My Human Kit** ist zum Beispiel eine solche Organisation. Sie geben dabei Anleitung, wie sich Menschen eine „Bionicohand" selbst nach Anleitung in einem FAB-Lab bauen können. Hier kommen also 3D-Druck, Open Source und DIY für eine Lösung zusammen. Oder es können sich Menschen mit totaler Taubheit eine günstige und einfache Lösung bauen. Oder

man kann sich eine Beinprothese ausdrucken. Hier erhalten also Menschen Zugang zu Prothesen, die sie sich sonst nicht leisten könnten.

- **Circular Economy:** Derzeit werden für das Problem der enormen Mengen an Plastikabfällen erste Lösungen realisiert. Es kann bereits gefährlicher Abfall in einen biologisch abbaubaren Biokunststoff umgewandelt werden, der dann in einem 3D-Drucker Medizinprodukte wie Nahtmaterial ausdruckt. In Amsterdam werden aus Plastik neue Stadtmöbel für öffentliche Plätze ausgedruckt. Das ist das Ergebnis des Projekts **„Print Your City"** (www.printyour.city). Neben dem Ansatz, geschlossene Kreisläufe nach dem Zero-Waste-Prinzip zu erzeugen, werden hier lokale Communitys in das Projekt einbezogen, die ihre direkte Umgebung mit dem Druck gestalten können. **Adidas** hat in Kooperation mit **Parley for the Oceans** einen Sportschuh namens UltraBOOST entwickelt, bei dem das Obermaterial aus Plastikabfällen aus dem Meer besteht und die Zwischensohle aus dem 3D-Drucker stammt. Das Material für den 3D-Druck stammt ebenfalls aus dem Meer. Damit wird also dem Meer der Plastik wieder entzogen und in ein hochwertiges Produkt gewandelt. Der Schwerpunkt liegt dabei in der Verarbeitung von illegalen Hochsee-Netzen, die vor den Küstenregionen eingesammelt wurden. Es wurde ein weiterer Laufschuh entwickelt, der elf PET-Flaschen verarbeitet, die nun nicht mehr im Meer landen können. Nach diesem Vorbild der Sportschuhe sind inzwischen aber auch schon Kleidungsstücke entstanden.
- **Nachhaltige Häuser:** Das italienische Unternehmen **WASP** ist auf 3D-Printing im industriellen Maßstab spezialisiert. Dabei werden alle druckbaren Materialien verarbeitet. Darunter befindet sich ein riesiger Betondrucker (Crane Wasp) zum Bau von Green Buildings. Die verwendete Substanz ist ein Gemisch aus Wasser, Lehm und Pflanzenfasern. Es werden also Lehmhäuser gedruckt, deren Materialien aus der direkten Umgebung stammen und die nichts kosten. Dadurch können mit dem gedruckten Haus nicht nur umweltverträgliche Häuser mit sehr guten Dämmungseigenschaften realisiert werden, sondern es ist auch möglich, auch kostengünstigen Wohnraum zu schaffen. Da kein Transport mehr anfällt, sondern alles lokal produziert wird, entfallen auch die hohen ökologischen Belastungen, die bei einer traditionellen Bautechnik die Ökobilanz eines Hauses belasten. Die Vorbilder für diese Häuser fanden die Entwickler und der Architekt Mario Cucinella bei den Urvölkern in Afrika und Amerika, die ganze Städte aus Lehm gebaut haben, die bis heute erhalten sind. Nach diesem Vorbild baut WASP mit einem Architekturbüro in der Nähe von Bologna ein ganzes **Ökotechnologiedorf** namens Shamballa. Hier entstehen seit Mai 2019 Häuser nach dem Haustypus Tecla. Es handelt sich dabei um eine kreisförmige Struktur, wofür auch recycelbare Materialien des örtlichen Geländes verwendet werden. Damit soll die Machbarkeit einer zukunftsfähigen Lösung für das Problem der Überbevölkerung erbracht werden. Es können kostengünstige Wohnräume in einem sehr hohen Tempo, aber in einer sehr hohen Qualität geschaffen werden. Mit seiner Kreislauffähigkeit zeigt es zugleich im Maßstab eines ganzen Dorfes, dass hierin das Potenzial für einen Paradigmenwechsel im der Wohnraum-

frage liegt. Dieses Dorfprojekt Shamballa begreift sich als Maker-Economy. Im Zentrum dieser Maker-Economy steht ein sogenanntes Starterkit in einem Container in Kombination mit dem leicht transportablen Hausdrucker. Nach dem Open-Source-Prinzip kauft eine Gemeinschaft damit die Produktionseinheit und kann dann kostenlos die Pläne für Häuser oder von Einrichtungs-Produkten kostenlos runterladen. Im Starterkit werden die digitalen Vorlagen des Hausmodells realisiert. Der Gründer von WASP, **Massimo Moretti,** hat das Starterkit zudem mit einem Tutorial versehen, das die User dabei anleitet, ihre eigenen Ideen zu realisieren (WASP 2020). Er verfolgt damit aber eine langfristige Vision eines humanistischen Experiments und hat dieses Werkzeug entwickelt, sodass jeder seine eigenen Ideen umsetzen kann. Dabei träumt Moretti nicht nur, sondern hat in konkreten Schritten die Realisierung einer Vision geplant. Mit dem Starterkit wurde auch die Finanzierung eines großen Projekts für eine Gemeinschaft über das Ausdrucken von Produkten bedacht. Das können diverse Möbel, Vasen, Glasobjekte oder Kunstobjekte sein. Mit dem Verkauf kann dann der ohnehin günstige Bau der Häuser finanziert werden. Dadurch ist dies nach dem Kreislaufprinzip ein geschlossenes System. Massimo Moretti hat seinen Ansatz einer Maker-Economy als Manifest veröffentlicht (WASP 2020): Er vertritt dort die Macher-Philosophie, dass Veränderung und Wandel das Ergebnis von geteilten Gedanken ist und dann zur Realität wird. In unserer heutigen Welt haben die reichen Menschen weitaus mehr Möglichkeiten, wodurch sie letztlich eine schlechtere Lebensqualität haben. Moretti vertritt die Ansicht, dass alle Menschen das Recht auf Wohnen und eine Perspektive auf gleiche Möglichkeiten haben sollten. In diesem Manifest tritt Moretti für die Umsetzung eines sich selbst finanzierenden Systems ein, um diesen Wandel realisieren zu können. Dadurch will er einen Beitrag für eine Zukunft leisten, in der Ökonomie von unten entsteht und auf diese Weise die Wirtschaft erneuert wird, in der Monopole die Branchen dominieren.

In den USA hat das Start-up **Icon** ein Haus entwickelt, dass ausgedruckt derzeit nur 9000 US$-Dollar für den Rohbau kostet soll. Icon verfolgt das Ziel, seine 3D-Druckhäuser auf 4000 US$-Dollar zu reduzieren. Aktuell wird in Zusammenarbeit mit der Non-Profit-Organisation New Story ein Dorf mit 50 Häusern gebaut. Nach Fertigstellung können in die 55 Quadratmeter großen Häuser bedürftige Familien einziehen. Ab 2020 soll der 3D-Drucker dann von Bauunternehmen oder Architekten gekauft werden können, um die Häuser im großen Maßstab umsetzen zu können.

• **Lebensmittel:** Mit der 3D-Technologie werden mittlerweile auch Lebensmittel hergestellt. **Impossible Foods** ist ein Unternehmen aus Kalifornien, das pflanzliche Fleisch- und Milch-Substitute ohne Tierbestandteile herstellt. Sie verfolgen dabei das Ziel, dass ihre Produkte möglichst dem typischen Geschmack von Fleisch entsprechen. Der Gründer ist Patrick Brown, ein Stanford-Biochemieprofessor, der sich in einem Sabbatical mit der Frage beschäftigt hat, wie die industrielle Tierlandwirtschaft beseitigt werden kann. Nach einige Fehlschlägen kam Brown zu der Ansicht, dass der ideale Weg zur Reduktion der Massentierhaltung jener sei, ein pflanzliches Produkt auf den Markt zu bringen, das mit Fleisch konkurrieren kann. Eine unmögliche Mission, die im Markennamen erhalten geblieben ist. 2011 gründete Brown sein Unternehmen. Ein „unmöglicher Burger" verbraucht nach Angaben von Impossible Foods im Vergleich mit einem konventionellen Burger aus tierischer Herkunft um 95 % weniger Land, 74 % weniger Wasser und emmitiert 87 % weniger Treibhausgase. Das eingesparte Tierleid lässt sich dabei nicht in Zahlen fassen. Zudem hat der „unmögliche Burger" noch gesundheitliche Vorteile: er enthält mehr Proteine, weniger Gesamtfett, weniger Kalorien, kein Cholesterin, keine Antibiotika oder synthetischen Hormone. Zunächst wurde in kleinen Mengen produziert und überwiegend an einzelne Restaurants vertrieben. 2017 wurde eine große Produktionsanlage gebaut, um pro Monat eine Million pflanzliche Burger herstellen zu können. 2018 wurde der Burger bereits in 400 Restaurants angeboten. Im April 2019 startete Burger King in ersten Filialen mit dem Verkauf des Impossible Whoppers. Und nun ist der Burger auch im Lebensmittelhandel erhältlich. Damit hat Impossible Foods sich in extrem kurzer Zeit als Green David im Massenmarkt durchgesetzt. Möglich wurde dies durch unglaubliche Investitionen in der Höhe von 75 Mio. US$-Dollar Risikokapital und weiteren 108 Mio. US$-Dollar von Investoren wie Google Ventures, UBS, Hongkong-Milliardär Li Ka-shing und Bill Gates.

Die unmögliche Mission ist in der Markenkommunikation auch heute noch im Fokus und wird als Key Visual inszeniert. Es taucht immer wieder ein Mann in einem NASA-Raumanzug auf, der eine Fahne hochhält. Damit wird humoristisch die Mission erlebbar gemacht, Fleisch einzusparen und damit für die Erde einen positiven Beitrag zu leisten. „To implement strategies needed to keep global warming below a 1.5 C rise – as adopted by the 2016 Paris Agreement – we need truly sustainable options that can satisfy the growing consumer demand für meat and dairy." (Kahn 2019) Diese Mission hat Impossible Burger auch zu einer Bewegung namens „Eat Meat. Save Earth" ausgebaut.

Um diese hochgesteckte Mission auch realisieren zu können, basiert das Geschäftsmodell von Impossible Foods auf der Zielsetzung, so schnell wie möglich den Mainstream-Markt zu erreichen. Es handelt sich um ein Upscaling-Modell, das ein enormes Wachstum zu bewerkstelligen hat. Das Unternehmen will die Massen-Konsumenten auf der ganzen Welt mit seinen Burgern erreichen. Mit der Kooperation mit Burger King wurde 2019 hierzu ein wichtiger Schritt geleistet. Denn hier werden fleischessende Konsumenten erreicht, wodurch weltweit außerordentlich positive Effekte für das Klima realisiert werden. Mit dieser Nachhaltigkeitsstrategie realisiert Impossible Foods also positive Umwelteffekte und zugleich ein profitables Wachstum durch Green Business.

- **Beyond Meat** ist ein weiterer veganer Fleischersatz aus Kalifornien und wurde bereits 2009 gegründet. Daher gilt Beyond Meat auch als Pionier eines solchen Fleischersatzes. Auch hier standen größere Investoren (wieder Bill Gates oder Leonardo DiCaprio) schon beim Start hinter der Gründung dieses Unternehmens. Deren veganen Burger sind auch in Deutschland erhältlich. Erstmals hat Lidl den Burger in einer limitierten Auflage innerhalb weniger Stunden verkauft. 2019 wurde das Unternehmen an die Börse geführt und konnte bereits am ersten Handelstag pro Aktie eine Steigerung von 150 % verzeichnen. Auch McDonald's und Kentucky Fried Chicken begannen damit, diese Burger zu testen.

All diese Beispiele der Anwendung der 3D-Druck-Technologie zeigen das Potenzial auf, das hierin für eine Revolutionierung des Alltagskonsums und auch der Wirtschaft steckt. Denn auf diesem Weg kann grundsätzlich ein nachhaltigeres Konsummodell einer modernen Gesellschaft des 21. Jahrhunderts realisiert werden. Es zeigt aber auch Ansätze für einen Paradigmenwechsel, der es Menschen ermöglicht, ein selbstbestimmtes Leben in Hinblick auf Wohnen oder Gesundheit führen zu können. Die Beispiele dieser Green Start-ups machen aber auch das Potenzial der Demokratisierung deutlich, die sich in dem Paradigmenwechsel verbirgt. Die meisten Lösungen weisen noch keine Massentauglichkeit auf, aber die Fleischersatz-Lösungen haben gezeigt, wie schnell diese Phase zu bewältigen ist, wenn ausreichend Investitionen in die Weiterentwicklung getätigt werden.

Der 3D-Druck ist aber auch ein Prozess, der sich von dematerialisierten Daten in Richtung Materialisierung bewegt. Das Smarte daran ist, dass diese Materialisierung dezentral und lokal realisiert werden kann, wodurch sich noch unzählige Chancen für neue Lösungen von Green Davids eröffnen werden. Und auch in diesem Aspekt liegt ein Ansatzpunkt für einen Paradigmenwechsel, wie zukünftig Produkte hergestellt werden. Die positiven Effekte auf die Umwelt, die sich daraus ergeben, lassen sich derzeitig anhand der vorgelegten Ökobilanzen der pflanzlichen Burger erstmals konkret abschätzen.

4.5   Communitybasierte Lösungen

4.0 bedeutet nicht nur Digitalisierung als Ausgangspunkt von zukünftigen Nachhaltigkeitslösungen, sondern auch, dass eine vernetzte Gemeinschaft Teil der Lösung sein kann. Als Beispiel soll hier die App **MyShake.** Diese App transformiert Smartphones mittels der bereits integrierten GPS-Funktion und durch die Bewegungssensoren in einfache Mini-Seismografen. Dadurch, dass möglichst viele Menschen die App im Hintergrund laufen haben, werden die Erdstöße aufgezeichnet. Ein Algorithmus übernimmt dabei die Aufgabe, die Vibrationen von Erdstößen von „menschlichen" Erschütterungen zu unterscheiden. Wenn ein Erdstoß erkannt ist, dann sendet das Smartphone automatisch die GPS-Daten an einen zentralen Server. Wenn genügend Smartphones innerhalb einer Region ein charakteristisches Vibrationsprofil registrieren, kann ein Alarm ausgelöst werden und vielen Menschen die Möglichkeit geben, sich in Sicherheit zu bringen. Diese App ist natürlich nicht so sensibel wie hochpräzise Seismographen, aber sie ist vor allem in erdbebengefährdeten Gebieten wie Indonesien eine effiziente Lösung, weil hier noch kein professionelles Frühwarnsystem etabliert ist. Hingegen durchdringen die Smartphones auch dort die Nutzung.

Dieses Beispiel verdeutlicht exemplarisch, dass Communitys oder eine vernetzte Gemeinschaft eine neue Option geschaffen haben, um nachhaltige Lösungen zu ermöglichen.

4.6   Gegentrends zu 4.0

Jeder Trend löst Gegentrends aus. Das ist eine Gesetzmäßigkeit, die hier ebenfalls als ein essenzieller Aspekt von nachhaltigen 4.0-Lösungen aufgezeigt werden soll. Denn es hat sich gezeigt, dass zwischen den euphorischen Zukunftsgläubigen und den pessimistischen Szenarien, die einen sehr, sehr breiten Diskurs um dieses Thema aufspannen, meist die Beleuchtung von Gegentrends vergessen wird. Und auch diese Gegentrends von „Digital for Good" eröffnen neue Chancen.

Was ist also ein Gegentrend zu diesen beschriebenen technologiegetriebenen Lösungen? Die Maschinen und das Digitale stehen hier im Mittelpunkt der Lösungsansätze. Dadurch wird der Mensch aber wieder eine neue Wertigkeit erfahren. Denn wenn man die Industrialisierung des letzten Jahrhunderts aus der Distanz betrachtet, sieht man, dass der Mensch und das Individuum an Wert verloren haben. In vielen Ansätzen zeigt sich schon heute, dass der Mensch und Fairness zwischen den Menschen wieder an Bedeutung gewinnen. Ablesen lässt sich die an der erfolgreichen Etablierung eines Fair-Trade-Konzeptes. Einen neuen Ansatz bildet **Fairchain.**

Als Beispiel soll hier die **Kaffee-Kooperative** beschrieben werden. Hier kommt nicht nur der Kaffee aus fairem Anbau und Handel, sondern der Fairchain-Ansatz verändert auch die Wertschöpfung, die sich hierbei in die kaffeeproduzierenden Länder verlagert. Dabei werden die Produktionsprozesse weitgehend im Herkunftsland der Rohstoffe angesiedelt. Café de Maraba von der Kaffee-Kooperative ist hierfür ein Beispiel. Vom Anbau der Bohne bis zur Röstung und Verpackung werden alle Verarbeitungsschritte in den Kaffee-Ländern durchgeführt. Denn sonst werden die Rohstoffe, also die Kaffeebohnen, zwar fair angebaut. Diese werden anschließend aber als Bohne in die Entwicklungsländer importiert und dort erst geröstet. In die Wertschöpfung sind also noch immer „unfaire" Akteure involviert – darunter auch der Supermarkt. Letztendlich werden die Rohstofferzeuger-Länder in dem klassischen Fair-Trade-System wieder auf die Rolle der Rohstofflieferanten beschränkt.

Fairchain bedeutet konkret, dass die Produzenten ihre Waren selbst fertigen. Dadurch wird das Einkommen der Produzenten deutlich erhöht, und es können weitere Arbeitsplätze geschaffen werden. Im System Kaffee haben die Erzeuger letztlich auch eine bessere Verhandlungsposition. Laut Utopia seigert Fairchain die Wertschöpfung auf Erzeugerseite von typischerweise 15 % auf bis zu 50 % (Winterer 2017).

Das Berliner Start-up Kaffee-Kooperative unterstützt zum Beispiel 1.500 Kleinbauern, die sich in Ruanda in der Musasa Dukundekawa Kaffee-Kooperative organisiert haben. Sie arbeiten dort selbstbestimmt und demokratische zusammen. Geröstet und verpackt wird der Kaffee in einer kooperativen-eigenen Firma. Aber die Kaffee-Kooperative betont, dass über die finanzielle Wertschöpfung in diesem System die Anbauer in Ruanda einen anderen Bezug zu ihrem Rohstoff erhalten. Denn erstmals produzieren sie nicht eine ungenießbare, rohe Bohne, sondern ein fertiges Spitzenprodukt. Ihr Kaffee wurde bereits mehrfach mit dem „Rwanda Cup of Excellence" ausgezeichnet.

Dank des System Fairchain sind diese Kaffee-Anbauer den Preisschwankungen am Markt nicht mehr so stark ausgesetzt wie im konventionellen Anbausystem. Durch diese stabileren Einkommen kann in den Anbauländern auch die lokale Wirtschaft von der Abhängigkeit von Entwicklungshilfen reduziert werden. In Europa wird der Kaffee dann direkt an die Endkonsumenten vertrieben. Die Kaffee-Kooperative wurde für dieses Modell mit dem 2. Platz beim Fairtrade-Award 2018 ausgezeichnet.

Dieses Beispiel zeigt, dass in den Umwälzungen von Entwicklungssträngen multi-dimensionale Phänomene entstehen und dadurch neue Ansätze hervorgebracht werden, um die Herausforderungen einer Transformation in Chancen zu wandeln. Dies sind meist Green Davids, die nicht Getriebene der Green Transformation sind, sondern Chancen in Lösungen 4.0 überführen und dadurch die wesentlichen Impulsgeber des nachhaltigen Wandels sind. Weil die Green Davids heute mit ihren Lösungen in einem hochver-dichteten Netzwerk von Akteuren mit denselben Interessen agieren und die neue Welt eine exponentielle ist, hat die Geschwindigkeit der nachhaltigen Transformation markant zugenommen. Daher muss auch das Green Marketing mit einem holistischen Ansatz ein Unternehmen oder eine Institution durch diese Veränderung navigieren und möglichst schnell neue Chancen aufzeigen können. Dieses Chancen-Erkennen ist eine wesent-liche Kompetenz, die in einer 4.0-Welt zur wichtigsten Kompetenz geworden ist. Die Lösungen sind schon alle da, sie müssen meist nur mehr oder von jemandem genutzt werden.

Literatur

Clancy H (2020) Welcome to the roaring 2020s, the artificial intelligence decade, Greenbiz. https://www.greenbiz.com/article/welcome-roaring-2020s-artificial-intelligence-decade. Zugegriffen: 3. Jan. 2020

Kahn S (2019) Environmental Life Cycle Analysis: Impossible Burger 2.0 https://impossiblefoods.com/mission/lca-update-2019/. Zugegriffen: 6. Sept. 2020

PricewaterhouseCoopers (2018) Auswirkungen der Nutzung von künstlicher Intelligenz in Deutschland. https://www.pwc.de/de/business-analytics/sizing-the-price-final-juni-2018.pdf. Zugegriffen: 7. Juli 2019

Seamster R (2019) The stories we shared at the Geo for Good Summit 2019. https://medium.com/google-earth/the-stories-we-shared-at-the-geo-for-good-summit-2019-77ea4df22cf4. Zugegriffen: 5. Jan. 2020

Teller A (2013) Moonshot Thinking from Astro Teller. Think Cloud 2013. https://www.youtube.com/watch?v=cA_8IO3vbFs. Zugegriffen: 26. Aug. 2019

WASP (2020) Vision und Manifest. https://www.3dwasp.com/en/about-us/. Zugegriffen: 3. März 2020

Winterer A (2017) Kaffee-Kooperative: dieses Fairchain-Startup geht weiter als Fair-Trade. Utopia: https://utopia.de/kaffee-kooperative-fairtrade-fairchain-64433/. Zugegriffen: 19. Okt. 2019

Zinke G et al. (2019) Bundesministerium für Wirtschaft und Energie, Berlin. https://www.digitale-technologien.de/DT/Redaktion/DE/Downloads/Publikation/052019_ssw_policy_paper_ki_energie.pdf?__blob=publicationFile&v=10. Zugegriffen: 5. Juli 2019

Ökologisierung der Märkte

5

Zusammenfassung

Ein Blick 20 Jahre zurück zeigt markant auf, wie stark sich unsere Märkte in diesem Zeitraum bereits verändert haben. In diesem Kapitel soll diese Veränderung anhand der „Landkarte des ökologischen Massenmarktes" exemplarisch dargestellt werden. Auf Basis dieses Modells wurde bzw. wird diskutiert, anhand welcher Entwicklungspfade die ökologischen Produkte ihre etablierten Ökonischen verlassen und mehr Marktanteile im Massenmarkt erzielen könnten.

5.1   Modell „Landkarte des ökologischen Massenmarktes"

Zu der Zeit, als die ökologischen Produkte in ihren „Ökonischen" eine erste Hochzeit der Kommerzialisierung erreichten, wurde von der ökologischen Bewegung eine neue Zielsetzung diskutiert: Als neue Herausforderung wurde es nun gesehen, den Massenmarkt mit ökologischen Produkten zu erreichen. Wüstenhagen, Villiger und Meyer haben vor diesem Hintergrund das Modell der „Landkarte des ökologischen Massenmarktes" vorgestellt (Wüstenhagen et al. 1999). Im Zentrum ihres Modells stehen Entwicklungspfade, wie der Massenmarkt ökologisiert werden kann. Ihrer ökologischen Landkarte liegt die Zielvorstellung zugrunde, dass die absolute Umweltbelastung eines Marktes reduziert werden soll. Wüstenhagen et al. differenzieren in ihrem Modell grundsätzlich drei Produktsegmente, die sich durch ihre ökologische Qualität voneinander unterscheiden:

- Produkte mit hoher ökologischer Qualität und geringem Marktanteil – Bioprodukte
- Produkte mit mittlerer ökologischer Qualität und Marktanteil – integrierte Produkte

© Springer Fachmedien Wiesbaden GmbH, ein Teil von Springer Nature 2021
A. Grimm und A. Malschinger, *Green Marketing 4.0*,
https://doi.org/10.1007/978-3-658-03698-0_5

• Produkte mit niedriger ökologischer Qualität und hohem Marktanteil – konventionelle
  Produkte

Diese Segmentierung findet sich in den meisten Verbrauchermärkten und in den meisten
Produktkategorien wieder. Im Lebensmittelsektor wird beispielsweise zwischen biologischen und konventionellen Lebensmitteln unterschieden. Die integrierten Produkte
sind hier beispielsweise regional oder lokal angebaute Lebensmittel. Denn sie weisen
zwar keine ökologische Zertifizierung der Qualität auf, haben aber durch verkürzte Ver-
triebswege und die Stützung der heimischen Landwirtschaft positive ökologische, aber
auch positive wirtschaftliche Effekte. Diese Struktur zeigt sich auch in der Textilbranche.
Hier haben sich ebenfalls Ökostandards wie GOTS als höchste ökologische Qualität
etabliert sowie ein breites integriertes Segment, das sich durch eine produktionsöko-
logische Optimierung von bestehenden Produkten vom Massenmarkt unterscheidet.

Wüstenhagen et al. (1999, S. 2–4) haben zahlreiche Entwicklungspfade skizziert,
um Märkte zu ökologisieren, die sich aber auf drei, vier grundsätzliche Entwicklungsrichtungen reduzieren lassen. Diese werden in der Abb. 5.1 skizziert:

1. **Schrumpfen des gesamten Marktes:** Es werden insgesamt weniger Produkte
   produziert, verkauft und genutzt, sodass ein ökologisch vertretbares Maß erreicht
   wird. Das gesamte Marktvolumen reduziert sich. Eine typische Maßnahme ist beispielsweise die Verlängerung der Lebensdauer von Produkten, Sharing-Modelle oder
   die Substitution von physischen Produkten durch Dienstleistungen.

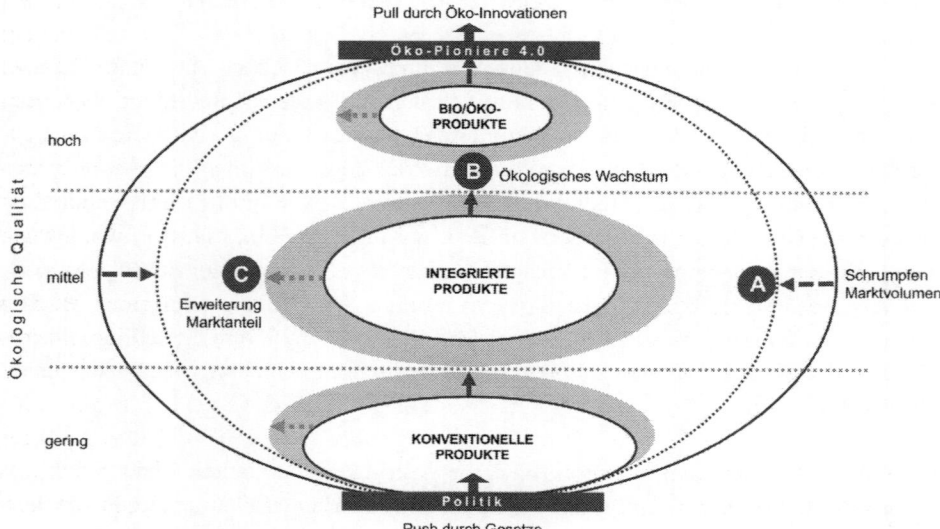

Abb. 5.1 Entwicklungsrichtungen zur Ökologisierung der Mainstreammärkte

2. **Ökologisches Wachstum:** Alle Produktsegmente verbessern ihre ökologische Qualität. Im Biosegment ist das natürlich eine Herausforderung, da die ökologische Qualität bereits einen hohen Standard erreicht hat. Hier können nurmehr die Kriterien angehoben oder neue eingeführt werden. Aktuell finden sich viele neue Bioprodukte im Markt, die das Konzept „Bio plus" verfolgen. Sie kombinieren die Bioqualität mit einem Aspekt integrierter Produkte wie zum Beispiel mit Regionalität. Gerade den Ökopionieren 4.0 erfüllen mit ihren innovativen Lösungen die Rolle, auch die etablierten Qualitätspfade zu verlassen und ganz neue Ansätze zu realisieren. Die integrierten Produkte haben hingegen mehr Potenzial, eine ökologische Verbesserung zu moderaten Preisen zu realisieren. Daher haben sie auch ein hohes Potenzial, ihre Marktanteile auszubauen. Oder es werden für konventionelle Produkte ökologische Mindeststandards eingeführt. Dies kann freiwillig vom Hersteller realisiert oder durch gesetzliche Regelungen vorgeschrieben werden. Auch wenn die ökologische Qualität „nur" inkrementell verbessert wird, liegt hierin ein relativ hohes ökologisches Potenzial, weil eine große Masse an Produkten davon betroffen ist. Der Möbelhersteller IKEA hat zum Beispiel in ihrer Gastronomie vegetarische Bällchen als fleischlose Alternative zu ihren viel verkauften Fleischbällchen eingeführt. Sie geben an, dass die fleischlosen Bällchen nur mehr 4 % der Ökobilanz aufweisen, wenn sie mit der Fleischvariante verglichen werden (IKEA 2020). Bei einer weltweit verkauften Menge von 1 Mrd. Fleischbällchen pro Jahr (IKEA 2020) kann man die ökologische Wirksamkeit dieser vordergründig kleinen Verbesserung ermessen.

3. **Erweiterung des Marktanteils von ökologischen Produkten:** Dies ist die typische Vorstellung der Green Davids von ihrer Entwicklung aus der Ökonische zum Massenmarkt, die auch am meisten in ihrem Diskurs steht und als zentralen Weg zur Ökologisierung der Mainstreammärkte gesehen werden. Aber es ist der Arbeit von Wüstenhagen et al. (1999) zu verdanken, dass sie diese Perspektive um weitere zweckmäßige Optionen erweitert haben. Diesen Entwicklungspfad ist zum Beispiel der Ökoreiniger Frosch durchlaufen und konnte sich im deutschen Markt sogar zum Marktführer mit dem größten Marktanteil entwickeln.

4. **Ökologisches Wachstum und Erweiterung des Marktanteils:** Die Produkte verbessern ihre ökologische Qualität und erweitern zugleich ihre Marktanteile. Zum Beispiel gehen hier konventionelle Hersteller den Weg, Biosortimente neben ihren konventionellen Sortimenten einzuführen. Aktuell ist dies auch im Lebensmittelhandel im Bereich der Eigenmarken beobachten. Es ist inzwischen zum Standard geworden, dass die Lebensmittelhändler neben ihren konventionellen Eigenmarken auch Bioeigenmarken etabliert haben und diese Sortimente konsequent ausbauen. Aber auch das erwähnte Beispiel von Frosch ist hier ebenfalls zutreffend. Denn Frosch hat gerade in den letzten Jahren zahlreiche ökologische Verbesserungen im Bereich seiner Verpackungen mit Cradle-to-Cradle-Zertifizierungen am Markt eingeführt. Da Frosch eine dominierende Marktposition innehat, setzt es die konventionellen Produkte unter Druck, ihre Produkte ebenfalls nach ökologischen Gesichtspunkten zu verbessern.

Wüstenhagen et al. (1999, S. 4) haben also sehr früh die dynamischen Veränderungs-
prozesse in den Märkten beschrieben und zeigten vor rund zwei Jahrzehnten auf, dass
das höchste strategische Potenzial in der ökologischen Verbesserung von Märkten im
mittleren Segment, also bei den Produkten mit einer mittleren ökologischen Qualität liege und Zielgruppen jenseits der Ökonische erreicht werden müssen. Warum?
Sie weisen den höchsten Marktanteil auf und deshalb wirken schon kleine ökologische Qualitätsverbesserungen sehr effektiv. Vor 20 Jahren haben die Autoren diese
Realisierung noch als Herausforderung beurteilt, weil sie der Meinung waren, dass eine
Ökologisierung von Produkten nicht im eigenen Interesse der Hersteller verfolgt werden
würde. Sie stellen die Notwendigkeit von externen Anreizen wie die Anhebung gesetz-
licher Anforderungen, Label zur leichteren Kommunizierbarkeit und eine Durchsetzung
von Umweltmanagementsystemen wie EMAS heraus.

> „Zudem ist zu beachten, dass es sich bei der Entwicklung von der Ökonische zum öko-
> logischen Massenmarkt nicht lediglich um das Problem der effizienten Erreichung eines all-
> seits geteilten Ziels handelt, sondern dass die Akzeptanz des Ziels selbst Gegenstand von
> Lernprozessen ist, die durch Vermarktung und Konsum von ‚High-End'-Ökoprodukten
> möglicherweise stärker gefördert werden als durch pragmatisch optimierte, aber wenig
> greifbare Kompromissprodukte" (Wüstenhagen et al. 1999, S. 4).

Denkt man dieses Modell zur Ökologisierung der Massenmärkte weiter, so ist dem noch
eine weitere Entwicklung hinzuzufügen, die in den Märkten zu beobachten ist. Nämlich, dass sich ganze Märkte insgesamt ökologisieren. Am Beispiel des Lebensmittel-
marktes zeigt ein Blick in die 1980er-Jahre, dass hier die ökologischen Lebensmittel
einen verschwindend kleinen Anteil am Gesamtmarkt ausgemacht haben und in den
konventionellen Handelsstrukturen noch nicht vertreten und damit für die Käufer nicht
verfügbar waren. Die Situation ist heute jene, dass auch im konventionellen Lebensmitteleinzelhandel ein relativ hoher Anteil an Bio- oder Ökoprodukten, regionalen
oder vegetarischen Lebensmitteln verkauft wird. Sie sind sogar wichtige Wachstums-
sortimente des konventionellen Handels geworden, der damit dem Naturkostfachhandel seine Umsätze wegnimmt. Diese Entwicklung haben Wüstenhagen et al. vor
20 Jahren noch nicht abgesehen. Und entwickelt sich die Ökologisierung der Massenmärkte hat von der zunächst durch eine ökologisch motivierte Zielsetzung in Richtung
Profitorientierung entwickelt. Und so muss man aus heutiger Sicht die Zielsetzung der
Ökologisierung der Massenmärkte und das Modell von Wüstenhagen et al. weiter entwickeln und an die aktuellen Entwicklungen anpassen. Diese schreitet dann voran,
wenn einerseits von der Politik am unteren Ende der ökologischen Qualität Mindeststandards definiert und angehoben werden. Siehe zum Beispiel die Substitution der
konventionellen Glühbirne durch energie-effiziente Leuchtkörper. Jedenfalls entsteht
dadurch ein **ökologischer Push** von unten, der vor allem die konventionellen Produkte
ökologisiert. Das schiebt meiste eine Dynamik in Richtung Ökologisierung an, weil die
Produkte mit höherer ökologischer Qualität dadurch ihre Differenzierungsmerkmale verlieren. Als Folge daraus müssen sie ihre eigenen Produkte weiterentwickeln. Das geht

so weit, bis auch die Produkte mit der hohen ökologischen Qualität ihre Produkte verbessern müssen.

Die Ökologisierung der Massenmärkte wird heute aber auch durch die Ökopioniere 4.0 gestaltet. Denn sie nutzen Entwicklungen wie zum Beispiel die Digitalisierung oder Netzwerk-Ökonomie um gänzlich neue Ökolösungen auf den Markt zu bringen (siehe dazu Kap. 4). Dadurch erzeugen sie einen **ökologischen Pull** im Massenmarkt. Denn sie fungieren als ökologische Leitsterne für die anderen Marktteilnehmer, die darin ebenfalls ihre Chancen erkennen und nutzen wollen.

5.2   Evolution von der Nische in den Massenmarkt

Entwicklungen beginnen aber meist in der Nische. Biolebensmittel sind selbst ein typisches Beispiel für den Beginn in einer kleinen Nische mit einem hohen Potenzial. Dieses Potenzial konnte sich durch die treibenden Kräfte der Lebensmittelindustrialisierung und des wachsenden Umweltbewusstseins schnell entfalten, wodurch ein rapides Wachstum erfolgte.

Der Weg der Biolebensmittel lässt sich über ihre Handelsstrukturen gut skizzieren:

- Direktvermarktung erfolgt durch Biolandwirte.
- Verkauf findet in wenigen Reformhäusern und Naturkostläden statt.
- Verkauf erfolgt in Biosupermärkten.
- Große Retailer versuchen, sich mit Bioprodukten zu profilieren.
- Discounter bieten Bioeigenmarken an.
- Heute ist bio in allen Vertriebskanälen omnipräsent verfügbar.

Nischenmärkte (Bio-Marketing 2018, S. 9) zeichnen grundsätzlich dadurch aus, dass dort wenige, kleine Marken vorhanden sich, weshalb sich diese auch nicht gegenseitig verdrängen. Die Marken weisen durch die konkreten Lösungen ihrer Produkte eine sehr konkrete Positionierung auf und die Anbieter sind typisch ausgewiesene Experten. Ihre Kompetenz ermöglicht die Herstellung einer individuelleren oder (annähernd) idealen Lösung für die Käufer. Denn es gibt ausreichend interessierte Käufer an diesen Produkten der Nische. Aus diesem Grund müssen die Anbieter relativ wenig Marketing

betreiben, um ihre Angebote mit Käufern zu verbinden. Wenn es wenig Konkurrenzprodukte in einer Marktnische gibt, dann sind die Preise auch höher, weil die Käufer
bereit sind, für eine Lösung mehr zu bezahlen, die sich ihrem Idealprodukt nähert. Der
Anbieter erzielt also eine relativ hohe Marge mit seinen Produkten. Da die Zahl der
Anbieter wie beispielsweise im Markt für biologische Lebensmittel, ökologische Haus-
haltsreiniger oder Naturkosmetik in einer Nische überschaubar ist, können sie sich noch
auf gemeinsame Standards verständigen. Nischenmärkte sind also auch rentable Teil-
märkte und können entstehen, indem sich Anbieter auf bestimmte Kunden, Produkte
oder auf eine bestimmte Region spezialisieren.

- **Nische** – Kleine, starke Marken, keine Verdrängung, tiefe Marketingkosten, hohe
  Margen
- **Masse** – One-fits-all-Marken, Verdrängungsmarkt, höhere Marketingkosten, tiefere
  Margen

Im Gegensatz zum Nischenmarkt herrscht im Massenmarkt (Bio-Marketing 2018,
S. 9) eine hohe Verdrängungssituation, weil hier sehr viele Produkte dieselbe Lösung
anbieten. Typisch ist zudem, dass sich breit positionierte Marken nach dem Prinzip
„One-fits-all" durchsetzen. Aufgrund der hohen Konkurrenzdichte und des Ver-
drängungswettbewerbs im Massenmarkt können diese großen Marken die höher
gewordenen Marketingkosten und personellen Aufwendungen finanzieren. Denn sie
müssen sich mit einer ähnlichen Lösung gegen eine Vielzahl von Mitwerbern durchsetzen und von interessierten Käufern wahrgenommen werden. Dieser Verdrängungswettbewerb führt auch dazu, dass die Preise im Massenmarkt günstiger sind als in der
Nische. Denn bei vielen ähnlichen Produkten kaufen die Konsumenten zunehmend nach
dem günstigeren Preis-Leistungs-Verhältnis. Letztlich reduziert dies die Marge auf die
Produkte. Unter einem zunehmenden Preisdruck versuchen einige Anbieter im Massenmarkt, für sich neue Nischen zu erschließen, weil sie wissen, dass dort mehr Profit zu
erwirtschaften ist.

Zurück zum Nischenmarkt: Ein Nischenmarkt kann einerseits durch den Wandel im
Verhalten der Konsumenten entstehen oder, wie im Fall der Ökonischen, durch eine
andere Herstellungsweise der Produkte. Rosenbaum (1999, S. 373) hat ein ausführliches
Nischenmodell erarbeitet und leitet die Entstehung und Evolution eines Nischenmarktes
von den Erkenntnissen der Biologie ab, die Nischen für Arten präzise beobachtet und
beschrieben hat. In der Natur befinden sich Flora und Fauna ähnlich wie Unternehmen
in Märkten in einem Wettbewerb zueinander. Sie befinden sich stetig in einem Prozess
der Adaption an ihre Umwelt, weil sie sich konstant an die sich wandelnden Situationen
anpassen müssen. Was kann sich alles verändern?

- **Veränderung der Märkte:** Es kommt zur Evolution, wenn sich Produkte und das
  Verhalten oder die Bedürfnisse der Käufer verändern. Hier verdrängen diejenigen

Produkte, die die Bedürfnisse der Konsumenten besser erfüllen, jene, die dies nicht schaffen. Oder es entstehen neue Angebote.

- **Evolution von Unternehmen:** Rosenbaum (1999) betrachtet Unternehmen als ein sozial offenes System von Menschen, die heute hochkomplex organisiert sind und sich dadurch flexibler an die Anforderungen ihrer Umwelt anpassen können.
- **Evolution der Konsumenten:** Menschen verhalten sich nach Maslow (1981) so, dass sie zunächst ihrer Defizitbedürfnisse (von Grundbedürfnissen, über Sicherheitsbedürfnisse zu sozialen Bedürfnissen und Anerkennung und Wertschätzung) und letztlich dem Bedürfnis nach Wachstum der Selbstverwirklichung widmen. Erst wenn alle Defizitbedürfnisse befriedigt sind, wird nach Maslow eine neue Unzufriedenheit im Menschen erwachen: Er will seine Talente, Potenziale und Kreativität entfalten, sich in seiner Persönlichkeit und seinen Fähigkeiten weiterentwickeln und sein Leben gestalten und ihm einen Sinn geben. Im Grunde beschreibt dies bereits eine evolutionäre Entwicklung von Menschen. So handeln die Menschen auch im Kontext des Konsumierens: Basierend auf gesammelte Erfahrungen entwickelt sich der kaufende Mensch zu einem vielfältigeren und differenzierteren Käufer und Anwender weiter.

5.3   Wie entwickelt sich eine Nische?

Man spricht bereits von einer sogenannten latenten Marktnische, wenn die angebotenen Produkte oder Dienstleistungen nicht den Idealvorstellungen der Konsumenten entsprechen (Spiegel 1990, S. 103). Sie kaufen die bestehende Lösung aus Mangel an Alternativen. Sobald aber ein neues Produkt den Idealvorstellungen besser entspricht, kaufen die Konsumenten dieses neue Produkt. Nun ist diese Nische erst einmal nur latent vorhanden. Sie hat also das Potenzial, zu einer manifesten Marktnische zu reifen. Diese Entwicklung nimmt eine Nische unter der Voraussetzung, dass sich so viele Konsumenten für dieses neue Produkt, das besser ihren Idealvorstellungen entspricht, interessieren und es auch kaufen. Eine manifeste Nische existiert dann, wenn für die Anbieter der Produkte eine ausreichende Rentabilität vorhanden ist. Dies beschreibt die typische Evolution in einem Markt.

Nischenmärkte können aber umgekehrt auch aus einem Massenmarkt entstehen. Dies beschreibt Rosenbaum (1999, S. 109) anhand des Beispielmarktes „Wohnen im Alter". Am Beginn der Evolution besteht ein Massenmarkt mit Angeboten ohne weitere Spezifikation – also einfach Altenheime, die keine individuelleren Bedürfnisse erfüllen. Mit der Zeit entwickeln sich Konzepte für Altenheime, die sich besser an die speziellen Bedürfnisse von alten Menschen anpassen. Es stehen Konzepte wie das „Betreute Wohnen", „Mehrgenerationen-Wohnen" oder „Seniorenresidenzen", danach folgen weitere evolutionäre Anpassungen entlang des Bedarfs nach individuelleren Lösungen, und nach einiger Zeit der Reifung entstehen Spezialangebote wie für Demenzkranke, Hospizheime oder Wohnheime der vierten Generation. Diese einzelnen Entwicklungen bilden wieder neue Nischen mit mehreren Anbietern. Rosenbaum (1999, S. 117) vergleicht diese Evolution mit der Entwicklung eines biologischen Organismus. Denn Nischenmärkte wiesen wie dieser die Fähigkeit auf, sich an eine sich ändernde Umwelt anzupassen.

Bei der Entwicklung einer ökologischen Nische zum Massenmarkt ist die Einsicht wesentlich, dass die Individualbedürfnisse von Konsumenten in Massenmärkten nicht befriedigt werden können. Das bietet den Nischenmarken die Chance, sich im Massenmarkt positionieren zu können. Denn ihre Produkte erfüllen meist den Consumer Need weitaus besser als die „One-fits-all-Lösungen".

Ein Blick in die Studie „Das nächste Bio", die von der Biohandelsmarke „Ja! Natürlich" (Rewe Austria) beauftragt und vom Zukunftsinstitut Gottlieb Duttweiler Institute (GDI) durchgeführt wurde, stellt gleich zu Beginn die Problematik des Wachstums eines ehemaligen Nischenmarktes ins Zentrum:

> „Durch das Wachstum des ehemaligen Nischenmarktes verliert die Marke Bio an Schärfe und Positionierung. Food-Skandale und Greenwashing bedrohen das Vertrauen der Kundschaft in die Anbieter. Und Labels wie Fair Trade, Slow Food, Premium, Vegan und Regional graben bio das Wasser ab" (Höchli et al. 2014).

In dem Zusammengang der Veränderungen beim Übergang von einem Nischen- zu einem Massenmarkt haben Höchli et al. für die umsatzstarke Biohandelsmarke „Ja" Natürlich" folgende Empfehlungen für die Zukunft ausgesprochen:

> „Die Kunden wollen heute nicht nur einfach Food konsumieren, sie suchen ein Erlebnis und die authentische Qualität der Produkte rückt ins Zentrum. Dies führt zu einem gesteigerten Interesse an der Herkunft und an den Produzenten selbst. Gerne kauft man direkt beim Hersteller (Juice Bars, Farmers Market, Micro Brauereien) oder besucht die Unternehmer in ihrer Manufaktur. Alles Vorteile, die vor allem in der Nische gut gespielt werden können" (Bio-Marken 2018).

Nischenmärkte im 4.0-Zeitalter

Mit der Digitalisierung und der Etablierung einer Netzwerk-Ökonomie hat sich bei der Entstehung von Nischenmärkten einiges verändert: Vor allem hat sich die Verfügbarkeit und die Geschwindigkeit des Informationsaustauschs erhöht. Interessierte erhalten im Internet in Sekundenschnelle mit wenig Suchaufwand Informationen über neue Produkte. Für die Anbieter neuer Produkte bedeutet es, dass ihre neuen Lösungen einerseits schnell und mit nur geringem Aufwand mit interessierten Käufern verbunden werden können. Dies erklärt auch, warum derzeit sehr viele kleine Start-ups mit smarten ökologischen Lösungen einen Platz im Markt finden können.

Onlineshops, Influencer, soziale Medien, Nachhaltigkeitsplattformen, sie bilden in Summe einen höchst effizienten Treffpunkt von ökologisch orientierten Käufern, Vermittlern und Verkäufern.

5.4   Realisierung der Ökologisierung der Massenmärkte

Der vorherige Blick durch das Zeitfenster um 20 Jahre zurück auf diese Überlegungen, wie Ökoprodukte den Mainstream erreichen könnten, zeigt auf, dass in zahlreichen Marktsegmenten diese Entwicklungspfade tatsächlich gegangen wurden. Hierzu einige punktuelle Belege: Der Markt mit Biolebensmitteln stieg in diesem Zeitraum konstant an. Der Anteil von Biolebensmitteln beträgt in Deutschland derzeit rund 5 %, in Österreich rund 8 % und in Dänemark schon 13 % (BÖLW 2019, S. 21). Der Bund ökologischer Landwirtschaft (BÖLW) fasst in seinem aktuellen Marktbericht die Leistungen der letzten Dekade folgendermaßen zusammen:

> „Sauberes Trinkwasser, vielfältige Agrarlandschaften und hohe Tierwohlstandards – die gesellschaftlichen Erwartungen an die Landwirtschaft haben sich in der letzten Dekade deutlich erhöht. Inwiefern die Ökologische Landwirtschaft diese Erwartungen erfüllt, wurde in einer umfangreichen Studie untersucht. Die Auswertung sämtlicher relevanter Forschungsarbeiten der letzten 30 Jahre zeigt: Die Ökologische Landwirtschaft erbringt vielfältige gesellschaftliche Leistungen und gilt zu Recht als eine Schlüsseltechnologie auf dem Weg zu mehr Nachhaltigkeit" (BÖLW 2019, S. 22–25).

Die Marktdynamik der letzten 20 Jahre ist in einzelnen Produktsegmenten wie bei Fair-Trade-Produkten weit in Richtung Massenmarkt vorangeschritten und hat die Entwicklungspfade von Wüstenhaben et al. bei Weitem übertroffen. Denn heute sind Fair-Trade-Produkte im Vertriebsweg „Supermarkt" und „Discounter" gut etabliert. Bereits 42 % der Käufer achten bei ihrem Einkauf auf Fair-Trade-Siegel (Statista o. J., S. 12). Zudem hat sich die Produktpalette fair gehandelter Waren kontinuierlich vergrößert. Die Verfügbarkeit reicht inzwischen von der fair angebauten Banane über Textilien bis zu Technik (Fairphone) und Schmuck.

Ein Blick in den Sektor Lebensmittel zeigt ebenfalls eine Entwicklung in Richtung Ökologisierung der Massenmärke. Denn der konventionelle Handel hat das Marktpotenzial von biologischen Lebensmitteln erkannt. Die Top-Händler haben in der letzten Dekade begonnen, eigene Biohandelsmarken zu entwickeln und zu verkaufen. Die RollAMA (2018) zeigt anhand einer Dekade (2008–2018) diese Entwicklung in Österreich auf.

- 5 % Wachstum der Handelsmarken
- 5 % Wachstum Biohandelsmarken
- 7 % Rückgang der Herstellermarken

Dabei verdoppelte sich der Anteil der Biohandelsmarken von vier auf acht Prozent Marktanteil. Es ist zwar der Gesamtmarkt gewachsen, aber der Rückgang der Anteile der Herstellermarken im konventionellen Handel zeigt, dass die Massenmärkte sich in jüngster Zeit durch die Bioeigenmarken des Handels ökologisieren.

Biohandelsmarken von konventionellen Lebensmittel-Einzelhändlern
Die konventionellen Lebensmittel-Einzelhändler beschränken sich nicht mehr
darauf, den Anteil ihrer Biohandelsmarken zu erhöhen, sondern beginnen, auch
den Biofachhandel mit eigenen Handelsmarken zu erobern. So hat beispielsweise
Edeka den Biofachmarkt „Naturkind" mit zwei Märkten eröffnet. Geplant sind ins-
gesamt 30 Märkte. Mit seiner Struktur (rund 7000 Artikel auf 500 Quadratmetern
Fläche) macht Naturkind den traditionellen Biosupermärten Denn's oder Alnatura
Konkurrenz. An diesem Versuch ist Rewe zwar mit seinem Biosupermarkt
„Temma" gescheitert, aber das wird eher der schlechten Standortwahl im Quartier
205 (Berlin Friedrichstraße) zugesprochen.

In Zukunft werden auch die großen Lebensmitteleinzelhändler sich eine Marktposition im Biofachhandel erobern und die ersten Schwierigkeiten überwinden.

Eine Studie mit 300 Befragten (haushaltsführende Frauen 25 bis 49 Jahre) von
Nielsen (Ratschka 2013) hat die Markenbekanntheit von Biomarken in Österreich
erhoben. Das Ergebnis:

- 94 % Ja! Natürlich (Biohandelsmarke von Rewe)
- 61 % Spar Natur pur (Biohandelsmarke von Spar)
- 40 % Zurück zum Ursprung (Biohandelsmarke von Hofer/Aldi)
- 38 % Alnatura
- 11 % Spar Vital (Wellness-Handelsmarke von Spar)
- 6 % Sonnentor (Herstellermarke)

5.5   Trend: Discount übernimmt in Deutschland Marktführung bei den Biolebensmitteln

Nachdem sich Bio mit seinen einkommensstarken Käufersegmenten zu einem lukrativen
Markt entwickelte, vollzog sich in der letzten Dekade eine Verschiebung in den Markt-
anteilen nach Handelskanälen. Typischerweise haben ökologische und biologische
Produkte in den speziellen Vertriebskanälen der Direktvermarktung sowie im Fachhandel
ihren Zugang zu den Käufern etabliert. Der folgende Status quo zeigt, dass der Einkauf
von Bio von den Massenmärkten übernommen und dominiert wird:

Im September 2019 gab der Discounter Aldi (2019) bekannt, dass er mit 13 % Marktanteil laut GfK 2017 Biomarktführer in Deutschland gewesen sei. Zudem nannte Aldi
(2019) seine ambitionierten Ziele: Die Marktführerschaft beim Umsatz mit Biolebensmitteln stärken und das Sortiment weiter ausbauen, um letztlich den Kunden einen nachhaltigen Konsum und einen gesamten Wocheneinkauf in Bioqualität zu ermöglichen.

Annika Flatley (2019) von Utopia vermutet, dass Aldi sogar das Ziel verfolgt, europäischer Marktführer für Bioprodukte zu werden.

- 91 % der deutschen Biokäufer kaufen bio im Supermarkt und bereits 70 % im Discounter.
- Nur 43 % der deutschen Biokäufer kaufen bio im Biosupermarkt, 52 % im Naturkostladen und nur 26 % im Reformhaus.

Alfons Deter (2018) von top agrar bilanziert, dass das klassische Biogeschäft seine Kunden an die großen Handelsketten verliere. Schaack von der Agrarmarkt Informations-GmbH kommentiert für das Jahr 2019: „Der Lebensmitteleinzelhandel (LEH) steigerte seinen Umsatz mit Biolebensmitteln und -Getränken im Jahr 2019 um 11,4 %. Mit insgesamt 7,13 Mrd. € erreichte der LEH 60 % des gesamten Bioumsatzes. Lebensmittelvollsortimenter und Discounter entwickelten sich dabei nahezu gleichauf."

Auch Ökolandbau analysiert im Detail die Marktverschiebungen im Handel: „Die Konkurrenz zum Lebensmittelangebot der Supermärkte und Discounter ist spürbar gewachsen. So ist die Zahl der Naturkostläden im Jahr 2018 auf 2465 Läden gesunken, während sich gleichzeitig die Verkaufsfläche im Naturkosthandel um 1,4 % vergrößert hat. Demnach schließen kleinere und mittlere Läden. Dafür eröffnen entweder neue, größere Geschäfte oder bestehende Läden vergrößern ihre Fläche" (Ökolandbau 2019).

Die Marktdaten zeigen also eindeutig eine Transformation der Märkte, wo sich in Summe eine neue Dominanz des Massenmarktes ablesen lässt. Glaubt man, dass dieser Wandel ausschließlich dem Interesse der „Greening Goliaths" entspringt, der irrt. Denn auch in den politischen Programmen zu einem nachhaltigen Lebensstil wird das politische Ziel kommuniziert, dass der nachhaltige Konsum „von der Ökonische zum Mainstream" gefördert werden solle (BMU 2019, S. 22).

> „Um die Potenziale für Umwelt, Wirtschaft und Soziales zu heben, darf nachhaltiger Konsum nicht nur ein Nischenthema bleiben, sondern muss sich in den nationalen und internationalen Märkten ausbreiten. (…) Allen Menschen soll die Teilhabe an nachhaltigem Konsum möglich sein, gleich welcher Einkommensklasse oder Lebensumstände" (BMU 2019, S. 22).

Zudem wird argumentiert, dass ein nachhaltiger Konsum für die Konsumenten nicht mit steigenden finanziellen Belastungen einhergehen solle und somit nicht zu einer Exklusion führen dürfe (BMU 2019, S. 22). Damit ist offenkundig, dass eine preisgünstige Verfügbarkeitsmachung auch eine politische Agenda ist. Daraus werden aber gravierende Veränderungen für den Biofachhandel zu erwarten sein, die in einem massiven Konsolidierungsprozess münden werden.

5.6   Wie reagiert die Biofachwelt auf die Dominanz des konventionellen Handels?

Diese Frage ist in der Fachwelt intensiv im Diskurs und weist unterschiedliche Positionen auf. Der Ökolandbau (2019) beurteilt diese Veränderung optimistisch, wenn bio im Massenmarkt eine höhere Relevanz aufweist. Die Hoffnung ist hier, dass die höheren Qualitätsstandards von biologischen Lebensmitteln „eine Qualitätsspirale nach oben in Gang setzen" können.

Jan Niessen war als Marketingleiter von Bioland für die Zertifizierung der Bioeigenmarken von Lidl verantwortlich. Er beurteilt diesen intensiv diskutierten Schritt als Meilenstein, um den heimischen Markt in der Breite aufzustellen. Damit auch die notwendigen Mengen in Bioqualität an den Discount beliefert werden können, sieht Niessen es als notwendig, dass die Biolandwirte sich in Gemeinschaften organisieren müssen, um vom Handel nicht unter Druck zu geraten:

> „Das Wichtigste: Kein Betrieb sollte isoliert sein im Markt. Erzeugergemeinschaften, Genossenschaften und überbetriebliche Kooperationen sind aus meiner Sicht elementar, um die Position des Einzelbetriebs gegenüber dem Handel zu stärken. Die Obstgenossenschaften in Südtirol machen dies beispielsweise schon seit vielen Jahren erfolgreich vor. Wenn organisierte Landwirte das Gefühl bekommen, dass sich bestimmte Preisniveaus nicht mehr mit einer nachhaltigen Betriebsentwicklung vereinbaren lassen, müssen sie dies mit ihrer Kooperationsgemeinschaft und dem Verband gegenüber dem Handel kommunizieren" (Niessen 2019).

In diesem Statement wird der Kern der Diskussion angesprochen. Denn es wird erwartet, dass sich durch die großen Absatzmengen im Discount auch die Machtpositionen im Markt verschieben werden. Letztlich verlieren die Bioerzeuger an Einfluss und unterliegen zunehmend den Marktdynamiken und der Handel tritt als zentraler und steuernder Akteur auf.

„JA! NATÜRLICH"

Älteste und erfolgreichste Biohandelsmarke

Rewe hat in Österreich eine Pionierrolle in der Entwicklung von Bio im Handel eingenommen und damit maßgeblich dazu beigetragen, dass Bio sich aus der Ökonische in den Massenmarkt entwickelte. In den österreichischen Supermarktketten „Billa" und „Merkur" wurde bereits vor 25 Jahren die erste Biohandelsmarke „Ja! Natürlich" im konventionellen Handel eingeführt, sie ist nicht nur eine wichtige Säule für Österreichs Entwicklung zu einem „Biomusterland", sondern in diesem Zeitraum auch zur bekanntesten und beliebtesten Biomarke in Österreich geworden. Die Rewe Group (2019) gibt zudem an, dass „Ja! Natürlich" relativ zu ihrem Verbreitungsgebiet die größte Biomarke ist. Zudem nimmt sie in Europa den Stellenwert eines Leuchtturmprojekts ein, das als Vorbild für weitere Entwicklungen herangezogen wird. Welche Entwicklung hat diese Biohandelsmarke genommen?

Ja! Natürlich – die Entwicklung

Aufbauphase 1994 wurde „Ja! Natürlich" in Kooperation mit Biopionier Werner Lampert gegründet und bei Billa angeboten. Werner Lampert hatte sich zuvor intensiv mit der biologisch-dynamischen Landwirtschaft sowie mit Anthroposophie auseinandergesetzt und in den 1980er-Jahren in Wien einen Großhandel für biologische Lebensmittel aufgebaut. Er hat federführend die Marke „Ja! Natürlich" entwickelt und war neun Jahre für die Markenführung verantwortlich. Am Beginn von „Ja! Natürlich" wurden 30 Biolebensmittel angeboten. Bereits in der Startphase wurde das Anliegen verfolgt, mit „Ja! Natürlich" bio für alle Menschen erreichbar und erschwinglich zu machen und zugleich der biologischen Landwirtschaft in Österreich die erforderlichen Absatzmöglichkeiten zu eröffnen, führt Martina Hörmer, heutige Geschäftsführerin von „Ja! Natürlich", anlässlich des 25-jährigen Jubiläums aus (Rewe Group 2019). „Ja! Natürlich" hat von Beginn an die Rolle als Katalysator einer Entwicklung bewusst wahrgenommen und sich nicht nur am Mindestmaß biologischer Standards orientiert. Vielmehr hat „Ja! Natürlich" die Verantwortungsprinzipien in einer Mission festgelegt. Vorne an steht das Prinzip regionaler Herkunft, die bereits mittels enger Partnerschaft mit den Biolandwirten glaubhaft umgesetzt wurde. „Ja! Natürlich" war die erste Biomarke im konventionellen Handel Österreichs, die in oder auf den Verpackungen den jeweiligen Biolandwirt vorgestellt hatte. Zu dem damaligen Zeitpunkt war das eine Innovation, landwirtschaftliche Erzeugnisse mittels dieser Transparenzmaßnahme aus dem Bereich industrieller Massenproduktion herauszuholen und dem Lebensmittel wieder ein Gesicht und damit einen Wert zu geben.

Neben dem Aufbau der Marke mussten aber auch die Partnerschaften mit den Biolandwirten aufgebaut werden. Der Hauptfokus lag demnach auf der Beschaffung biologisch zertifizierter Lebensmittel, um die konstant steigende Nachfrage seitens der Käufer erfüllen zu können.

Wachstumsphase Etwa ab 2000 durchlief „Ja! Natürlich" eine Phase der Systematisierung und Konsolidierung. Da zu dieser Zeit viele Bioskandale das Vertrauen zu schwächen drohten, begann man bei „Ja! Natürlich" mit dem Aufbau eines Qualitätssicherungssystems. Zu diesem Zeitpunkt ging man eine Partnerschaft mit Global 2000 für die Kontrollen der ausländischen Obst- und Gemüseerzeugnisse ein. Diese wurden direkt im Ursprungsland während der Wachstumsphase durchgeführt. Gerade bei der Bioware aus dem Ausland wurden angesichts der zunehmenden Ansprüche der bioaffinen Konsumenten zahlreiche Ausnahmen gemacht, damit eine Bio-Zertifizierung noch zulässig war. Zum Beispiel wurde als Kompromiss zu dieser Zeit eine Beschränkung des Auslaufs von Mastschweinen bei einer beengten Hoflage akzeptiert. „Ja! Natürlich" hat diese Kompromisse und Ausnahmen als Vorreiter eliminiert und auch die Politik in dem Prozess begleitet, solche Kompromisse auslaufen zu lassen.

„Ja! Natürlich hat die österreichische Agrarpolitik maßgeblich positiv beeinflusst und immer eine strategische Rolle im Rahmen der Umsetzung der Nachhaltigkeitsstrategie und des Klimaschutzes gespielt" (Rewe Group 2019).

Im Marketing begann man, ebenfalls neue Wege zu gehen, als in Österreich erstmals große Werbekampagnen in den klassischen Medien wie TV und Radio starteten. 2005 wurde ein kleines „Schweinchen" (österreichische Verniedlichungsform von Schwein) als Testimonial beziehungsweise als Werbebotschafter von „Ja! Natürlich" eingeführt. Dieses freche und wissbegierige Schweinchen stellt stets schlaue Fragen an den Bauern, der stets von demselben Schauspieler im karierten Hemd dargestellt wurde. Ein TV-Spot endete mit der Phrase „Ja! Natürlich" als Antwort auf die gestellten Fragen des Schweinchens. Diese eigens geschaffene Bühne wurde konsequent bis heute weitergeführt, sodass fast jeder Österreicher und jede Österreicherin diese Werbefigur kennt. 2018 wurde bei den Dreharbeiten ein „Green Producing" eines Werbespots realisiert: Wiederbefüllbare Glasflaschen, weniger Papier, Fahrgemeinschaften und biologisches sowie regionales Catering. Alle Schweinchen, die für die Dreharbeiten ein intensives Tiertraining durchlaufen haben, werden auf Kosten von „Ja! Natürlich" auf Biobauernhöfe in Pension geschickt.

Davon inspiriert, haben auch die anderen großen Biohandelsmarken in Österreich wie „Zurück zum Ursprung" und „Natur pur" mit klassischen Werbekampagnen begonnen. Als Resultat hieraus wurde Werbung für Biolebensmittel ein Allgemeinplatz in der österreichischen Werbelandschaft.

Status quo heute „Ja! Natürlich" hat sich sogar zur umsatzstärksten Lebensmittelmarke von Österreich und gemessen am Verbreitungsgebiet zur größten Biomarke der Welt (Rewe Group 2019) entwickelt. Es werden rund 1100 Bioprodukte angeboten. Aktuell weist „Ja! Natürlich" in der österreichischen Bevölkerung ab 14 Jahre eine Markenbekanntheit von 61 % auf (Wöhrmann 2019). Obwohl es sich um eine Biohandelsmarke handelt, wird „Ja! Natürlich" von den Käufern als eigenständige und qualitative Biomarke mit einer starken regionalen Positionierung wahrgenommen. Als größte Biomarke ist „Ja! Natürlich" einer der wesentlichen Treiber in der Weiterentwicklung von Bio und deklariert gerade diese Verantwortung in seiner Kommunikation und setzt sich entsprechend mit Zukunftsthemen von Bio auseinander.

„Ja! Natürlich" hat zum 20-jährigen Jubiläum das Gottlieb Duttweiler Institute (GDI) mit einer Zukunftsstudie für „Das nächste Bio" beauftragt. Höchli et al. (2014, S. 4) empfehlen für die zukünftige Aufgabe, dass das Bio von morgen Klarheit in die Flut von neuen Food-Trends und auch in die unterschiedlichen Label bringen müsse:

„Die Zukunft gehört jenem Label, das alle vereint. Ob Bio als Dach alle neuen Bewegungen absorbieren kann, hängt davon ab, wie stark es die neuen Ansprüche aufnehmen und auf folgende Fragen antworten kann: Wie können die Trade-offs zwischen bio, Fair Trade, regional, Import-Bio, vegan etc. überbrückt werden? Wie können Genuss, Geschmack und Emotionen mit bio verbunden werden? Wie können faire Preise transparent und glaubwürdig kommuniziert werden? Wer diese Fragen befriedigend zu beantworten vermag, dem werden die Konsumentinnen und Konsumenten ihr Vertrauen schenken. Wer all ihre Bedürfnisse unter einer Marke befriedigt, wird im Lebensmittelhandel der Zukunft den Ton angeben" (Höchli et al. 2014, S. 4).

„Ja! Natürlich" hat diese Empfehlung für eine Biomarke der Zukunft bereits in die Tat umgesetzt und agiert als Impulsgeber, der wichtige Fragen aufgreift und sie über umfangreiche Kampagnen über Massenmedien zum Thema macht:

„Bei Themen wie artgerechter Tierhaltung und Green Packaging, Biogarten und Palmölfreiheit oder zuletzt durch das Bewusstmachen der Bedeutung gesunder Böden für die Qualität unserer Lebensmittel und der Biodiversität waren wir einer breiten öffentlichen Diskussion stets einen Schritt voraus" (Rewe Group 2019).

Es wird aber nicht nur thematisiert, sondern auch umgesetzt. Beispielsweise geht „Ja! Natürlich" seit einigen Jahren konsequent den Weg zu 100 % Green Packaging bei Obst und Gemüse und berichtet kontinuierlich über Umsetzungen auf diesem Weg. Das Unternehmen informiert seit 2019 sogar monatlich über die aktuellen Fortschritte, den Zwischenstand der durchgeführten zahlreichen Tests und die komplexen Hintergründe des drängenden Themas Verpackung von Lebensmitteln. Zudem findet im Rewe Group Stakeholder Forum ein intensiver Diskurs mit Bio-experten und anderen Stakeholdern über Zukunftsthemen statt. Hier findet auch ein Austausch mit Vertretern wie von Greenpeace, Global 2000 oder mit bekannten Journalisten der Biobranche wie dem Biorama statt. „Ja! Natürlich" widmet sich aber auch einem ethischen Anspruch und hat sich aktiv für weit mehr Tierwohl ein-gesetzt. Beispielsweise wurde von „Ja! Natürlich" ein Premiumstandard bei Biomilch und bei Biojungrind mit 365 Tagen Freilauf eingeführt. Männliche Küken werden bei der Eierproduktion verpflichtend aufgezogen und die Kastration von Schweinen ausschließlich unter Schmerzbehandlung durchgeführt.

Die Rewe Group kommentiert ihre Ambitionen folgendermaßen und zeigt damit, dass es die Empfehlungen von GDI für ein Zukunfts-Bio konsequent umsetzt und seine Rolle als impulsgebenden Vorreiter im Massenmarkt strategisch umsetzt:

„Die Basis für die Zukunft von Ja! Natürlich sind diese Errungenschaften eines anspruchs-volleren Bio, das den ökologischen Grundsätzen und der Erwartungshaltung der anspruchs-vollen Kundinnen und Kunden deutlich mehr gerecht wird als die bloßen Vorschriften der Bio-Verordnung. Auf diese Weise gilt es, das Marktpotenzial auszubauen und auch den gesellschaftlichen Entwicklungen insbesondere im Bereich des Tierwohles und des Klima-schutzes gerecht zu werden. Entsprechend dieser Herausforderung sieht Ja! Natürlich zum Beispiel ein Potenzial bei der Weiterentwicklung von landwirtschaftlichen Produktions-voraussetzungen im Bereich der Tier- und Pflanzengenetik, mit dem Ziel einer verbesserten Futter- und Nährstoffeffizienz" (Rewe Group 2019). ◄

Das Beispiel von „Ja! Natürlich" als europäisches Best-Practice-Beispiel für eine umsatzstarke Biomarke des Handels zeigt auf, dass der Handel die Agenda „Bio aus der

Nische in den Massenmarkt zu bringen" aufgreift und als zentraler Vermittler zwischen Produzenten und Konsumenten auftritt. Dieses Agieren im Massenmarkt stellt Biohandelsmarken aber auch in die Pflicht, im öffentlichen Diskurs Rede und Antwort zu stehen und bio für den Durchschnittskonsumenten zu erklären. „Ja! Natürlich" agiert aber nicht nur als Kommunikator, sondern auch als qualitätsorientierter Akteur im Biolebensmittelsektor und setzt aktuelle Nachhaltigkeitsanliegen wie „Green Packaging" oder „Palmölfreiheit" in der Masse um. Dem durchschnittlichen Biokäufer wird es also leichtgemacht, über sein alltägliches Kaufverhalten nachhaltig zu handeln. Über diese Bioqualitätsstrategie hinaus vertritt diese weltweit stärkste Biohandelsmarke (im Verhältnis zu ihrem Verbreitungsgebiet) eine glaubhafte Werteorientierung, der die Konsumenten vertrauen. „Ja! Natürlich" ist also ein wesentlicher Bioakteur im Massenmarkt und hat eine positive Qualitätsentwicklung von Bio angestoßen, die auch von der Handelskonkurrenz verstärkt wird. Denn auch der stärkste Biokonkurrent in Österreich „Zurück zum Ursprung", die Biohandelsmarke von Hofer (Aldi), verfolgt eine Bioqualitätsstrategie und forciert die Transparenz der Nachhaltigkeitsleistung von Bioprodukten auf ihren Verpackungen und weist die CO_2-Äquivalenzen ihrer Produkte aus. „Zurück zum Ursprung" proklamiert in seinen Kampagnen in den Massenmedien, dass „Bio noch weiter gehen müsse". Beide Biohandelsmarken führen in Österreich damit den medialen Diskurs in einer breiten Öffentlichkeit als Themenführer an. Daraus resultiert, dass im Vergleich zu Deutschland, wo der Preiskampf innerhalb des Biosektors mittlerweile überwiegt und viele das billigste Bio anbieten wollen, in Österreich ein Wettbewerb um das beste Bio vorherrscht.

5.7   Mediale Kritik an der Bioindustrie: Werbebilder versus Realität

Als Bio im konventionellen Handel über deren Bioeigenmarken omnipräsent verfügbar war und in der TV-Werbung glückliche Schweinchen, Hühner, Kräuterwiesen in den Medienalltag der Menschen einzogen, begann sich eine erste Welle an Gegenposition gegen diese eine Biowerbewelt zu formen. Im Mittelpunkt der Kritik stand die Argumentation, dass diese romantisierte Werbewelt einer heilen Lebensmittelproduktion stark im Kontrast zu der harten Realität einer industrialisierten Bioproduktion stehe. Im Jahr 2012 hat das Buch „Der große Bio-Schmäh" explizit den Biomassenmarkt, der von den Biohandelsmarken dominiert wird, in investigativer Manier nach Günter Wallraff die industrielle Realität der Bioproduktion aufgezeigt. Der Autor Clemens Arvay verwendet ebenfalls die Analogie der Bio-Goliaths (Arvay 2012, S. 183), wie er Biohandelsmarken des Massenmarkts nennt, und zeigt die tatsächliche Produktion von deren Biolebensmitteln mittels Tierfabriken, Brotbackfabriken und industrieller Landwirtschaft, in der unterbezahlte Arbeiter aus Osteuropa und Afrika ihre Arbeit verrichten (Tab. 5.1).

Arvay zieht aus seinen Recherchen das Fazit, dass die Bioidee von Großkonzernen vereinnahmt worden sei (Arvay 2012, S. 185), was der Grund dafür sei, dass der biologische Massenmarkt dem herkömmlichen Massenmarkt sehr ähnlich sei.

Tab. 5.1   Realität der Bioproduktion nach Arvey (2012)

Werbebilder	Realität industrieller Bioproduktion
Emsig pickende Hühner auf Wiesen	Automatische Nester, Fütterungsautomaten, Küken-Fließbänder, Küken-Vernichtungsanlagen, Tier-fabriken, Landwirtschaftliche Betriebsgrößen mit 14.000 Bioeiern Produktion pro Tag.
Mehlbestäubte Hände bearbeiten per Hand Brot	Brotfabriken mit riesigen Öfen, Fließbänder, Maschinen, die von Maschinenführern anstatt von Bäckern bedient werden. Es kommen Fertigmischungen zum Einsatz.
Freilaufende Biorinder in schöner Natur	In drei Vierteln der Bioställe in Österreich verbringen Biorinder den Großteil ihres Lebens in Ketten gelegt. Dies wird durch eine österreichische Sonderregelung für Betriebe mit weniger als 35 Großtieren ermöglicht, obwohl dies in der EU-Bioverordnung verboten ist.
Freches und lebensfrohes Schweinchen am Biohof mit einem selbstbestimmten Leben und einem freundschaftlichen Verhältnis zu seinem Bauern	Eine konträre Realität bei den Tiertransporten und der Schlachtung. Zerlegung in Akkordzeit nach konkreten Vorgaben der Handelskonzerne.

Sein Fazit: Die Biobranche sei ähnlich industrialisiert wie der konventionelle Lebens-mittel-Massenmarkt.

Die Inhalte dieser Publikation von Arvay kann man teilen oder auch nicht, sie hat in der Öffentlichkeit aber einen umfassenden Diskurs in den Massenmedien angestoßen. Auffallend ist bei diesen Artikeln, dass die Konsumenten sich in den Kommentaren ein umfassendes Meinungsbild geschaffen haben und an diesem Diskurs aktiv partizipieren.

Seither reißen die kritischen Artikel gegenüber der Biolebensmittelindustrie nicht ab. Der „Spiegel-Online"-Artikel „Die Bio-Industrie" von Nicolai Kwasniewski (2016) hat anhand der vor Ort recherchierten Beispiele wie „Campisi Italia" den Anbau und Handel von Biolebensmitteln konkret durchleuchtet.

> „Auch wenn Campisi Italia nach dem Naturland-Standard zertifiziert ist, gibt es Kunden, die nur das EU-Bio-Siegel verlangen – und bewerben. Deshalb kann es vorkommen, dass die guten sizilianischen Biozitronen auch beim Discounter Aldi landen" (Kwasniewski 2016).

Nach diesem Artikel werden die Biozitronen von Campisi Italia auch bald das Demeter-Siegel tragen und dann zugleich in den Discount von Aldi als auch in den Fachhandel gelangen. Natürlich erzeugen solche kritischen Artikel wie dieser bei „Spiegel Online", die sehr hohe Reichweiten aufweisen und von vielen Konsumenten gelesen werden, auch einen Spin in Richtung Kaufkritik. Je mehr solche kritischen Artikel den Ver-trauensvorschuss von Bio bei den Käufern abschmelzen, desto stärker werden sich die preisbewussten Biokäufersegmente dem Bio im Discount zuwenden, wenn die Chance besteht, dass die Bioware dort auch den höheren nationalen Standards von Naturland oder gar Demeter entsprechen könnte.

Ein weiteres Beispiel aus Süditalien von dem Biobauern Roberto Giandone beleuchtet in dem „Spiegel"-Artikel die Zusammenhänge des deutschen Handels mit den Bio-anbauern im Süden Europas. Unter dem Label „Natura Iblea" kommen die biologisch angebauten Tomaten, Karotten und Paprika auf den Markt. „Die Preismacht des Handels führt dazu, dass Biokirschtomaten mitunter günstiger angeboten werden als konventionelle" (Kwasniewski 2016). Roberto Giadone reflektiert seine Erfahrungen mit dem deutschen Handel und meint, dass er ungern nach Deutschland verkaufe. Denn in Deutschland hat er nur mit vier bis fünf Großhändlern zu tun und nicht direkt mit den Supermärkten. Giandone sei der Preisdruck am deutschen Markt zu hoch, schreibt Kwasniewski (2016). Dennoch garantiere die dem Bioanbauern eine konstant hohe Nachfrage, was er wiederum schätzt. Dem italienischen Biobauern macht aber über den Preisdruck, der von den deutschen Biogroßhändlern ausgeht, vor allem die Billig-Konkurrenz aus Marokko und Ägypten zu schaffen, die im großen Maßstab aufgebaut wird. Kwasniewski kommentiert hierzu, dass das Versprechen von Bio an eine bessere Welt und mit ihnen die Idealisten der ersten Stunde „hinweggefegt" würden: „Der Umsatz in Deutschland hat sich seit dem Jahr 2000 vervierfacht – die Nachfrage kann nur mithilfe von Großbetrieben befriedigt werden. Die Frage ist nicht länger: bio oder konventionell, sondern bäuerlich oder industriell" (Kwasniewski 2016). Der Spiegel-Autor zieht aus seinen recherchierten Beispielen folgende Bilanz: „Die Grenzen zwischen Gut und Böse verlaufen nicht mehr zwischen bio und konventionell, nicht einmal eindeutig zwischen Naturkostladen und Discounter" (Kwasniewski 2016).

Den kritischen Autoren der Bioindustrie, wie sie anhand von Arvay und Kwasniewski exemplarisch aufgezeigt wurden, ist das Conclusio gemeinsam, dass eine kleinstrukturierte Lebensmittelproduktion mit den dominierenden Biohandelsmarken und dem Biogroßhandel unter den bestehenden Rahmenbedingungen nicht realisierbar sei und so die alternative Landbewirtschaftung, für die das System Bio eigentlich steht und sich jahrzehntelang eingesetzt hat, verschwinde. Als Alternativen nennt Arvay, dass die Konsumenten ihre Verantwortung bei jedem Einkauf bewusst wahrnehmen sollten und sich mit Landwirten beispielsweise in „FoodCoops" solidarisieren sollten, um somit ihren Landwirten eine vom Handel befreite Landbewirtschaftung zu ermöglichen.

Literatur

Aldi (2019) Impulse für Bio: Lieferantenstrategietag bei ALDI. Pressemitteilung Aldi: https://www.aldi-nord.de/unternehmen/presse/impulse-fuer-bio-lieferantenstrategietag-bei-aldi.html. Zugegriffen: 1. Dez. 2019

Arvay C (2012) Der große Bio-Schmäh Wie uns die Lebensmittelkonzerne an der Nase herumführen. Ueberreuter, Wien

Bio-Marken (2018) Future Food Report. file:///C:/Users/gra/Downloads/Future%20Food%20Report%20%2301%20FMCG%20(6).pdf. Zugegriffen: 12. Sept. 2020

BÖLW (2019) Die Bio-Branche 2019. Zahlen, Daten, Fakten. https://www.boelw.de/fileadmin/user_upload/Dokumente/Zahlen_und_Fakten/Broschüre_2019/BOELW_Zahlen_Daten_Fakten_2019_web.pdf Zugegriffen: 29. Nov. 2019

Bundesministerium für Umwelt, Naturschutz und nukleare Sicherheit (BMU) (2019) Nationales Programm für nachhaltigen Konsum. Gesellschaftlicher Wandel durch einen nachhaltigen Lebensstil. Referat Nachhaltigkeit. https://www.bmu.de/fileadmin/Daten_BMU/Pools/Broschueren/nachhaltiger_konsum_broschuere_bf.pdf Zugegriffen: 1. Okt. 2019.

Deter A (2018) Klassische Bio-Geschäfte verlieren Kunden an große Handelsketten. Topagrar: https://www.topagrar.com/management-und-politik/news/klassische-bio-geschaefte-verlieren-kunden-an-grosse-handelsketten-9842697.html Zugegriffen: 1. Dez. 2019

Flatley A (2019) Aldi will Bio-Marktführer in Europa werden. Utopia: https://utopia.de/aldi-will-bio-marktfuehrer-in-europa-werden-141051/ Zugegriffen: 11. Nov. 2019

Höchli B, Hauser M, Bosshart D (2014) Das nächste Bio. Die Zukunft des guten Konsums. GDI Gottlieb Duttweiler Institute. https://www.gdi.ch/sites/default/files/documents/2018-10/das_naechste_bio_summary.pdf Zugegriffen: 7. Mai 2019

IKEA (2020) Fleischlosbällchen auf pflanzlicher Basis. https://www.ikea.com/at/de/new/fleischlosbaellchen-auf-pflanzlicher-basis-pub63e9d1c0 Zugegriffen: 17. Sept. 2020

Kwasniewski N (2016) Die Bio-Industrie. Spiegel Online: https://www.spiegel.de/wissenschaft/uebermorgen/bio-industrie-sind-regionale-bio-lebensmittel-nachhaltiger-a-1082571.html Zugegriffen: 14. Dez. 2019

Niessen (2019) Interview mit Prof. Dr. Jan Niessen zur Vermarktung von Verbands-Bioware über Discounter. https://www.oekolandbau.de/landwirtschaft/betrieb/marketing/absatzwege/verbands-ware-in-discountern/ Zugegriffen: 17. Sept. 2020

Ökolandbau (2019) Biomarkt in Deutschland legt 2018 um 5,5 Prozent zu. https://www.oekolandbau.de/handel/marktinformationen/der-biomarkt/marktberichte/biomarkt-in-deutschland-legt-2018-zu/ Zugegriffen: 2. Nov. 2019

Ratschka O (2013) Die implizite Wirkung von Radio. Nielsen im Auftrag von RMS Austria: https://www.rms-austria.at/typo3conf/ext/rms/user_upload/Forschung/04-Die_implizite_Wirkung_von_Radio_-_Handout.pdf Zugegriffen: 12. Juli 2019

Rewe Group (2019) 25 Jahre Pioniergeist: Ja! Natürlich blickt in Zukunft. https://www.rewe-group.at/de/newsroom/pressemitteilungen/Ja-Nat%C3%BCrlich-Biocamp-2019. Zugegriffen: 10. Dez. 2019

RollAMA (2018) Alle Warengruppen 2018. https://newsroom.sparkasse.at/wp-content/uploads/sites/17/2019/03/Charts-PK-25-Jahre-RollAMA.pdf Zugegriffen: 1. Dez. 2019

Rosenbaum M (1999) Chancen und Risiken von Nischenstrategien Ein evolutionstheoretisches Konzept. Springer, Wiesbaden

Schaack D (2020) Bio-Markt nimmt weiter Fahrt auf. https://www.boelw.de/themen/zahlen-fakten/handel/artikel/umsatz-bio-2019/ Zugegriffen: 17. Sept. 2020

Spiegel B (1990) Nische – ein Begriff aus der theoretischen Biologie im Marketing. Universität St, Gallen

Statista (o. J.) Ethischer Konsum. Statista Dossierplus zum ökologischen und sozialen Konsumverhalten. Statista, Hamburg

Wöhrmann U (2019) Markenbekanntheit von Ja! Natürlich im Bereich Obst und Gemüse in Österreich bis 2019. Statista: https://de.statista.com/statistik/daten/studie/648397/umfrage/markenbekanntheit-von-ja-natuerlich-im-bereich-obst-und-gemuese-in-oesterreich/ Zugegriffen: 23. Nov. 2019

Wüsterhagen R, Villiger A, Meyer A (1999) Die Landkarte des ökologischen Massenmarktes. Eine Orientierungshilfe in Sachen Ökologisierung des Einzelhandels. In: Ökologisches Wirtschaften, 1/1999, 27–29

Prinzipien des Green Marketing 4.0

6

Zusammenfassung

In der 4.0-Ära ist das Marketing mit einer agilen und fluiden Umwelt konfrontiert, wo starre Prozesse und Verantwortlichkeiten der frühen Zeiten nicht mehr effizient greifen. Vielmehr treten Kernprinzipien als Leitsterne in das Zentrum der Marketingaktivitäten. Dies sind Vertrauensmarketing, das Gestalten von sozialen Beziehungen, der Aufbau von Demanding Brands, Vernetzung, Transparenz, Authentizität und Community-Management. Die Green-Marketing-Architektur verschafft hierbei einen Überblick, welche Ebenen aufeinander aufbauen. Erklärtes Ziel ist hierbei die kollaborative Umsetzung einer Wir-Kultur, bei der Unternehmen, Kunden und Communitys gemeinsam kooperieren, um geteilte Interessen oder Ziele umzusetzen.

6.1 Green Marketing heißt Vertrauensmarketing

Um nachhaltige Produkte vermarkten zu können, steht das Vertrauen in die nachhaltigen Eigenschaften eines Produkts oder einer Dienstleistung im Mittelpunkt eines Green Marketing. In diesem Punkt sind sich die meisten Akteure im Green Marketing einig. Vor allem angesichts des Phänomens Greenwashing stellt es eine massive Problematik dar, weil hier das Vertrauen der Konsumenten ernsthaft in Mitleidenschaft gezogen wird, wenn diese entdecken, dass das gekaufte nachhaltige Produkt nicht die versprochene Nachhaltigkeitsleistung aufweist.

Grundsätzlich treffen ja alle Käufer beim Kauf von Produkten Vermutungen zu Unterscheidungen von deren Qualität an. Beim Kauf muss man gewahr sein, dass die Käufer beim Kaufprozess eines nachhaltigen Produkts einerseits Sucheigenschaften als auch Erfahrungseigenschaften eines Produkts heranziehen. Zu Sucheigenschaften kann beispielsweise ein Ökolabel, der Energieverbrauch, ein nachhaltiger Rohstoff oder eine

© Springer Fachmedien Wiesbaden GmbH, ein Teil von Springer Nature 2021
A. Grimm und A. Malschinger, *Green Marketing 4.0*,
https://doi.org/10.1007/978-3-658-03698-0_6

nachhaltige Verarbeitung zählen. Dies sind meist messbare ökologische Leistungen, die auf der Verpackung oder am Point of Sale ausgewiesen werden können. Beim Kauf von biologischen Lebensmitteln können aber auch Eigenschaften wie Frische zur Beurteilung hinzukommen. Vor dem Kauf steht einem Käufer jedoch auch die Möglichkeit offen, sich auf Erfahrungen von anderen Nutzern zu stützen. Dieser Aspekt der Beurteilung von Produkteigenschaften hat im 4.0-Zeitalter eine neue Dimension erhalten. Denn war man vor dem Internet auf einen langsamen und aufwendigen Prozess zur Beschaffung von Erfahrungseigenschaften angewiesen, weil man in Fachmedien nachlesen, Experten oder Freunde fragen musste, so kann man heute per Smartphone direkt am Regal nach diesen Informationen suchen. In vielen Branchen wie im Tourismus bilden die positiven Beurteilungen von Nutzern schon ein Muss, um ein Produkt verkaufen zu können. Man kann also heute davon ausgehen, dass Erfahrungen zu einem gewissen Teil zur Transparenz eines Produkts gehören – auch wenn es sich hierbei nicht um verifizierte Informationen handeln muss.

Darüber hinaus gibt es gerade beim Kauf nachhaltiger Produkte viele Produkteigen-schaften, auf die ein Käufer gänzlich vertrauen muss, weil sie, wie beispielsweise die Verwendung oder Nicht-Verwendung von Chemikalien beim Biolandbau, nicht über-prüfbar sind. Belz (2001, S. 142) widmet sich ebenfalls dieser Thematik und verweist auf eine empirische Studie, die 1998 in Deutschland durchgeführt wurde. Es wurde die Wahrnehmung der Käufer der unterschiedlichen Eigenschaften der biologischen Anbau-weise untersucht. Mit folgendem bemerkenswerten Ergebnis: Rund zwei Drittel der befragten Personen betrachten „aus biologischem Landbau" als Vertrauenseigenschaft. Dies waren überwiegend „Biogelegenheitskäufer". Die Personen, die den biologischen Anbau als Sucheigenschaft einstuften, setzten sich überwiegend aus Biointensivkäufern zusammen (Belz 2001, S. 142). Zu vermuten ist aber auch, dass heute im 4.0-Zeitalter die Erfahrungseigenschaften weitaus höher ausfallen würden, weil die Menschen über ihre Smartphones die Suche nach Erfahrungen häufig in ihren Kaufprozess integrieren. Belz empfiehlt für ein Green Marketing, dass die Sucheigenschaften idealerweise in Vertrauenseigenschaften überführt werden sollten. Die Veränderungen im heutigen Bio-lebensmittelmarkt haben sogar dazu geführt, dass die Konsumenten ein höheres Maß an Vertrauen aufbringen müssen. Beispielsweise konnte man in den 1980er- und 1990er-Jahren noch optisch ansehen, dass es sich um biologische Frischware handelt, weil sie nicht so perfekt aussah und nicht der Norm von konventionellen Lebensmitteln ent-sprechen musste. Daher war dies für Biokäufer noch eine Sucheigenschaft während des Kaufprozesses. Heute werden die Biogurken in Plastik verpackt und liegen neben den konventionellen Gurken, die derzeit bei den meisten Händlern nicht verpackt sind. Diese Unterscheidung über die Verpackung soll also wegen des identischen Aussehens die Gefahr reduzieren, dass ein Käufer bio bezahlt, aber konventionell kauft. Das Ergeb-nis ist eine skurrile Widersprüchlichkeit, weil das konventionelle Produkt durch diese Maßnahme umweltfreundlicher verpackt ist, indem es keine Verpackung aufweist. Solche Widersprüchlichkeiten wie diese reduzieren natürlich das Vertrauen der Käufer in

das System Bio. Daher wird aktuell daran gearbeitet, dass bei Biofrischwaren mit Laser-
technologie direkt auf der Schale des Produkts eine Biokennzeichnung angebracht wird.

Zu den Erfahrungseigenschaften können bei biologischen Lebensmitteln der
Geschmack zählen, was aber von einigen Konsumenten als erfahrbar und von anderen
wieder nicht als erfahrbar beurteilt wird. Darüber hinaus hat sich gezeigt, dass national
und europäisch geregelte und sehr bekannte Siegel das Vertrauen von Konsumenten in
die Regelungen erhöhen. Wenn in einem Nachhaltigkeitsmarkt wie am Beginn der Öko-
textilien viele Kennzeichnungen auftauchen, wird von den Konsumenten nicht mehr
auf die Echtheit der Informationen vertraut. Dies hat eine Studie von Bech-Larsen
und Grunert (2001) ergeben. Bemerkenswert ist in diesem Zusammenhang, dass der
Ländervergleich Deutschland und Dänemark wesentliche Unterschiede zutage brachte.
Die Dänen vertrauten weitaus mehr der Echtheit von biozertifizierten Produkten als
die Deutschen (Bech-Larsen und Grunert 2001, S. 191). Anzumerken ist hier, dass das
deutsche Bio-Siegel erst 2001 nach dieser Befragung eingeführt wurde.

6.2 Von Produkten zu sozialen Beziehungen

In der Evolution des Green Marketing hat sich gezeigt, dass nachhaltige Produkte den
Ausgangspunkt des Green Marketing bilden und das wird auch in Zukunft von höchster
Relevanz bleiben. Dennoch hat sich die Welt durch die Digitalisierung und die Ver-
netzung der Menschen maßgeblich weiterentwickelt und das erfordert die Weiter-
entwicklung des Green Marketing zu sozialen Beziehungen über die Produkte und die
Green Brands.

Um die Zufriedenheit der Konsumenten zu erhöhen und ihnen relevantere Angebote
machen zu können, müssen Konsumenten und andere Stakeholder von Unternehmen
aktiver eingebunden werden. Je enger Konsumenten und Stakeholder mit Unternehmen
zusammenarbeiten, desto wichtiger wird die Vertrauensfrage. Der Umgang mit persönlichen Daten ist ein zentraler Knackpunkt. Denn die Menschen sorgen sich zunehmend
um die Sicherheit ihrer Daten. Hier sind vertrauensbildende Maßnahmen nötig.

Ein Blick in den Ökobarometer 2018 (Bundesministerium für Ernährung und Landwirtschaft (2019b, S. 13)) zeigt die Bedeutung von Beziehungen auf, die für neue Käufer
oder Nutzer die Ursache sein können, um in diesem Fall Biolebensmittel zu kaufen.

- 65 % durch eigene Initiative oder ärztliche Empfehlung
- **60 % durch private Kontakte zu anderen Nutzern von Bioprodukten**
- **55 % durch Beratung in Bioläden oder durch den Erzeuger selbst**
- 54 % durch Neugierde auf neue Produkte
- 35 % durch Beiträge im Hörfunk und TV
- 34 % durch Artikel in Tageszeitungen/Publikumspresse
- 33 % durch Artikel in Fachzeitschriften
- 28 % durch Beratung und Werbung in Supermärkten

- 28 % durch Werbung in TV, Radio, Printmedien oder Internet

Das zeigt deutlich auf, dass Beziehungen bei Vertrauensprodukten ungemein wichtig sind. Sie sind sogar weitaus effektiver als alle klassischen Formen der Werbung und der PR. Man kann also sagen, dass persönliche Beziehungen auch im Green Marketing 4.0 das Zukunftskapital sind. Menschen sind bei Vertrauensprodukten die wichtigsten Touchpoints, weil Menschen am meisten Menschen vertrauen. Das sind leider unangenehme Nachrichten für die Zertifizierer, die einen unglaublichen Aufwand leisten müssen, um letztlich weitaus weniger relevant zu sein als die Kontakte von Menschen, die selbst von den Produkten überzeugt sind. Sehr überraschend ist dieses Ergebnis allerdings nicht.

Aber es gibt für das Green Marketing 4.0 doch zu denken, wie man die Priorisierung von Maßnahmen vornehmen sollte. Klar ist, dass die Beziehungen der Nutzer untereinander und die Beziehungen von Käufern mit Erzeugern oder Fachberatern zu einem Hauptinstrument priorisiert werden sollten.

6.3   Von Beziehungen zu Demanding Brands

Gerade im Nachhaltigkeitsbereich findet eine Veränderung in der Beziehung von Unternehmen oder Marken mit ihren Kunden statt. Trendwatch hat sich mit diesem Phänomen auseinandergesetzt und aufgezeigt, dass vor allem nachhaltige Unternehmen ihre Käufer gezielt in ihre Nachhaltigkeitsagenden integrieren. Sie integrieren sie auf einer Reise zu mehr Nachhaltigkeit und mehr sozialer Verantwortung. Entgegen den Trends zu mehr Convenience beginnen Demanding Brands damit, von ihren Konsumenten ebenso ein **Engagement** einzufordern oder gar in ihr Geschäftsmodell zu integrieren. Auch wenn das für die Kunden eine „schmerzvolle" Erfahrung in finanzieller Hinsicht oder in Form von einem veränderten und meist aufwendigeren Verhalten erfordert. Oder es wird ein Zeitaufwand eingefordert.

Neu ist an den Demanding Brands aus Marketingsicht, dass sie ihren Kunden für ihr Engagement im Gegenzug keine Gutschriften anbieten, keine anderen Extras offerieren oder irgendwelche unterhaltenden Spiele anbieten. Demanding Brands erwarten von ihren Käufern, dass sie ebenso wie sie einen positiven Beitrag bringen.

Trendwatch (2013, S. 3) argumentiert, dass sich durch diese eingeforderte Interaktion der Käufer der Effekt von Respekt einstellt, die die Kunden diesen Marken gegenüber empfinden. Und Respekt wiederum „schubst" die Kunden dahin, dass sie auch nachhaltig handeln. Was sind relevante Forderungen an die Konsumenten? Beispielsweise fordern Marken von ihren Kunden, dass sie ihren Konsum reduzieren, Produkte wiederverwenden oder recyceln. Oder dass sie sich engagieren, auch ihre Familie und Freunde zu überzeugen oder einen Beitrag in der Community zu erbringen. Non-Profit-Organisationen fordern beispielsweise unterschiedliche Formen der Unterstützung ein.

Das kann vom Unterschreiben von Petitionen, über das Boykottieren von Unternehmen bis hin zum Demonstrieren reichen.

Eine fordernde Marke aufzubauen, erfordert eine Langzeitperspektive und sollte nicht als kurzfristige Kampagne betrachtet werden. Im Idealfall kann das Handeln des Käufers auch in das Geschäftsmodell integriert werden. Dieses Prinzip verfolgen beispielsweise die Unverpackt-Läden, die sich weltweit etablieren: Die Kunden bringen ihr eigenes Verpackungsmaterial in das Geschäft und füllen die Waren selbst ab.

Unverpackt

Erst 2012 entstanden die ersten Unverpackt-Läden wie beispielsweise „Unpackaged" in London oder 2014 „Original Unverpackt" in Berlin. In Frankreich explodiert dieses Thema und es gibt bereits 300 Unverpackt-Läden. Die meisten Massenanbieter wie Carrefour haben Lose-Ware-Shop-in-Shops integriert. Die Regalmeter wachsen bereits von einem bis zu sechs Metern an.

Schon heute sind Unverpackt-Stationen im Massenmarkt zu finden. Was also früher zum normalen Einkaufen gehörte, muss der Konsument heute wieder lernen. Waren das zu Beginn Trockenprodukte, so breitet sich auch das Sortiment an unverpackten Produkten schnell aus. Derzeit ist das Abfüllen von Reinigsmitteln auch bei dm möglich oder es werden die ersten „Milchtankstellen" eingeführt.

Demand Brands können aber auch Städte sein, die eine Verhaltensänderung von ihren Bewohnern einfordern. Los Angeles hat beispielsweise bereits 2007 als erste Stadt ein Verbot von Plastiktaschen in Supermärkten erlassen. Im selben Jahr hat auch Makati City dieses Verbot als verhaltensverändernde Maßnahme eingeführt und darüber hinaus auch Container aus Styrofoam oder Plastikbecher verboten. Weitere Beispiele für Demanding Brands (Trendwatch 2013, S. 9–12):

- **Hachikoyo:** Dieses japanische Seafood Restaurant hat 2013 damit begonnen, von jenen Kunden, die ihre Fischeier (Roe) nicht aufgegessen haben, eine verbindliche Spende für die lokalen Fischer zu fordern. In der Menükarte wird den Kunden dies zuvor erklärt, dass Hachikoyo mit dieser Maßnahme darauf aufmerksam machen möchte, dass die Fischer für Roe ihre Arbeit unter gefährlichen Bedingungen verrichten müssen. Hachikoyo fordert damit also Wertschätzung für seine Produkte ein.
- **Organ Donor Foundation (Südafrika):** Diese Stiftung hat 2013 einen Pop-up-Shop namens „The Exchange" eröffnet, der nur jene Kunden eingelassen hat, die sich als Organspender registrieren ließen. In diesem Shop konnte man Designer-Kleidung kaufen, deren Erlöse der Organspende zugutekamen. Die Produkte konnten nicht mit Geld oder Kreditkarte bezahlt werden. Stattdessen konnten sich die „Käufer" nach der Registrierung als Organspender ein Kleidungsstück auswählen.

- **Kitchen Safe:** Dieses Behältersystem, das mit einem Verschlusssystem ausgestattet ist, gibt Produkte erst nach einer bestimmten Zeit wieder frei. Das hilft den Konsumenten dabei, ihrem momentanen Bedürfnis nach Süßem, Smartphones, Kreditkarten oder nach Zigaretten nachzukommen. Der Positionierungs-Claim: „A powerful tool to build good habits. Once the timer is set, and the button is pressed, the safe will remain locked until the timer reaches zero. No overrides!" (thekitchensafe.com). In der Entwicklung waren die Top-Universitäten der USA involviert: MIT, Princeton University, Harvard und Yale. Auf der Website sind begeisterte Kommentare von Käufern zu lesen, die Kitchen Safe dafür schätzen, dass sie einem dabei helfen, ihre persönlichen Ziele zu verfolgen.
- **Fußballclub Victoria:** Dieser brasilianische Fußballclub hat seine Fans in sein Charity-Programm involviert. Das Ziel war es 2012, seine Blutspende-Kampagne zu forcieren. Dafür hat der Club für die Dauer der Kampagne die Farbe seiner Trikots verändert, die normalerweise schwarz und rot gestreift sind. Die Farbe wurde auf Weiß und Schwarz geändert. Den Fans hat man erzählt, dass die alten Trikots weggesperrt worden seien, bis genug Blut gespendet worden sei. Nach zehn Spielen war das Ziel erreicht und die Trikots wurden wieder getauscht. Basierend auf dieser initialen Kampagne hat Viktoria mit einem befreundeten Club (Bahia) ein Blutspende-Match unter den Fans veranstaltet. Auf Facebook konnten die Fans aktuell den Stand sehen, welcher Club mit dem Blutspenden vorne liegt.
- **Casa do Zezinho:** Dies ist eine brasilianische Non-Profit-Organisation, die eine „Half-for-Happiness"-Kampagne ins Leben gerufen hat. Das Ziel war es, Bewusstsein für eine mangelhafte Ernährung zu bewirken. In Supermärkten von Sao Paulo wurden Lebensmittel wie Steaks oder Salate in der Mitte durchgeschnitten und verpackt. In der Hälfte, wo kein Produkt mehr war, wurde auf der Verpackung erklärt, dass die fehlende Hälfte die Projekte von Casa do Zezinho finanziert, die Mangelernährung bekämpfen.

Anhand des Beispiels von **Patagonia** kann aufgezeigt werden, wie fließend die Grenzen von Demanding Brands und politischem Aktivismus verlaufen können. Im US-Wahlkampf 2020 hat sich Patagonia dazu entschlossen, eine Wahlempfehlung in die Etiketten eines recycelten Produkts einzunähen. Statt Informationen zu Größe und Material platzierte Patagonia dort eine Aufforderung an seine Käufer: „Vote the Assholes out" („Wählt die Arschlöcher raus"). Dies sagte Patagonia-Gründer Yvon Chouinard bereits zwei Jahre zuvor und richtete sich damit gegen alle Politiker, die den menschengemachten Klimawandel leugnen. Ein Twitter-Nutzer hat ein Foto mit diesem Etikett veröffentlicht, woraufhin es in den sozialen Medien zirkulierte und eine Welle an Begeisterung auslöste. Der Effekt: Die Shorts waren in kurzer Zeit ausverkauft, und deutlich mehr Nutzer kamen auf die Website von Patagonia, um sich darüber zu informieren, welche Senatoren der verschiedenen Bundesstaaten sich für Klimaschutz einsetzten. Der Erfolg dieser Demanding-Kampagne zeigt gut die Vernetzung der 4.0-Prinzipien auf: Eine überschaubare Demanding-Kampagne wird von loyalen Nutzern

in ihren sozialen Medien aufgenommen und kommentiert, die sich darauf viral zu verbreiten beginnt, weil die nachhaltigen Informations-Hubs wie Utopia in Deutschland
darüber berichten und dadurch ein breites Publikum erreicht wird. Und letztlich wird
auch das Produkt gekauft und die Unternehmenswebsite besucht. Insgesamt „zahlt"
diese vernetzte Kampagne auf das Image von Patagonia als authentische und vertrauens-
würdige Eco-Brand ein.

6.4   Vernetzung

Produzent-Prosumer-Gemeinschaften
In FoodCoops wird eine direkte regionale Vernetzung von Landwirten (ökologischen
Erzeugern) und Prosumern gelebt. Erste FoodCoops entstanden in Deutschland bereits
in den 1970er-Jahren zwischen Biolandwirten und Bioverbrauchern. Heute existieren in
Deutschland rund 1500 FoodCoops. Eine FoodCoop ist im Prinzip eine Form von Ein-
kaufsgemeinschaft. Hier schließen sich Käufer, also Prosumer, mit denselben Interessen
zu einer Gruppe zusammen und können als Gemeinschaft größere Mengen an Lebensmitteln direkt beim Großhandel bestellen und an ihre Mitglieder weitergeben, wodurch
sie den Zwischenhandel umgehen. Sie können einerseits einen besseren Preis erzielen
und die Lebensmittel entsprechend ihrer gemeinsamen Interessen auswählen. Das
Bestellen von Produkten aus ökologischer, regionaler, biologischer oder aus fairer oder
tiergerechter Haltung sind Beispiele für solche Interessen. In vielen FoodCoops wird
aber auch versucht, unnötiges Verpackungsmaterial zu vermeiden.

Viele FoodCoops sind gemeinschaftlich organisiert oder auch in gemeinschaft-
lichem Besitz in Form von Genossenschaften. Die Größe von FoodCoops variiert stark
von kleinen Gemeinschaften mit 30 Mitgliedern bis zu jenen, die als Genossenschaft
mehrere Biomärkte betreiben, über 100 Mitarbeiter angestellt haben und professionell
strukturiert sind. Die Verbrauchergemeinschaft Dresden ist hierfür ein gutes Beispiel
in Deutschland. 1991 von 20 Mitgliedern gegründet, weist sie heute 10.000 aktive Mitglieder auf, hat 140 Angestellte und wird von 90 regionalen Zulieferern beliefert. Bei
den kleineren FoodCoops hingegen sind ein Mindestmaß an Mitarbeit und eine Teil-
nahme an Koordinationsmeetings ein typisches Involvement der Mitglieder. Hier werden
die Lebensmittel weniger Zulieferer an improvisierte Lager wie Keller oder Garagen
geliefert.

Auf der Seite von kleineren, regionalen Zulieferern entsteht bei FoodCoops der Vorteil, dass Biolandwirte beispielsweise langfristige Abnahmeverträge schließen können,
wodurch sie Planungssicherheit erhalten und in nachhaltigeren Anbau oder Verarbeitung
investieren können. Aufgrund ihrer kleineren Struktur können sie nicht den klassischen
Biohandel beliefern, weil ihre Produktionsmengen dafür nicht ausreichen. Und letztlich profitieren die Betriebe durch das Umgehen des Zwischenhandels von besseren und
fairen Preisen für ihre Produkte.

Vernetzung von Prosument – Arbeiter

Hier wird ein individueller Prosument direkt beim Kauf eines Produkts über ein Trink-geld mit den Arbeitern vernetzt. Danach kann der Trinkgeldgeber per WhatsApp sehen, was der jeweilige Hersteller seines Produkts mit dem Geld gemacht hat. Dass gerade digitale Lösungen die Vernetzungsleistung effizient und convenient erbringen können, zeigt das Beispiel von „tip me".

---

tip me

Dieses deutsche, aber global wirksame Social Start-up bietet die Möglichkeit, direkt beim Online-Kauf eines Produkts ein Trinkgeld an den jeweiligen Arbeiter zu geben, der oder die dieses Produkt hergestellt hat. Dieses Trinkgeld wird direkt vom Onlineshop auf dem Handy des Anbieters gutgeschrieben. Die Idee hatte der Gründer Jonathan Funke nach einer Demo gegen Primark. In einem Café, wo es bei uns Tradition ist, Trinkgeld zu geben, dachte er, dass ein oder zwei Euro Trinkgeld pro T-Shirt oder für ein Paar Schuhe weitaus mehr bewirken könnten als bei uns in Deutschland. Die Mission von tip me ist es, gegen globale Ungerechtigkeit durch ein-fache, alltägliche und für jeden zugängliche Lösungen zu kämpfen.

Die Prinzipien von tip me:

- **Direkt zu 100 %:** Das Trinkgeld geht direkt per SMS-Überweisung an den jeweiligen Arbeiter oder die jeweilige Arbeiterin, der/die das Produkt hergestellt hat. Sie erhalten das Geld also auf ihr Handy, das in den meisten Produktions-ländern eine hohe Verbreitung hat und daher gut als Zahlungsmittel verwendet werden kann.
- **Transparenz:** Auf Wunsch informiert tip me per E-Mail oder WhatsApp, wo das eigene Trinkgeld gerade ist. In Echtzeit kann man erfahren, wann das Trinkgeld an wen ausgezahlt wurde und jemandem einen Wunsch erfüllt. Tip me erläutert auch sein Geschäftsmodell: Das Unternehmen profitiert nicht vom Transfer des Trink-gelds, sondern von der Provision, die es von seinen Partnerunternehmen – also den Onlineshopbetreibern – erhält. Denn diese profitieren durch die Kooperation selbst von dem positiven Marketing.
- **Von Mensch zu Mensch:** Es wird eine Beziehung zwischen den Käufern mit den Arbeitern aufgebaut. Die Gründer von tip me wollen damit einen Wandel von Wertschöpfung zu Wertschätzung realisieren.
- **Die digitale Lösung:** Tip me sammelt die Trinkgelder und überweist sie an die Mitarbeiter des Herstellerbetriebs. Dafür haben sich alle Mitarbeiter einzeln mit ihren Handynummern, Bankkonten und Ausweisen registriert. Tip me überweist das Geld und anschließend wird das Geld bei der Bank oder an einem lokalen Kiosk bar ausgezahlt. Wer kein Bankkonto besitzt, erhält über Mobile Money das Geld direkt auf seiner SIM-Karte gutgeschrieben. Tip me betont, dass die

Trinkgelder gerecht zwischen allen Arbeitern verteilt werden, um Konflikte im Produktionsprozess zu vermeiden. ◄

Ein anderes Projekt ist Ethletic: Seit September 2019 können Käufer im Onlineshop des Sneaker-Herstellers Ethletic ein Trinkgeld an die Arbeiter geben. Ethletic lässt die Sneaker in der Fair-Trade-Fabrik Talon Sports in Pakistan herstellen, wo rund 70 Arbeiter tätig sind. Dort beträgt der Tageslohn fünf Euro. Ein Trinkgeld kann also den Tageslohn eines Menschen verdoppeln. Innerhalb von nur drei Monaten wurden 698 € Trinkgeld im Onlineshop von Ethletic gesammelt. 24 % der fairen Online-Käufer haben in dieser Zeit Trinkgeld gegeben.

6.5 Transparenz

Weil Konsumenten heute durch den E-Commerce eine enorme Auswahl an Kaufoptionen haben und inzwischen Greenwashing massiv Einzug in die Marketingpraxis von vielen Unternehmen einzieht, hat sich auch der Anspruch der Konsumenten an die Hersteller verändert.

Patagonia

Nachhaltigkeit, Verantwortung und Transparenz im Umbau zu einer zirkularen Wirtschaftsweise

Patagonia wurde 1973 gegründet und ist auch heute noch ein Pionier der Nachhaltigkeit im Bereich Sportausstattung. Von Beginn an verfolgte Patagonia das Ziel, die Umwelt zu schützen und Kunden für einen sozialen Wandel zu inspirieren. Um seine Ziele zu verfolgen, ist das Unternehmen konstant im Wandel und bringt ständig nachhaltige Neuerungen auf den Markt. So war Patagonia beispielsweise das erste Textilunternehmen, das gebrauchte Kleidung seiner Retailstores zurückgenommen hat. Später hat Patagonia als erstes Unternehmen umfangreiche Reparaturkampagnen in den USA und in Europa umgesetzt und kostenlos in einem Pop-up-Truck angeboten. CSR-Teams arbeiten in sechs Ländern, die sich vor Ort um die Umsetzung ihrer Agenden kümmern.

Insgesamt ist Patagonia ein Unternehmen, das sich in vielen Dimensionen nachhaltig organisiert. Die Produkte sind ökologisch designt und zertifiziert (GOTS, Bluesign) oder es werden Polyester, Nylon oder Tencel zu neuen Produkten recycelt. Das Unternehmen ist eine B Corporation und verpflichtet sich dazu, ein Prozent seiner Einnahmen in den Umweltschutz zu investieren. Zudem sind ist Patagonia Mitglied der Sustainable Aparel Coalition und garantiert eine faire Bezahlung und Behandlung der Mitarbeiter der Zulieferbetriebe. Es werden auch die Kriterien des Tierwohls berücksichtigt und daher weder Angora, Pelz oder Leder verarbeitet. Die verarbeiteten Daunen stammen zu 100 % aus nachhaltigen Quellen (Global Traceable Down Standard).

Interessierte erhalten von Patagonia umfangreiche und tiefgehende Informationen über die Problematik der Textilbranche wie auch über die Lösungen von Patagonia, die sich in allen Wertschöpfungsstufen, in der Unternehmenskultur und in den Kampagnen wiederfinden. Dabei zeigt Patagonia auf, was seine Zielsetzung ist, wie weit die Realisierung dieses Ziels vorangeschritten ist und was die nächsten Schritte sein werden. Zum Beispiel ist es erklärtes Ziel, 100 % erneuerbare Energie und 100 % recycelte Materialien zu verwenden. Die gesamte Textilbranche weist eine Recyclingrate von 15 % auf, aber weniger als ein Prozent des verwendeten Materials wird wieder zu neuer Kleidung aufbereitet. Im Vergleich dazu sind 69 % der Produkte von Patagonia aus recyceltem Materialien produziert. Dabei werden Materialien sowohl aus dem Pre-Konsumenten-Abfall als auch aus dem Post-Konsumenten-Abfall hergestellt.

- **Auditiertes Transparenz-Management:** 2017 hat Patagonia die „California Transparency in Supply Chains Act (SB 657) and UK Modern Slavery Act Disclosure Statement" unterschrieben und publiziert diese auf seiner Website. Als Mitglied der Fiar Labor Association (FLA) wird Patagonia alle drei Jahre auditiert. Dazwischen führt Patagonia ein Selbst-Assessment durch. Zusätzlich ist Patagonia Mitglied von B-Corp und veröffentlicht einen B-Corp-Report, in dem neben der Umweltverantwortung auch die soziale Verantwortung veröffentlicht wird. Von B-Corp hat Patagonia im Audit drei von möglichen vier Punkten erreicht. Zudem hat Patagonia eigene Standards für Arbeiter aus einem Migrationskontext entwickelt, arbeitet mit NGOs zusammen, die die Einhaltung dieser Standards kontrollieren, und hat einen Factory Code of Conduct verfasst, den es von seinen direkten Zulieferern unterschreiben lässt.
- **Fair-Trade-Kampagne:** Anlässlich des fünfjährigen Bestehens der Einführung von Fair Trade bei Patagonia hat das Unternehmen einen Film in Kooperation mit Fairtrade USA produziert (https://www.patagonia.com/fair-trade-certified.html), in dem die unsichtbare Geschichte der Menschen gezeigt wird, die die Kleidung herstellen.
- **Patagonia Kreislaufwirtschaft:** Patagonia ist auf dem Weg, für einen Großteil seiner Produkte ein Kreislaufprinzip zu realisieren, wie es beispielsweise „Cradle to Cradle" (Braungart und McDonough 2014) beschreibt. Hierfür wurden bereits zahlreiche Teilschritte etabliert, um das lineare Model von „Nehmen – Machen – Verwenden – Entsorgen" in geschlossene Kreisläufe umzuorganisieren.
- **Worn Wear:** Patagonia verfolgt das Ziel, die Einstellung der Menschen zu ihren Dingen zu verändern, beispielsweise indem Sportkleidung möglichst lange gebraucht wird. Dazu gehört das Reparieren von Produkten, die nur geringfügige Beschädigungen aufweisen. Hierfür hat Patagonia in Kooperation mit iFixit einen Reparatur-Guide erarbeitet, sodass die Besitzer von Patagonia-Kleidung kleine

Reparaturen selbst durchführen können. Zudem bietet Patagonia einen Reparatur-Truck an, der einen kostenlosen Reparaturservice anbietet. 45.000 Stück Kleidung wurden bereits kostenlos repariert (Open 2019). Diese Kampagne wurde 2019 auf dem Weltwirtschaftsforum in Davos mit dem Accenture Strategy Award for Circular Economy Multinational ausgezeichnet.

- **Slow Fashion durch „ReCrafted":** Patagonia hat zudem einen eigenen Online-shop für gebrauchte und reparierte Patagonia-Produkte eingerichtet (wornwear.patagonia.com). Hier werden im Reno Repair Center von Patagonia alte Kleidungsstücke (Post-Consumer-Produkte), die nicht mehr reparierbar sind, zu neuen Produkten umgearbeitet, die in Handarbeit zu Einzelstücken im Patchwork-stil hergestellt werden. Damit hat Patagonia auf die Frage eine Antwort gefunden, was mit all den zurückgenommenen Kleidungsstücken produktiv geschehen soll. Erklärtes Ziel ist es, im ersten Schritt den eigenen „Müll" in ein Kreislauf-wirtschaftssystem zu bringen. Um das realisieren zu können, ist Patagonia eine Partnerschaft mit „Swe Shop" eingegangen, die auf das Upcycling spezialisiert sind.
- **ReCircle-Kollektion:** Im Frühjahr 2018 führte Patagonia die ReCircle-Kollektion ein. Hier wird eine Faser namens „Refibra" verwendet, die zu 80 % aus Baum-fasern und zu 20 % aus recycelten Baumwollresten hergestellt wird. Bei dem Produkt, den Baggies Shorts, kann sogar ein zu 92 % recyceltes Nylon verwendet werden. Dieses Produkt weist in seiner Ökobilanz eine Reduktion von 52 % Garn sowie eine Reduktion von 18 % CO_2 auf. Ein Rucksack namens Black Hole wurde 2019 bereits aus 100 % recyceltem Nylon angeboten.
- **Trade-in, ein Secondhandmarktplatz:** Patagonia nimmt funktionstüchtige und nicht beschädigte Produkte zurück und bietet sie in einer eigenen Sektion seines Shops an. Die Verkäufer erhalten dafür einen Gutschein, um sich in Patagonia-Shops oder bei WornWear.com neue Kleidung kaufen zu können. Die Preise, die die Verkäufer erhalten, sind festgelegt und veröffentlicht
- **Black-Friday-Kampagne „Don't Buy This Jacket":** 2011 schaltete Patagonia am Black Friday, dem verkaufsstärksten Tag im Jahr, eine ganzseitige Anzeige in der New York Times mit der Headline: „Don't Buy This Jacket". Zu sehen ist eine schlichte Outdoorjacke von Patagonia. Darunter ein langer Text mit Gründen, warum diese Jacke nicht gekauft werden sollte. Denn die Herstellung der abgebildeten Jacke hat 135 L Wasser verbraucht, was dem Tagesbedarf von 45 Menschen entspricht. Die Logistik hat nahezu zehn Kilo CO_2 verursacht. Patagonia argumentiert, dass dies gute Gründe seien, um eine Jacke möglichst lange zu tragen und zu reparieren. In Summe also eine Antikonsumbotschaft, die die Welt zuvor von einem Hersteller noch nicht gesehen hat. Die Black-Friday-Kampagne aus dem Jahr 2016 war eine Giving-Kampagne. Patagonia hat angekündigt, den gesamten Tagesumsatz an Umweltschutzinitiativen zu spenden. Das Ergebnis: Anstatt der prognostizierten zwei Millionen Dollar Umsatz wurden tatsächlich zehn Millionen Dollar Umsatz erzielt (Open 2019).

Patagonia begreift sich selbst aber auch als Aktivismusunternehmen und bietet ein digitales Tool an, das Interessierten hilft, in ihrer Nähe eine Umweltgruppe zu finden, bei der sie sich engagieren können.

2019 hat sich Patagonia für einen weiteren ungewöhnlichen Schritt entschlossen: Weil Patagonia-Produkte zum Must-have bei Wallstreet-Bankern und Silicon-Valley-Managern geworden waren, sah Patagonia sein Image und seine Werte topediert. Diese Unternehmen waren so weit gegangen und hatten ihre Logos auf die Kleidung sticken lassen, um sie als Benefit an ihre Mitarbeiter zu geben. Da Patagonia den Prinzipien dieser Unternehmen, die den Turbo-Kapitalismus repräsentieren, kritisch gegenübersteht, erhalten seit 2019 nur noch Unternehmen, die ethisch-ökologische Standards einhalten oder sich der Initiative „One Percent for the Planet" angeschlossen haben, bestickte Westen von Patagonia. ◄

Key Learnings für das Green Marketing

- Patagonia setzt Transparenz als zentrales Marketing-Tool ein. Es bietet Interessierten tief greifende Einblicke in seine Produktion sowie seinen Umwelt- und sozialen Impact. Die erreichten ökologischen Effizienzwerte und auch die zukünftigen Ziele und Maßnahmen werden zugänglich gemacht.
- Auch in den Shops erfährt ein Käufer über das Nachhaltigkeitsengagement und über die konkreten Umweltleistungen von Produkten. Um diese transparent glaubhaft zu machen, hat Patagonia die Backsteinmauern der alten Textilunternehmen durch Glasbausteine ersetzt. Diese umfassende Transparenz der Marke Patagonia führt zu einem hohen Kundenvertrauen und letztlich zu loyalen Käufern und Markenbotschaftern.
- Die Käufer werden als Prosumer in das zirkuläre System von Patagonia integriert, indem sie in die vier R-Stufen von nachhaltiger Bekleidung als aktiver Partner integriert werden:
  - Reduce: Patagonia fordert seine Käufer auf, ihre Anschaffungen kritisch zu überdenken.
  - Reuse: Patagonia hat Sortimente etabliert, die auf Upcycling-Prinzipien beruhen.
  - Repair: Patagonia bietet kostenloses Reparieren an und gibt Online-Anleitungen für die Konsumenten, sodass sie ihre Produkte auch selbst reparieren können.
  - Resale: Patagonia hat einen Secondhandmarktplatz für seine Kleidung installiert.
- Mit dem zirkularen System ist Patagonia ein Pionier in der Sportbekleidungsindustrie und hat einen echten inneren Kreislauf der eigenen Produkte etabliert. Auch wenn der Kreislauf noch von einem kleinen Anteil an ihren Produkten durchlaufen wird und damit von einem puren Kreislauf noch weit entfernt ist, aus Marketingperspektive hat Patagonia damit die Glaubhaftigkeit seiner Ambitionen

untermauert und zeigt im Tun die Realisierung seiner Werte (Proof of Values). Für die Käufer bedeutet dies eine essenzielle Differenzierung gegenüber der Konkurrenz.

- Auch die Kampagnen richten sich an dem Kreislaufprinzip aus. Insgesamt kann Patagonia neben Vaude die Führungsposition der nachhaltigsten Unternehmen in seinem Segment behaupten.
- Als Green David ist Patagonia ein sich selbst transformierendes System, das mit seinen Innovationen auf die Branche einwirkt. Seine zahlreichen realisierten Innovationen als First Mover motivieren andere Unternehmen, nachhaltiger zu agieren.

6.6   Authentizität

Authentisch bedeutet wahrhaftig, echt, ursprünglich und darunter wird aber auch glaubwürdig verstanden. Ob grüne Unternehmen oder Marken als „authentisch" wahrgenommen werden, ist ein entscheidender Erfolgsfaktor, um sich am Markt positionieren und behaupten zu können. Das ist zunächst keine neue Erkenntnis. Aber zu bedenken ist, dass sich mit der Zunahme der Kommerzialisierung aller Lebensbereiche zahlreiche Menschen von Unternehmen mit einem hohen Werbedruck belästigt fühlen und sich von ihnen abwenden – hin zu Marken und Unternehmen, die für sie authentischer wirken. Daher haben die Ansätze Authentizität und Glaubwürdigkeit auch im konventionellen Marketing an Relevanz gewonnen. Und so basieren Kaufentscheidungen zunehmend darauf, wie echt oder wie gekünstelt ein Angebot auf die Käufer wirkt. Das bedeutet also, dass nicht mehr funktionelle Nutzenversprechen von Produkten im Fokus stehen, sondern „weiche" Imagefaktoren, was eine weitere Trendwende im Marketing generell markiert.

Nachhaltige Marken oder Unternehmen haben bei dieser Entwicklung den Vorteil, dass ihre Marken dem entsprechen, was man eigentlich unter einer authentischen Markenpersönlichkeit versteht. Denn sie fußen auf ethisch-moralischen Werten und Einstellungen der Menschen, die das Handeln in den Unternehmen prägen. Als Folge passen das Verhalten und die Sprache der Marke mit den Menschen und Produkten zusammen, ohne dabei eine spezielle Marketingstrategie zu verfolgen. Und dafür haben die Menschen eine hohe Sensibilität. Beispielsweise geht der Bioteehändler **Sonnentor** so weit, dass die tatsächlichen Biolandwirte, die die Lebensmittel anbauen oder mit Hand verpacken, die Gesichter in der Kommunikation sind. Sie stehen am Feld und unterbrechen für ein Foto kurz ihre Arbeit. Ohne Schminke und in der Kleidung, die sie auf dem Feld tragen. Die Haare sind Zeugnis eines Arbeitstages. Sie werden von Sonnentor dadurch in der visuellen Sprache als „Helden der Arbeit" inszeniert. Sie sind es, die der Sonnentor-Kunde an jedem Touchpoint zu sehen bekommt: auf der Broschüre, Website und überlebensgroß am Point of Sale. Die Sonnentor-Kunden erkennen mit einem Blick den Unterschied zu den perfekt inszenierten Menschen, die ihnen sonst in der Werbung begegnen. Sie dekodieren also ad hoc, dass es sich um „authentische" Bilder handelt und dass dem Unternehmen die Menschen wichtig sind. Dies bringt Sonnentor auch in seinen Positionierungstexten zum Ausdruck:

> „Wir sind eigensinnige Andersmacher. Wir lassen uns durch Tradition und Menschen inspirieren und schaffen dabei immer wieder Neues. Die mit viel Freude und Handarbeit erzeugten Produkte sind Botschafter der gelebten Wertschätzung und unseres fairen Miteinanders. Wir leben im natürlichen Kreislauf und schaffen sinnvolle Arbeitsplätze. Das ist unsere Philosophie" (Sonnentor.com).

Die Bildsprache sowie die Selbstbekundungen des Unternehmens stimmen überein, sie sind also kongruent, und das Handeln der Mitarbeiter bei Sonnentor spiegelt den wertschätzenden Umgang wider, der hier Erwähnung findet. Der Mensch steht hier also im Mittelpunkt und Sonnentor bezeichnet es als das Geheimnis seines Erfolgs. Dass ein Unternehmen wie Sonnentor dann konstant als authentisch wahrgenommen wird, fußt aber nicht nur auf ein paar Bildern und Worten, sondern auf einer konstanten Kommunikation und einem konstanten Handeln in seinen zentralen Nachhaltigkeitsfeldern: 100 % bio, Klimaneutralität, Gemeinwohlorientierung, ökologische Verpackung und direkter Handel. In seiner Anfangszeit hat sich Sonnentor stark auf die Thematik Regionalität fokussiert. Allerdings ist der Bioteehändler zu einem international tätigen Unternehmen gewachsen. Sonnentor hat erkannt, dass hier eine Widersprüchlichkeit entstanden ist, und hat diesen Fokus zwar noch in seinem Mindset der Akteure, aber dieser Fokus ist zugunsten der anderen Themen in den Hintergrund getreten.

Dass Sonnentor damit gut beraten war, zeigen auch die Argumentationen der beiden Harvard-Professoren Gilmore und Pine (2007), die sich mit Authentizität auseinandergesetzt haben. Sie sprechen gar von einer neuen Konsumentensensibilität, die sich inzwischen entwickelt hat, und vertreten daher die Meinung, dass die Authentizität das Potenzial habe, sogar eine neue Disziplin zu werden. Sie zeigen zudem auf, wie Authentizität entsteht. Nämlich auf Basis einer wahrgenommenen Übereinstimmung von Image, also der Selbstkundgabe von Marken, und ihrem Erleben. Menschen gleichen immer ab, ob sie Widersprüche finden oder wahrnehmen können. Und sie suchen nach Angeboten und Marken, die ihnen selbst ähneln und ihre eigenen Werte widerspiegeln. Eine Selbstähnlichkeit von Marke und Käufer ist also ein weiterer Baustein zur Realisierung von Authentizität.

Grundsätzlich fördert auch die Kleinheit von Green David dessen Glaubhaftigkeit. Denn sie haben noch den „Underdog-Status" oder auch David-Status, mit dem sich viele Menschen intuitiv solidarisieren und Sympathie für sie empfinden. Hingegen wirken Großunternehmen anonym und wenig vertrauenserweckend auf Menschen, weil hier der „persönliche Flair" nicht mehr spürbar ist. Große Unternehmen wirken also dominant, behäbig und unpersönlich, weshalb die Menschen sich mit ihnen nicht emotional verbinden können.

Das Beispiel von Sonnentor zeigt auf, dass die Mitarbeiter als interne Elemente der Grundstein von Authentizität sind: Jeder Mitarbeiter repräsentiert die Werte und die Versprechen des Unternehmens. Von den Konsumenten wird Authentizität anhand folgender Faktoren festgemacht:

- Die Werte sind erlebbar.
- Es wird eine markante Einzigartigkeit wahrgenommen.
- Das Versprechen wird an allen Touchpoints ohne Widersprüche erfüllt.
- Eine authentische Marke wird empfohlen.
- Über eine authentische Marke wird positiv kommuniziert.

Die internen Elemente werden also mit jenen abgeglichen, die im Außen erlebt werden. Unternehmen sollten sich daher also immer die Frage stellen, ob sie sich im Außen auch so darstellen, wie sie von ihrer Identität her sind.

Nike hat beispielsweise in einer Krise eine konstante Haltung zu seinen Werten bewiesen, als es im Rahmen seiner „Just-do-it"-Kampagne mit dem Football-Profi Colin Kaepernick ein Statement gegen Rassismus setzte, was einen kontroversiellen Diskurs nach sich zog. Aber Nike hat unter dem medialen Druck seine Position zu seinen Werten nicht verlassen und damit Haltung gezeigt, als es sich in einer Krise befand. Nike verteidigte also die eigene Position, selbst als es mit Kritik seitens der Regierung konfrontiert war.

Burmann und Schallehn (2010, S. 28) haben den Unterschied von **Glaubwürdigkeit** und Authentizität herausgearbeitet:

- Glaubwürdigkeit: Wahrheitswahrscheinlichkeit einer Information wird überprüft.
- Authentizität: Existenz eines handlungsleitenden Selbstbildes des Kommunikators wird festgestellt.

Sie haben in ihrer Arbeit aufgezeigt, dass zuerst Authentizität aufgebaut werden muss, um auf dieser Basis Glaubwürdigkeit zu erlangen. Wenn die Menschen dann einer Marke oder einem Unternehmen Glauben schenken, stellt sich auch Vertrauen ein (Burman und Schallehn 2010, S. 34). In der Marketingpraxis ist also immer relevant, nicht aus den Augen zu verlieren, dass erst das Vertrauen das Fundament einer langfristigen Beziehung zwischen Unternehmen und Kunden ist, also die Authentizität nicht als Zielfokus des Green Marketing begriffen werden sollte, sondern das Vertrauen in die Marke. Dann erst erfüllt das Green Marketing letztendlich seine Funktion, Nachhaltigkeit mit Wirtschaftszielen zu vereinen. Denn erst langfristige Käuferbeziehungen sind die Basis für einen wirtschaftlichen Erfolg. Der Blick auf viele gescheiterte grüne Start-ups zeigt, dass gerade hier zentrale Fehler gemacht werden. 100-prozentige Authentizität führt noch nicht zum wirtschaftlichen Erfolg! Vielmehr muss der gesamte Pfad „Authentizität – Glaubwürdigkeit – Vertrauen – Loyalität" im Auge behalten werden, wenn strategische Entscheidungen gefällt werden.

Im 4.0-Zeitalter sind vor allem Kaufempfehlungen oder Erfahrungsberichte von Nutzern zum wichtigen Instrument geworden, dass selbst direkt am Point of Sale oder in der Vorkaufphase genutzt wird, um überprüfen zu können, ob die werblichen Aussagen von Unternehmen mit den tatsächlichen Erfahrungen übereinstimmen. Am stärksten wirken Empfehlungen aus der persönlichen Sphäre, also von Familie oder Freunden. Neu ist im 4.0-Zeitalter aber, dass die Menschen Empfehlungen aus der anonymen Sphäre, also von anderen Nutzern, ein hohes Maß an Vertrauen entgegenbringen.

6.7   Green Marketing 4.0 braucht eine VUKA-resiliente Organisation

VUKA (englisch VUCA) ist ein Akronym für die Neue Welt, in der wir leben. Sie ist gekennzeichnet durch die Abnahme von Gewissheiten, von festen Regeln und auch von der Erkennbarkeit von Zusammenhängen. Was bedeuten die Anteile dieser neuen fluiden und agilen Welt?

- **V – Volatilität** (Englisch: volatility) bezeichnet Schwankungen, die innerhalb einer kurzen Zeitspanne auftreten können. Das können Preise, Kurse, Zinsen oder ganze Märkte betreffen. Damit beschreibt volatility instabile und unberechenbare Zustände, die durch ihre raschen Schwankungen schwer vorhersagbar sind. Keiner kann vorhersagen, in welche Richtung sich etwas bewegen wird (Scheller 2017, S. 20).
- **U – Unsicherheit** (Englisch: uncertainity) bezeichnet einen Zustand, der von Ungewissheit gekennzeichnet ist. Die Unklarheit birgt ist ein hohes Risiko, weil nicht sicher ist, was als Nächstes passieren wird. Denn die Paradigmen der alten Welt erodieren oder gelten schon gar nicht mehr. Aus diesem Grund werden Prognosen immer unwahrscheinlicher. Und letztlich resultiert daraus, dass sich keine optimalen und richtigen Handlungsweisen mehr erarbeiten lassen (Scheller 2017, S. 21).
- **K – Komplexität** (Englisch: complexity) ergibt sich, wenn viele Komponenten miteinander interagieren und dabei nur die lokalen Regeln transparent sind und die Instruktionen der höheren Ebene unbekannt bleiben. Es sind also viele Merkmale miteinander verflochten und bilden neue Zusammenhänge (Scheller 2017, S. 21–23).
- **A – Ambiguität** (Englisch: ambiguity) meint die Mehrdeutigkeit eines Sachverhalts (Scheller 2017, S. 33).

Agilität ist die Reaktion auf diese VUKA-Welt. Eine agile Organisation verabschiedet sich von starren Prozessen und Hierarchien und gibt nicht mehr vor „so muss es sein". Eine agile Organisation hat im Kern ein agiles Mindset und vor allem die Kompetenz, genau zu beobachten, schnell zu lernen und in Teams zusammenzuarbeiten, die sich gegenseitig unterstützen.

Stephen Denning (2018) hat ein einflussreiches Buch über Agilität von Unternehmen und die Notwendigkeit zur Transformation vorgelegt. Er konstatiert, dass nahezu alle Unternehmen und Organisationen auf der Ideologie von Kontrolle und Konformität aller Organisationseinheiten basieren und Bürokratie dieses organisatorische

Kastensystem festigt. In seiner Substanz unterscheide dieses Kastensystem zwischen Denkern, Managern, Umsetzern und Mitarbeitern (Denning 2018, S. xi). Aber für eine dynamischer werdende VUKA-Welt bedarf es neuer Managementprinzipien, um mit einer solchen unsicheren, sich schnell wandelnden und komplexen Umwelt umgehen zu können. Im Wesentlichen sind ein flexibles und vitales Management sowie die Individualität von Menschen, Prozessen und Einheiten erforderlich, um mit dem Wandel Schritt halten zu können. Es geht also nicht mehr um das Einhalten von lang gelernten Methoden. Vielmehr geht es um eine neue Art der Zusammenarbeit von Menschen und deren Kommunikation, meint Scheller (2017, S. xii).

Denning hat für ein agiles Management drei essenzielle „Gesetze" formuliert, die sich etabliert haben:

- **Das Gesetz von kleinen Teams:** In agilen Organisationen arbeiten kleine, autonome und crossfunktionale Teams zusammen. Sie organisieren ihre Aufgaben in kurzen Zyklen und auf Basis von kleinen und kurzfristigen Aufgabenstellungen. Sie bekommen vom Nutzer konstant Feedback, das den Ausgangspunkt für die nächsten Aufgaben bildet. Sie haben das alte Misstrauen überwunden, dass kleine Teams in Selbstorganisation keine disziplinierte Effizienz und Performance erbringen könnten (Denning 2018, S. 27–48).
- **Das Gesetz des Kunden:** Bisher haben sich die Organisationen als Zentrum begriffen. In diesem alten Weltbild kreisten die Kunden um sie herum. Doch mit dem Einzug des Internets und die Globalisierung entstand eine neue Konkurrenzsituation und die Kunden wurden informierter. Diese Macht des Wissens rückte den Kunden an die Stelle der Unternehmen in das Epizentrum eines neuen Weltbildes. Heute müssen Unternehmen sich daher um die Bedürfnisse der Kunden organisieren, um deren Erwartungen erfüllen zu können (Denning 2018, S. 49–66). Für nachhaltige Unternehmen stehen vor allem die Werte der Kunden im Epizentrum dieses neuen Weltbildes. Und das bedeutet, dass ein Unternehmen sich gänzlich um seine Kunden organisiert, von der Mission über die Organisationsstruktur bis zu Kultur.
- **Das Gesetz des Netzwerks:** Netzwerkbasierte Organisationen haben in den letzten 20 Jahren erstaunliche Erfolge in bisher ungekannter Schnelligkeit umgesetzt. Das war möglich, weil sie den Skalierungseffekt von Netzwerken nutzen konnten. Dabei haben die Nutzer selbst den Wert des Netzwerks geschaffen, das sie benutzen. Nach diesem Erfolgskriterium sind soziale Netzwerke wie Facebook, Youtube oder LinkedIn entstanden. Ein zentraler Aspekt eines Netzwerks ist es, dass Ideen von überall kommen können. Und die Kommunikation verläuft in einem Netzwerk multidimensional, sie findet überall statt. In bürokratischen Organisationen verläuft die Kommunikation hingegen vertikal. Das Top-Management gibt die Direktiven aus und die niederen Hierarchien folgen diesen. Unternehmen, die sich wie ein Netzwerk verhalten, können schneller kommunizieren und auch schneller innovieren. Und das ist eine essenzielle Fähigkeit in einer Zeit des sich beschleunigenden Wandels (Denning 2018, S. 81–93).

6.8   Community Marketing

Die heutigen Konsumenten sind also stark in eine vernetzte Welt integriert und nutzen zig vernetzte Systeme, Dienstleistungen und Produkte. Das verändert vor allem ihr Verhalten, aber auch ihre Wahrnehmung von Marken, die in vernetzten Gemeinschaften zunehmend wichtiger werden. Die Konkurrenz ist nur mehr ein Klick vom eigenen Angebot entfernt und wurde von Kunden bereits bewertet und kommentiert. In einer vernetzten Welt muss sich das eigene Produkt also nicht nur von benachbarten Produkten im Verkaufsregal unterscheiden, sondern von all den anderen Angeboten, die auch im Internet verfügbar sind.

Eine Community unterscheidet sich von solchen losen vernetzten Konsumenten dadurch, dass sie eine soziale Gruppe durch das Teilen von Gemeinsamkeiten bilden. Sie tauschen sich über ihr geteiltes Interesse aus, teilen Informationen, Meinungen oder Tipps. Zum Beispiel verbindet das Start-up **Nachbarschaft.net** Menschen, die in Großstädten in direkter Nähe zueinander wohnen. Hier finden sich Menschen in einem Radius von 2,5 km, die dasselbe Hobby oder dieselben Interessen teilen. Unternehmen können in der Nachbarschaft spezielle Angebote machen. Hier finden sich also die Joggingpartner, Nachhilfelehrer für die Kindern oder Kommentare über das Restaurant um die Ecke. Die Nachbarn bieten aber auch gegenseitige Hilfe an.

In einer Community werden nicht nur Inhalte konsumiert, sondern die Mitglieder steuern auch selbst aktiv Beiträge zur Community bei. Das **Community Management** organisiert den Austausch zwischen den Mitgliedern einer Community. Beim **Community Marketing** etablieren Unternehmen selbst Communitys oder binden diese strategisch in ihr Marketingmix ein. Der Vorteil des Community-Marketing liegt darin, dass sich in einer Community das Konkurrenzumfeld auf jene Produkte oder Dienstleistungen auf eine hochrelevante Selektion reduzieren. Vegane Communitys konzentrieren sich beispielsweise auf vegane Produkte, die sie bewerten und ihren Mitgliedern empfehlen. Das Community Marketing verbindet sich über relevanten Content und über seine Produkte mit der Community, erzielt dadurch Aufmerksamkeit und schafft durch eine hohe thematische Relevanz der Kommunikation, die nicht vordergründig werblich orientiert ist, ein hohes Maß an Vertrauen in die Marke. Und ein hohes Vertrauen führt wiederum zu lokalen Käufern. Mark Lotse (o. J., S. 3) zeigt mit dem Beispiel von Monopoly, dass Community Marketing aber auch Auswirkungen auf den Vertrieb hat. Der Spieleklassiker **Monopoly** des Hersteller Hasbro hat eine Social-Media-Kampagne für seine Community durchgeführt. Dabei wurde die Community aufgefordert, über ein Voting die beliebteste Spielfigur zu wählen und sich damit die persönliche Lieblingsfigur zu sichern. Daher hieß die Kampagne auch „Save the Token" oder „Sichere die Spielfigur". Ziel war dabei, die unbeliebteste Spielfigur durch eine neue zu ersetzen. Daran haben die kampagnenbegleitenden Videos auf YouTube über 100.000 Views in einem Monat erzielt. Die Spielfigur „Bügeleisen" wurde als Resultat durch die Spielfigur „Katze" ausgetauscht. Diese Kampagne erreichte nicht nur eine hohe mediale Reichweite, sondern übertraf auch das von der Wallstreet prognostizierte wirtschaftliche Gesamtergebnis von Hasbro.

Im Community Marketing sind der Auf- und Ausbau einer Community eine zentrale strategische Zielsetzung. Zum Beispiel hat der Konzern **General Electric** eine Kampagne namens „6 s of Science" in Kooperation mit dem Kurzvideodienst VINE durchgeführt. Dabei wurden die Menschen dazu aufgerufen, kleine wissenschaftliche Experimente zu filmen und mit der Community zu teilen. General Electric stellte dabei Herausforderung an die Community, wie viel Wissenschaft man in sechs Sekunden bringen kann. Die besten Ergebnisse wurden dann auf der „6 s Science Fair" der Öffentlichkeit präsentiert. Das Ergebnis dieser Kampagne war beachtlich, denn General Electric hat einen Follower-Zuwachs von 345 % (Lotse o. J., S. 6) erzielt.

Beim Aufbau einer Community muss das Marketing zunächst vom Zielgruppendenken zu einem Community-Denken wechseln. Was bedeutet das? Man muss sich hier in die Perspektive von Community-Mitgliedern versetzen. Dafür benötigt man also ein hohes Maß an Empathie, die man sich nur aufwendig erarbeiten kann, wenn man selbst nicht Teil einer solchen Community ist. Und hier liegt der große Vorteil von grünen Unternehmen und nachhaltigen Marken: Hier arbeiten meist Menschen, die schon Teil von Communitys sind und sich dieses Verständnis nicht erst erarbeiten müssen, sondern als authentischer Teil der Community deren Bedürfnisse, Themen und Diskurse auch als Privatperson mitverfolgen. Für jene Unternehmen, die sich langfristig in einer Community engagieren möchten, ist es daher ratsam, dass sie aus diesen Communitys Mitglieder als Mitarbeiter engagieren, um hier möglichst nahe und authentisch agieren zu können.

1. **Community-Bedürfnisse:** Im Community Marketing steht zu Beginn immer die Aufgabe, die Bedürfnisse einer Community zu identifizieren.
2. **Reihung der Bedürfnisse:** Anschließend werden alle ermittelten Bedürfnisse in ihrer Relevanz gereiht. Das ist eine wichtige Information für das Marketing, weil es sich nur auf die Bedürfnisse fokussieren sollte, die von möglichst vielen Mitgliedern geteilt werden.
3. **Mehrwert ermitteln:** Im nächsten Schritt wird ermittelt, welchen Mehrwert das Unternehmen der Community für die selektierten Top-Bedürfnisse bieten kann.
4. **Content erarbeiten:** Mit der Community sollte man als nachhaltiges Unternehmen möglichst transparent interagieren, zunächst die Vision und Mission des Unternehmens kommunizieren und dann speziellen Content produzieren, der einen Mehrwert für die Community darstellt. Das können Online-Tutorials, allgemeine und umfassende Hintergrundinformationen zur Herstellung oder Einblicke in aktuelle Trends sein.
5. **Community Touchpoints:** Es gilt festzulegen, an welchen Off- und Online-Touchpoints die Community gut erreichbar ist. Auf welchen Kanälen kann am besten kommuniziert werden? Dabei sollte man sich auf wenige, aber hochrelevante Kanäle oder Touchpoints mit hohem Traffic fokussieren, anstatt viele Kanäle beiläufig zu

bespielen. Denn die Touchpoints werden von einer Community nur dann konstant genutzt, wenn der Content hochrelevant und aktuell ist und die Community sich hier auch wirklich kontinuierlich informiert.

6. **Community-Vernetzung:** Wenn der Traffic vorhanden ist, muss sich das Community Marketing mit der Aufgabe der Vernetzung von Mitgliedern befassen. Wie kann also eine möglichst hohe Aktivität zwischen den einzelnen Mitgliedern erzielt werden? Das stellt für das Marketing ein wirkliches Umdenken dar, denn es muss wirklich von einer One-to-Many-Kommunikation auf eine Peer-to-Peer-Kommunikation umgestellt werden, bei dem das Unternehmen nur noch ein Peer darstellt und auf gleicher Stufe mit den anderen Mitgliedern einer Community kommuniziert.

7. **Community Engagement & Ko-Kreation:** Erfahrenes Community Marketing bezieht dann die Community in wichtige Agenden aktiv mit ein – sei es bei der Content-Erstellung, der Produktentwicklung oder der Ideenkreation.

8. **Community-Integration:** Wenn eine Community sich gut etabliert hat, kann ein Unternehmen auch dazu übergehen, sie letztlich produktiv in die Geschäftsprozesse als integralen Bestandteil zu integrieren.

9. **Community-Kollaboration:** Und letztlich ist durch all diese durchlaufenen Schritte auch eine echte Kollaboration aller Mitglieder möglich, um an der Realisierung des gemeinschaftlichen Ziels produktiv zu arbeiten oder relevante Beiträge zu bringen.

Beim Aufbau von Communitys werden zwei Arten unterschieden:

- **Organischer Aufbau von Communitys** – Hier entwickeln sich die Gemeinschaften durch ein natürliches Wachstum, ohne dass Unternehmen dies unterstützen.
- **Gesponsorte Communitys** – In diesem Fall verfolgen Unternehmen gezielt den Aufbau von Communitys.

Die Frage ist hier, wie sich dieses **Community Framing** gestaltet. Die Framing-Theorie wurde erstmals von Erving Goffman (1980) beschrieben. In seiner Essenz definiert diese Theorie das „Wie-etwas-einem-Publikum-präsentiert-wird" als Frame, also als definierenden Rahmen. Und dieses Wie beeinflusst auch das (Kauf-)Verhalten der Menschen. So bilden beispielsweise Medien einen Frame, indem sie Medieninhalte nach ihrem Interesse auswählen oder gestalten. Im Fall von Communitys, die ja gerade im digitalen Zeitalter häufig eine Vielzahl an digitalen, aber auch an Printmedien produzieren, gestaltet sich das Framing durch die geteilten Werte und Einstellungen einer Community. Diese strukturieren die Interpretationen oder auch die Relevanz von Informationen oder auch von Produkten, die ja letztlich auch Botschaften transportieren. Somit zeigt sich, dass Communitys natürlich bewusst oder unbewusst Einfluss auf ihre Community-Mitglieder und andere Stakeholder nehmen. Eine Community ist also ein soziales System an Menschen, die sich gegenseitig über ihre moralischen Instanzen und Deutungsraster nicht nur beeinflussen, was man rezipiert, sondern auch, wie man über bestimmte Themen oder Agenden (Agenda-Setting-Theorie) denkt oder urteilt. Erving

Goffman (1980, S. 156–200) vertritt die Auffassung, dass die Menschen auch in der All-
tagskommunikation immer einer Manipulation oder Kuratierung unterliegen. Positiv
betrachtet, kuratiert die Community auf Basis ihrer geteilten Werte, Einstellungen oder
Motivationen die in der Digitalisierung fast unüberschaubar gewordenen Informationen.
Dabei agieren gerade Influencer oder Plattformen als wichtige „Gatekeeper", die diese
Funktion bewusst übernehmen. Beispielsweise übernimmt **Utopia.de** im deutsch-
sprachigen Raum mit seinen Bestenlisten zum einen eine Kuratierung des nachhaltigen
Produktangebots, indem es nachhaltige Produkt auswählt, anschließend führt die
Community eine Bewertung durch. Die Community-Mitglieder geben eine Bewertung
von null bis fünf Sternen ab und verfassen auch Kommentare. Utopia hat viele spezielle
Nachhaltigkeits-Communitys wie Permakultur, Mobilität, Finanzen, DIV oder Kosmetik
installiert.

Wie ordnet sich das Community-Management in die **Green-Marketing-Architektur** ein, die in Abb. 6.1 skizziert ist? Die Werte des Unternehmens und seiner Marke
stellen die Grundlage aller weiteren Entwicklungen dar. Zentral ist es, dass die Marke
authentisch als „human", also als beseelt in dem Sinn, wie es Kotler (siehe Abschn. 1.3)
beschrieben hat, erlebt wird. Über Transparenz baut das Green Markting Vertrauen
auf. Und auf dieser Basis kann das Community-Management über ein Engagement
der Community zum gemeinsamen Handeln kommen, um dadurch eine Wir-Kultur zu
etablieren.

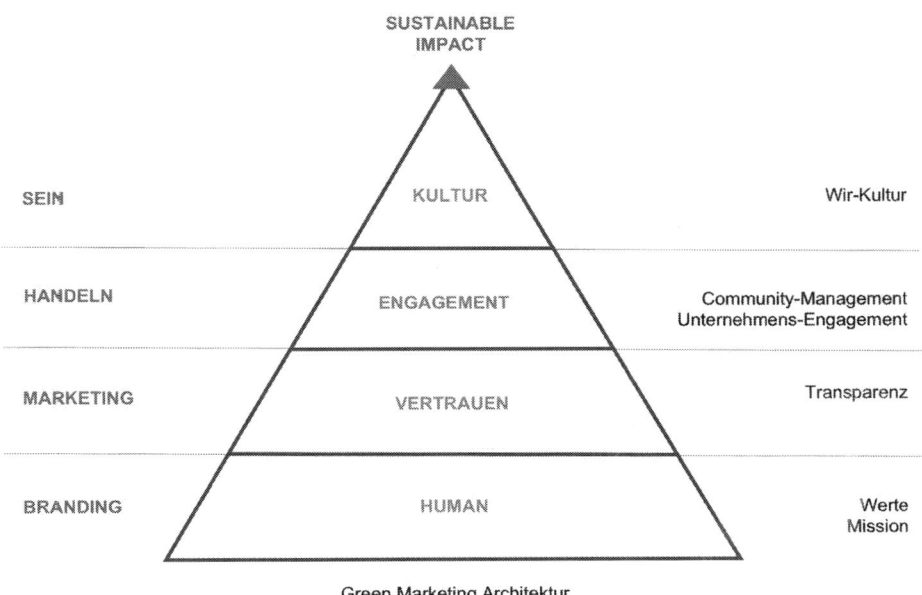

Abb. 6.1 Green-Marketing-Architektur

Tab. 6.1 Beispiele zur Kreation einer Nachhaltigkeitsmission

	Verb	Ziel	Messbares Ergebnis
Living goods	save	African kids	Lifes
One acre	gets	African families	out of extreme poverty
Fairphone	care	for people and planet	-
Soulbottles	sorgt dafür,	dass unsere Welt	sauber bleibt
EinDollarBrille	Dank ihr können	Menschen	zum ersten Mal in ihrem Leben richtig sehen
Ecosia	Du surfst	im Web,	wir pflanzen Bäume
At beyond meat,	we believe	there is a better way	to feed the planet

Positionierung grüner Unternehmen

Der umfangreiche Bestand an exzellenter Literatur zu diesem Thema ist Zeugnis dafür, dass die Positionierung eines Unternehmens der Leitstern des gesamten Unternehmens sein sollte. Dabei kann man sich an folgende einfache Regel halten:

▶   Beschreiben Sie die Mission Ihres grünen Unternehmens dadurch, was wirk-
      lich die Essenz ist. Und zwar in nur einem Satz! Dabei sollte man folgende
      Grundregel beachten: Verb + Ziel + messbares Ergebnis.

Die Beispiele in Tab. 6.1 zeigen hierzu die praktischen Umsetzungen dieser Grund-
regel. Über die Formulierung der Mission ist es dann möglich, es an möglichst vielen Touchpoints zu kommunizieren und auch für alle Stakeholder erlebbar zu machen, um als authentisch nachhaltiges Unternehmen wahrgenommen zu werden.

Literatur

Belz F-M (2001) Integratives Öko-Marketing: erfolgreiche Vermarktung ökologischer Produkte und Leistungen. Springer, Wiesbaden

Bech-Larsen T, Grunert K (2001) Konsumentenentscheidungen bei Vertrauenseigenschaften: Eine Untersuchung am Beispiel des Kaufes von ökologischen Lebensmitteln in Deutschland und Dänemark. Marketing ZFP 23(3):188–197

Braungart M, McDonough W (2014) Cradle to Cradle. Einfach intelligent produzieren. Piper, München

Bundesministeriums für Ernährung und Landwirtschaft (2019b) Ökobarometer 2018. Umfrage zum Konsum von Biolebensmitteln, Berlin. https://www.oekolandbau.de/fileadmin/redaktion/dokumente/service/Zahlen/Oekobarometer2018.pdf. Zugegriffen: 1. Okt. 2019

Denning S (2018) The age of agile: how smart companies are transforming the way work gets done. McGrow-Hill, New York

Goffman E (1980) Rahmen-Analyse: ein Versuch über die Organisation von Alltagserfahrungen. Suhrkamp, Berlin

Lotse M (o. J.) Community Marketing. Was ist das und was bringt es? Whitepaper 1 von 3. https://cdn2.hubspot.net/hubfs/1652164/Whitepaper%20+%20eBooks/WP_CommunityMarketing-1-3_2015-0623.pdf. Zugegriffen: 24. Febr. 2020

Open (2019) Kauf die Jacke nicht! Du hast schon eine. https://blog.prodir.com/de/2017/11/kauf-die-jacke-nicht-du-hast-doch-schon-eine/. Zugegriffen: 6. Jan. 2020

Scheller T (2017) Auf dem Weg zur agilen Organisation. Wie Sie Ihr Unternehmen dynamischer, flexibler und leistungsfähiger gestalten. Vahlen, München

Trend Watch (2013) Demanding brands. Screw the customer ist always right: these demanding brands are taking the (painflul) lead again. Trend briefing. https://trendwatching.com/trends/pdf/2013-09%20DEMANDING%20BRANDS.pdf Zugegriffen: 7. Jan. 2020

Teil III
Transformation grüner Märkte

Akteure der grünen Transformation

Zusammenfassung

Unsere heutigen Märkte befinden sich in einer massiven Transformation in Richtung Nachhaltigkeit und bringen viele Branchen auf das nächste Level. Der Rahmen für diese Transformation wird vom Staat gestaltet, aber sie resultiert aus einem Zusammenspiel der Green Davids, die in den Ökonischen Nachhaltigkeitsinnovationen etablieren und häufig auch mit neuen Geschäftsmodellen zum Erfolg führen. Diese Erfolge werden wiederum von den großen Goliaths der Wirtschaft beobachtet und motivieren sie zu einer Transformation ihrer Unternehmen in Richtung Nachhaltigkeit. Diese Greening Goliaths greifen also die Nachhaltigkeitsinnovationen der Green Davids auf, adaptieren sie für den Massenmarkt und machen damit Nachhaltigkeit für die Durchschnittskonsumenten zugänglich. Durch diese Breitenwirksamkeit kann letztendlich eine klimaverträgliche Gesellschaft realisiert werden.

7.1 Unternehmen als Akteure der Transformation

Die Transformation in Richtung Nachhaltigkeit wird unternehmensseitig von zwei unterschiedlichen Typen gestaltet, nämlich von den Green Davids und von den Greening Goliaths. Dieses Buch fußt auf der Unterscheidung dieser beiden Typen. Denn es wird sich zeigen, dass beide im Wechselspiel miteinander die grüne Transformation wesentlich gestalten. Kai Hockerts und Rolf Wüstenhagen haben 2010 erstmals die Rolle beider Typen beschrieben und aufgezeigt, dass beide für eine substanzielle Transformation eine essenzielle Rolle im Wandel einnehmen, weil sie aufgrund ihrer Charakteristika ganz unterschiedlich agieren. Auf deren ersten Überlegungen fußt dieses Kapitel und

© Springer Fachmedien Wiesbaden GmbH, ein Teil von Springer Nature 2021
A. Grimm und A. Malschinger, *Green Marketing 4.0*,
https://doi.org/10.1007/978-3-658-03698-0_7

Tab. 7.1 Weitere Charakteristika von Green Davids und Greening Goliaths

Weitere Kriterien	Green Davids	Greening Goliaths
Akteur im Markt	Innovatoren & Pioniere	Marktführer oder etablierter Marktteilnehmer
Agilität	Hoch	Gering
Märkte	Ökologische & regionale Nischenmärkte	Nationale & globale Massenmärkte
Marktanteil	Geringer Marktanteil	Großer Marktanteil
Funktion im Markt	Vertrauens- und Qualitätsführer	Preisführer
Marketingorientierung	Langfristig orientiertes Vertrauensmarketing	Kurzfristig orientiertes Verkaufen
Nachhaltigkeit	Soziale und/oder ökologische Zielsetzungen sind zentraler Teil des Unternehmenszwecks. Tiefe und breite Durchwirkung aller Unternehmensbereiche	Nachhaltige Ziele haben eine untergeordnete Relevanz und ergänzen die Mission Fokussierte Nachhaltigkeit auf einzelne Kampagnen
Nachhaltigkeitsstrategie	Forcierungsstrategie	Optimierungsstrategie
Nachhaltigkeitsperspektive	Langfriste Ausrichtung	Kurzfristige Ausrichtung
Produkte/Leistungen	Alle Produkte sind nachhaltig	Einzelne Produkte oder Marken sind nachhaltig
Zielgruppen	Homogene nachhaltigkeitsorientierte Zielgruppen & Prosumer	Inhomogene Käufergruppen der konventionellen Massenmärkte
Wirtschaftliche Funktion	Ökonomische Zielsetzungen sind gleich relevant wie die Nachhaltigkeitsziele	Ökonomisches Zielsetzen dominiert
Funktion in der Transformation	Treiber der Transformation	Massenverstärker der Transformation

hat die Entwicklungen der letzten Dekade integriert und diese aus der Perspektive des Marketing und der Transformation weiterentwickelt.

Sie charakterisieren beiden Typen folgendermaßen (2010, S. 483):

- **Davids** – jung, klein; soziale und ökologische Zielsetzungen sind zumindest gleich relevant
- **Goliaths** – alt, groß; ökonomische Zielsetzungen dominieren, soziale/ökologische Zielsetzungen ergänzen diese

Die beiden Autoren differenzieren Davids und Goliaths also anhand der Kriterien Alter, Größe und deren objektiven Funktionen in Bezug auf Nachhaltigkeit. Ein detaillierter und aktueller Überblick der Merkmale ist in Tab. 7.1 dargestellt.

Green Davids sind vor allem junge Ökopioniere, die sich mit ihren ökologischen Innovationen zunächst erfolgreich in einem Nischenmarkt etablieren. Diese Nischen-märkte sind tendenziell regional begrenzt, weil die Pioniere in ihrer Phase der Etablierung noch geringe Produktionseinheiten realisieren können. Diese Limitierung verursacht auch, dass die nachhaltigen Produkte anfangs noch teuer sind und noch keine hohe Käufer-Reichweite aufweisen. Daher haben die Produkte oder Lösungen der Green Davids nur einen geringen Marktanteil. Da sie konstant neue Innovationen am Markt etablieren, fungieren sie hier als Innovationstreiber. Und sie realisieren dadurch eine Forcierungsstrategie und sind am Wandel ausgerichtet. Dadurch weisen Green Davids häufig eine agile Unternehmenskultur auf.

Neben diesen funktionalen Aspekten ist für die grüne Transformation aber auch bedeutend, dass sich die Green Davids als Unternehmen konsequent und umfassend an Nachhaltigkeitsprinzipien entwickelt haben. Denn aus ihrer intrinsischen Motivation heraus ist bei Green Davids ihre Nachhaltigkeit tief in allen Bereichen des Unter-nehmens verankert und sie verfolgen langfriste Zielsetzungen. Aber dennoch sind sie natürlich der Problematik ausgesetzt, sodass sie langfristige Nachhaltigkeitsziele mit einem kurzfristen ökonomischen Agieren miteinander in Einklang bringen müssen. In ihren Ökonischen kennen sie ihre homogene Käufergruppe sehr gut und müssen daher kaum Anstrengungen tätigen, um diese durch aufwendige Konsumentenforschungen kennenlernen zu können. Diese Nähe von Green Davids zu den grünen Zielgruppen in Kombination mit ihrer Expertise in der nachhaltigen Produktion und Innovation haben sie sich als Vertrauens- und Qualitätsführer erarbeitet.

Im Gegensatz dazu sind **Greening Goliaths** etablierte, konventionelle Unternehmen, die auf Massenmärkten eine führende Rolle spielen, weil sie über einen großen Markt-anteil verfügen. Sie beobachten die Green Davids und die Ökonischenmärkte meist sehr sorgfältig. Sie realisieren ihre Nachhaltigkeit über gut abgrenzbare Kampagnen und beschränken dies auf ausgewählte Produkte. Hier greifen sie die erfolgreichen Produkte der Green Davids aus den Ökonischen auf und überführen sie in eine Massenproduktion zu günstigen Preisen. Oder sie bieten bei einigen Produkten nachhaltige Alternativen in ihrem etablierten Retail-Umfeld an. In ihren Massenmärkten erreichen die Greening Goliaths Käufergruppen, die bisher noch wenig Zugang zu nachhaltigen Produkten hatten und machen ihnen Nachhaltigkeit in ihren alltäglichen Einkäufen zugänglich. Dadurch fungieren sie als **Massenverstärker** der Transformation zu einer grünen Öko-nomie und Gesellschaft. Ihre Nachhaltigkeitsstrategie verfolgt eine Optimierung der Produkte auf einem Qualitätsniveau, das ihnen eine anerkannte Ökozertifizierung ermög-licht. Ein wesentlicher Unterschied zu den Green Davids liegt aber in der Unternehmens-kultur: Die Greening Goliaths verfolgen primär wirtschaftliche Zielsetzungen von Profit und Wachstum. Nachhaltige Produkte sind dabei eine kurzfristige Chance, diese Ziele erreichen zu können. In der letzten Dekade haben aber auch zahlreiche Goliath-Unter-nehmen beschlossen, nachhaltige Managementsysteme für ihre Nachhaltigkeitsaktivi-täten einzuführen und bilden dies in CSR-Reports ab. Green Davids wie auch Greening Goliaths verhalten sich aber gleich darin, dass sie immer einen Prozess des Suchens nach

Chancen und der Evaluierung von Optionen durchlaufen. Aber die Ungleichheit der beiden Akteure eröffnet nachhaltigen Lösungen unterschiedliche Optionen am Markt.

Was sind nun die aktuellen Strategien, um zu nachhaltigeren Produkten und Lösungen zu gelangen? Derzeit ist Deutschland von Rohstoffimporten abhängig und will daher in Zukunft die heimische Rohstoffförderung stärken und die Kreislaufwirtschaft weiter ausbauen (BDI 2017, S. 19). Hierfür müssen globale Netzwerke aufgebaut werden, um leistungsfähige Recyclingkreisläufe realisieren zu können: „Es muss sichergestellt sein, dass die Altbatterien aus Elektrofahrzeugen vollständig erfasst und in qualitativ hochwertigen Prozessen recycelt werden" (BDI 2017, S. 20). Die globale Lösung wird offensichtlich deshalb betont, weil der BDI einen Protektionismus durch die nationale Politik anspricht, die aktuell den fairen Wettbewerb auf den Rohstoffmärkten einschränkt (BDI 2017, S. 20). Gefordert wird ein fairer und diskriminierungsfreier Zugang zu Rohstoffen. Dieser Forderung der deutschen (Goliath-)Unternehmen steht aber der Realität gegenüber, dass Deutschland sich weiterhin seines E-Mülls (rund 35 % wird recycelt) im Ausland entledigt. Der Großteil landete in der chinesischen Stadt Guiyu, bis China ein Importverbot für 24 Arten von E-Waste verhängt hatte. Erst das brachte das E-Waste-System global betrachtet in Bewegung.

Zu dem Ausmaß von E-Waste einige Fakten:

- 2008 wurden allein in Deutschland 155.000 t an gebrauchten Elektro- und Elektronikgeräte (Umweltbundesamt 2010, S. 2) nach Afrika oder Asien „exportiert".
- Davon waren allein rund 50.000 t Monitore (Umweltbundesamt 2010, S. 2).
- Weltweit wurde 2018 schon 50 Mio. Tonnen E-Waste beziffert: Report 2019 „A New Circular Vision for Electronics" (PACE 2019).
- Bis 2050 wird eine globale Menge an 120 Mio. Tonnen an E-Waste prognostiziert (PACE 2019).

Zur aktuellen Lage der Akteure: Sowohl Unternehmen als auch das Umweltbundesamt haben die Notwendigkeit aufgezeigt, dass die Sammelstrukturen verändert werden müssen und nationale Verantwortung übernommen werden muss (BDI 2010, S. 6). Dort wurde eine zyklische Inlandsproduktion als zentraler Pfeiler der Strategie ausgearbeitet, um eine Transformation zu einer Rohstoffwirtschaft 4.0 bewirken zu können. Ein kurzer Blick auf die Zahlen zeigt aber, dass das Handeln gerade in diesem Bereich einen „blinden Fleck" aufweist. Beide, Green Davids als auch Greening Goliaths, finden sich als Akteure auf der Seite der Produzenten, die aktuell noch mit wenigen Ausnahmen smarte elektronische Geräte herstellen und der Staat für die Realisierung des zirkularen Produktionskreislaufes verantwortlich ist.

Das ist in dieser Industrie zwar ein betrübliches Fazit, aber auch hier tauchen die ersten Green Davids auf und nutzen dies als Chance, um hier mit einer Verbesserung ein Geschäftsfeld für sich zu finden, in dem sie einerseits profitabel sind, um die

Innovation als auch die Nachhaltigkeitsziele realisieren zu können. Das holländische Start-up **Fairphone** ist beispielsweise am Handysektor noch immer auf weiter Flur der erste Handyhersteller, der sich über ein reparaturfähiges Design, mit einem leichten Austauschen von Einzelkomponenten, einer fairen Beschaffung von konfliktfreien Rohstoffen und der Rückgabe nicht mehr gebrauchter Geräte dem Ziel eines zyklischen Geschäftsmodells und einer zyklischen Produktion annähert. Fairphone ist zudem das erste Smartphone-Unternehmen, das Fair-Trade-Gold in seiner Lieferkette integriert hat (fairphone.com).

Den Käufern von Fairphones wird auch angeboten, dass sie mit dem alten Handy am Recycling-Programm teilnehmen können. Beim Kauf eines neuen Fairphones erhält man 75 € für ein Fairphone der älteren Generation und 20 € für jedes andere Handy gutgeschrieben. Fairphone arbeitet wiederum mit dem Partner „Closing the Loop" und „Recell" aus Ghana zusammen, um Elektroschrott von Afrika nach Europa zu bringen und somit die Produktionskreisläufe schließen zu können. Auch das Start-up **Closing the Loop** (closingtheloop.eu) ist als Green David ein Treiber der Transformation in der Elektronikindustrie, indem es eine Lücke erkannt hat und dies für sich als Chance identifiziert hat. Das Unternehmen hat sich in Kooperation mit einigen holländischen Provinzen oder mit Greening Goliaths wie KPMG zusammengeschlossen, um eine Lösung für den nicht geschlossenen Kreislauf von Handys zu generieren. Wie funktioniert das? Sie bieten ihren Partnern die Möglichkeit, mit ihren Mobiltelefonen einen Beitrag zu den Nachhaltigkeitszielen des Unternehmens beizutragen. Closing the Loop arbeitet dabei wiederum mit Partnern in Afrika zusammen. Mit einer Gebühr von wenigen Euros pro Handy nimmt der afrikanische Partner ein „End-of-Life-Gerät" in Afrika entgegen und verhindert, dass es auf dem Müll oder illegal entsorgt wird. Die gesammelten kaputten Handys werden dann zu einem zertifizierten Betrieb transportiert und unter sicheren und nachhaltigen Bedingungen in wieder verwertbare Materialien zerlegt. Closing the Loop hat also letztlich einen Service entwickelt, dass es gerade Greening Goliaths anbietet, ihre CSR-Aktivitäten zu verbessern und transparent darstellen zu können.

Green Davids können ihre Chance wahrnehmen, indem sie Greening Goliaths bei ihren nachhaltigen Bestrebungen unterstützen. Denn gerade die mobilen Endgeräte sind die Ikonen der Digitalisierung und waren zugleich die Ikonen der Wegwerfgesellschaft. Handys bieten den Menschen heute den Zugang zur Digitalisierung und spielen daher auch eine wichtige Rolle auch in der grünen Transformation, indem sie die grünen Communitys bilden und Zugang zu der grünen Netzwerkökonomie sind. Daher ist es doch ironisch, dass die Ikone des Fortschritts unserer Zeit als Elektroschrott auf dem Müll landet. Aber tatsächlich steht die Entwicklung gerade in diesem Bereich noch am Anfang, denn von den zwei Millionen produzierten Handys wird nur ein geringer Anteil überhaupt recycelt. Auf dem Pfad der Transformation befindet sich die Elektroindustrie also erst in Phase 1 (s. Abschn. 7.2).

7.2   Ungleichheit der Akteure evoziert Transformation

Die Ungleichheit beider Akteure führt zu einer typischen Entwicklung, wie sie **Joseph Schumpeter** 1942 in seinem Hauptwerk *Kapitalismus, Sozialismus und Demokratie* beschreibt. Hier wird erstmals aus ökonomischer Sicht erklärt, wie Märkte sich weiterentwickeln und auch verändern, also wie sie sich transformieren. Im Wesentlichen argumentiert Schumpeter, dass im kapitalistischen System die eigene Struktur sich von innen selbst zerstört und gleichzeitig erneuert und sich somit konstant weiterentwickelt. Deshalb hat er den Begriff einer „schöpferischen Zerstörung" geprägt.

Auf der Basis von Schumpeters entwickelte sich Ende des 20. Jahrhunderts das Forschungsgebiet der **Evolutionsökonomik**. Auf unser Thema angewandt: Die Green Davids bringen Ökoinnovationen auf Nischenmärkte, die Greening Goliaths greifen diese auf und passen sie an die Bedürfnisse des Massenmarktes an. Die ursprünglichen Ökoinnovationen durchlaufen dadurch einen Prozess vom Nischenmarkt zum Massenmarkt. Diese Dynamik hat der Wissenschaftliche Beirat der Bundesregierung für Globale Umweltveränderungen (WBGU 2011, S. 3) in Zusammenhang mit den Akteuren beschrieben und präzisiert. Demnach gestaltet der Staat die Rahmenbedingungen und fördert gezielt Ökoinnovation, die dann von den Nischenakteuren entwickelt und am Markt eingeführt werden.

- **Phase 1** – Nischenakteure
- **Phase 2** – Agenda-Setter
- **Phase 3** – Meinungsführer
- **Phase 4** – Mainstream
- **Phase 5** – Routinierung, Staat

Die neuen Ökoprodukte oder Dienstleistungen diffundieren nach und nach in den Markt. Diese Ökoinnovationen werden dann von Agenda-Settern aufgenommen. Sie zeichnen sich durch ihre Kompetenz aus, dass sie die Relevanz von Innovationen beurteilen können und dann in den medialen Diskurs einbringen. Die Medien greifen meist von diesen Agenda-Settern die neuen Themen auf und bringen sie in den breiteren medialen Diskurs zu ihren Rezipienten. In dieser Phase erhält die Innovation also auch außerhalb der Ökonische Aufmerksamkeit. Wenn sich die Thematik dann verstärkt, weil sie von vielen Menschen als relevant erachtet wird, dann greifen die Meinungsführer diese Ökoinnovation auf und beurteilen die Tauglichkeit dieser Innovation für den Mainstream.

7.3   Der Staat als Gestalter des Rahmens

Der wissenschaftliche Beirat der Bundesregierung für Globale Umweltveränderungen (WBGU) hat den gestaltenden Staat ebenfalls als wesentlichen Akteur definiert, um eine grüne Transformation zu einer klimaverträglichen Gesellschaft realisieren zu können. 2011 konstatierte der WBGU, dass die Technologie reif sei, die Finanzierungen möglich, die politischen Instrumente bekannt sind und in der Gesellschaft eine positive Werthaltung gegenüber der Nachhaltigkeit bestünde (WBGU 2011, S. 2). Der WBGU geht zudem von einer weltweiten „großen Transformation" in Richtung Nachhaltigkeit aus.

Auch Ban Ki-moon und Al Gore haben sich gemeinsam in der „Financial Times" (2009) mit der globalen Transformation befasst und beschrieben, wie eine grüne, globale Ökonomie stimuliert werden könne: „In short, we need to make ‚growing green' our mantra" (Ki-moon, Gore 2009). Sie beschreiben mit ihrer Forderung nach Wachstum eine Transformation der Wirtschaft in Richtung mehr Nachhaltigkeit. In ihren Überlegungen steht die Annahme, dass das Überzeugen in der Nachbarschaft und im Freundeskreis zu wenig Wirkung zeige und es an der Zeit sei, dass eine Wirtschaftspolitik zur Wirkung kommen müsse, die große und globale Entwicklungen ermögliche. Ki-moon und Gore haben vor gut einem Jahrzehnt die typische Auffassung dieser Zeit vertreten, dass es vor allem finanzieller Stimuli bedarf, um ein umfassendes grünes Wachstum zu forcieren und die Weltwirtschaft in das 21. Jahrhundert zu katapultieren.

Die Rolle des Staates wird im Zusammenhang mit der Nachhaltigkeitstransformation inzwischen umfangreich diskutiert, weil auch diese selbst im Wandel ist. Der Staat nimmt als Moderator eine Wissensrolle ein. Er ist in einer sich schneller wandelnden Welt der Träger des Systemwissens, des Orientierungswissens sowie des Transformationswissens. Auf Basis dieses Wissens kann der Staat dann seine gestaltenden Aufgaben, wie die WBGU es definiert hat, realisieren und Hebel für eine nachhaltige Transformation erarbeiten, um die Produktion, die Märkte sowie die Ausrichtung der öffentlichen Finanzen zu gestalten. Hierbei wird aber häufig übersehen, dass der Staat auch auf seine Gesellschaft auch mittels Transformationsnarrative einwirkt. Dieses Narrativ demonstriert und kommuniziert der Gesellschaft den angestrebten nachhaltigen Zustand wie derzeit die „lebenswerte Zukunft für unsere nächsten Generationen". An diesem Narrativ richten sich dann die anderen Akteure im System aus und überführen dies in ihr Umfeld. Also kreiert oder konfiguriert der Staat auch die gesellschaftlichen Werte durch seine Transformationsnarrative und institutionalisiert diese letztlich.

Zudem baut der moderne Staat in seiner Moderatorenfunktion in Netzwerken Allianzen zwischen transformationswilligen Akteuren auf. Er ist also in Netzwerke eingebunden und bringt hier die staatlichen sowie unterschiedliche gesellschaftliche Akteure und vor allem auch die wirtschaftlichen Player zusammen, um gemeinsam ein kollektives Handeln zusammen zu gestalten und zu koordinieren. Und insofern zeigt sich, dass der Staat in der globalen Kooperation vieler Staaten eine andere Position einnimmt als innerhalb seines eigenen Staates. Daher muss man in der Transformationsdebatte den Staat als einen Akteur begreifen, der unterschiedliche Rollen wahrnehmen muss.

Transformation am Beispiel von Bio

In der Praxis kann dieser Prozess gut an der Entwicklung der **Bioprodukte** nachvollzogen werden, da sie diesen Prozess bereits zur Gänze durchlaufen sind:

- **Phase 1:** Nach der Experimentierphase in der Vorkriegszeit des Zweiten Weltkrieges haben sich ab den 1950er-Jahre langsam wenige biologische Lebensmittel in kleinen und meist improvisierten Läden am Markt etabliert und wurden von einem kleinen Käuferkreis gekauft.
- **Phase 2:** Mit den Umwälzungen der Hippiebewegung und der 1968er-Generation wurden die führenden Akteure dieser gesellschaftlichen Bewegung zu Agenda-Settern, weil sie sich aufgrund ihrer Einstellungen auch für alternative Lebensmittel interessiert haben.
- **Phase 3:** Es wurde zahlreiche NGOs wie Greenpeace, die Partei der Grünen und andere Institutionen gegründet, die sich als Interessenvertreter zu Meinungsführern entwickelt haben. Sie haben die Agenden in den Medien aufgetaucht und haben Umweltthemen in die Medien gebracht. In dieser Phase haben die Ökoakteure in Kollaboration für alle Akteure der Branche verbindliche Richtlinien und Zertifizierungssysteme erarbeitet. Mit der Etablierung von unabhängigen Zertifizierungsverbänden und weiteren Interessenvertretungen ist es letztlich gelungen, Themen- und Qualitätsführer im Lebensmittelbereich zu werden.
- **Phase 4:** Mit Beginn der 1990er-Jahre konnte auf dieser Basis dann der Mainstreammarkt über Bioeigenmarken von Rewe aufgebaut werden. Zugleich wurden auch internationale Zertifizierungen und Kooperationen aufgebaut und Bio hat sich mit zunehmender Marktrelevanz von einem regionalen zu einem globalen System entwickelt.
- **Phase 5:** Heute sind Biolebensmittel ein Routinesortiment in allen wesentlichen Lebensmittelhändlern geworden.

Nachdem Bioprodukte im Massenmarkt überall verfügbar waren, fingen neue Nischenpioniere an, wieder neue Themen und weitere Innovationen zu etablieren. Aktuell finden sich zahlreiche neue Lösungen, die auf digitalen Technologien beruhen, auf dem Weg von der Nische in die Massenmärkte.

7.4 Die Konsumenten als Akteure in der grünen Transformation

Meistens spielen die Konsumenten in der Volkswirtschaft, in der Betriebswirtschaft und im Marketing eine wichtige Rolle. Aber tatsächlich sie sind ebenfalls wichtige Akteure in der grünen Transformation. Denn auch sie tragen eine gesellschaftliche Verantwortung und nehmen mit ihrem Handeln Einfluss auf den nachhaltigen Wandel. Heidbrink et al. (2011, S. 7) zeichnen sogar das Bild, dass die Rolle der Konsumenten völlig unterschätzt sei und sie nicht weiter als „Marionetten" betrachtet werden sollten, die an den Fäden der globalen Wirtschaft hängen. Sie sind vielmehr als eigenständige Akteure zu betrachten, die einen wesentlichen Einfluss in dem Netzwerk aller Akteure haben und dies auch zunehmend mehr wahrnehmen. Das war aber nicht immer so. Denn auch die Konsumenten haben gerade in den letzten Jahren einen Wandel in der Wahrnehmung ihrer Rolle als relevante Akteure vollzogen. Waren sie früher noch passive Abnehmer oder Verbraucher von Produkten, so haben sie gerade in der letzten Dekade ein veritables Maß an Partizipation an gesellschaftlich verantwortlichen Formen des Konsums entwickelt.

Für die nachhaltigkeitsorientierten Konsumenten ist die Wirksamkeit ihrer Rolle als relevante Akteure sicherlich in einem höheren Maß ausgeprägt, als es bei durchschnittlichen Konsumenten der Massenmärkte der Fall ist. Ablesbar ist dies unter anderem daran, dass die nachhaltigen Konsumenten 4.0 gezielt die digitalen Möglichkeiten von Facebook, Twitter und anderen sozialen Medien sowie von Internetforen, Blogs oder anderen Community-Medien nutzen. Hier organisieren sie sich über ihre geteilten Interessen zu einer sozialen Kooperation, um ihre Ziele und Interessen zu artikulieren und auch gegenüber anderen Akteuren zu vertreten. Beispielsweise fungiert **Utopia** als eine relevante Nachhaltigkeitsplattform im deutschsprachigen Raum, wo einer sehr großen Nachhaltigkeits-Community (allein bei Facebook 270.000 Abonnenten) von der Redaktion Empfehlungen für ein nachhaltiges Handeln und Kaufen kommuniziert werden. Hier wird der Community auch für ihre Interessen bezahlte Werbung angezeigt, auf selektierte nachhaltige (Online-)shops verlinkt und es werden nachhaltige Marken in Bestenlisten beurteilt und präsentiert. Überraschenderweise verdient die Community-Plattform auch Geld mit Native Marketing, also mit bezahlten und gekennzeichneten Anzeigen, die unterhalb des Content Feeds der Plattform wie gestalteter Content wirken.

Ein weiteres Beispiel sind sogenannte **Carrotmobs** (carrotmob.org), bei denen sich nachhaltige Konsumenten über diese Form des Smart Mobs organisieren, um mit ihrem Einkaufsverhalten ein nachhaltiges Ziel zu erreichen. Diese Form von kollektivem Handeln gibt es seit 2008 weltweit, scheint sich aber wieder abgeflacht zu haben. Die Funktionsweise ist folgendermaßen: Mit einem einzelnen Ladenbesitzer wird vorab die Aktion besprochen und vereinbart. Die Community kann dann in einem vereinbarten Zeitraum dort einkaufen, und der Ladenbesitzer investiert einen festgesetzten Teil des Umsatzes zum Beispiel in eine klimagerechte Sanierung seines Ladens. Die Bezeichnung des Carrotmobs ist eine Form des **Buycotts,** also eine positive Form des Konsums, mit der ein gewünschtes Ziel oder ein gewünschtes Verhalten verfolgt wird. Daher leitet sich der Begriff Carrotmob davon ab, dass man einen Esel mit einer Karotte motivieren könne.

Die **App** namens **Buycott** (buycott.com) unterstützt Konsumenten bei einem nachhaltigen Einkauf. Das funktioniert so, dass die Konsumenten im Shop den Barcode eines Produkts scannen und die App zeigt, welche Produkte zu ihren Zielsetzungen passen und welche nicht. Beispielsweise kann man hier einstellen, Produkte von Trump oder Produkte, die an Tieren getestet wurden, oder auch unfaire Bezahlung zu vermeiden. Man kann aber auch einstellen, alle Produkte zu meiden, die mit Monsanto in Verbindung stehen. Dadurch wird jeglicher Konsum zu einem aktiven Handeln, das ein nachhaltiges Ziel sogar bis auf die Ebene eines einzelnen Menschen realisiert.

Diese Beispiele machen deutlich, dass Konsumenten 4.0 heute ihre Akteursrolle durch ihr Kaufverhalten wahrnehmen und dies sogar dank digitaler Tools und zahlreicher Communitys sehr individuell steuern können. Daher wird der Konsument 4.0 in Zukunft eine noch höhere Relevanz als Akteur in der nachhaltigen Transformation des marktwirtschaftlichen Systems spielen. Und dies wird voraussichtlich noch weit über das Bekunden von Einstellungen hinausgehen. Zu vermuten ist jedenfalls, dass die Konsumenten 4.0 noch tiefer in den gesamten Prozess der Wertschöpfungsprozesse eingreifen und hier auch aktiv ihre Rolle zur Gestaltung von Marktbeziehungen verwenden werden. Die Entwicklung der Akteursrolle des Konsumenten wird damit in Richtung einer Zunahme an Souveränität gehen und es werden in Zukunft mehr Menschen ihre Rolle der Unselbständigkeit verlassen.

In diesem Zusammenhang soll hier auch kurz darauf verwiesen werden, dass der Konsument in der Diskussion um Corporate Social Responsibility (CSR) keine wirklich relevante Rolle spielt, da es sich hierbei um ein strategisches Ziel bzw. Verhalten von Unternehmen handelt. Dennoch werden die Konsumenten im System CSR als soziale Gruppe gesehen, so, wie es das klassische Marketing des Typus 1.0 noch tut.

Aus der Perspektive der **Konsumentenethik** wird gerade das Prinzip der Verantwortung einem intensiven Diskurs unterzogen, den Heidebrink und Schmidt (2011, S. 25–56) vertiefend darstellen und kritisch beleuchten. Hier wird darauf verwiesen, dass mit dem Zuwachs an Souveränität und als aktiver Mitgestalter marktwirtschaftlicher Prozesse die Konsumenten auch mehr Verantwortung übernehmen würden oder auch müssen. Heidebrink und Schmidt (2011, S. 34) stellen in ihrer Arbeit die Unterschiede von verantwortlichem Konsum zu nachhaltigem, moralischem und politischem Konsum vor.

- **Verantwortlicher Konsum:** Verfolgt das Ziel der Verringerung der (negativen) Auswirkungen des eigenen Konsumhandelns. Entscheidungskriterium ist die Beurteilung der Wirkungen des eigenen Handelns anhand gesellschaftlicher Leitvorstellungen.
- **Nachhaltiger Konsum:** Verfolgt das Ziel der Sicherung der Zukunftsfähigkeit von Menschheit und Planet. Die Handlungen werden an den ökologischen, sozialen und ökonomischen Dimensionen der Nachhaltigkeit ausgerichtet.
- **Moralischer Konsum:** Verfolgt das Ziel, im Einklang mit Prinzipien, Normen und Regeln zu konsumieren. Das Handeln wird an der Beurteilung ausgerichtet, ob es gemäß den gesellschaftlichen Normen „richtig" oder „falsch" ist.
- **Politischer Konsum:** Engagiert sich in einer um den Markt erweiterten globalen politischen Arena, Einflussnahme auf Konzerne und Staat auszuüben. Das

Engagement fokussiert darauf, wo Rechte verletzt werden und dem Allgemeinwohl geschadet wird.

Trotz Abgrenzungen ist aber bei jeder Form verantwortlichen Konsums wesentlich, dass jeder Mensch bei der Wahrnehmung seiner Verantwortung über einen hohen Grad an Informationen verfügen muss, um letztlich auch die kausalen Zusammenhänge zu verstehen und dann entsprechend das eigene Handeln lenken zu können. Denn letztlich müssen die Menschen immer aus einer Vielzahl von Konsumoptionen die „richtige" auswählen und die „falschen" vermeiden.

7.5   Shared Responsibility

Die Diskussionen um die Rolle und um die Verantwortung des Konsumenten münden in einen Ansatz, der sich „Shared Responsibility" nennt (Heidebrink und Schmidt 2011, S. 37). Demnach tragen alle Akteure gleichermaßen eine geteilte Verantwortung. Sie sehen aber die Rolle des Konsumenten gerade im nachhaltigen Transformationsprozess der Industriegesellschaft als zentral für das Gelingen an. Deshalb sollte der Kollaboration von Herstellern und Konsumenten höheres Augenmerk geschenkt werden. Denn erst im Zusammenspiel aller Akteure können die Effekte ihre Wirkung effizient entfalten.

Gerade im 4.0-Zeitalter gibt es unzählige Beispiele gelungener Kooperationen von Akteursgruppen, um gemeinsam geteilte Ziele erreichen zu können, weil ihnen digitale Tools neue und auch einfache handhabbare Handlungsspielräume eröffnen. Denn auch wenn Konsumenten über weniger Macht verfügen als Unternehmen, so ermöglichen ihnen digitale Tools eine kollektive Organisation ihrer Interessen, wodurch sie als Kollektiv Einfluss auf Unternehmen oder auch auf den Staat nehmen können.

Greta Thunberg & Fridays For Future

Die Jugend betritt als Akteur die Bühne der Transformation
Greta Thunberg ist eine Lichtgestalt der grünen Transformation. Sie ist binnen kürzester Zeit zur Symbolfigur der Jugend geworden, die eine hohe mediale Präsenz zustande bringt, Gehör bei den höchsten Politikern findet und mit ihrem Handeln, das auf den Prinzipien des zivilen Ungehorsams fußt, die Menschen inspiriert.
Greta Thunberg ist eine Jugendliche mit Autismus, die mit ihrem Handeln und mit ihren Worten die Protestbewegung „Fridays For Future" in Gang gesetzt hat. Eine Bewegung, die sich viral über den gesamten Globus verteilt hat und zig Millionen Menschen auf die Straßen brachte, um für eine nachhaltige Zukunft zu protestieren. Ein Nachhaltigkeitsphänomen, das die Welt zuvor noch nicht gesehen hat. Eine Jugendliche, die sich für ein konsequentes Handeln entsprechend den Erkenntnissen der Wissenschaft zur Klima- und Umweltproblematik einsetzt. Sie selbst ernährt sich

vegan, verzichtet auf Flugreisen und spart Energie, wo sie kann, und hat ihre gesamte Familie überzeugt und zum Handeln gebracht.

Greta Thunberg begann am 20. August 2018 ihren „Schulstreik für das Klima" ganz allein mit einem Schild vor dem schwedischen Parlamentsgebäude. Ab November 2018 fanden ihre Proteste Nachahmer in vielen Gemeinden von Schweden und schon bald gab es ähnliche Proteste in vielen Ländern weltweit. Im März 2019 wurde der erste global organisierte Streik „Earth Strike" für die Zukunft durchgeführt, weitere im Mai, im September und im November folgten. Weltweit nahmen daran Millionen Menschen teil.

Erst 2003 geboren, wurde Greta Thunberg bis 2019 bereits mit dem Alternativen Nobelpreis ausgezeichnet, hat Reden vor dem EU-Parlament gehalten, war Gast bei Ex-US-Präsident Obama und sie nahm im Januar 2019 am Weltwirtschaftsforum in Davos teil. Sie traf die EZB-Chefin Christine Lagarde, Jane Goodall, den Musiker Bono, den Papst und Bundeskanzlerin Merkel. Sie nahm am UN-Klimagipfel in New York teil und reiste konsequent mit dem Segelschiff in die USA. Greta Thunberg ist zum Auge eines Nachhaltigkeits-Hurricans geworden. Wenn sie über Twitter Fakten zum Klimawandel postet, dann wird ihre Botschaft von Millionen Menschen weltweit abgesaugt und setzt dort wieder etwas in Bewegung. All das passierte innerhalb nur eines Jahres und zeigt, dass hier kein langsamer Wandel mehr vonstatten geht, sondern die Transformation eine bisher unbekannte Geschwindigkeit entfalten kann. ◄

Greta Thunberg ist in dieser Bewegung die Personifikation der Jugend dieser Welt geworden und sie nimmt die Erwachsenen gnadenlos in die Verantwortung ihrer Verfehlungen. Der Vorwurf der Jugend ist auch generisch: Den Jugendlichen sei die Zukunft gestohlen worden. Darum ruft sie zum Handeln auf: „Also alle da draußen: Jetzt ist es an der Zeit für zivilen Ungehorsam, es ist Zeit zu rebellieren" (Thunberg 2019, S. 29).

Key Learnings für das Green Marketing

Die hohe Dynamik, die von einer Person ausgehen und binnen kürzester Zeit eine weltweite soziale Bewegung anschieben kann, wurde von den Mechanismen der digitalen und hochvernetzen Welt realisiert. Binnen einer kurzen Zeitspanne formieren sich kollektive Akteure, um für ihre Interessen einstehen zu können. Was war für die Durchsetzung relevant?

- Eine hohe Verbreitungsgeschwindigkeit
- Nach einem viralen Muster bilden sich zeitgleich viele lokale Communitys.
- Es bedarf einer zentralen Leitfigur mit einem kollektiven Verantwortungsbewusstsein.
- Eine konkrete Initialzündung (in diesem Fall hat der bewusste Verstoß gegen die Schulpflicht Aufmerksamkeit erzeugt)
- Das Kollektiv formiert sich um ein geteiltes Interesse.

- Die sozialen Medien übernehmen eine zentrale Kommunikations- und Organisationsfunktion.
- Der zivile Ungehorsam[1] als Form politischer Partizipation äußert sich auf Basis des moralischen Rechts in einem symbolischen Verstoß, der zur Beseitigung des Unrechts Einfluss auf die öffentliche Meinungsbildung nehmen will.

Literatur

Burmann C, Schallehn M (2010) Konzeptualisierung von Marken-Authentizität. Arbeitspapier Nr. 44. Universität Bremen, Bremen

Gilmore J, Pine J (2007) Authenticity What Consumers really want. Harad Business School Press, Boston

Heidebrink L, Schmidt I (2011) *Das Prinzip der Konsumentenverantwortung – Grundlagen, Bedingungen und Umsetzungen verantwortlichen Konsums. Die Verantwortung des Konsumenten. Über das Verhältnis von Markt, Moral und Konsum.* Campus, Frankfurt a. M., S 25–56

Heidbrink L, Schmidt I, Ahaus B (2011) Die Verantwortung des Konsumenten. Über das Verhältnis von Markt, Moral und Konsum. Campus , Frankfurt a. M.

Hockerts K, Wüstenhagen R (2010) Greening Goliaths versus emerging Davids – Therizing about the role of incumbents and new entrants in sustainable entrepreneurship. Journal of Business Venturing, No. 25:481–492

Ki-moon B, Gore A (2009) Green growth is essential to any stimulus. In: Financial Times, Feb. 16, 2009. https://www.ft.com/content/0fa98852-fc45-11dd-aed8-000077b07658. Zugegriffen: 10. März 2020

PACE (2019) A new circular vision for electronics. Time for a global reboot. World Economic Forum, Geneva. https://www3.weforum.org/docs/WEF_A_New_Circular_Vision_for_Electronics.pdf. Zugegriffen: 23. Mai 2019

Schumpeter J (2018) Kapitalismus, Sozialismus und Demokratie. Tübingen, UTB, Francke

Thunberg G (2019) Ich will, dass ihr in Panik geratet! Fischer, Frankfurt a. M.

Umweltbundesamt (2010) Export von Elektrogeräten. Fakten und Maßnahmen. Umweltbundesamt, Dessau-Roßlau. https://www.globaleslernen.de/sites/default/files/files/link-elements/4000.pdf. Zugegriffen: 3. Apr. 2019

WBGU (2011) Transformation zur Nachhaltigkeit, Factsheet Nr. 4/2011. Wissenschaftlicher Beirat der Bundesregierung – Globale Umweltveränderung. https://www.wbgu.de/fileadmin/user_upload/wbgu/publikationen/factsheets/fs4_2011/wbgu_fs4_2011.pdf. Zugegriffen: 4. Nov. 2019

---

[1]Henry David Thoreau hat in den USA den zivilen Ungehorsam erstmals angewandt und keine Steuer an den Staat Massachussetts mit der Begründung gezahlt, er wolle die Sklaverei und den Mexico-Krieg nicht mitfinanzieren. Hiernach verfasste er 1849 den Essay „Resistance to Civil Government", der später unter dem Titel „Civil Disobedience" bekannt wurde. Dieser Text avancierte zum zentralen Text für nachfolgende Helden des zivilen Ungehorsams wie Mahatma Gandhi und Martin Luther King. Thoreau wurde aber auch zur Leitfigur für Naturschützer und Ökologen, weil er sich wortgewaltig ebenfalls gegen materialistisches Profitdenken auflehnte.

Ökologische Entwicklungspfade

Zusammenfassung

Die „Große Transformation" war lange die ambitionierte Zielsetzung der grünen Akteure der letzten Dekaden. Mit dem beginnenden 21. Jahrhundert hat die Transformation auch die Nachhaltigkeit in allen Branchen erfasst und ist dabei, durch ihre disruptive Kraft massive Veränderungen zu realisieren. Einige davon zeichnen sich schon heute ab und formen neue Wertschöpfungsmodelle, eine dezentralisierte Netzwerkökonomie, Prosumage, Transparenz und neue Vertrauensmärkte. Für die Zukunft werden die Effekte der Entkoppelung von Ressourcenverbrauch und Wirtschaftswachstum oder der Technologie-Eco-Sprung die Wirtschaft in Richtung Nachhaltigkeit transformieren. Diese Zukunft wird sich schneller realisieren, als wir uns heute vorstellen können. Denn mit dieser Transformation verändern sich die Rahmenbedingungen, wie wir sie heute kennen. Das Green Marketing 4.0 wird in diesem Prozess vor gänzlich neue Herausforderungen gestellt, die weit über die heutigen Aufgabenstellungen hinausgehen.

8.1   Ökologischer Branchenlebenszyklus

Entsprechend der Navigation von **Zoom in** und **Zoom out** soll also nach der Beleuchtung der Zukunft (Zoom out) wieder der Fokus auf das Heute (Zoom in) gerichtet werden. Die Frage ist nun, welche konkreten Entwicklungspfade nachhaltigen Produkten auf dem Markt zur Verfügung stehen.

Bevor diese Entwicklungspfade skizziert werden, muss man berücksichtigen, wie Ökobranchen in Bezug auf ihren Reifegrad eine Entwicklung durchlaufen haben. Damit werden jene Entwicklungen beschrieben, die eine Branche evolutionär durchläuft. Hier wird im Grunde das Modell des Produktlebenszyklus als Basis herangezogen (Tab. 8.1).

© Springer Fachmedien Wiesbaden GmbH, ein Teil von Springer Nature 2021
A. Grimm und A. Malschinger, *Green Marketing 4.0*,
https://doi.org/10.1007/978-3-658-03698-0_8

Tab. 8.1 Produktlebenszyklus: Phasen des Produktlebens nach Reifegrad

Phase	Umsatz/Gewinn	Marketing
Einführungsphase Das Produkt wird am Markt bekannt gemacht	Die Produktentwicklung sowie die hohen Werbeausgaben haben viel Geld gekostet. Es wird kein Gewinn erzielt	Bekanntheit und Image aufbauen: Werbung, PR
Wachstumsphase Das Produkt etabliert sich im Handel und ist gut verfügbar	Es werden erste Gewinne erzielt.	Das Wachstum resultiert aus der intensiven Werbung. Preispolitik wird zunehmend wichtiger, weil man als Konkurrenz wahrgenommen wird
Reifephase Das Produkt hat einen hohen Marktanteil, aber das Wachstum geht zurück	Ist die profitabelste Phase, aber wegen der zunehmenden Konkurrenz sinken die Gewinne	Erhaltungsmarketing: Mit Produktvariationen wird die Marktposition abgesichert
Sättigungsphase Kein Marktwachstum mehr	Umsätze und Gewinne gehen zurück	Es müssen neue Kunden gewonnen werden
Degenerationsphase Das Produkt verliert Marktanteile	Ein negatives Wachstum und sinkende Gewinne	Mit einem Relaunch wird das Produkt modifiziert und neu positioniert. Es soll ein neuer Produktlebenszyklus aufgebaut werden

Damit wird beschrieben, welche Phasen ein Produkt oder eben eine Brache idealtypisch durchlaufen und welchen Gesetzmäßigkeiten diese Entwicklung unterliegt: hinsichtlich der Lebenszeit eines Produkts, seiner Markteinführung, seiner Marktetablierung, bis es wieder vom Markt genommen wird. Damit das Marketing strategische Entscheidungen fällen kann, muss man auch von jeder Phase den typischen Verlauf der Umsätze und Gewinne kennen.

Das Konzept des Branchenlebenszyklus baut grundsätzlich auf dem Konzept des Produktlebenszyklus auf. Es werden in dieser Analogie folgende Phasen unterschieden:

- **Junge Branche:** Die Marktgröße ist noch klein, weshalb die Rivalität der Mitbewerber gering ist. Die Produkte differenzieren sich noch deutlich voneinander. Innovationen sind in dieser Phase wesentlich.
- **Wachsende Branche:** Auch hier ist die Rivalität unter den Mitbewerbern noch gering, da noch jeder ein starkes Wachstum erzielen kann. Damit wächst auch die Branche insgesamt. Die Käufer sind noch mit Eintrittsbarrieren konfrontiert. Für das Marketing ist die Wachstumsfähigkeit ein wesentliches strategisches Ziel.
- **Marktbereinigung:** Die Rivalität unter den Marktakteuren nimmt zu und das Wachstum der Branche verlangsamt sich. Es etablieren sich Standardprodukte. Dennoch sind die Eintrittsbarrieren für die Käufer immer noch hoch. Da einige Mitbewerber wieder aus dem Markt gedrängt werden, ist im Marketing das Ziel, möglichst hohe Marktanteile zu haben. Dafür müssen die Kosten der Produkte beachtet werden, weil in dieser Phase durch den hohen Wettbewerbsdruck die Preise fallen.
- **Reife Branche:** Das Wachstum der Branche verlangsamt sich und die Käufer gewinnen an Stärke. Es haben sich die Standardprodukte und -marken in der Branche etabliert. Die Eintrittsbarrieren sind für die Kunden noch immer hoch. Das Marketing verfolgt das strategische Ziel, die erworbenen Marktanteile zu behalten. Die Kosten bleiben ein wichtiges Instrument im Marketingmix.
- **Schrumpfende Branche:** Im Markt herrscht feine extreme Rivalität und die Unternehmen sind erbitterte Konkurrenten. Da viele Unternehmen diese umkämpften Märkte verlassen, wird der Wettbewerb überwiegend über den Preis geführt.

Anhand der Biobranche soll nun hier ein Einblick in den Lebenszyklus der Biobranche gegeben werden, um die Evolution zu skizzieren, die diese Ökobranche bereits durchlaufen hat (Tab. 8.2). Derzeit befindet sich die Biobranche, die ja die längste Historie aufweist, am Beginn der Reifephase. Zwar wächst die Branche nach wie vor, aber eben überwiegend im Massenmarkt. Vor allem zeigt sich, dass in den Massenmärkten die Umsatzzuwächse von den etablierten Biomarken sowie von den Bioeigenmarken erzielt werden. Die Bioeigenmarken haben sich als neue Standardprodukte etabliert.

Dieser Blick auf die gesamte Evolution einer Branche ist für das Green Marketing unerlässlich, um das Unternehmen und seine wesentlichen Geschäftseinheiten strategisch auszurichten. Daher wird diese Branchenanalyse vor allem im Prozess der Strategieentwicklung angewandt. Zudem müssen auch etablierte Unternehmen diesen

Tab. 8.2 Vergleich junge Biobranche versus reife Biobranche am Beispiel biologischer Lebensmittel

	Junge Biobranche 1950er – 1970er	Reife Biobranche heute
Produktion	Geringe Erfahrungen im Bioanbau. Entwicklung und Aufbau von Standards für Bioanbau. Experimentierphase im Anbau. Bioproduktion ist Erfolgsfaktor der Branche	Professionalisierter Bioanbau Biologische Standards werden an Neuerungen adaptiert Beharren auf Biostandards Bioanbau ist nur mehr Basiseigenschaft der Branche
Markt	Käufermarkt. Hohe Verkaufspreise	Verkäufermarkt Niedrige Verkaufspreise
Marketing	Geringer Aufwand Keine Differenzierung	Hoher Aufwand Differenzierung
Produkte	Erhebliche Qualitätsschwankungen bei einem Produkt Wenige Marken vorhanden Experimentierphase Geringes Produktsortiment	Geringe Qualitätsschwankungen bei einem Produkt Etablierte Marken dominieren Konsolidierungsphase Umfangreiches Produktsortiment
Käufer	Pionierkäufer dominieren Käufer haben wenige Erfahrungen Käufer habe wenige Informationen Geringe Preissensibilität	Wiederholungskäufer dominieren Käufer sind erfahren Käufer sind hoch informiert Hohe Preissensibilität

Prozess wiederholt durchlaufen, um zu sehen, welche Relevanz ihre Produkte in einer sich verändernden Branche haben. Das gilt in einer diversen Marktstruktur vor allem für die grünen Akteure, die in den Massenmärkten aktiv sind. Hier müssen folgende Aspekte konstant beobachtet werden:

- Verändern sich Kundenbedürfnisse am Markt?
- Welche Marken und Produkte sind für die Konsumenten Standardprodukte des täglichen Lebens?
- Welche Trends lassen sich erkennen?
- Was sind kurzfristig die wichtigsten Herausforderungen für Hersteller und Retailer?

Denn das Green Marketing muss vor allem am Massenmarkt genau abwägen können, ob die eigenen Produkte noch so positioniert sind, sodass die Käufer eine deutliche Differenzierung von der Konkurrenz wahrnehmen und die Produkte daher konstant kaufen. Da die grünen Akteure im Massenmarkt meist ein größeres Produktportfolio im Markt platziert haben, müssen sie zudem die Produktlebenszyklen ihrer Produkte präzise beurteilen, um frühzeitig zu erkennen, ob einige Produkte bereits wieder vom Markt genommen werden müssen. Zu beurteilen ist, welche Produkte sich auf dem Erfolgspfad und welche sich auf dem Misserfolgpfad befinden. Beide Analysen, Produkt- und Branchenlebensanalyse, kreieren miteinander den Kompass für das Green Marketing, auf Basis dessen der Handlungsbedarf für das gesamte Unternehmen und dann für die einzelnen Produkte festgelegt wird. Auf dieser Grundlage werden dann die sogenannten Normstrategien (Ausbauen, Erhalten, Ernten oder Abstoßen) definiert. Hierfür haben sich die Normstrategien der Boston-Consulting-Group als Standard etabliert, die eine gute Orientierung geben:

- **Abschöpfungsstrategie:** Diese wird bei den „Cashcows" mit einem hohen Umsatz, aber wenig Ausbaufähigkeit angewandt. Es werden nur noch Mittel zur Sicherung der Marktposition eingesetzt. Der Gewinn wird abgeschöpft, um neue Produkte aufzubauen.
- **Investitionsstrategie:** Bei den „Stars", also den neuen umsatzstarken Produkten, die auch einen relativ hohen Marktanteil erreicht haben, sollte in die Absicherung der Wettbewerbsvorteile investiert werden, um sie zu Cashcows weiterzuentwickeln.
- **Selektionsstrategien:** Bei sogenannten „Fragezeichen-Produkten" ist noch unklar, ob sich ihr geringer Marktanteil ausweiten lässt. Sie befinden sich meist am Beginn ihres Lebenszyklus. All diese Produkte müssen einer intensiven Prüfung unterzogen werden. Am Ende sollte festgelegt sein, welche Produkte das Potenzial haben, um sich zu Stars zu entwickeln, und die anderen sollen so rasch wie möglich eliminiert werden.
- **Deinvestitionsstrategie:** Für jene Produkte, die als „arme Hunde" bezeichnet werden, gilt, dass sie bei negativem Cashflow zu eliminieren sind, um die Mittel für die anderen Produkte freizumachen.

Die Green Davids, die in kleineren Nischen aktiv sind, können sich im 4.0-Zeitalter von diesen Branchenmechanismen lösen. Da in den Ökonischen das Branchen-Setting einer jungen Branche dominiert, können sie heute über Kooperationen und über eine starke Vernetzung mit ihren Prosumern oder Kunden die Effekte einer Netzwerkökonomie für sich nutzbar machen.

8.2   Vom statischen zum agilen Mindset

Michael Porter hat sich 1995 mit der Frage befasst, wie eine grüne Branche oder ein Unternehmen das Ziel der Umweltschonung profitabel realisieren kann. Zu dieser Zeit war der Status quo dieser, dass man meinte, dass vorwiegend staatliche Regulierungen notwendig seien, um eine ganze Branche nachhaltiger gestalten zu können. Am Beispiel der **niederländischen Blumenbranche** wird aufgezeigt, wie die Branche auf ein Umweltproblem reagieren musste. Die Regierung ging mit strengen Umweltauflagen gegen das Problem vor, um möglichst schnell Verbesserungen erzielen zu können. Die Blumenindustrie reagierte darauf mit einem umweltschonenden Anbausystem, mit dem sich zusätzlich neue Effekte erzielen ließen und sich die Qualität der Blumen verbesserte. Zudem konnten die Herstellungskosten reduziert werden, es wurde also bessere Qualität zu einem niedrigeren Preis erreicht.

Anhand dieses Beispiels stellt Porter aber auch infrage, ob das Verhältnis von Wettbewerbsfähigkeit und Umwelt bisher falsch verstanden wurde. Bisher gingen der Staat, aber auch die Branchen-Entscheider überwiegend von statischen Zusammenhängen von Umweltkosten aus. Porter meint, dass dieses grundsätzliche statische Mindset zu überdenken sei. Denn bis 1995 wurden die viel wichtigeren **dynamischen Effekte** von solchen Innovationen noch ignoriert. Er vertritt die Position, dass die teuren Systemkosten für neue Technologien sowohl in einer Branche als auch für ein Unternehmen durch eine konsequente Prozessoptimierung (vor allem für Greening Goliaths) abgefedert werden können. Eine bessere Ressourcen-Produktivität und neue Werte für die Konsumenten können erzielt werden, die dann vom Marketing aufgegriffen werden können, weil hierin das Potenzial für eine Nachhaltigkeitspositionierung liegt. Aus der dynamischen Perspektive können gerade Greening Goliaths durch die Verwendung ungiftiger Substanzen und Rohstoffe auch die Zulassungsphase ihrer Produkte verkürzen, da hier keine Testverfahren mehr notwendig sind. Darin sieht Porter auch das Potenzial einer Prozess-Effizienz.

Ein smarter und agiler Lösungszugang kann also auch in ein agiles Mindset von Branchen und Unternehmen münden, was die Frage aufwirft, ob staatliche Regulierungen überhaupt noch der prioritäre Zugang sein müssen, um Umweltprobleme lösen zu können. Die Frage für die Zukunft wird sein, ob die grünen Akteure es bewerkstelligen werden, mittels eines Megamarketing (Kotler 2017) aus ihrer neuen Marktdominanz die anderen Akteure zu beeinflussen. Dieses Mega-Marketing hat Kotler eigentlich als Marketingstrategie für abgeschottete Märkte beschrieben und hiermit auch eine politische Dimension des Marketing eingeführt. Denn es hat sich gezeigt, dass ein Marketing, das nur auf den Verkauf von Produkten fixiert ist, viel zu kurzsichtig agiert. Daher zeichnet sich das Mega-Marketing dadurch aus, dass es von den Einzelinteressen eines Unternehmens abrückt, um systemisch auf eine Branche einzuwirken und diese im Interesse aller Akteure zu lenken. Hier stehen also nicht mehr die Bedürfnisse der Konsumenten im Fokus des Green Marketing, sondern das **Mega-Green-Marketing** agiert als Koordinator im geschaffenen Ökosystem. In dieser Dimension ist das Green Marketing dem konventionellen Marketing insofern überlegen, als dass die grünen Akteure heute nicht nur ein flexibleres Mindset aufweisen, sondern auch eine ausgeprägte Mega-Marketing-Kompetenz. Diese Kompetenz haben gerade die Green Davids ausgebildet, weil sie immer von der Idee der Transformation angetrieben sind und das Ziel verfolgen, die Umwelt mit ihren Produkten oder Lösungen möglichst umfassend zu verbessern. Dadurch denken und handeln sie automatisch mit einem holistischen Fokus, der vom Ansatz der Inklusion geformt wird. Hier wird versucht, die Bedürfnisse der unterschiedlichen Akteure auszugleichen. Trotz dieser Bestrebungen treten in den ökologischen Transformationsprozessen immer wieder neue Spannungsfelder auf.

8.3   Spannungsfelder in der Transformationsdynamik

Die Entwicklungspfade zur grünen Transformation sind dadurch gekennzeichnet, dass Green Davids aus der Ökonische in die Massenmärkte eintreten und umgekehrt Greening Goliaths im Massenmarkt die Richtung der Ökologisierung ihrer Produkte beschreiten. Beide verlassen also ihre Domäne, in der sie eine klare Positionierung innehaben. Beide wollen sich am Markt behaupten und einen Beitrag zur Ökologisierung der Wirtschaft leisten. Und natürlich existieren viele Unternehmen, die von der Ökologisierung ausschließlich profitieren wollen, ohne hierfür einen Beitrag zu leisten. Daraus resultiert ein enormes Spannungsfeld zwischen grünem Engagement und Greenwashing, Bioskandalen und Green Glamour, die in den Medien und als Bestseller oft das öffentliche Meinungsbild über Nachhaltigkeit mitprägen.

8.3.1   Greenwashing

Unter Greenwashing oder Grünfärberei wird eine Strategie bezeichnet, durch die Akteure versuchen, sich ein Image ökologischer Verantwortung zu verschaffen. Dabei werden von Unternehmen oder Institutionen meist „grüne Behauptungen" benutzt, die sie nachhaltiger erscheinen lassen, als sie es tatsächlich sind. Wesentlich für das Verständnis von Greenwashing ist, dass diese Behauptungen nicht unbedingt der Unwahrheit entsprechen müssen. Und daraus ergibt sich auch die Problematik um Greenwashing, weil oft nicht eindeutig klar ist, ob ein Unternehmen sich gezielt nachhaltiger darstellt, als es ist. Es treten aber auch Formen des Betrugs auf, bei dem vorsätzlich Greenwashing zur Täuschung eingesetzt wird. In diesem Fall basieren letztlich Kaufentscheidungen der Konsumenten auf der Annahme, dass ein Produkt nachhaltiger ist, als es faktisch der Fall ist. Im Extremfall findet sogar ein systematisches Täuschen statt. Hier eröffnet sich ein großes Spielfeld für Spannungen zwischen den unterschiedlichen Akteursgruppen. Denn bei diesen systematischen Betrugsfällen fordert die Gesellschaft auch ein Eingreifen des Staates, der aber hier keine rechtliche Handlungsnotwendigkeit sieht.

Ulrich Müller (2007, S. 2–3) hat sich überwiegend mit der Öl- und Energieindustrie befasst und folgende Zielrichtungen des Greenwashings identifiziert:

- **Verschleiern:** Greenwashing wird verwendet, um umweltschädliche oder umstrittene Geschäftspraktiken zu verschleiern und so Akzeptanz für sie zu schaffen. Die Förderung eines grünen Images soll die Verwundbarkeit eines solchen Unternehmens reduzieren.
- **Politische Entscheidungen beeinflussen:** Greenwashing wird eingesetzt, um drohende Gesetzesvorhaben zu unterlaufen. Die Unternehmen versuchen dabei, den Eindruck zu vermitteln, dass sie Umweltprobleme bereits – ohne verpflichtende Regeln – lösen würden. Dies kann sogar bis zum „Deep Greenwash" gehen. Damit wird eine langfristige Strategie verfolgt, um politisch das Prinzip der Selbst-

regulierung durchzusetzen. Hier sollen freiwillige Verhaltensweisen oder Selbstverpflichtung von Unternehmen verbindliche gesetzliche Vorgaben ersetzen.

- **Staatliche Unterstützung:** Viele Staaten stellen für Klimaschutzprojekte attraktive
  staatliche Unterstützungen zur Verfügung. Die Unternehmen versuchen durch diese
  Projekte, ihre eigenen Umweltprojekte vom Staat finanzieren zu lassen.

Um diese Ziele zu erreichen, werden die unterschiedlichsten Methoden angewandt: Der
Öko-Jargon wird übernommen, Imageanzeigen platziert, (Alibi-)Kooperationen mit
Umweltorganisationen eingegangen oder kleine Umweltprojekte kommunikativ über-
höht. In den meisten Fällen wird darin auch nicht die Unwahrheit kommuniziert. Die
Taktik ist meist, die nachhaltigen Aspekte positiver zu beleuchten und die negativen
Seiten nicht zu erwähnen. PricewaterhouseCoopers hat in einer Studie häufig
angewandte Greenwashing-Methoden identifiziert (Pricewaterhouse Deutschland 2013):

- **Versteckte Zielkonflikte:** Ein Produkt wird wegen einer einzelnen Eigenschaft als
  umweltfreundlich beworben, auch wenn die anderen Produkteigenschaften umwelt-
  schädlich sind.
- **Fehlende Nachweise:** Es werden Aussagen getroffen, die nicht durch Studien belegt
  werden können.
- **Vage Aussagen:** Es werden unklare Begriffe verwendet.
- **Irreführende Labels:** Es werden selbst gestaltete Labels verwendet.
- **Irrelevante Aussagen:** Aussagen werden gemacht, die zwar zutreffen, aber keinen
  Aussagewert aufweisen.
- **Kleineres Übel:** Das eigene Produkt mit einem noch weniger umweltfreundlichen
  Produkt vergleichen, um dadurch die eigene Umweltleistung zu erhöhen.
- **Unwahrheiten:** Es werden nicht zutreffende Fakten als Werbebotschaften
  kommuniziert oder auch Bio-Siegel verwendet, obwohl das Produkt nicht zertifiziert
  ist.

Müller (2007, S. 3) hat die Anzeigen der Energieerzeuger analysiert, die mit Bildern
grüner Wiesen und blauem Himmel eine „grüne, heile Welt" suggerieren. Dem ist
aber auch kritisch entgegenzuhalten, dass auch die ehrbarsten grünen Marken mit denselben Bildern eine heile Welt kommunizieren, die beispielsweise auch nicht die Realität der industriellen Bioproduktion wiedergeben. Aber bereits dieses Gegenbild zeigt
die Schwierigkeit beim Umgang mit dem Phänomen Greenwashing auf. Eindeutiger
ist die Anwendung des Instruments der „Frontgroups", also Vorfeldorganisationen oder
auch Tarnorganisationen, die als Bürgerinitiativen auftreten und als Sprachrohr deren
angebliche Interessen vertreten. Zum Beispiel hat der französische Atomkonzern EDF
mit einem deutschen Energieerzeuger zusammen eine (Schein-)Umweltorganisation
gegründet.

Greenwashing hat sich zu einem Marktmechanismus entwickelt. Mittlerweile wird
versucht, diesem Mechanismus Mittel entgegenzusetzen. Die grünen Konsumenten

sind mit einem Umfeld konfrontiert, in dem heute alle Unternehmen nachhaltige Behauptungen aufstellen. Das führt letztlich zu einem komplexen Kommunikationsumfeld, in dem auch die informierten und partizipativen Konsumenten an Kompetenz gewinnen und sich im Dschungel des Greenwashing zurechtfinden müssen. Mitunter könnte dies ein Grund sein, warum die jungen Generationen beginnen, nur noch auf Informationen aus ihrer Community oder ihrem sozialen Netzwerk zu vertrauen. Denn den Konsumenten wird durch das konstant angewandte Greenwashing das Fällen einer Kaufentscheidung zunehmend erschwert, weil die zahlreichen Nachhaltigkeitsbotschaften nicht mehr wirklich auf Glaubwürdigkeit überprüft werden können. Daher wächst derzeit das Vertrauen in unabhängige Dritte, wie beispielsweise den Konsumentenschutz oder Code Check, die die tatsächliche Umweltleistung eines Produkts untersuchen. Und aus diesem Grund ist auch ein Abschmelzen des Vertrauens in Unternehmenskommunikation zu verzeichnen.

8.3.2   Prinzipien glaubwürdiger Kommunikation

Die deutsche Initiative „Biodiversity in Good Campany" hat einen Ratgeber herausgegeben, der Unternehmen als Leitfaden dienen kann, um eine glaubwürdige Unternehmenskommunikation realisieren zu können. Dieser Ratgeber reflektiert die Problematik, mit der Unternehmen konfrontiert sind. Einerseits ist die Kommunikation ein zentraler Erfolgsfaktor und muss gerade komplexe Themen auf leicht verständliche Kernbotschaften reduzieren. Gerade in dieser Komprimierung der Botschaft laufen Unternehmen Gefahr, dass diese als Greenwashing dekodiert werden. Das würde dazu führen, dass ihre Botschaften nicht mehr als glaubwürdig eingestuft werden. Es besteht also das Risiko, dass komprimierte Botschaften sich nicht als Erfolgsfaktor, sondern zu einem imageschädigenden Problem entwickeln. Als grundlegende Leitlinie gilt, dass Kommunikation nicht nur gut gemeint sein darf, sondern auch gut gemacht werden muss (Biodiversity in Good Company Initiative e. V. 2015, S. 1), denn Greenwashing setzt die Vertrauenswürdigkeit und das Image aufs Spiel. Es wird explizit darauf hingewiesen, dass dies der Fall sein kann, unabhängig davon, ob es gezielt betrieben wurde oder nicht beabsichtigt war. Daher müssen Unternehmen sehr sensibel mit ihrer Kommunikation umgehen und zunächst folgende Regeln (Biodiversity in Good Company Initiative e. V. 2015, S. 2) beachten:

- **Wesentlichkeit:** Das Wichtigste in den Fokus der Kommunikation stellen. Ein Ausweichen auf Nebenthemen und auf Formulierungen ohne Aussagekraft sollte vermieden werden.
- **Vollständigkeit:** Nichts Wesentliches unerwähnt lassen. Alle signifikanten Themen aufgreifen. Idealerweise werden der Umfang, die Grenzen und auch der zeitliche Rahmen zum Beispiel von Projekten transparent dargestellt

- **Ausgewogenheit:** Es werden die positiven Botschaften, aber auch die Herausforderungen zur Sprache gebracht. Das Ziel sollte es sein, dass die Rezipienten sich selbst eine Meinung bilden können.
- **Vergleichbarkeit:** Die Informationen werden so dargestellt, dass die erzielten Leistungen relativ im Zeitverlauf nachvollziehbar sind.
- **Genauigkeit:** Konkrete Informationen verwenden und auf vage Formulierungen verzichten. Wenn möglich, mit Fakten und Zahlen kommunizieren oder so präzise wie möglich formulieren.
- **Aktualität:** Nur aktuelle Informationen und keine veralteten Informationen verwenden.
- **Zuverlässigkeit:** Die getroffenen Aussagen und Versprechen müssen für Dritte überprüfbar sein. Im Idealfall werden auch die entsprechenden Daten und Belege veröffentlicht, die die Aussage stützen.
- **Klarheit:** Die Informationen müssen interpretationsfrei sein und keinen Raum dafür lassen, dass Rezipienten selbst weiter uminterpretieren und dadurch eventuell die Aussage verändern. Es muss also klar vermittelt werden, worauf sich eine Information bezieht.

Dies sind letztendlich die Prinzipien einer Berichterstattung zur Qualitätssicherung, die die Leitfäden zur Nachhaltigkeitsberichterstattung ausgearbeitet haben. Sie wurden federführend von der Global Reporting Initiative (GRI) erarbeitet und werden derzeit als „Gute-Kommunikations-Praxis" definiert.

Ein positives Beispiel ist die **Rügenwalder Mühle,** die mit ihrer gesamten Marke einen Prozess in Richtung Nachhaltigkeit durchlaufen hat. In diesem Prozess hat sich die Marke von einer Traditionsfleischmarke zu der führenden Marke gewandelt, die auch Bio- und Fleischersatzprodukte herstellt. Im ersten Schritt wurde die Produktpalette um Fleischersatzprodukte erweitert. Aber auch in der Produktion der Fleischprodukte wurde eine höhere Transparenz geschaffen und es wird nicht nur in dem Biosegment auf Nachhaltigkeit geachtet, sondern bei allen Produkten weiterentwickelt. Die Konsumenten erhalten bei Rügenwalder Mühle konkrete Informationen über einzelne Projekte. Zum Beispiel wird aus dem Arbeitskreis Tierwohl berichtet, wer darin vertreten ist und dass eine Summe von 110.000 € in Forschungsprojekte investiert wurde. Es wird darüber berichtet, dass dieser Arbeitskreis wieder aufgelöst wurde, um das Geld in ein Praxisprojekt namens „Skyline" zu investieren, das die Aufzucht von Ferkeln verbessern soll. Auf der Website wird nicht nur die Vision einer zukunftstauglichen Ernährung veröffentlicht, sondern die einzelnen Maßnahmen in diese Richtung werden im Detail beleuchtet. Insgesamt stehen dem Konsumenten also zahlreiche kommunikative **Proof Points** zur Verfügung, um sich ein eigenes Bild von der Umweltleistung des Unternehmens zu machen. Es wird auch kein Überfrachten an Informationen praktiziert, sodass darin dann die Wahrheit versteckt werden kann. Letztlich können die Interessierten auf Basis der erhaltenen Informationen die Nachhaltigkeit von Rügenwalder Mühle beurteilen und entscheiden, ob sie diese Marke für vertrauenswürdig halten.

Der nachhaltige Bergsportausstatter **Vaude** aus Deutschland hat sich ebenfalls intensiv mit Greenwashing auseinandergesetzt und garantiert seinen Kunden, dass in seinem Marketing kein Greenwashing stecke. Vaude greift dieses Thema explizit auf und kommuniziert gegenüber seinen Endverbrauchern wie auch gegenüber dem Fachhandel, dass es darum bemüht sei, Greenwashing zu vermeiden. Zudem wird darauf verwiesen, dass man sich gemäß der EMAS-Prinzipien verantwortungsbewusst, glaubwürdig, innovativ und transparent verhielte. Im Zusammenhang mit diesem Diskurs um Greenwashing ist auch bemerkenswert, dass Vaude den Weg gewählt hat, ein eigenes Unternehmenslabel „Green Shape. Vaude Eco Product" zu kreieren, was ja eigentlich als typisches Kennzeichen für Greenwashing gilt. Das Unternehmen ist aber bis in eine hohe Detailtiefe transparent und verfügt über eine hohe Vertrauenswürdigkeit verfügt, sodass hier keine Vorwürfe in diese Richtung zustande kommen. Vaude legt dabei ins Detail alle Kriterien für dieses Label offen und erklärt auch, wie dieses Label nach einigen Jahren überarbeitet wurde und was sich dabei verändert hat.

Man kann hier von Pionierarbeit in der Transparenz einer Marke sprechen. Vaude erklärt in seinem Nachhaltigkeitsbericht auch im Detail, warum man sich dafür entschieden hat, mit dem Unternehmenslabel zu arbeiten. Denn die dargelegten Kriterien gehen weit über die staatlichen Anforderungen hinaus und bündeln zusätzliche Aktivitäten in diesem Label.

8.3.3 Green goes Glamour

Die Nachhaltigkeit hat auch die Luxuswelt erreicht. **Armani** hat im Februar 2020 eine ganze Fashionshow dem Motto „I'm saying yes to recycling" organisiert. Alles in Schwarz und eine ganze Modelinie wurde vorgestellt, wo dieses Zitat im großen Print auf den Kleidungsstücken zu lesen war. Diese Modelinie wurde aus recycelten oder biologischen Materialien hergestellt und war das zentrale Thema der aktuellen Fashionshow von Armani. **Stella McCartney** kündigt die Einführung eines biologisch abbaubaren Strech-Denim in ihre Kollektion an. Die Modemarke **Diesel** hat mit dem Mailänder Beratungsunternehmen **Eco-Age** eine Partnerschaft aufgebaut, die vorwiegend Fashion-Luxusmarken bei dem Aufbau einer nachhaltigen Wertschöpfungskette und bei der Nachhaltigkeitskommunikation behilflich ist. Eco-Age ist zudem Organisator des Green Carpet Fashion Awards, bei dem Nachhaltigkeitsambitionen der Top-Modehäuser mit einem Award ausgezeichnet werden. Die Gewinner von 2019 waren beispielsweise Valentino, Stella McCartney, Kroes oder Max Mara. Und auch Mercedes Benz fördert mit seinem Programm „Mercedes-Benz Fashion Talents" nachhaltige Jungdesigner. Auf der Mercedes-Benz Fashion Week Berlin präsentierten zu Beginn 2020 drei ausgewählte südafrikanische Modedesigner. Mercedes Benz unterstützt weltweit Fashion Weeks und fördert damit konstant eine nachhaltige Zukunft des Luxusdesigns. Und noch ein letztes Indiz, dass die Luxus-Fashion-Branche sich umfassend mit Nachhaltigkeit befasst, zeigt

die britische Vogue, die eine eigene Rubrik „Forces For Change" ins Leben gerufen hat.
Man kann also das Fazit ziehen, dass die Glamourwelt grün geworden ist.

Green Glamour eröffnet also in den letzten Jahren eine neue Welt der Nachhaltigkeit
bestehend aus zwei Welten, die bisher als nicht vereinbar gegolten haben: Nachhaltigkeit und Luxus. Die kleinen Auflagen erlauben es, nach dem Make-to-Order-Prinzip und
mit limitierten Ressourcen zu fertigen. Die Südafrikanerin Lezanne **Viviers** arbeitet beispielsweise mit Materialien, die sie durch Upcycling wieder einsetzt. Durch den hohen
Einsatz von Handarbeit und Individualisierung können die Luxusdesigner nachhaltige
Konzepte relativ einfach umsetzen. Aber auch das Selbstverständnis scheint die gesamte
Luxusbranche zu verändern. Lezanne Viviers spricht von Stolz, wenn sie ihre Nach-
haltigkeitsphilosophie erläutert, was zeigt, dass dies ein Teil der Brand Identity ist:

> „We pride ourselves in a sustainable practice. We aim to minimise textile waste by
> individually hand-cutting our garments, re-using off-cut fabrics to innovate new Edition
> 1/1 items including 'Dead Stock' fabrics. We produce Limited Editions runs that avoid the
> production of said 'Dead-Stock', and focus on creating trans-seasonal and versatile pieces
> that are made with integrity. The quality and the longevity of our garments take priority at
> VIVIERS, by not only discarding trends, but by also carefully selecting the best quality raw
> materials to start with" (Viviers 2020).

Die Luxus-Eco-Designerin reflektiert zudem die Bedeutung einer Community, die für sie
als Green David in der hochgesättigten Luxus-Fashion-Branche in der Gründungsphase
von 2019 getragen hat. Das hat sie dazu bewogen zu sagen, dass „Community Currency"
sei: „The VIVIERS community is the currency that carried us through our first year of
incubation. It is the exchange of our combined energy" (Viviers 2020).

In den meisten Aspekten unterscheiden sich die Marken aus der Welt von Green
Glamour rein faktisch nicht von Produkten der Green Davids. Die grüne Luxuswelt
zeigt aber ein hohes Maß an **Emotionalisierung** ihrer Marke auf. Sie sind im Markenkern zwar rational nachhaltig: also ihre Technologie, ihre Produktion oder ihre Rohstoffe. Aber sie treten dem Endkunden gegenüber emotional auf. Und sie kaufen
letztlich die emotionale Attraktivität der Green-Glamour-Marken. Elon Musk hat beim
Start von **Tesla** nicht zuerst das relativ kostengünstige Modell 3 am Markt eingeführt,
sondern 2008 mit dem elektrischen Sportwagen „Roadstar" die Welt erobert, der optisch
dem Lotus Elise glich und in nur 3,7 s von 0 auf 100 km/h beschleunigen konnte und
109.000 US$-Dollar kostete. Der Tesla ist also das Gegenstück zu den Luxusmarken
der Modewelt. Auch hier wurde Emotionalisierung zum Anlass einer weltweiten PR-
Berichterstattung, die einen unglaublichen Medienwert zustande brachte. 2018 flog dann
ein kirschroter Tesla Roadster auf dem Erstflug der Falcon-Heavy-Rakete von SpaceX
mit und wurde in Richtung Mars um die Sonne geschossen. Das Fahrzeug war rational
gesehen ein Nutzlastsimulator (sonst ein Betonklotz), hat aber durch die Bilder eines
Sportwagens, der im All von einem Astronauten (was nur eine Puppe war) gelenkt wird
und mit der Erde im Hintergrund, wieder Emotionsbilder geliefert. Die Astronauten-
puppe erhielt sogar den Namen Starman in Anlehnung an den Song von David Bowie.

Der Effekt: Die Welt unterhielt sich auf allen Kanälen über den neuen Elektrosport-wagen, der alle Klischees von Öko durchbrach. Tesla kann also als Mutter aller grünen Glamourmarken bezeichnet werden, die mit Emotionalisierung ihren Erfolg begründete. Millionen von Menschen sprechen heute über Tesla und Elon Musk, auch wenn sie sich dieses Auto niemals kaufen können. Das ist ein Zeugnis für die Reichweite einer solchen Emotionalisierungsstrategie. Man kann sogar behaupten, dass Tesla Emotionalisierung strategisch in das Unternehmen integriert hat. Denn diese gezielte Emotionalisierung ist der Schlüssel für ein Storytelling, das im Fall von Tesla sogar so weit geht, dass es nur mehr wenige Menschen gibt, die sich keine Meinung über Tesla gebildet haben. Nicht alle sind positiv. Aber diesen Status haben nur wenige Marken erreicht.

Die Emotionalisierung von Green-Glamour-Marken schafft es, dass ein direkter Zugang zu den Gefühlen geschaffen werden kann. Die positiven Gefühle überlagern dann die rationalen Argumentationen, weil die Menschen sich mit diesen Marken wohler fühlen und sie sich darin leichter wiederfinden können. Und eben dieser Effekt erzeugt ein Spannungsfeld in der grünen Ökonomie, weil die Fürsprecher einer nachhaltigen Suffizienz dies als Affront auffassen. Denn entgegen ihrer Zielsetzung einer Reduktion von nachhaltigem Konsum oder gar Verzicht stehen ihnen diese glücklichen Marken und Konsumenten gegenüber, die den Konsum par excellence repräsentieren.

Gerade die Spannungsfelder um Green Glamour zeigen sehr markant die **Diversität** von Green Marketing und einer Green Economy auf, die inzwischen auch Teil davon geworden ist und nun zu einem der „Shades of Green" (Tandon und Sethi 2016) gehört. Green Marketing 4.0 repräsentiert also letztlich viele Facetten des Green Marketing, was in Zukunft ebenfalls zu einem wesentlichen Aspekt heranwachsen wird. Denn die grünen Dogmatiker werden in Zukunft Platz machen müssen für alternierende Ansichten und Lösungswege, was sich gerade in der letzten Dekade zu entwickeln beginnt. Aus diesem Grund ist davon auszugehen, dass sich noch zahlreiche Spannungsfelder in der Green Economy auftun werden, wenn neue grüne Akteure ihre Chancen ergreifen. Es wird sich wohl aus Erfahrung im Umgang mit Diversität auch in diesem Fall ein Zugang ent-wickeln müssen, wie die grüne Transformation alle Aspekte und Spannungsfelder in ihre Veränderungsdynamiken mit aufnimmt und einen Diskurs um diese Spannungsfelder fair gestaltet.

Literatur

Müller U (2007) Greenwash in Zeiten des Klimawandels. Wie Unternehmen ihr Image grün färben. Lobby Control. https://www.lobbycontrol.de/wp-content/uploads/download/greenwash-studie.pdf. Zugegriffen: 26. Juli 2019

Pricewaterhouse Deutschland (2013) Greenwashing. Konsumenten blicken hinter die grüne Fassade. https://www.pwc.de/de/nachhaltigkeit/vorsicht-greenwashing-konsumenten-blicken-hinter-die-gruene-fassade.jhtml. Zugegriffen: 12. Nov. 2018

Tandon M, Sethi V (2016) Shades of Green Marketing Strategies in Consumer's Mind. Int J Curr
    Res, 8(12): 43295–43300. https://www.journalcra.com/sites/default/files/issue-pdf/19383.pdf.
    Zugegriffen: 26. Juli 2019
Vaude (2019) Nachhaltigkeitsbericht 2018. Veröffentlicht am 1.8.2019. https://nachhaltigkeits-
    bericht.vaude.com/gri/produkte/greenshape-konzept.php. Zugegriffen: 25. Nov. 2019

Teil IV

Marketingansätze für Green Davids und Greening Goliaths

David gegen Goliath

9

Zusammenfassung

Bis hierher wurden im Sinne des Mega-Green-Marketing Potenziale der 4.0-Welt für grüne Akteure aufgezeigt. Es hat sich bereits gezeigt, dass die Green Davids und Greening Goliaths in denselben Märkten zwar durchaus dieselben Zielsetzungen verfolgen, aber häufig unterschiedlich agieren. In diesem Kapitel finden sich spezifische Marketingansätze für Green Davids sowie für Greening Goliaths.

9.1 Die epische Konfrontation von David und Goliath

Die mythische Geschichte der Auseinandersetzung von Goliath gegen David wird bereits im alten Testament beschrieben und hat sich bis heute kulturell fortgeschrieben. Heute ist es das Sinnbild für eine Auseinandersetzung, bei der sehr ungleiche Gegner gegeneinander antreten.

Malcolm Gladwell (2013) hat sich ebenfalls mit diesem epischen Konflikt auseinandergesetzt, um daraus ein neues Denken für unsere Zeit abzuleiten. Gladwell zeigt auf, was wirklich unüberwindbare Hürden und auch tatsächliche Nachteile gegenüber den Übermächtigen sind. Er meint, dass die Giganten oft nicht sind, was wir glauben, dass sie seien.

> „The same qualities that appear to give them strength are often the source of great weakness. And the fact of being an underdog can change people in ways that we often fail to appreciate: it can open doors and create opportunities and educate and enlighten and make possible what might otherwise have seemed unthinkable. We need a better guide to facing giants …" (Gladwell 2013, S. 6).

© Springer Fachmedien Wiesbaden GmbH, ein Teil von Springer Nature 2021
A. Grimm und A. Malschinger, *Green Marketing 4.0*,
https://doi.org/10.1007/978-3-658-03698-0_9

Gladwell analysiert diese Auseinandersetzung folgendermaßen (2013, S. 10–15): Goliath war ein schwerbewaffneter Infanterist, der davon ausgeht, dass er ein Duell ebenfalls mit einem Infanteristen führen wird, der dieselben Kampftechniken wie er selbst gelernt hat. Er nimmt an, dass David ihm mit seinen Methoden entgegentreten und kämpfen wird. David respektiert aber das Ritual des Nahkampfes nicht. Auch er kämpft, wie er es als Schäfer gelernt hat, um wilde Bären zu erlegen. Er war ein Projektilkämpfer, wie es Gladwell ausdrückt. Mit seiner Schleuder konnte er Goliath treffen, der sehr unbeweglich war und nicht schnell genug ausweichen konnte. Gladwell fragt auch, was denn Goliath hätte tun können, um nicht zu verlieren. Vermutlich nichts mehr. Denn er trug eine extremschwere Panzerung. Er muss dem unbewaffneten, kleinen David zunächst ungläubig, dann überrascht und staunend zugesehen haben, wie er auf ihn zurennt, ohne Furcht zu zeigen. Goliath bezog seine Überlegenheit im Kampf auf seine physischen Eigenschaften wie Größe und Kraft. Er berücksichtigte nicht, dass Überlegenheit auch von anderen Eigenschaften herrühren könne, die seine Vorteile irrelevant werden lassen würden. Im Fall von David haben Beweglichkeit, Schnelligkeit und eine andere Kampftaktik mit Projektilen gesiegt. Das war möglich, weil David klein und wendig war. David brauchte also keine schweren Verteidigungsapparaturen, weil sein Agieren schlicht auf Angriff und Überraschung ausgelegt war. Als Goliath begriffen haben muss, dass David anders als erwartet mit ihm kämpfen wird, war es zu spät. Er war so unbeweglich, dass er sich nicht hätte in Sicherheit bringen können. Daher schließt Malcolm Gladwell, dass Giganten nicht so mächtig sind, wie sie scheinen. Vielmehr sind sie oft auch blind gegenüber dem Verhalten eines Davids.

9.2   Der Mythos David gegen Goliath in der heutigen Ökonomie

Heute bezieht man sich in der Ökonomie auf den mythischen Konflikt zwischen David und Goliath, um die Asymmetrie von Kleinen gegen die Großen zu beschreiben. Mit dieser Asymmetrie wird in der heutigen Öffentlichkeit auch eine stereotype Zuschreibung des Kleinen als Vertreter des Guten und des Großen als Vertreter des Bösen vollzogen.

Der Fall „Brent Spar" (1995) ist beispielsweise ein archetypischer Konflikt unserer Zeit, bei dem das Prinzip David-gegen-Goliath in der Öffentlichkeit Deutschlands eine große Breitenwirkung entfaltet hat, was letztlich zu wirksamen Boykotten der Tankstellen von Shell führte. Die breite Öffentlichkeit stellte sich in diesem Fall hinter das „Gute und Kleine" (Greenpeace), um gegen das „Böse und Große" (Shell) vorzugehen und zu siegen. Axel Güttersberger hat diesen Konflikt analysiert und zeigt auf, dass der Kleine in heutigen Konflikten wie bei Brent Spar von der Öffentlichkeit als das „Gute" kodiert und dekodiert wird und dem Öl-Konzern aufgrund seiner Größe die Rolle des Bösen zugeschrieben wird (Güttersberger 2011, S. 13).

Man kann davon ausgehen, dass diese impliziten Zuschreibungen des Mythos David-gegen-Goliath mit Gut und Böse die mediale Rezeption nicht unwesentlich mitgeprägt haben. Jedenfalls haben die Goliaths in solchen Konstellationen meist die schlechteren Karten, weil die Öffentlichkeit und die Medien ihre Sympathie den Davids schenken, wenn eine asymmetrische David-gegen-Goliath-Situation wahrgenommen wird. Die Menschen solidarisieren sich emotional mit der gefühlt kleineren und schwächeren Partei. Im Fall von „Brent Spar" ging ihre Solidarisierung sogar in ein aktives Handeln über und führte dazu, dass in weiten Teilen Deutschlands die Tankstellen von Shell boykottiert wurden. Die Menschen setzten sich dabei für ihr gemeinsames Interesse ein, mit ihrem Handeln für eine Zukunft zu handeln und einen kritisierten Zustand in der Gegenwart zu verändern. Der David ist in dieser Konstellation jener, der die Ver-änderungswünsche für die einzelnen Bürger stellvertretend artikuliert und in der Öffentlichkeit sowie gegenüber Politik, Behörden und anderen Institutionen vertritt (Güttesberger 2011, S. 16). Die Davids vertreten im Nachhaltigkeitskontext die sozialen und ökologischen Interessen der Gesellschaft, weshalb die Zuschreibung von „klein ist gut" erfolgt, da hier keine wirtschaftlichen Zielsetzungen verfolgt werden.

Der Fall „Brent Spar" zeigt zudem auf, dass die visuellen Entsprechungen zu diesem Mythos David-gegen-Goliath existieren, die medial stark wirksam sind: Kleine, wendige Schlauchboote kämpfen gegen gigantische Stahlkolosse, die unbestritten die Umwelt verschmutzen. Allen Rezipienten dieser Auseinandersetzung ist klar, dass hier ein symbolischer Konflikt geführt wurde, der sich dieses Stereotyps bedient.

Die ökologischen Davids erreichen letztendlich durch ihr Agieren als Vertreter des moralischen Gemeinsinns und durch ihre öffentlichen Diskussionen, dass die Goliaths mit einer Vertrauenskrise konfrontiert sind. Interessant ist in diesem Zusammenhang die Analyse von Elisabeth Klaus (2009, S. 61). Sie folgert auf Basis ihrer Analyse des Falls „Brent Spar", dass in solchen Konfrontationen selten die realen Bedürfnisse erfasst werden, sondern die medialen Vermittlungen die komplexen Sachverhalte simplifizieren. Das Bild David-gegen-Goliath trägt eben zu dieser beschriebenen Zuschreibung von Gut und Böse zu einer stereotypisierenden Rezeption bei. Klaus (2009, S. 16) führt in ihrer Analyse auch die Frage um die Glaubwürdigkeit und Authentizität mit ein, die ja gerade im ökologischen Diskurs als auch im Green Marketing wesentliche Zuschreibungen dar-stellt. Demnach haben Green Davids folgende Faktoren auf ihrer Seite:

- **Aufmerksamkeit:** Heute erfüllen ökologische und nachhaltige Themen, für die sich Green Davids engagieren, die medialen Bedingungen für eine öffentliche Aufmerk-samkeit. Das Wirksamwerden des David-gegen-Goliath-Prinzips bindet hier eben-falls einen Teil der Aufmerksamkeit, weil gerade die Journalisten hierin meist eine „gute Story" wähnen. Denn in einem solchen Konflikt liegt grundsätzlich ein hohes Potenzial an Dramatik. Diese Dramatik wird auch dadurch gespeist, dass der Ausgang noch nicht eindeutig vorhersagbar ist. Die Visualität wurde bereits angesprochen und ist für eine mediale Aufmerksamkeit natürlich wesentlich, um eine hohe Rezeption eines Berichts zu erzielen. Die zahlreichen Bilder und Videos katapultieren diesen Konflikt an die Spitze der Nachrichten.

- **Vertrauen:** Die Green Davids setzen sich für altruistische Ziele des Gemeinwohls ein. Da sie nicht im egoistischen Interesse handeln, wird ihnen mehr Vertrauen entgegengebracht. Da die Green Davids zudem auch zukunftsgerichtete Erwartungen vertreten, verstärkt sich deren Vertrauenswahrnehmung in der Öffentlichkeit. Klaus (2009, S. 62) hat in diesem Punkt im Fall „Brent Spar" festgestellt, dass Greenpeace, selbst nach Bekanntwerden der gezielt verwendeten Angaben falscher Zahlen, die den Konflikt in der Öffentlichkeit noch zuspitzten, keine langen Vertrauensverluste hinnehmen musste. Man kann davon ausgehen, dass die Kompetenz von Greenpeace nicht infrage gestellt und daher das Vertrauen aufrechterhalten wurde. Denn Greenpeace genießt auch bei den Journalisten einen Vertrauensbonus, weil sie über Jahrzehnte zu Umweltfragen als Experten auftreten und sie zur Kommentierung herangezogen werden. Informationen von Greenpeace „werden gemeinhin unrediert und ungeprüft abgedruckt – nachweislich mehr als bei jeder anderen Organisation" (Röttger 2009, S. 79). Jedenfalls hat Greenpeace es bei „Brent Spar" geschafft, den Öltank von Shell in der Nordsee zu einem Symbol der gesamten Verschmutzung der Meere zu stilisieren. Das konnte nur durch das hohe Vertrauenspotenzial erreicht werden, dass hier ein Kampf um das Ganze und nicht nur um das Einzelne geführt wird. Röttger bezeichnet dies auch als „Angstladung" (2009, S. 78).
- **Glaubwürdigkeit:** Aus dem Vertrauen kommt es durch einen kommunikativen Mechanismus letztlich auch zu einer höheren Glaubwürdigkeit.

In der „Alltagsökonomie" muss aber nicht immer ein dramatisch inszenierter Konflikt wie bei „Brent Spar" vorhanden sein, damit das Prinzip David-gegen-Goliath wirksam ist. Heute agieren gerade die kleinen, nachhaltigen Start-ups als Green Davids und können die Vorteile eines Davids ausnutzen, wenn sie verstehen, welche Mechanismen sie für ihre Ziele einsetzen können. Die effektivsten Mechanismen und Tools werden in Kap. 10 „Marketingansätze für Green Davids" beschrieben.

Und Goliaths sind in einer Ökologisierung der Massenmärkte zunehmend gefordert, nicht mehr ausschließlich profitorientierte Zielsetzungen zu verfolgen, sondern sich auch nach nonprofitorientierten Zielen auszurichten.

Literatur

Gladwell M (2013) David and Goliath. Underdogs, Misfits, and the Art of Battling Giants. First Back Bay Books Brown and Company, New York

Greenpeace (2018) Jahresbericht 2018. Greenpeace, Hamburg. https://www.greenpeace.de/sites/www.greenpeace.de/files/publications/b01182_jahresbericht_2018_web_einzelseiten.pdf. Zugegriffen: 11. Febr. 2020

Güttersberger A (2011) David gegen Goliath. Eine Untersuchung der Kommunikationsstrategien zweier Akteure im PR-Konflikt. Diplomica Verlag, Hamburg

Klaus E (2009) Öffentlichkeit als Selbstverständigungsprozess. Das Beispiel Brent Spar. In: Röttger U (Hrsg) PR-Kampagnen. Über die Inszenierung von Öffentlichkeit. VS Verlag, Wiesbaden, S 47–62

Röttger U (Hrsg) (2009) PR-Kampagnen. Über die Inszenierung von Öffentlichkeit. VS Verlag, Wiesbaden

Marketingansätze für Green Davids

10

Zusammenfassung

In diesem Kapitel werden effektive Marketingansätze für Green Davids aufgezeigt, die den relativ kleinen Ökoakteuren zur Seite stehen, um ihre grünen Marken und Produkte am Markt zu platzieren oder gar eine unique Positionierung zu behaupten. Sie sind prädestiniert, um führende Akteure in der Wir-Ökonomie zu sein. Mit Limbischen Landkarten können sie ihre Marken mit Werte- und Emotionssystemen abgleichen. Und sie sind besonders für ein Story-Marketing geeignet. Ihre Nähe zu den Communitys eröffnet ihnen zudem das Potenzial, Formen des kooperativen Storytellings umzusetzen.

10.1 Schlüsselansatz 1: Akteur in der Wir-Ökonomie

Die Vernetzung der Welt hat inzwischen die Mehrheit der Menschen in viele Kommunikationszusammenhänge gebracht, woraus sich ganz neue soziale Netzwerke entwickelt haben und neue Formen an Gemeinschaften entstanden sind. Diese bilden sich aufgrund eines Wir-Gefühls aus, beschreibt Kirsten Brühl, die für das Zukunftsinstitut die Studie „Wir-Kultur" durchgeführt hat. „Wir-Gemeinschaften entstehen erst dann, wenn die Beteiligten Interessen und Werte teilen, ein tatsächliches ‚Wir-Gefühl' ausbilden und sich von anderen ‚Nicht-Wirs' abgrenzen können" (Brühl 2015, S. 12). Vor den Netzwerken 4.0 haben natürlich schon immer viele Gemeinschaften von Freunden, Familien, Vereinen oder Interessengemeinschaften existiert, die immer wieder Zeit miteinander verbracht oder sich für gemeinsame Anliegen engagiert haben. Aber mit der Digitalisierung hat sich einiges verändert. Denn die Digitalisierung und die neuen Technologien bewertet Brühl dabei als wesentlichen Treiber, sodass die Menschen auf neue Art und Weise zusammenkommen und sich zusammenschließen, um an neuen Lösungen zu arbeiten oder gemeinschaftliche Nutzungen zu etablieren. „Die neuen Wirs sind insofern nicht eine Abkehr vom Individualismus, sondern eine Organisationsform temporärer Zugehörigkeit als komplexe Reaktion auf erweiterte Bindungspotenziale" (Brühl 2015, S. 6). Im Wir 4.0 liegt also ein neues Potenzial und der Diskurs hat sich inzwischen zu einem polarisierten Feld entwickelt und wird häufig stark ideologisierend vertreten. Auf der einen Seite wird darin der Aufstieg eines wohltätigen Kapitalismus gesehen, wenn sich beispielsweise das Sharing nicht nur zu etablieren beginnt, sondern auch ökonomische Vorteile für die Nutzer realisiert. Auf der anderen Seite wird aber auch ins Feld geführt, dass eine Nachbarschaftshilfe und Gemeinschaft ökonomisiert wird, was zuvor selbstverständlich war.

10.1.1 Topografie der Gemeinschaft

Kirsten Brühl hat eine Landkarte des „Wir" entwickelt, um die Cluster zu ordnen, weil sich bei dem Phänomen der Wir-Kultur gezeigt hat, dass hier viele unterschiedliche Arten von „Wir" existieren: von der Open-Source-Bewegung bis zu Nachbarschafts-Webseiten. Brühl hat dabei festgestellt, dass die kollektiven Konstrukte jeweils eine unterschiedliche „DNA" aufweisen: von stabilen Wertegemeinschaften bis zu temporären Zusammenschlüssen für mehr Effizienz. Diese unterschiedlichen Cluster scharen unterschiedliche Menschen mit unterschiedlichen Motivationen um sich.

Diese **„Landkarte des Wir"**, wie es Brühl nennt (2015, S. 12–15), wurde anhand zweier Parameter aufgebaut, nämlich nach dem Grad der Vergemeinschaftung und nach dem Grad des Engagements. Entlang dieser Parameter wurde eine Differenzierung der unterschiedlichen Wir-Cluster vorgenommen.

- Differenzierungsparameter für den Grad der Vergemeinschaftung – von hoch zu niedrig: Zusammengehörigkeit über geteilte Werte, gemeinsame Interaktionsräume, Gruppenbezug Wir/Nicht-Wir, gemeinsam Spaß haben, geteilte Interessen, zweckrationaler Austausch.
- Differenzierungsparameter für den Grad des individuellen Engagements – von hoch zu niedrig: persönliche Veränderungen/Transformation notwendig, substanzielle zeitliche oder persönliche Ressourcen investieren, zeitliche oder finanziell geringe Investition, kein Aufwand (Anmeldung, sonst nichts).

Diese Topografie der Gemeinschaft hat Brühl (2015, S. 13) dann in vier unterschiedliche Zonen eingeteilt:

- **Wertegemeinschaften** – „Weltverbesserungs-Wir": Höchster Wert ist Solidarität. Ihre Absicht ist es, alternative Formen des Zusammenlebens und -arbeitens zu finden.
- **Temporäre Entwicklungsgruppen** – „Optimierungs-Wir": Höchster Wert ist der Zusammenhalt zur gegenseitigen Förderung. Ihre Absicht es ist es, das persönliche Wachstum durch Vergleich und Sparring zu fördern.

- **Tausch- und Organisationsgemeinschaften** – „Effizienz-Wirs": Höchster Wert ist die Effizienz. Die Absicht ist es, schneller, flexibler und mit mehr Abstimmung in einer komplexen Welt handeln.
- **Lockere Lerngemeinschaften** – „Sympathie-Wirs": Höchster Wert ist Offenheit. Die Absicht ist es, allen die Ressourcen zur Verfügung stellen und mehr Selbstbestimmung zu generieren.

Brühl hat entlang dieser Systematik dann unterschiedliche Cluster des Wir identifiziert und beschrieben (Tab. 10.1). Aber sie stellt auch in den Raum, dass für die Zukunft noch die Frage offen ist, welche Cluster oder Formate sich davon in einer Gesellschaft zu treibenden Faktoren entwickeln und sich auf die Ökonomie auswirken werden. „Die Faszination der neuen Gemeinschaften hat durch den Boom der Communitys definitiv einen neuen Schub erhalten, der nun auch auf ‚reale' Umfelder übertragen wird" (Brühl 2015, S. 38).

10.1.2 WeQ

Dieses Kürzel WeQ steht für „Wir-Qualitäten". In Deutschland haben sich 2008 neun nachhaltigkeitsorientierte Unternehmen zusammengeschlossen und das WeQ-Institute gegründet, dessen Kernidee es ist, den sozialen Impact von Unternehmen nicht als Widerspruch zu begreifen (Spiegel 2019, S. 9). Das Institut befasste sich mit Einzeltrends wie Ko-Kreation, Open Source, Share Economy, freie Lernsoftware wie die Khan Academy oder Design Thinking und hat daraus das Fazit gezogen, dass all diese Entwicklungen die Gemeinsamkeit aufweisen, dass sie von Wir-Qualitäten getragen werden. Peter Spiegel führt dies so aus, dass darin eine stärkere Orientierung an gesamtsystemischer Verantwortung liege und daher diese Formen des kollaborativen Denkens und Wirkens entstanden sind (Spiegel 2019, S. 9). Dem gaben diese neuen Unternehmen den Namen „WeQ" und stellen damit die Gegenposition zu „IQ". Der Intelligenz des Einzelnen wird also die Intelligenz von vielen entgegengestellt. Spiegel meint, dass es sich hierbei nicht um einen Trend, sondern um einen Systemwechsel handelt, der den Paradigmenwechsel unserer Zeit beschreibt. Im Kern geht er von einer Transformation der Wirtschaft aus, die auf der menschlichen Vernetzung fußt und gerade durch die digitale Vernetzung noch eine neue Qualität der Vernetzung hinzugekommen ist. Aus dieser Perspektive könnte man es auch WeQ 4.0 bezeichnen.

Spiegel beschreibt, dass mit diesem Paradigmenwechsel die Ich-Kultur abgelöst wird. Damit vertritt er eine Gegenposition zu Jeremy Rifkin, der ebenfalls einen Paradigmenwechsel zur Überflussgesellschaft diskutiert, aber letztlich davon ausgeht, dass das kapitalistische Wirtschaftssystem parallel neben dem neuen Wirtschaftssystem existieren wird. Diese Entwicklung eines hybriden Wirtschaftssystems scheint die realistische Zukunftsprognose zu sein, da das tradierte Wirtschaftssystem in bestimmten Bereichen seine Vorteile ausspielen kann und daher weiterhin genutzt werden wird.

Tab. 10.1 Cluster des Wir. Quelle: Brühl (2015, S. 16–49)

Cluster	Motiv	Beispiele
Kuschelschollen Ein haltgebendes Gefühl von Gemeinsamkeit. Kultivierung von menschlicher Nähe.	Sehnsucht nach Wärme, gemeinsames Erleben und Verbundenheit.	*Temporäre Kommune*: Off-Grid-Camping auf den Dächern der Stadt in New York als Offline-Oase. *Gemeinsam genießen*: Zusammen kochen und essen. Kochen als Verständigung. *Nachbarschaftsnetze*: Auf einer digitalen Plattform sind die Nachbarn in direkter Umgebung vernetzt und bieten einander Hilfe an.
Siedlung der Kollektivisten Zusammen sein, um etwas zu bewegen.	Innovation entsteht durch Interaktion.	*Ökodorf*: Gemeinsam leben, Häuser bauen, Lebensmittel anbauen. *Geteilte Räume*: Dachgärten, Küchen, Partyräume.
Co-Working-Quartiere Geteilt wird der Arbeitsraum.	Inspiration, Netzwerken, Kooperationen, günstige Arbeitsplätze.	Flexibel arbeiten Kreative kollaborieren Social Impact Labs
Gemeinsame Kreativität Neue Strukturen für kollaboratives Arbeiten.	Gemeinschaftliche Kreativprozesse, Anschluss an ein tröstendes Gemeinschaftsumfeld.	*Book Sprint*: Gemeinsam in drei bis fünf Tagen Wissen erarbeiten, strukturieren und publizieren.
Baumhäuser politischer Partizipation Initiativen „von unten" setzen sich für Themen ein.	Gesellschaft verändern, an Veränderung teilnehmen.	*Campaigning*: Kurzfristig erreichbare Ziele in Form von Petitionen durchführen. *Recht auf Wahrheit*: Hintergründige Recherche für mündige Bürger. *Zukunfts-Labs*: Gemeinsam an einem Projekt mit offenem Ausgang arbeiten.
Lager der Gestaltungs-Guerillas Selbst in Verantwortung gehen und sich um das unmittelbare Umfeld kümmern.	Selbstermächtigung zur Schaffung eigener Realitäten.	*Guerilla Gardening*: Auf verwahrlosten Grünflächen werden Pflanzen angebaut. *Solidarische Landwirtschaft*: Gesunde Lebensmittel gemeinsam anbauen und teilen. *Riot Cleanups*: Menschen verabreden sich als Aufräumtrupp.

(Fortsetzung)

Tab. 10.1 (Fortsetzung)

Cluster	Motiv	Beispiele
Open-Source-Bewegung Interessengemeinschaften, die Wissen oder Software kollaborativ generieren und bereitstellen.	Demokratisierung durch partizipative Verfahren.	Wikipedia Futurelearn Peer-to-Peer-Tutorials an der Kahn-Akademie
Treibhäuser sozialer Neuordnung Gesellschaftliche Experimente zur Durchmischung gesellschaftlicher Schichten.	Soziale Dimensionen neuer Gemeinschaften erkunden.	*Institut für soziale Choreographie:* Es werden neue Formen ausprobiert – zum Beispiel in New York ein öffentliches Wohnzimmer bewohnen und ein Crossover von Kultur, Nachhaltigkeit und Wissenschaft realisieren. *Grandhotel für Flüchtlinge:* In einem Hotel wohnen Flüchtlinge und Hotelgäste unter einem Dach. Gezahlt wird „as much as you can".
Spielwiesen gemeinschaftlicher Ich-Optimierung Sport in der Gemeinschaft zur Selbstoptimierung.	Sport als Sinnlieferant, Arena der Selbstinszenierung und Image.	*Runtastic:* App ermöglicht es, dass man sich mit Freunden zum Sport verabredet. Es wird die erbrachte Leistung aufgezeichnet. *Fitness Bootcamp:* Wie ein Trainingslager für Soldaten organisiert, geht man hier über seine Grenzen hinaus.
Lagerfeuer spontaner Wir-Ereignisse Plattformen oder Apps verbinden Menschen, die kurzfristig und ohne Bindung etwas gemeinsam erleben möchten.	(Emotionale) Verbundenheit	*Flashmobs:* Ein Event, bei dem sich Menschen auf öffentlichen Plätzen versammeln und gemeinsam tanzen, singen oder musizieren. Bei Carrotmobs gehen Menschen in einen Bioladen, damit dort mehr Umsatz für energiesparende Maßnahmen finanziert wird.
Die Gärten des Teilens Die Share Economy realisiert Formen des Teilens statt Besitzens. Es hat sich aber die Logik des Marktes durchgesetzt.	Nachhaltigkeit Sparen Effizienz	Plattformen zum Verleihen von Dingen: Car-Sharing, Mit-Wohnen, Mit-Fahren.
Lichtungen der Großzügigkeit Hier wird „wirklich" ohne Gegenleistung verschenkt.	Geben und Austauschen. Dem Kapitalismus etwas Neues entgegenzusetzen.	Umsonstläden Reparaturcafes Suspended Coffee

Ulrich Weinberg (2015) macht die Transformation zu einer Wir-Qualität an dem symbolischen Bild fest, dass das Brockhaus-Zeitalter bereits heute vom Wikipedia-Zeitalter abgelöst wurde. Der Brockhaus steht bei Weinberg für die alte Silostruktur und für lineares Denken. Wikipedia hingegen steht für die Netzwerkstruktur, die sich täglich verbessert und von Tausenden Freiwilligen bearbeitet wird. Hier wird nicht mehr klassifiziert, gegliedert und katalogisiert, sondern hier herrscht konstante Bewegung vor. Damit hat sich in der Wissenswelt eine bisher noch nie dagewesene demokratische Intelligenz realisiert.

Weinberg beschreibt die Netzwerk-Ökonomie folgendermaßen: Kleine Funktionseinheiten – auch Unternehmen – arbeiten miteinander vernetzt. Demnach müssen die Silos zu crossfunktionalen Teams umgebaut werden, bei dem jede Einheit auch noch Wissen in das Netzwerk überführt, sodass auch das Netzwerk sich stetig verbessert. Seiner Meinung nach ist das keine Frage eines Experimentierens, sondern eine Frage des Überlebens von Unternehmen in der Wirtschaft. Denn alle großen Enzyklopädien der Vergangenheit wie Brockhaus oder die Encyclopedia Britannica haben Wikipedia am Beginn belächelt und für qualitativ unzureichend gehalten – und anschließend haben beide Nachschlagewerke den Druck eingestellt. 200 Jahre Wissensdominanz und -kompetenz wurden damit beendet. Kaum jemand verwendet diese veralteten Werke als Ressource für Wissen im Alltagsleben mehr – außer beim Staubwischen.

Wenn diese eher kulturell ausgeprägten Wir-Qualitäten sich mit den Kompetenzen der Digitalisierung und mit anderen Playern in Kooperationen vernetzen, dann ist eine neue **Wir-Ökonomie** im Entstehen. Hier finden ebenfalls bereits Vergemeinschaftungen statt, die noch niemand in Analogie zu dem privaten Wir von Kirsten Brühl in eine Wir-Topografie der Wir-Ökonomie der Unternehmen überführt hat. Denn es entstehen aktuell scharenweise Unternehmens-Kooperationen, die sich zum Ziel gesetzt haben, die Zukunft mit nachhaltigen Lösungen zu verbessern. Hier lassen sich bereits zahlreiche Spielformen entdecken.

Timbercoast
Timbercoast ist eine deutsche Reederei, die mit ihrem Segelschiff „Avontuur" Waren von Amerika per Windkraft und damit ohne Emissionen nach Europa transportiert. An Board sind Waren wie Rum, Kakao, Kaffee oder Olivenöl. Folgende Produkte nutzen bereits dieses „Cargo under Sail": Cafe Chavalo, Elrojito, El Puente, EZA, Just Us!, Knut Hansen, Hannover Gin, Mitka, Slokoffie, Yogi Tea, Zotter. Ihre Vision ist von einem Wir getragen: „Mit unserem Segelschiff Avontuur bieten wir die Möglichkeit, Fracht per Windkraft gesegelt zu transportieren, um damit die Verbindung zwischen nachhaltigem Produzenten und verantwortungsvollem Verbraucher zu schaffen. Wir wollen einen alternativen Weg des modernen Transports in die Zukunft weisen; innerhalb einer Industrie, die sich bisher nicht den strengen Standards stellen musste, mit denen sich die Energieproduktion an Land schon lange konfrontiert sieht" (Timberboast 2020).

Der Gründer Cornelius Bockermann führte vorher Schwertransporte für die Öl-Industrie durch, was ein lukratives Geschäft war. Dabei hat er die Verschmutzung der Weltmeere, die der globale Handel mit Containerschiffen und ihren Schwerölen verursacht, zunächst beobachtet. Und er war verwundert, warum auf den Ozeanen ein Brennstoff verwendet werden darf, der an Land längst verboten ist und als Sondermüll entsorgt werden muss. Am Wasser sind die Containerschiffe aus seiner Sicht letztlich Müllverbrennungsanlagen, für die es kaum Schadstoff-Richtlinien gibt und für die auch kaum Umweltverpflichtungen existieren. Er wechselte in die Phase des Tuns und kaufte den fast 100 Jahre alten Transportsegler, renovierte diesen und gründete das Unternehmen Timbercoast GmbH. Damit verfolgt Bockermann das Ziel, Unternehmen und Konsumenten eine nachhaltige Möglichkeit des Transportes zu bieten.

Inzwischen hat Timbercoast sein Konzept über den Transport hinaus erweitert und bringt Produzenten, Händler und Konsumenten zusammen. Gemeinsam tritt Timbercoast mit seinen Partnern auf den großen Biomessen wie der BioFach in Nürnberg Seite an Seite auf und ist dadurch als kooperatives Wertschöpfungsnetzwerk präsent.

Bio vom Berg
Diese Biomarke der Genossenschaft Bioalpin eGen hat sich 2002 gegründet und gemeinschaftlich biologische Lebensmittel aus der kleinstrukturierten Tiroler Bioberglandwirtschaft vermarktet. Das Besondere ist, dass die Markenführung nicht an eine externe Agentur ausgelagert wurde, sondern weiterhin in den Händen der 50 Biobergbauern liegt. Ihre gemeinsame Vermarktung fußt auf dem Bewusstsein, dass gerade die kleinstrukturierten Landwirte in der zunehmend industrialisierten Landwirtschaft kaum eine Chance für den Verkauf im klassischen Handel haben. Bio vom Berg arbeitet aber nicht nur als kooperative Gemeinschaft, sondern hat zahlreiche Kooperationen realisiert. Zum Beispiel wurde mit dem regionalen und hoch innovativen Handel MPreis eine langfristige Zusammenarbeit realisiert, die auf dem gemeinsamen Verständnis beruht, dass die Lebensmittel der eigenen Region auch Zugang zum konventionellen Handel haben. Die Fairness in ihrem Netzwerk ist ein zentraler Wert der Marke Bio vom Berg:

> „Seit der Gründung der Marke Bio vom Berg im Jahr 2003 haben wir für unsere Mitglieder ein weit reichendes Netz an Vermarktungskanälen aufgebaut. Besonders geschätzt wird dabei die Art und Weise der Beziehungen, die wir als Genossenschaft mit unseren Partnern pflegen. Diese sind gekennzeichnet durch eine aktive Einbindung in die gemeinsame Planung von Projekten und basieren auf Fairness und Transparenz" (biovomberg.at).

In dieser Kooperation der vielen kleinen Landwirtschafts-Davids mit dem Greening Handels-Goliath, konnte eine transparente Win–win-Situation aufgebaut werden, weshalb diese Kooperation von langfristiger Stabilität gekennzeichnet ist: das Netzwerk der vielen kleinen Tiroler Biolandwirte hat einen stabilen Vertriebskanal und damit einen Zugang zu vielen Vertriebsstätten, die von einer zentralen Logistik des Händlers übernommen wird. MPreis ist durch diese Kooperation der größte Bioanbieter in der Region. Die Biomarke setzt inzwischen rund 10 Mio. € um. MPreis als regionaler Händler konnte mit dieser Kooperation ein breites regionales Biosortiment aufbauen. In einer weiteren Kooperation mit der Austrian Marketing Agentur (AMA) wird die Qualität des biologischen und regionalen Ursprungs aus Tirol zertifiziert. Diese drei zentralen Kooperationspartner verfolgen das gemeinsame Ziel, die nachhaltige Form der Landwirtschaft, die für die Alpenregion typisch ist, zu erhalten.

Be My Eyes
Hier binden sich in einer globalen Plattform Sehende mit Sehbehinderten oder Blinden zusammen, um ihnen im Alltagsleben assistieren zu können. Ihre Tools sind das Smartphone und die Plattform, die die beiden Beteiligten miteinander verbindet. Dies wäre eigentlich eine typische Community. Aber Be My Eyes hat sich als Green David auch zu einem Enabler einer Wir-Ökonomie weiter entwickelt und kooperiert mit Greening Davids, um alltägliche Produkte für Blinde inklusiv zu gestalten. Und letztlich finanziert Be My Eyes Jobs, nämlich jener Menschen, die diese Community aufgebaut haben und managen. Hierbei handelt es sich also um ein Green Business im archetypischen Sinn. Denn hier bildet der Benefit von und für die Community den Zweck des Green Davids, aber zugleich entstehen daraus auch sinnstiftende Arbeitsplätze.

Community Supported Agriculture
Das sind Gemeinschaften von Konsumenten, die direkt eine Landwirtschaft finanziell unterstützen, um diese von anderen Marktteilnehmern und von natürlichen Widrigkeiten unabhängig zu machen. Diese Gemeinschaft finanziert die Kosten eines professionellen Gemüseanbaus für ein gesamtes Jahr im Voraus und erhält dafür im Gegenzug regionale, frische und qualitätsvolle Lebensmittel.

Lebensmittelkooperativen
Hier schließen sich Menschen zusammen, die den Ankauf und die Verteilung von Lebensmitteln nach Prinzipien organisieren, die dieser Gemeinschaft wichtig sind. Häufig handelt es sich um biologische, faire oder regionale landwirtschaftliche Erzeugnisse. Sie verstehen sich als Alternative zum gängigen Lebensmittelsystem, weshalb sie sich bewusst mit diesem Thema auseinandersetzen.

Online-Communitys
Dies ist der aktuelle Sammelbegriff für die weiteren Formen von Internet-Gemeinschaften. Sie interagieren im virtuellen Raum miteinander und nutzen dafür unterschiedliche digitale Tools oder Plattformen. Obwohl die Idee der Communitys eigentlich eine basisdemokratische ist, sind einige davon inzwischen kommerziell orientiert. Dazu gehören beispielsweise Facebook oder LinkedIn. Es existieren aber inzwischen unzählige Communitys, die sich um Themen, Ratings, Entwicklung oder auch um eine Spielwelt orientieren.

Nachhaltigkeits-Influencer
Diese Auswahl von Green Influencern im deutschsprachigen Raum zeigt die Vielfältigkeit der Formen und Themen. Zudem kann man hier ablesen, dass die Influencer bereits sehr enge spezialisierte Themen zu besetzen beginnen.

- Blog, Podcast, Publikationen: **dariadaria**
  Madeleine Darya Alizadeh begann 2010 ihren Blog dariadaria und hat sich nach einiger Zeit auf das Thema Nachhaltigkeit, Veganismus und Engagement fokussiert. Ihr Instagram-Kanal hat 283.000 Abonnenten. Posts von ihr erhalten 10.000 bis 20.000 Likes. Sie betreibt den Podcast „A Mindful Mess".
- Blog: **Fairknallt**
  Marie Nasemann befasst sich mit fairer Mode. Den dazugehörigen Instagram-Kanal haben über 35.000 Fans aboniert. Nasemann schreibt über Zertifikate für nachhaltige Mode, Naturkosmetik und die Ökobilanz verschiedener Materialien, gibt Shopping-Tipps und macht mit Fotos Lust auf faire Mode.
- Onlinemagazin: **Viertel-Vor**
  Anna Schunck und Marcus Werner stellen ihren persönlichen Lernprozess in den Fokus und haben ihre Leser mit auf die Reise genommen und berichten darüber, was sie gelernt haben. Die Themen reichen von nachhaltiger Mode über Kunstaktionen gegen Mikroplastik bis hin zu klimaschonender Architektur. Ihr Instagram-Account hat 18.400 Abonnenten.
- Youtube-Kanal: **Rethinknation**
  Oliver und Yannick posten Videos über Fair Fashion und Lifestyle. Die beiden liefern Fakten und geben Tipps zu nachhaltigem Konsum, Müllvermeidung, empfehlen Shops mit fairer Mode. Außerdem beziehen sie Position zu aktuellen Themen wie CO_2-Emissionen durch Flugreisen. 11.000 Abonnenten.
- Blog, Vorträge, Bücher: **Milena Glimbovski**
  Milena Glimbovski ist die Gründerin von Original-Unverpackt in Berlin, dem ersten verpackungsfreien Supermarkt in Deutschland, und sie ist Mitherausgeberin des Achtsamkeitskalenders von „Ein guter Plan". Sie hält Vorträge, schreibt Bücher und führt einen Blog zum Thema Zero-Waste und Nachhaltigkeit.
- Blog: **Anneline Waller**
  Ihre Buddha-Bowls sind ein Sinnbild für ein gesundes und bewusstes Leben. Sie kreiert täglich gesunde und vegane Buddha-Bowls und schreibt in ihrem Blog über Achtsamkeit und Ernährung.
- Blog: **Kim goes Eko**
  Kim Gerlach thematisiert auf ihrem Blog zu Beginn ihre persönliche Erfahrung mit dem Verzicht auf Fast Fashion und schreibt heute über Eco Fashion, Minimalismus und Mindfulness.
- Blog, Instagram: **Serintogo**

Serin Khatib, eine Journalistin, teilt täglich Fakten und fundierte Informationen im Themenkomplex Naturkosmetik, Fair Fashion, Plastikverzicht, Ernährung, Gesundheit.

- Blog, Instagram: **The OGNC**
Laura Mitulla bloggt über die nachhaltigen Aspekte im Bereich Beauty, Fashion und Food. Verpackungsfreie Produkte sind ihr Steckenpferd.

- Instagram: **Free of Waste**
Susi Neumer verfolgt das Ziel, dass die Menschen bewusster mit ihrem Müll umgehen. Daher gibt sie Tipps für einen Zero-Waste-Lifestyle.

- Blog, Instagram: **langsam.achtsam.echt**
Anna Brachetti hat Psychologie studiert und arbeitet als Journalistin. In ihrem Blog setzt sie sich mit achtsamer Elternschaft und Nachhaltigkeit im Alltag auseinander.

- Blog: **Geborgen. Wachsen**
Susanne Mierau thematisiert ebenfalls Nachhaltigkeit, DIY und Familienleben.

- Blog: **Fashion Changers**
Fashion Changers wurde 2019 von Jana Braumüller, Vreni Jäckle und Nina Lorenzen gegründet. Ihre Ambition ist es, Menschen mit dem Willen zur Veränderung zu vernetzten. Journalisten, Blogger und Medienschaffende verschreiben sich dem Ziel, faire Mode medial sichtbarer zu machen und letztlich eine Fair-Fashion-Community zu bilden. Das Informieren über faire Mode ist ebenfalls eine zentrale Aufgabe für diese Community.

Communitys sind also für das Green Marketing Agglomerationen von Menschen, die von denselben Werten geleitet sind, die dieselben Ziele verfolgen oder sich für dieselben Dinge engagieren. Einige Communitys sind aber auch darum bemüht, dass sich die Mitglieder gegenseitig dabei helfen, sich selbst zu ermächtigen. Damit sind beispielsweise die Gemeinschaften der Veganer gemeint, die sich gegenseitig mit Tipps versorgen und auch Menschen dabei helfen, einen veganen Lebensstil umzusetzen. Ein anderes Beispiel sind Community um einen minimalen Lebensstil. Auch hier ist zu beobachten, dass inzwischen unterschiedliche Sub-Communitys entstehen, die sich um sehr konkrete Themen des Minimal Lifestyles wie zum Beispiel Tiny Häuser, Leben im Van oder Autarkie organisieren.

Für das Green Marketing liegt darin die Chance, dass gerade Green Davids mit ihren Innovationen hier die Early Adopter finden können, die diese neue Lösung übernehmen und in ihren Communitys weiter verteilen. Das bedeutet aber auch mit dem Anwachsen der Communitys, dass das Marketing mit der Herausforderung konfrontiert ist, mehr Content für diese unzähligen Communitys zu produzieren. Denn ist der Content für die Interessen einer Community nicht relevant, wird er keine Wirkung entfalten. Aus diesem Grund gehen Green Brands zunehmend dazu über, ihre eigenen **Brand Communitys** aufzubauen. In Brand Communitys kann die Marke ihren loyalen Kunden ein vertrautes, positives Umfeld bieten und enger mit ihnen interagieren. Im heutigen digitalen Kontext muss eine Marke daher Content und Engagement anbieten, aber auch den persönlichen Lifestyle des Kunden unterstützen. Und hier tauschen sich die Kunden auch untereinander rund um die Marke aus. Zudem ist heute ein zielgruppenspezifischer Content ein essenzieller Schlüssel, um Kunden zu Brand Advocates weiterzuentwickeln.

In der praktischen Umsetzung ist es wesentlich, dass nicht nur Sales Storys in den Fokus gestellt werden, was die Marke tut oder welche Produkte mit welchem Nutzen sie verkauft. Das ist die typische Herangehensweise in der Werbung. Vielmehr müssen die Interessen und die Bedürfnisse der Kunden in den Fokus gerückt werden, um auf diese Weise eine Verbundenheit mit einer Marke zu ermöglichen. Ziel der Strategie sollte es daher sein, ein sinnvolles **Engagement** mit den Markenfans zu pflegen. Hierbei muss man sich vor Augen halten, dass die Kunden schon die Wahl haben, in welchen Communitys sie sich involvieren. Daher ist es essenziell, einen wirklichen Benefit für die Teilhabe an Communitys zu erkennen und auch letztlich die Beziehung zu pflegen. Inzwischen existiert auch unter den etablierten Green Brands die Tendenz, zwar Brand Communitys aufzubauen, diese dann aber nur mit Newslettern und ein paar Blogbeiträgen zu versorgen. Die Interessen der Kunden oder eine echte Interaktion werden dort nicht realisiert. Tendenziell findet sich bei Green Davids eine höhere Interaktion mit der Community. Warum? Weil ihr Erfolg davon abhängig ist, dass sie für diese Gemeinschaft relevant sind. Heute haben die Menschen also bereits zahlreiche Erfahrungen mit Communitys und werden wählerischer. Daher sind, überspitzt formuliert, eine Abfolge von Gewinnspielen und ein paar Katzenvideos nicht mehr ausreichend.

Das Ziel sollte es daher sein, dass die Mitglieder einer Community sich wirklich als Gruppe von Gleichgesinnten empfinden. Es geht also darum, dass eine Wir-Kultur mit einer Wir-Qualität entsteht, wie es Brühl beschrieben hat. In diesem Zusammenhang prognostizieren die Community-Experten Julia Tanasic und Cordula Casaretto (2017, S. 7), dass es in Zukunft im Internet kein Geschäft mehr ohne digitale Community geben wird, und sie konfrontieren Unternehmen damit, dass sie eine größere Kundenfokussierung erreichen müssen. In letzter Konsequenz werden Communitys auch in das Unternehmen integriert und sie werden in internen Geschäftsabläufen eine immer größere Rolle spielen, so Tanasic und Casaretto. Daher benötigen die Green Davids wie auch die Green Goliaths eine flexible Unternehmensstruktur, die dies umsetzen kann. Sie brauchen aber auch die Kompetenzen, um Communitys aufzubauen und dann erfolgreich managen zu können. Tanasic und Casaretto stellen fest, dass es bei vielen Unternehmen nicht nur an einer strategischen Ausrichtung, sondern auch an einer inhaltlichen Umsetzung hapert (Tanasic und Casaretto 2017, S. 10). Der Status quo sieht meist so aus: unprofessionelle Werbung, wenig Traffic, wenig Dialogbereitschaft – „kurzum: Sie nutzen neue Technologien, kommunizieren aber wie früher, sind wenig dialogorientiert und wenig interaktiv (Tanasic und Casaretto 2017, S. 10)".

10.2   Schlüsselansatz 2: Neuromarketing nutzen

Der Mensch kann auch als Sinnesmaschine betrachtet werden. Warum? Über die fünf Sinneskanäle erreichen den Menschen zwei Milliarden Informationen pro Sekunde. Das Gehirn kann von dieser enormen Menge an Informationen nicht alle verarbeiten. Konkret werden nur 2000 Informationen an das Gehirn weitergegeben. Aus diesem Grund müssen die eingehenden Informationen gefiltert und sortiert werden. Hierfür ist im Gehirn das retikuläre Aktivierungssystem (RAS) verantwortlich. Dies sind spezialisierte Nervenzellen im Gehirn, die diese Aufgabe bewältigen. Beim Prozess der Filterung setzt das retikuläre Aktivierungssystem Kriterien ein, die einerseits durch Triebe, aber auch durch Erziehung, Bildung und durch bestehende Glaubenssätze gebildet werden.

Im deutschsprachigen Raum haben sich die Erkenntnisse der Neurowissenschaft vor allem durch die Arbeit von Hans-Georg Häusel auf die Praxis des Marketing übertragen, der den Ansatz vertritt, dass Informationen „hirngerecht" (2011, S. 7) dargestellt werden sollten. Häusel gilt als Vordenker des Neuromarketing. Ausgangspunkt ist die Erkenntnis, dass die Emotionen, die im limbischen System entstehen, die meisten Entscheidungen in unserem Leben fällen – und damit auch die Kaufentscheidungen. Häusel stellt in seiner Arbeit dar, dass Menschen grundsätzlich drei unterschiedliche Emotionssysteme im Gehirn haben (2011, S. 36):

- Das **Stimulanz-System,** das auf Entdeckung von Neuem und Lernen von neuen Fähigkeiten (Exploration) ausgerichtet ist.
- Das **Dominanz-System** verfolgt das Ziel, sich selbst durchzusetzen, orientiert sich daher an Konkurrenz und will diese verdrängen. Hier sind Status, Macht und Autonomie wesentliche Subziele, um die Selbstdurchsetzung zu erreichen.
- Das **Balance-System** hat Sicherheit, Risikovermeidung und Stabilität zum Ziel.

Häusel hat die sogenannte „Limbic Map" (Grafiken auf: https://www.haeusel.com/limbic/) entwickelt, die vorwiegend auf den Ergebnissen des Sozialpsychologen Shalom Schwartz (1990) basiert, der die Theorie universeller menschlicher Werte entwickelt hat. Er definiert Werte als Konzeptionen des Erwünschten, die Menschen anleiten und nach denen sie ihr Handeln gestalten und auch andere Menschen beurteilen (Schwartz 1999, S. 24). Schwartz' Leistung besteht einerseits in der Darstellung der Grundannahme, dass Werte motivationale Ziele darstellen und die Werte sich voneinander unterscheiden und zu Wertetypen zusammenfassbar sind. Häusel integriert diese Erkenntnisse in seine neurowissenschaftliche Betrachtung von Emotion und Kognition. Dabei beschreibt er, dass im limbischen System die komplexen Emotionsverarbeitungsprozesse wie soziale Bewertungen, Werte oder moralische Entscheidungen verarbeitet und getroffen werden (Häusel 2011, S. 10). Diese drei grundlegenden Wertesysteme mit ihren unterschiedlichen und konträren Zielen führen oft zu Entscheidungskonflikten, die zu wahrgenommenen Spannungen führen (Häusel 2011, S. 44). Beispielsweise drängt das

Stimulanz-System in Richtung Risiko und Expansion und wird vom Gegenspieler Balance-Systeme durch sein sicherheitsorientiertes Verhalten gebremst. Häusel nennt dies auch „innere Dynamik". Und diese Dynamiken bilden das Grundgerüst für die Limbische Landkarte. Wesentlich ist für das Verständnis, dass bei jedem Menschen eine bestimmte Mischung aus diesen drei Systemen aktiv ist.

Für das Green Marketing ist Häusels Limbische Landkarte insofern wesentlich, weil er den universalen Werten, die Schwartz beschreibt, von Experten und später auch im Rahmen einer umfangreichen empirischen Forschung von „normalen" Menschen die Werte zuordnen ließ. Und für jene grünen Zielgruppen, die altruistisch motiviert sind, bilden Werte die Grundlage für ihr tatsächliches Kaufverhalten.

Wie hängen nun Emotionen und Motivationen mit Zielen zusammen? Häusel versteht Motive als „Aktualisierungen der Emotionssysteme" (2011, S. 49) und sie überführen Emotionen und Werte in eine konkrete Handlung wie beispielsweise in eine Kaufentscheidung. Im Nachhaltigkeitsbereich spielt aber auch ein bewusster Nicht-Kauf oder Boykott eine wesentliche konstruierende Rolle. Ziele sind dann die mentalen Vorstellungen von dem Endzustand, den man mit dem eigenen Handeln erreichen möchte oder anstrebt.

Anwendung der Limbischen Landkarte im Green Marketing
- **Schritt 1:** Im Marketing verwendet man die Limbische Landkarte als Basis. Weil die Emotionssysteme und die Wertezuordnungen universelle Erkenntnisse sind, müssen diese nicht mehr erhoben werden.
- **Schritt 2:** Mit den Mitarbeitern in einem Workshop wird das interne Wertesystem identifiziert.
- **Schritt 3:** Durch Befragung der Käufer oder potenzielle Käufer werden deren Wertesysteme sowie deren Motive und Ziele identifizieren. Das kann dann so aussehen, wie es Häusel für den Kauf eines Automobils erhoben hat. Das zentralste Motiv beim Kauf eines Autos sind für die meisten Menschen Freiheit und Autonomie. Die weiteren erhobenen Motivationen zeigen, dass ein Wertekonflikt entstehen kann, weil Menschen sich zwar ein ökologisches Auto wünschen, aber auch Power erleben möchten. Der Erfolg von Tesla ist sicherlich darauf zurückzuführen, dass erstmals ein Auto auf den Markt gebracht wurde, dass Ökologie und die Power eines Sportwagens miteinander vereint.
- **Schritt 4:** Das interne Wertesystem wird mit dem der Käufer verglichen. Das Idealbild ist ein vollständig gleiches Wertesystem. Weist das Ergebnis eine hohe Deckung auf: Gratulation! Hier muss wenig in Promotion und Werbung investiert werden, denn hier ist ein hohes Potenzial vorhanden, dass die eigenen Käufer für das Unternehmen in ihren privaten Communitys aktiv werden. Wenn keine hohe Deckung vorliegt, sind zunächst zwei Überlegungen anzudenken: Erstens muss man sich die Frage stellen, ob man sich stärker an seinen Käufern

orientieren will oder ob man neue Käufer mit den Werten finden will, die man
mit dem eigenen Unternehmen repräsentiert.

- **Schritt 5:** Ein Motivfeld wird ausgewählt und kommunikativ besetzt. Das lässt
  sich am einfachsten anhand des Automobil-Beispiels erklären: BMW hat seine
  Marke auf „Fahrspaß" fokussiert. Konkret wurde der Markenclaim „Freude
  am Fahren" entwickelt. Audi steht für technische Perfektion und findet sich in
  deren Claim „Fortschritt durch Technik" wieder. VW steht für „Wirtschaftlich-
  keit". Und so weiter. Man sieht, dass sich die Automarken klar voneinander
  abgrenzen. Hatte Toyota versucht, dieses Feld mit seinem Hybridauto zu
  besetzen, ziehen nun auch die anderen Hersteller nach, weil sie hier eine Marktchance für sich entdeckt haben.

Aber zurück zum „Big Picture" und der Fragestellung, wo das Potenzial für Green
Davids liegen könnte. Die Antwort liegt in ihrer Kleinheit begründet, denn Green Davids
sind tendenziell präzise in ihren Werten und Zielen, die sie mit ihren Unternehmen vertreten. Je konkreter sie sich auf einen Wert und auf ein Motivfeld fokussieren, umso
schärfer wird auch ihre Botschaft von ihrer Zielgruppe wahrgenommen und kann zur
Unterscheidung von der Konkurrenz beitragen. Im Unterschied zu ihnen sind Greening
oder Green Goliaths aufgrund ihrer Größe nicht mehr so präzise, weil sie vieles und
manchmal „alles" abdecken wollen. Das Ergebnis: Bio ist dann für alle da. Eine
unscharfe Wahrnehmung also, die für den Massenmarkt durchaus gut funktionieren
kann, da hier ja genügend Menschen einkaufen. Green Davids müssen von ihren Käufern
aber erst gefunden werden, weil sie in Nischen agieren. Wenn aber eine hohe Abdeckung
der Wertesysteme vorliegt, dann bewegen sich Unternehmen als auch Käufer in diesen
Nischen. Und dank Internet und Digitalisierung ist es inzwischen ein Leichtes und
kostengünstig, in diesen Nischen mit dem eigenen Angebot wahrgenommen zu werden.

Hemme Milch

*Nicht bio, aber qualitätsbewusst, verantwortungsbewusst und nachhaltig. High-End-
Branding und die komplette Wertschöpfungskette bis zur Direktvermarktung in einer
Hand.*

Der Hemme Hof, im Norden Hannovers gelegen, weist eine 400-jährige Tradition
auf. In den letzten 20 Jahren hat der landwirtschaftliche Familienbetrieb die Herausforderung angenommen und sich vom Milchlieferanten zu einem Unternehmen entwickelt, das die gesamte Wertschöpfungskette der Milch am eigenen Hof in seiner
Hand hat. Von der Kälberaufzucht, der Kuhhaltung von 420 Tieren über die hof-
eigene Molkerei, die eigene Logistik, bis zu einer unverwechselbaren Verpackung in
Schwarz-Weiß und letztlich die Vermarktung ihrer Produkte. Man habe sich bewusst
gegen die starke arbeitsteilige Wirtschaftsweise entschieden und gehe mit diesem
„Anderssein" auch stark in den Dialog mit den Kunden. „Alles aus einer Hand" bildet

die Positionierung am Markt. Dies wird in einem eigenen Qualitätslabel visualisiert, auf dem steht: „Für gute Milch. Eigenes Futter. Eigene Weiden. Eigene Molkerei." Hemme Milch verspricht wertvolle Lebensmittel mit Herkunft, die für Menschen und Umwelt Zukunft bedeuten. Das Unternehmen arbeitet explizit umweltbewusst, aber ohne Bio-zertifizierung. Der Markenclaim lautet: „Kommt vom Hof. Kommt vom Herzen."

Diese Marke wurde konsequent stark differenzierend zum Konkurrenz-umfeld umgesetzt. Die Farbe Schwarz dominiert das Design, was im typisch weiß-dominierten Segment sofort wahrgenommen wird. Die Verpackung wurde ebenfalls entsprechend den Werten von Hemme Milch nicht nur konsequent designbewusst, sondern auch einzigartig nachhaltig gestaltet. „Eine ganz besondere Milch. Ganz besonders verpackt: Weil unsere frische Milch ein reines Naturprodukt ist, darf auch unser Milchbeutel ihr in nichts nachstehen. Sein 40-prozentiger Kreideanteil minimiert den Kunststoffbedarf und sorgt für Standfestigkeit. Sie benötigen keinen zusätzlichen Behälter! Die Herstellung unseres Milchbeutels verbraucht weniger Wasser und Energie als für andere Einwegverpackungen. Und das Abfallvolumen reduziert sich im Vergleich zu Milchkartons um beeindruckende 66 %. Für uns ist es ein gutes Gefühl, verantwortungsvoll zu handeln und Visionen in die Tat umzusetzen. Finden Sie nicht auch?" (Hemme Milch 2020).

Preis: Mit 1,25 € (Rewe) pro Liter Vollmilch mit 3,5 % Fettanteil kann sich Hemme Milch am oberen Preisniveau positionieren, wo sich ebenfalls die Biomilch ansiedelt. Für Heumilch sind die Konsumenten in Deutschland bereit, sogar mehr zu zahlen als für Biomilch. ◄

Key Learnings für das Green Marketing

Hemme Milch[1] setzt eine umfangreiche Palette an Marketingtools eines Green Davids um:

- **Transparenz:** Sie gewähren Einblicke in ihre Alltagswelt der Produktion und erklären die Abläufe. Der interessierte Konsument erfährt auch über die Web-seite sehr viel über den Betrieb und dessen Arbeitsweise. Wesentlich ist hier auch die Tiefe der Transparenz. Denn es werden viele Aspekte ihrer Bewirtschaftung erläutert und gezeigt. Und es werden auch kritische Fragen thematisiert, wodurch eine Greenwashing-Transparenz vermieden wird. Letztendlich entsteht hierdurch eine hohe **Glaubwürdigkeit.**
- **Werte:** Die Marke steht für Werte wie Verantwortung und Natürlichkeit.

---

[1]Bei Hemme Milch Uckermark handelt es sich um den Betrieb des Bruders des hier besprochenen Beispiels Hemme Milch. Link: www.hemme-milch.de

- **Visionen:** Das Unternehmen ist auf die Zukunft ausgerichtet und stellt ein umweltbewusstes Arbeiten und eine Berücksichtigung des Tierwohls in den Fokus.
- **Emotionalisierung:** Die Visualisierung stellt ein Herz in den Fokus des Logos und die Sprache betont, dass es vom Herzen kommt. Es wird auch eine direkte und umgängliche Sprache verwendet. Viele Bilder vom Betrieb und von den Menschen hinter dem Produkt ermöglichen eine emotionale Nähe im Erleben der Marke.
- **Realität der Produktion in ästhetische Präsentation:** Die visuelle Sprache zeigt die realen Bilder der unterschiedlichen Produktionsprozesse, die nicht romantisiert werden: echte Menschen mit schmutzigen Traktoren oder die hochglänzende Molkereiumgebung und die echten Weiden und Kühe im Stall. Hier wird auf Schönung verzichtet, aber dennoch mit einer designorientierten Bildsprache gearbeitet. Beispielsweise werden das vollautomatische Melkkarussell und damit die Realität einer teilautomatisierten Landwirtschaft gezeigt und auch Besuchern vorgeführt. Es wird erklärt, wie die Abläufe am Hof funktionieren, ohne dass der Eindruck einer seelenlosen Tierfabrik entsteht.
- **Im Dialog:** Interessierte werden auf den Hof zu Führungen eingeladen. Die Texte eröffnen mit den Interessierten, die sich auf der Website informieren, einen Dialog.
- **Direktvermarktung:** Hemme ist in Deutschland einer von 50 Direktvermarktern und beliefert etwa 1000 Märkte, Bäckereien, Schulen und Kindergärten.
- **Innovationen:** Der verwendete Einweg-Milchbeutel besteht aus einem Kreide-PET-Material (Calymer) mit einem 40-prozentigen Anteil natürlicher Kreide. Durch das geringe Verpackungsgewicht von nur 16 g entsteht weniger Müll. ◄

Ein weiteres Beispiel ist der kalifornische Schuhhändler Toms.

Toms

Von B-Corp unter den weltweit Top-Gemeinwohlunternehmen gewählt.

Toms unterstützt mit jedem verkauften Paar Schuhe soziale Agenden. Toms ist eine zertifizierte B-Corporation und wurde 2019 vom unabhängigen Standards Advisory Council von BLab zu den besten 10 % ihrer 3000 zertifizierten Unternehmen gewählt. 2006 in einem kleinen Apartment in Los Angeles gegründet, nutzt Toms 2008 erstmals die Community, um auf ihre Anliegen in der Öffentlichkeit präsent zu machen. Dabei verbrachte deren globale Community einen Tag ohne Schuhe und zeigt auf, was das Leben ohne Schuhe für Kinder in armen Ländern bedeutet: ein hohes Risiko für Infektionen durch Verletzungen an den Füßen. Schuhe bedeuten oft eine hohe Investition für die Familien, und Kinder ohne Schuhe werden auch diskriminiert. Toms Mission:

„Toms steht seit jeher für eine bessere Zukunft – eine Zukunft, in der die Menschen aufblühen. Für uns bedeutet das, dass man sich unabhängig davon, wer man ist oder wo man lebt, körperlich sicher und geistig gesund fühlt und einen gleichberechtigten Zugang zu Chancen hat. Jeder Einkauf bei TOMS ermöglicht es uns, in lokale Partner auf der ganzen Welt zu investieren, die positive Veränderungen … bewirken" (Toms 2019).

2009 baute Toms ein weltweites Netzwerk mit 200 humanitären Partner-
organisationen auf. „Durch die Zusammenarbeit mit diesen Organisationen können
wir die Bedürfnisse der Gemeinschaften, die sie unterstützen, besser verstehen
(Toms 2019, S. 11)." Inzwischen hat sich Toms im Markt etabliert und konnte 2019
erstmals einen Impact-Report veröffentlichen, um seine sozialen Leistungen zu
kommunizieren: 95 Mio. Paar Schuhe wurden gespendet, 780.000 Mal mit dem
Verkauf von Brillen Augenlicht wiederhergestellt und 722.000 Wochen sauberes
Wasser bereitgestellt. Dafür hat Toms 6,5 Mio. US$-Dollar aufgewendet. Toms
kommuniziert, dass pro 3 €, die das Unternehmen verdient, 1 € gespendet wird. ◄

Key Learnings für das Green Marketing

- Aus Marketingperspektive ist der Impact-Report von Toms ein essenzielles Tool,
  um einerseits Transparenz in den tatsächlich erwirkten Impact und die Beweggründe zu bringen und die Effizienz des Engagements zu kommunizieren. Das
  anonyme Spenden transformiert sich für jene Käufer, die sich damit befassen, zu
  einer realen Agenda des Unternehmens, weil die gebotenen Informationen einen
  konkreten Bezug herstellen. Dadurch und mithilfe der Veröffentlichung von Zahlen
  steigt die Glaubhaftigkeit des Unternehmens. Aber vor allem stellt Toms auch die
  Beweggründe für sein Engagement in den Fokus und veröffentlicht auch die Ziele,
  die in Zukunft erreicht werden sollen. Beim Lesen entsteht dadurch der Eindruck,
  dass es sich um ein authentisches Bemühen des Unternehmens handelt. Der Impact
  Report von Toms stellt damit ein Best-Practice-Beispiel dar.
- Da auch die Greening Goliaths Transparenz als Marketingtool für sich entdecken
  und hier große Kampagnen realisieren, ist es für Green Davids eine besondere
  Herausforderung, mit solchen Impact-Reports ihre grüne Authentizität zu festigen.

10.3   Schlüsselansatz 3: Storytelling

Die Wirtschaft wandelt insgesamt ihr Narrativ, und mit ihr auch die Green Davids
und die Greening Goliaths. Jim Stengel, der ehemalige Marketingchef von Procter &
Gamble, skizziert in seinem Ted Talk diesen Wandel von der alten zu der neuen „Story"
des gesamten Wirtschaftssystems. Die Konsumenten auf der gesamten Welt haben
sich verändert, wie sie einkaufen, was sie einkaufen und wie sie Verantwortung übernehmen, so Stengel (2012). Er proklamierte, dass die Wirtschaft in ein neues Zeitalter eintrete: Neue Ideale bilden die Basis für eine neue Wirtschaft. Er bezeichnet es
als das neue Narrativ in der Wirtschaft (Stengel 2012). Die Ideale eines Unternehmens
sind im Grunde sein Zweck, warum es existiert. Sie basieren auf den Werten eines
Unternehmens. Diese Auffassung teilen sicherlich nicht alle Akteure in der Wirtschaft
mit Jim Stengel. Aber dennoch markiert es den Prozess des Umdenkens der Goliaths

in der Wirtschaft insgesamt. Und so lässt sich das Phänomen des Greenwashings auch von einer anderen Perspektive betrachten. Denn das Greening der Wirtschaft ist ein kollektiv angestrebtes Narrativ, welches zunehmend das Wirtschaftssystem und deren Akteure prägt. Das emsige Grünfärben von Produkten und Unternehmen kann man inzwischen in vielen Fällen beobachten. Dahinter mögen auch profitorientierte Zielsetzungen stehen. Es verweist aber auch darauf, dass die Goliaths diesen Wandel des Narrativs zur Nachhaltigkeitsforderung der Gesellschaft beobachten und es als ihre Aufgabe begreifen, diesem Narrativ des Guten zu folgen. Natürlich resultiert daraus ein wachsender Graubereich, der es allen Akteuren zunehmend erschwert, „echte" nachhaltige von „grün gefärbten" Unternehmen zu unterscheiden. Und aus diesem Umstand ergibt sich für Green Davids, dass sie sich sehr sorgsam mit dem Narrativ ihres Unternehmens befassen sollten. Sie müssen einen Weg finden, um sich mit ihren grünen Produkten und Leistungen von den immer grüner werdenden Greening Goliaths zu differenzieren.

Narrativ geleitete Konzepte und ein Branding durch Storytelling sind die wirksamsten Waffen im Kampf der Green Davids um Aufmerksamkeit und darin, mit Käufern und Communitys eine loyale Verbindung aufzubauen. Storytelling schafft Gemeinschaften und kann Kunden zu loyalen Brand-Advokaten wandeln. Storytelling kann die Mundpropaganda steigern, Produkte verkaufen, Sympathie erzeugen, Werte transportieren und – am wichtigsten – die Glaubhaftigkeit und Authentizität von Green Davids wirksam sichtbar machen. Und da ein wirksames Storytelling nicht unbedingt mit einem hohen Marketingbudget zu erreichen ist, eignet es sich exzellent für Green Davids, die eventuell weniger finanzielle Mittel für ihr Marketing haben, aber mehr Leidenschaft, um von ihren Anliegen zu erzählen. Bevor gleich die vielfältigen Wege des emotionalen Storytellings skizziert werden, noch ein paar Gedanken dazu, dass Storytelling sich auch in der 4.0-Ära wandelt oder neue Chancen eröffnet.

In Kap. 3 über die grünen Konsumenten hat sich gezeigt, dass die Millennials eine neue Generation an Konsumenten sind und kommunikativ anders agieren als die Generationen zuvor:

- Sie sind smarter in der alltäglichen Nutzung von Technologien.
- Sie sind sozial aufmerksamer als die Generationen zuvor.
- Sie nutzen die neuen Medien intensiv und stehen mit einem großen Netzwerk an Peers in Kontakt.
- Sie bevorzugen Marken, die sich sozial und umweltorientiert verhalten.
- Und sie haben eine skeptische Haltung gegenüber den Werbemethoden der alten Medienwelt.

In der kommunikativen Welt der neuen Generationen dominiert also die Kommunikation unter den Peers. Sie informieren sich gegenseitig über nachhaltige Unternehmen oder Produkte und treffen in ihren Freundes-Netzwerken gemeinsam nachhaltige Entscheidungen. Daher stellt sich die Frage, wie ein Green David als unternehmerischer

Bürger in dieser Landschaft an zig persönlichen Gesprächen teilhaben kann. Denn man muss sich vergegenwärtigen, dass diese neuen, jungen Konsumenten sich vermutlich nicht darum bemühen werden, um auf der Unternehmenswebsite etwas über die Marke und über das Unternehmen zu erfahren. Sie werden keine Nachhaltigkeitsberichte lesen und nach den Informationen suchen, die für sie persönlich nicht relevant sind. Dort finden sie überwiegend Statistiken beziehungsweise zahlenlastige Darstellungen, mit denen sie sich nicht selbst identifizieren können. Das sind keine authentischen und persönlichen Geschichten von echten Menschen, die sie in ihrem Kommunikationsalltag gewohnt sind.

In Zukunft werden daher nachhaltige Unternehmen gefordert sein, sich mit Storys in diese persönlichen Gespräche einzubringen und auf diese Weise ihre Werte und Informationen zu transportieren. Die Zielsetzung ist, auch in diesem Kommunikationsumfeld als authentisch wahrgenommen zu werden und letztlich das Ziel zu erreichen, dass die Konsumenten eine Affinität zum eigenen Unternehmen herstellen. Und diese Affinität wird dadurch erreicht, indem Green Davids die Werte mit ihren Konsumenten teilen und soziale und umweltorientierte Probleme adressieren. Dann haben Green Davids auf Basis des gewonnenen Vertrauens sehr gute Chancen, um in ihrem Unternehmen Brand Communitys zu etablieren, mit ihren Kunden gemeinsam Storys zu erzählen und ihre Anliegen in die Netzwerke weiterzutragen.

Werte sind also essenziell. Sie sind aber abstrakte Begriffe, die erst durch Storys erlebbar gemacht werden und damit an Glaubwürdigkeit gewinnen. Denn die reine Auflistung von Werten, die sich in vielen Unternehmensberichten finden, schaffen keinen persönlichen Bezug dazu. Listen informieren nüchtern. Die Inhalte müssen also über individuelle Geschichten transportiert und in Konversationen in Social-Media-Kanälen eingeflochten werden. Diese Storys müssen authentisch sein, damit die Menschen sie auch glauben.

> **Fünf Grundregeln, denen jeder einzelne Content-Baustein folgen muss**
> Der Content
>
> 1. muss ein **Problem lösen,** das für die Netz-Community des Unternehmens wirklich relevant ist,
> 2. muss die Netz-Community **unterhalten,**
> 3. sollte persönlich und **authentisch** sein und daher **Emotionen** transportieren,
> 4. sollte inspirieren,
> 5. sollte die Menschen zu etwas **motivieren.**

Im Idealfall schafft eine Story sogar alles. Denn emotionale und authentische Geschichten haben letztlich das Potenzial, das Handeln der Menschen im Sinne der Nachhaltigkeit zu fördern.

Emotionen sind dafür verantwortlich, dass eine Botschaft auch in einem hoch kommunikativen Umfeld im Gedächtnis hängen bleibt beziehungsweise gut verankert und erinnert werden kann. Hier ein kleiner Praxistest mit einer kurzen Geschichte, wie es zu einer populären Food-Innovation kam.

Selbsttest zur Gedächtnisleistung von Geschichten: Wie das Sandwich entstanden ist

Die Story: Im 18. Jahrhundert lebte ein Aristokrat namens John Montagu, der vierte Earl of Sandwich. Er liebte das Kartenspiel und verbrachte viel Zeit damit. Während eines stundenlangen Cribbage-Spiels fand er keine Zeit zum Essen. Da kam ihm die Idee, sich das Essen in zwei Brotscheiben legen zu lassen. Daraufhin hat ein hungriger Mitspieler ebenfalls „ein Brot wie Sandwichs" verlangt. Fortan reichte Montagu seine kleinen Snacks auch während seiner Männergesellschaften, wodurch das „Sandwich" als Zwischenmahlzeit seinen Siegeszug antrat.

Test der Erinnerungsleistung: Gleich nach dem Lesen kann man sich fragen, ob man auch Bilder gesehen hat, wie zum Beispiel diesen Earl, üppig ausgestattet in einem barocken Zimmer oder auf einem englischen Landsitz. Haben sich auch noch andere sensorische Eindrücke manifestiert? Wenn ja, warum? Typischerweise ergänzen Menschen Geschichten mit ihren imaginären Bildern, die sich aus ihrem Erfahrungsschatz speisen. Die Erinnerungsleistung kann man einfach dadurch messen, dass man sich einen Tag nach dem Lesen die Aufgabe stellt, diese kurze Geschichte einer anderen Person zu erzählen, ohne sie nochmals durchzulesen. Und anschließend sieht man im vollständigen Text nochmals nach, wie viel von der tatsächlichen Information korrekt weitergegeben wurde. Folgende Fragen sollte man sich danach stellen:

- Welche Details konnten korrekt wiedergegeben werden?
- Wurde auch der Name des Earls erinnert?
- Und das Jahr?
- Welches Spiel wurde konkret gespielt? Vermutlich wurde nicht alles im Gedächtnis gespeichert, denn Zahlen, Daten und Fakten werden schneller vergessen als die Bilder und Stimmungen einer Story.
- Konnte man die Bilder einen Tag später noch abrufen?

Man kann sich bei der obigen Story über den Early of Sandwich bildlich vorstellen, wie ein dekadent ausstaffierter Pfau mit anderen Earls in einem Clubzimmer sitzt und sich mit dem Problem von klebrigen Fingern herumschlägt, während er zugleich mit den Karten hantiert. Zudem kann man sich an eine solche Geschichte noch Tage später sehr gut erinnern. Warum? Man kann sich einerseits die Szenerie verbildlichen und hier emotional das Problem miterleben. Das ist möglich, weil unser Gehirn durch Geschichten aktiviert wird. Und das funktioniert umso besser, je simpler eine Story ist.

Daher lautet die Grundregel, dass der Content von Green Davids unbedingt über eine Geschichte mit einem **emotionalen Anker** verhaftet werden sollte. Konkret sollten also Fakten und Emotionen verbunden werden, erläutern Plätzmann und Busch (2019, S. 2). Statt ein Faktenblatt zu präsentieren, wird eine bewegende Geschichte erzählt – die Geschichte zu den Fakten. Daher sollten die Storys nicht nur simpel, sondern auch emotionalisierend sein.

Die Neurowissenschaft erklärt die Wirkung von Storys und zeigt auf, dass das Gehirn aufgrund von Spiegelneuronen schon beim Zusehen aktiviert wird und wir daher mit der Hauptfigur miterleben. Zudem denken Menschen in Narrativen, weshalb das Format von Storys also letztlich ein „gehirngerechtes" Vermitteln von Informationen ist. Leo Widrich (2012) hat die wissenschaftlichen Erkenntnisse zur Wirkungsweise des Storytellings in seinem Artikel zusammengetragen. Wenn Menschen also einer Geschichte zuhören oder sie lesen, führt ihr Gehirn automatisch einen Abgleich durch und sucht nach ähnlichen Erfahrungen. Darin liegt auch begründet, warum Metaphern, wie sie in Märchen verwendet werden, sehr gut funktionieren. Bei der Suche nach ähnlichen Erfahrungen aktiviert das Gehirn einen Teil, der Insula genannt wird, der dann die gefundene Erfahrung mit dem erlebten Vergnügen, mit der gefühlten Angst oder Enttäuschung verbindet. Wir können dann die Situation nachempfinden. Dann passiert Folgendes: Der Zuhörer wandelt die Erfahrung, die er über eine Story gemacht hat, in eine eigene Erfahrung um.

Oder wenn Geschichten beschreiben, wie wunderbar und verführerisch ein bestimmtes Gericht aussieht, riecht und schmeckt, dann aktiviert sich beispielsweise das entsprechende Areal im Gehirn, um die sensorischen Informationen zu verarbeiten. Daher sollte man darüber nachdenken, ob in einer Story auch sensorische Informationen passend sind, um das Gehirn aktivieren zu können.

Leo Widrich (2012) verweist noch auf einen essenziellen Verarbeitungsprozess des Gehirns, der für das Storytelling wesentlich ist: Das Gehirn lernt, oft gehörte Phrasen zu ignorieren. Denn das Gehirn ist eine auf Effizienz bedachte Denkmaschine: Wenn etwas zu oft gehört wurde, dann ist es nicht wert, sich daran zu erinnern. Standardphrasen, die in einer Branche dauernd verwendet werden, verlieren also ihre Wirkung. Deshalb ist es wichtig, beim Erzählen von Geschichten einen uniquen Stil zu entwickeln oder zumindest auf die typischen Phrasen zu verzichten.

10.3.1 Storytelling mit Archetypen

Mit Archetypen lassen sich Geschichten für Unternehmen und Marken sehr gut erzählen, weil sie Urbilder des kollektiven Unbewussten darstellen. Sie repräsentieren Bilder von Helden, die die Rezipienten meist kennen und mit denen sie sich identifizieren können: der Narr, der Weise, der Rebell, der Zauberer usw. In unserer Rezeption sind wir es gewohnt, uns nicht mit den Zuschreibungen eines Archetyps zu identifizieren, sondern wir übertragen diese auch auf andere.

Der Psychologe Carl Gustav Jung hat die Archetypen ausführlich beschrieben und erklärt, dass Archetypen der Gegensatz zur individuellen Psyche sind, also einen universellen Charakter aufweisen (Jung 2011, S. 11–52). Vielmehr sind sie allgemeiner Natur und zeigen Verhaltensweisen, die überall und in allen Individuen gleichen seien. Thomas Pyczak (2017) hat die Archetypen von Jung, die Grundmuster eines instinkthaften Verhaltens repräsentieren, mit ihrem Grundmotiv, ihrer Charakterisierung beschrieben:

A. Grundmotiv der Erfüllung – Sehnsucht nach dem Paradies
   - **Der Unschuldige** – *Sicherheit:* Er ist neugierig, spontan und optimistisch. Seine Werte sind Glück und Vertrauen. Beispiele: Hipp.
   - **Der Weise** – *Wissen:* Ihm geht es um die Wahrheit. Durch seine analytischen Fähigkeiten erkennt er die Welt. Beispiele: Utopia.de.
   - **Der Entdecker** – *Freiheit:* Er geht in die Welt und probiert Neues aus. Er legt auf Unabhängigkeit großen Wert. Beispiel: Fairphone.
B. Grundmotiv der Veränderung – Spuren hinterlassen
   - **Der Rebell** – *Befreiung:* Regeln werden gebrochen und das Vorgehen ist radikal. Er leitet Revolutionen an oder schockiert. Er scheut sich vor dem Mainstream. Beispiele: Tesla, Greenpeace.
   - **Der Zauberer** – *Macht:* Er macht etwas möglich, was andere für unmöglich gehalten haben. Er will die Regeln des Universums verstehen, um die Welt zum Guten zu verändern. Beispiele: The Body Shop (unter der Leitung von Anita Roddick).
   - **Der Held** – *Herrschaft:* Sein Motto ist, wo ein Wille ist auch ein Weg. Er ist Meister darin, etwas zu lernen, das die Welt verändert. Er hat keine Angst vor schwierigen Situationen. Beispiele: Patagonia, Teekampagne, Quartiermeister, Dr. Bronner.
C. Grundmotiv der Verbindung – Beziehungen zu anderen pflegen
   - **Der Liebende** – *Nähe:* Er ist leidenschaftlich und verführerisch. Er gibt anderen das Gefühl, einzigartig zu sein. Beispiele: Weleda, Primavera.
   - **Der Narr** – *Freude:* Er sucht das Vergnügen und die Freude. Ihm ist die Sympathie anderer wichtig, weshalb er sie unterhält. Er genießt den Augenblick. Beispiel: Einhorn.
   - **Der Jedermann** – *Zugehörigkeit:* Er ist ein unauffälliger Mitbürger, ein Demokrat, der Vorrechte und Privilegien negiert. Er ist bodenständig und ein loyaler Begleiter. Beispiele: Grüne Erde, Frosch, Birkenstock, Voelkel.
D. Grundmotiv der Ornung – Struktur verleihen
   - **Der Betreuer** – *Fürsorge:* Er kümmert sich fürsorglich und einfühlsam um andere. Er will helfen und unterstützen. Beispiele: Dove, Be My Eyes, Vaude, EinDollarBrille, Toms.
   - **Der Herrscher** – *Kontrolle:* Er strebt nach Kontrolle und Macht, aber auch nach einem harmonischen Umfeld. Er versucht, seine Macht für Gutes zu nutzen. Beispiele: Demeter, Followfood.

- **Der Schöpfer** – *Innovation:* Er ist experimentierfreudig und kreativ. Sie sind Bauer und Künstler und wollen eine Vision in die Tat umsetzen. Beispiele: Air Vodka, Infarm, Soulbottle, Viva con Agua.

Aber nicht nur Archetypen sind typologische Schablonen. Thomas Pyczak (2017) zeigt auch auf, dass lediglich sieben Basic-Plots für Geschichten existieren, die sich in unseren Filmen und in der Literatur wiederfinden. Auch hier können sich die Menschen in diesen Handlungsschemata wiederfinden, weil darin immer die Entwicklung des Ichs verarbeitet wird.

- **Das Monster überwinden** – Etwas tyrannisiert die Welt und der Held hat die Aufgabe, das Monster zu töten, um letztlich den Frieden wiederherzustellen. Dieser Masterplot eignet sich besonders für Unternehmen, so Pyczak (2017), um seine Mission zu erzählen: sich dem Bösen entgegenstellen und die Welt besser machen.
- **Vom Tellerwäscher zum Millionär** – Ein durchschnittlicher Mensch verwandelt sich in eine besondere Persönlichkeit. Im heutigen Wirtschaftskontext sind das die Geschichten der Nerds, die ein Start-up gegründet und es an die Spitze geschafft haben.
- **Die Suche** – Das ist die Geschichte der Odyssee. Der Held muss an ein fernes Ziel reisen, um dort eine Mission zu erfüllen. Am Weg zurück muss er sich gegen Widersacher durchsetzen, um seinen alten Platz wieder einnehmen zu können. Pyczak empfiehlt diesen Plot für Unternehmensführung, weil es ein klares Ziel vorgibt. Das Ziel steht fest, aber der Weg dorthin kann abenteuerlich werden.
- **Reise und Rückkehr** – Der Held verlässt die gewohnte Welt und kommt in eine fremde Welt, aus der er erst nach vielen Abenteuern wieder nach Hause zurückkehrt. Die Reise ergänzt den Plot der Suche und vertieft die Rückkehr. Hier dominiert aber das Ausprobieren oder ein neues Projekt.
- **Komödie** – Hier existieren viele Varianten, aber grundsätzlich fokussiert dieser Plot auf eine kleine Welt, die von etwas überschattet wird. Er herrscht Verwirrung und Unsicherheit. Vielleicht werden Menschen voneinander getrennt. Hier wird das Böse wie in den Plots zuvor nicht getötet. Es kann sich hier meist sogar in das Gute wandeln.
- **Tragödie** – Der Held erreicht das Ziel nicht, das er sich vorgenommen hat. Er scheitert und stirbt. Er hat sich auf einen Weg eingelassen, der dunkel oder verboten ist. Anfänglich funktioniert es bestens, aber dann muss er den Tribut zahlen. Dies sind die Geschichten, die Unternehmen nicht erzählen wollen und meist aussparen. Aber in Zeiten der Transparenz wird es zunehmend zur Aufgabe werden, dass Unternehmen auch über gescheiterte Projekte oder Probleme berichten. Hier stellt sich die Frage, ob die Rezipienten solcher Unternehmensgeschichten nicht zum Schluss kommen, dass dieses Unternehmen glaubwürdig sei.
- **Wiedergeburt oder Comeback** – So wie Schneewittchen wird der Held vom Bösen schikaniert und flieht. Eine Weile sieht alles gut aus, aber dann wendet sich das Glück

und der Held wird vergiftet oder anderweitig außer Kraft gesetzt und verweilt lange in diesem Zustand. Der Held wird vom Guten gerettet und mit der Widergeburt oder mit dem Comeback geht das Böse unter. Das ist die Lebensgeschichte von Steve Jobs: Er baut eine Firma auf, wird herausgedrängt, kommt aber auf wundersame Weise zurück und rettet das Unternehmen, das sich am Rande des Abgrunds befindet.

Greenpeace Schweiz

Mit Archetypen erfolgreich Geschichten erzählen – Kampagne „David werden".

Greenpeace wird selbst als David gesehen, der mit seinem Aktivismus gegen die Goliaths dieser Welt kämpft. Die Bilder zu der generischen Brandstory von Greenpeace sind bekannt: kleine Schlauchboote mit ein paar Menschen in Schwimmwesten versuchen, mächtige Wahlfänger von ihrem Vorhaben abzuhalten, indem sie vor ihrer Route umherkreuzen und sie zum Anhalten zwingen oder sich in die Schusslinie vor die Wale bringen. Ironischerweise bringt Greenpeace genau zu seinem 40-jährigen Gründungsjubiläum die „David werden"-Kampagne in die Öffentlichkeit. Genau zu dem Zeitpunkt, als die Medien mit Headlines wie „Vom David zum Öko-Goliath" (Bachmann 2011) dem Umweltaktivisten vorwerfen, dass es zu einem 200-Millionen-Konzern angewachsen ist. Greenpeace ist eine Kampagnen-Maschine und hat von Beginn an über die spektakulären Storys und Bilder die Menschen zum Aktivismus und zum Spenden angeleitet. In Deutschland gibt Greenpeace pro Jahr von seinem Budget, das 62 Mio. € beträgt, 40 Mio. für Kampagnen, 12 Mio. für Kommunikation und knapp 6 Mio. für Werbung aus (Greenpeace 2018, S. 21). Der Großteil des Budgets fließt also in die Kommunikationsleistungen, daher muss sich das Unternehmen durchaus kritische Bemerkungen gefallen lassen. In dieser Situation startete Greenpeace die Kampagne „David-werden". Es wurde eine integrierte Kampagne, die dieses Thema David gegen Goliath in einem umfassenden Storytelling aufgriff mit einem Call-to-Action, dass die Menschen sich als Aktivisten engagieren sollen.

TV-Spot: Der visuelle Erzählstil ist ruhig und harmonisch. Ein Kind in der Wiege, darauf der Name David. Ein Mann klebt Plakate mit dem lesbaren Namen David darauf. Jemand blättert Briefe mit dem Namen David durch. Es laufen Männer mit Trikot auf ein Fußballfeld – alle haben David auf dem Trikot. Kinder in der Schule: Sie rufen „David". Eine Band namens David performt auf der Bühne. Zur Musik tanzen Menschen. Eine Frau flüstert einem Mann „Ich liebe dich, David" ins Ohr. Eine Zeitung mit Namen David wird gedruckt. Ein Mann geht entgegen einer Pfeilrichtung. Ein älteres Paar tritt vor den Traualtar. Man sieht eine Schleife mit der Aufschrift „David und David". Es ist aber ein heterosexuelles Paar. Kinder schießen mit einem Gummi Papierschnipsel in das Publikum. Dann der Call to Action: Jetzt David werden!

Zentrales Kommunikationsinstrument dieser integrierten Kampagne ist ein Direktmailing, das als Zeitung namens „Daily David" an die Mitglieder und an Interessierte versandt wurde. Key Visual ist hier in Form einer Illustration ein einzelner Mensch, der sich alleine und nur mit einer Zwille bewaffnet einem konstruierten Ungeheuer in Form eines Schiffes, eines Kraftwerks oder eines Baumfällungsroboters entgegenstellt. Das sind die Bilder, die die Öffentlichkeit von Greenpeace kennt.

2016 greift Greenpeace dieses archetypische Thema David gegen Goliath nochmals auf. Mit einer Plakatkampagne bedankt sich Greenpeace bei seinen Spendern. Zu sehen sind Alltagsmenschen im Porträt mit der Headline „Wilfried gegen Goliath". Erklärt wird: „Mächtige Konzerne zerstören für schnelle Profite die Umwelt. Dadurch verlieren viele Menschen und Tiere ihre Lebensgrundlage. Danke an alle, die sich für einen friedlichen grünen Planeten einsetzen. Greenpeace.at/aktivwerden" ◄

10.3.2 Ansätze zum Storytelling für Green Davids

Es geht hier darum, ein Gespür zu bekommen, welche Anlässe und Themen relevant sein könnten und wie man dann auch in der digitalen Content-Welt das große Thema über mehrere Beiträge oder über mehrere Kampagnen mit einem roten Faden verknüpfen kann. Viele Green Davids legen aber auch einen roten Faden des Storytellings für ihre Brand fest und in allen Kommunikationskanälen und allen Kampagnen ist dies Teil der Kommunikation, weil es Teil der Markenidentität ist.

Ansatz # 1 – Mitarbeiterzentriertes Storytelling
Personen aus dem Unternehmen oder Markenbotschafter werden zu sichtbaren Menschen aus dem Unternehmen. Sie sind typischerweise die Helden in den Geschichten, die erzählt werden. Die Mitarbeiter sind für das Storytelling von Green Davids das Potenzial schlechthin, um einen authentischen Einblick in das Unternehmen und in seine Wertschöpfungskette zu geben. Bei der Biokräutermarke **Sonnentor** erzählt beispielsweise der Gründer Johannes Gutmann in zig Vorträgen, auf Konferenzen und auch den Besuchern in seinem Unternehmen seine Geschichte „Vom Spinner zum Winner" (Gutmann 2018). Er selbst ist ein Unikum mit Glatze, roter Brille, Hosenträgern, mit seiner alten Lederhose von seinem Großvater, mit Waldviertler Schuhen aus seiner Heimatregion und mit einem bübischen Lächeln im Gesicht. Inzwischen hat Johannes Gutmann diese Geschichten anlässlich des 30-jährigen Bestehens seines Unternehmens Sonnentor zusammengetragen. Und er beginnt damit, warum ihm selbst Geschichten so wichtig sind:

> „Ich war als Kind ein kleiner, schmächtiger Bub. Wenn ich mit meinem alten Rad durch das Dorf gefahren bin, habe ich gerne mit den Leuten geplaudert, mir ihre Geschichten angehört und versucht, selbst auch welche zu erzählen. Denn wer die besten Geschichten erzählen konnte, der zählte was, das habe ich von meinem geliebten Dorfgreißler gelernt" (Gutmann 2018, S. 1).

Johannes Gutmann schildert seine Heldenreise „Vom Tellerwäscher zum Millionär" ausführlich und beschreibt, wie er aus der Not der Arbeitslosigkeit gemeinsam mit drei

Bauern Sonnentor gründete, sich mit den Kräutern auf ein paar Märkte stellte und nach vielen Verwirrungen und bürokratischen Hürden (Hindernisse des Bösen) ein internationales Unternehmen aufbaute. Wenn man ihn kennt, sieht man, dass der Erzählstil im Buch zu 100 % seinem natürlichen Erzählfluss entspricht. Es ist also authentisch. Der rote Faden dieses Erzählens sind die Werte und der Sinn, die die Mitarbeiter von Sonnentor von der ersten Stunde an treiben.

Sonnentor kann als Best Practice im mitarbeiterzentrierten Storytelling gelten. Nicht nur Johannes Gutmann als Geschäftsführer erzählt seine Story, sondern man kennt auch die Bilder der Bauern, von denen er erzählt. Und das sind keine Models, sondern seine echten Partner. Auch seine viel geschätzte Mutter taucht immer wieder überlebensgroß mit Blümchenschürze und Gartenharke in der Hand auf. Zudem ist dieser Ansatz auch konsistent bis in alle Winkel des Unternehmens umgesetzt.

Die Biotiefkühlkost-Marke **Biopolar** (biopolar.de) von Ökofrost zeichnet sich durch handwerkliche Qualität ihrer Feinschmecker-Produkte aus. Bei Biopolar sind auch die echten Mitarbeiter des jeweiligen Herstellerbetriebes die Heroes auf den Verpackungen. Die weißen Verpackungen bestehen zu rund einem Drittel aus Fotografien der echten Menschen in der Herstellung – keine über-ästhetisierten Bilder, die nicht der Realität entsprechen. Durch den Kontrast der weißen Verpackung mit den Schwarz-Weiß-Bildern entsteht ein einheitlicher Kommunikationsstil, der zum einen authentisch ist und zum anderen die hochwertige Positionierung des Produkts unterstützt. Ökofrost berichtet in ihrem Gemeinwohlbericht 2019 ausführlich die Hintergründe:

> „Mit der Einführung unserer Transparenz-Initiative legen wir nicht nur weite Teile des gesamten Entstehungsprozesses unserer Biopolar-Produkte offen, sondern möchten andere Mitunternehmen ebenfalls zu mehr Transparenz anregen. Die Hersteller werden auf unseren Verpackungen explizit genannt und vorgestellt (nicht wie üblich verschleiert durch die Angabe ‚hergestellt für Ökofrost'). Auf der Verpackung gibt es sogar ein Foto eines an der Herstellung beteiligten Mitarbeiters, das direkt in der Produktion aufgenommen wurde" (Ökofrost 2019, S. 27).

Biopolar setzt diese visuelle Strategie aber auch integriert in all ihren wesentlichen Kommunikationskanälen konsistent durch. Die Fotos der Mitarbeiter aus der Produktion sind ebenfalls in den Produktkatalogen sowie auf der Website die Key Visuals der Marke Biopolar zu sehen. Es wird auch erklärt, dass geschönte Imagewerbung in klassischen Kanälen nicht zur Unternehmensphilosophie passe (Ökofrost 2019, S. 29).

Ansatz # 2 – Kundenzentriertes Storytelling
Ähnlich wie bei den Mitarbeitern bieten echte Kunden das Potenzial, über Storys zu Markenbotschaftern zu werden. Hier erzählen die Geschichten die Heldenreisen der Kunden, beispielsweise wie das Produkt die Bedürfnisse eines Menschen erfüllt oder sein Leben verbessert oder in welchen Lebenslagen das Produkt den Nutzer begleitet. **Patagonia** hat sich mit Worn Wear zuerst in einer Kampagne und nun mit einem ganzen Kreislauf der bereits getragenen Kleidung etabliert. Auf der Website werden die

Geschichten der getragenen Kleidungsstücke erzählt, die auch von Kunden als Video-geschichten mit dem Titel „Stories We Wear" erzählen und an Patagonia geschickt werden können. Zum Beispiel Sean Villanueva O'Driscoll, der seine Story des Kletterns bei seinen Kletterexpeditionen thematisiert. Diese Story haben 217.000 Menschen angesehen. Ein anderer Kunde (Todd C) kommentiert diese Story folgendermaßen: „Once again Patagonia captures the essence of being outside and adventures. Thanks for the incredible vid." Oder die Ultramarathonläuferin Keira Henninger zeigt ihre alten Shorts, die sie schon über 8000 Meilen getragen hat. Sie erzählt, dass sie niemals ein Rennen mit ungetragener Kleidung machen würde. Und diese Geschichten der Kleidung sind es, was sie so wertvoll und zu einem geliebten Stück machen, an denen man hängt und sie daher gerne repariert, um sie noch länger zu tragen – so die Baseline der Story, die Patagonia in vielen Facetten erzählt. Diese Reihe über getragene Lieb-lingsstücke transportiert letztlich die Werte von Patagonia, dass Kleidung wertvoll und kein Wegwerfprodukt ist. Patagonia geht in dieser Kampagne auch in Dialog mit seinen Kunden und fordert sie auf, ihre persönlichen Geschichten an Patagonia zu senden. Allerdings kann dieser User-generated Content nicht von den anderen Kunden gesehen werden und dadurch keine Kommunikation unter Kunden und in ihren Netzwerken realisieren.

Ansatz # 3 – Produktzentriertes Storytelling
Es werden Geschichten aus dem Blickwinkel des Produkts erzählt. Dabei können die Entwicklungs- oder die Herstellungsgeschichte erzählt werden oder auch Mitarbeiter über diesen roten Faden vorgestellt werden. Es empfiehlt sich, das Differenzierungs-merkmal in das Zentrum der Story zu stellen.

Wenn beispielsweise die Qualität des Produkts überragend ist, ist es wichtig, seinen Kunden mehr darüber zu erzählen. Eine typische Erzählform ist, dass das Produkt der Held der Story ist und es selber die Geschichte erzählt. Dies hat der österreichische Lebensmittelhändler **BILLA** (Rewe Group) in seiner Kampagne **„Da komm' ich her!"** in einem TV-Spot umgesetzt. Hier wird die Regionalität der Frischware thematisiert. Das Ziel ist es zu zeigen, dass viele Frischeprodukte lokal aus der Nachbarschaft stammen. Der Held ist eine Karotte mit einer weiblichen, frechen Sprechstimme: Sie wird aus dem Boden gezogen und der Blickwinkel ist immer jener der Karotte selber. Der Zuseher sieht unten im Bild immer ein Bündel an Karotten und der Erzählheld ist eine dieser Karotten. Sie wird aus dem Boden gezogen – „Da komm' i raus." Sie sieht den Landwirt – „Hey." Sie wird auf einen Traktor geladen – „Da komm' i mit." Sie ist in einem großen Lager auf Kisten, ein Hund schnüffelt an ihr – „Hallo!" Sie wird auf das Förderband einer Waschstraße gelegt – „Da komm' i drauf. Brrr." Sie fällt vom Förderband – „Oh." Sie kommt in eine Kiste und die Verpackung wird von einem Menschen geschlossen und dann in einen Lieferwagen gehoben – „Da komm' i rein." Die Tür des Lieferwagens wird geöffnet und sie wird aus dem Wagen gehoben und im Lager abgestellt – „Und hepp, griaß di." Sie wird zum Frischeregal getragen und sagt „Da komm' ich her!".

Ein weiteres Best-Practice-Beispiel ist die Designlampe namens **Almut von Wildheim,** die aus Heu und Holz hergestellt wird. Dieses Beispiel zeigt, dass auch auf einer Website ein Storytelling als wesentlicher Teil der Tonality der Marke eingesetzt wird: Das Produkt tritt mit dem Käufer auf humorvolle Weise in einen Dialog. Almut von Wildheim spricht die Besucher der Website an. Gleich auf der Homepage: „Hi. Ich bin Almut." Ein Bild weiter: „Deine natürliche Mitbewohnerin." Ein Bild weiter: „Meine Heimat sind die Berge." Ein Bild weiter: „Willst du mit mir abhängen?" Danach werden erst die Fakten zu den natürlichen Materialien, zu Design und zum Bezug der Alpen neutral beschrieben.

Ansatz # 4 – Anwenderzentriertes Storytelling

Diese Möglichkeit bietet sich vor allem für B2B-Unternehmen, deren Kunden meist der Handel oder andere Hersteller sind. Hier kann gezeigt werden, wie Anwender mit den Bauteilen, Rohstoffen oder Teilkomponenten tatsächlich arbeiten – also eine Story für ein Ingredient-Branding, wie sie von Intel (intel inside) oder Goretex bekannt ist. **Goretex** hat in der Kampagne „Waschstraße" (1994) einen guten Zugang gefunden, um die Funktionalität zu erklären, wie ein End-User mit Goretex-Kleidung trocken bleibt: Es wird eine Jacke zugezippt. Das Logo ist zu sehen. Es werden Schuhe mit Logo zugeschnürt und Handschuhe angezogen. Dann schlägt eine Hand energisch auf einen roten Buzzer. Rockige Musik beginnt. Man ist in einer aktiven Waschstraße. Es schiebt sich die Hand mit dem Handschuh durch die rotierenden Bürsten. Nun sieht man den ganzen Mann in unterschiedlichen Einstellungen, wie er sich von den Bürsten durchbürsten lässt. Dazwischen werden Botschaften als Text integriert „Goretex. Garantiert wasserdicht! Verschweißte Nähte!" und dann noch „Goretex. Atmungsaktiv! Winddicht!" Am Ende wird der Mann noch vom Wind trocken geblasen.

Ansatz # 5 – Anwendungszentriertes Storytelling

Auch hier bildet die Anwendung den roten Faden einer Story. Dabei steht aber nicht der Anwender selbst im Fokus, sondern die Anwendung selber. Typisch sind hier Case Studies, die zwar streng genommen keine Form des Storytellings darstellen, aber in der Praxis oft angewandt werden. Beispielsweise vermarktet das Unternehmen **cellparc** Bioenergiefassaden, die mittels Algen nachhaltige Energie in den Fassaden von Gebäuden produzieren. Bei einem solch innovativen Produkt ist neben der ausführlichen und faktenorientierten Erklärung der Innovation aber das Zeigen von Anwendungsbeispielen essenziell für den Verkaufserfolg. Der erste Demonstrationsprototyp war das „Algenhaus" BIQ, das 2013 in Hamburg auf der Internationalen Bauausstellung errichtet wurde. Cellparc gibt durch Anwendungsbeispiele Einblicke in die Hauptanwendungen der Algenfassade: Schalldämmung, Sonnenschutz, Wasserrecycling und thermische Isolation. Neben den Anwendungsbeispielen stellt cellparc die Erklärung der Funktion in den Vordergrund. Da die Käufer alle aus dem Baugewerbe oder High-Involvement-User sind, verwendet cellparc ein Modell eines Hochhauses als Visualisierung, bei dem die notwendigen Elemente der Bioenergiefassade farbig hervorgehoben sind und als ganzes System erklärt werden. Der User kann auf der Website die einzelnen Elemente in beliebiger Reihenfolge und nach Interesse anklicken und erhält die einzelnen Erklärungen.

Das Start-up **Logsta.com** ist ein Logistikspezialist für Start-ups, die für kleine Crowdfonding-Kampagnen einen Logistikpartner benötigen. Das Geschäftsmodell erklärt Logsta auf einer eigenen Seite: „Logsta macht glücklich. Wie genau, erzählen wir dir hier." Es folgen einige Logistiklösungen, die Logsta für Kunden umgesetzt hat. Darunter zum Beispiel die nachhaltige Uhrenmarke Holzkern, die eine automatisierte, aber auch eine flexible Logistiklösung brauchte. Logsta erklärt, welche Lösung hierfür umgesetzt wurde.

Ansatz # 6 – Geschichtszentriertes Storytelling
Auch wenn Produkte teilweise identisch und damit austauschbar sind, liefern die Hintergründe der Geschichte eines Unternehmens oft den Grund, warum sich Menschen gerade mit diesem Unternehmen verbunden fühlen. Eventuell kommt es aus derselben Region, der Gründer ist sympathisch oder das Unternehmen hat eine Innovation realisiert, die das Leben vieler Menschen verbessert hat. Die Green Davids, die häufig noch keine lange Historie haben, erzählen dennoch gerne die Gründungsidee in Form einer Geschichte. So auch die Gründer der Almwiesenlampe namens Almut von Wildheim, die bereits erwähnt wurde:

> „Wie alles begann: Ein Baum, eine Säge und ein bisschen Gravitation. So oder so ähnlich könnte man die Entstehungsgeschichte von **ALMUT von Wildheim** beschreiben: Ein Nussbaum am hauseigenen Campingplatz musste gefällt werden und dabei stellte sich heraus, dass der Stamm komplett hohl war. Um diesen aber vor dem sicheren Feuertod zu bewahren, kam die Idee auf, daraus eine Stehleuchte zu bauen. Vom Lampenbau derart fasziniert, folgten etliche weitere Leuchten aus Holz – aus einem leidenschaftlichen Hobby wurde eine leidenschaftliche Profession. Die Geburtsstunde von ALMUT von Wildheim" (almutvonwildheim.com).

Die Geschichte der Gründung der **Herrmannsdorfer Landwerkstätten** des kürzlich verstorbenen Biofleisch-Pioniers Karl Ludwig Schweisfurth ist eine Heldenreise von „Reise und Rückkehr" per se: In den 1950er- und 1960er-Jahren baute der gelernte Metzger den kleinen Betrieb seiner Familie zum größten fleischverarbeitenden Unternehmen Europas mit einem Jahresumsatz in Höhe von 1,5 Mrd. DM unter der Marke Herta aus. Dort wurden Zehntausende Schweine und Rinder pro Woche verarbeitet. Aber Karl Schweisfurth stellte sich selbst den Fragen zum Tierwohl und zur ökologischen Herstellung von Lebensmitteln. Als Konsequenz verkaufte er 1984 sein Unternehmen an Nestlé. Mit dem Geld gründete er eine Stiftung und begann als 55-Jähriger, eine Landwirtschaft nach seinen Vorstellungen zu realisieren. Dabei stand seine Verantwortung gegenüber den Tieren an erster Stelle. In vielen Interviews und in seinen Büchern vertritt er seine Ansicht, dass es seine ethische Pflicht sei, den Tieren ein gutes Leben zu ermöglichen, wenn er ihnen schon das Leben nehme. Die Tiere (Schweine, Rinder, Masthühner) leben daher gemeinsam in einer symbiotischen Gemeinschaft auf den

Weiden. Der Story-Proof: Interessierte sind in den Werkstätten willkommen und erhalten Führungen und viel Hintergrundwissen zum Hof, zur Verarbeitung. Sie können aber auch an Seminaren teilnehmen und vor Ort im Hofladen einkaufen. Diese Heldenreise der Geschichte von Karl Ludwig Schweisfurth hat in vielen Medien Eingang gefunden. Im Porträt in der „Süddeutschen Zeitung" fasst Franz Kotteder diese Heldenreise mit der Wandlung zum Guten in der Subheadline prägnant zusammen:

> „Er besaß die größte Wurstfabrik Europas. Dann dachte Karl Ludwig Schweisfurth über die industrielle Lebensmittelproduktion nach, verkaufte seine Firma und fing mit den ‚Herrmannsdorfer Landwerkstätten' an. Erst wurde er dafür belächelt – heute boomt das Geschäft" (Kotteder 2014).

Ansatz # 7 – Wertezentriertes Storytelling

Im dynamischen 4.0-Zeitalter, wo schneller Wandel den Alltag prägt, werden Unternehmenswerte und auch eine Unternehmenskultur eine noch wichtigere Rolle spielen. Einerseits weil sie Stabilität in ein hochdynamisches Umfeld bringen, und andererseits wird die Wertehaltung der Generationen Y und Z eine höhere Rolle spielen. Es empfiehlt sich, die Werte in Verbindung mit den handelnden Menschen in das Storytelling zu integrieren. Dadurch wirken sie nicht abstrakt und erhöhen die Glaubhaftigkeit. Und die höchste Glaubwürdigkeit haben normale Mitarbeiter und nicht nur die Geschäftsführung, also die üblichen „Verdächtigen". Natürlich ist bei Green Davids immer abzuwägen, wie mit der Rolle der Geschäftsführung umzugehen ist. Ein Miteinander aller Mitarbeiter erzeugt ein Bild von gelebter Diversität und versichert den Konsumenten, dass die kommunizierten Werte auch tatsächlich im Unternehmen gelebt werden.

Das deutsche Unternehmen **Share** stellt die Werte Teilen und Transparenz sogar in den Mittelpunkt seines Geschäftsmodells und ist Teil der Mission: „Share basiert auf dem 1 + 1 Prinzip. Ein Prinzip, das so einfach ist wie sein Name: Mit dem Kauf eines Produkts tust du dir etwas Gutes und hilfst gleichzeitig einem Menschen in Not. Das Beste daran: Du kannst jederzeit verfolgen wie und wo" (Share 2020). Das 1 + 1 Prinzip ist der Kern des Storytellings und wird daher im ersten TV-Spot anhand zweier Charaktere, also Personas, erklärt. Wenn hier jemand ein Share-Produkt kauft, dann hilft er damit direkt einem anderen Menschen. Kauft man einen Snack, so finanziert dieser Snack ein Essen für jemanden mit. Wenn man Wasser kauft, hilft dies, sauberes Trinkwasser zu finanzieren. Share hat hieraus ebenfalls eine Brandstory entwickelt, weshalb das 1 + 1 Prinzip an jedem Touchpoint vermittelt wird: Produkt, Werbung, Website, Blog. Überall ist durch das Storytelling zu sehen und zu lesen, was Share an Umsetzungen anpackt und bewirkt. Den Wert der Transparenz erzielt Share auf jeder Verpackung, wo per QR-Code genau verfolgt werden kann, bei welchem Projekt das Produkt gerade behilflich ist. Die Glaubhaftigkeit dieser Storys entsteht durch eine ausführliche Projektbeschreibung und durch zahlreiche Bilder, die die Umsetzung des Projekts vor Ort dokumentieren. Die Leser erhalten auch eine ausführliche Erklärung zur Relevanz des Projekts. Das wird untermauert von Zahlen, die dokumentieren, wie viele einzelne Produkte dort vor Ort schon gespendet wurden.

Ansatz # 8 – Herkunftzentriertes Storytelling

Die Herkunft von Produkten sind beispielsweise im Lebensmittelbereich für viele grüne Käufer ein wichtiges Kaufkriterium: Lokale, regionale oder nationale Herkunft stehen im Fokus als nachhaltige Lösungen im Foodsystem.

Ansatz # 9 – Eventzentriertes Storytelling

Da viele Green Davids tendenziell zahlreiche Events mit oder für ihre Community durchführen, kann hierum ebenfalls ein Storytelling aufgebaut werden. Denn die Events fungieren als Proof im Marketing, dass ein Green David auch entsprechend seiner Werte handelt. Diese Storys über das Engagement sollten ihre Community teilhaben lassen an dem, was die Marke, das Unternehmen und deren Mitarbeiter gerade unternehmen. Solche eventzentrierten Aktivitäten schaffen es aufgrund ihrer Aktualität, auch in den sozialen Netzwerken Aufmerksamkeit zu generieren, und bieten den eigenen Stakeholdern Anlässe, über die eigene Marke zu sprechen oder das Engagement zu teilen.

Als Beispiel soll hier der **Biohof Adamah** aufzeigen, dass ein landwirtschaftlich orientiertes Biounternehmen mit dem Schwerpunkt des Biokisten-Versands den Kontakt mit seiner Community über Events pflegt. Interessant ist, dass mit der Zunahme des digitalen Geschäftsmodells als zentrale Vertriebssäule für die landwirtschaftlichen Bio-frischeprodukte der Kontakt zum landwirtschaftlichen Ursprung von den Kunden immer mehr genutzt wird. Und die Kunden des Biohof Adamah nehmen meist eine lange Anreise aus der nahe gelegenen Großstadt Wien auf sich, um an diesen Events teilzunehmen. Inzwischen ist das jährliche Hoffest auch schon auf ein zweitägiges Fest angewachsen. Das familiengeführte Biounternehmen bedankt sich nach jedem Hoffest mit zahlreichen Bildern, die auf den sozialen Kanälen wie Facebook mit den loyalen Kunden geteilt werden. Hier dominiert also ein visuelles Storytelling, das das jeweilige Event dokumentiert, dabei einen typischen dokumentarischen Stil aufweist und auf werbliche Inszenierungen verzichtet. Mittlerweile werden auch Feldexkursionen, Kindergeburtstage, Kochworkshops und Kräuterworkshops angeboten und pro Monat finden rund vier bis fünf Veranstaltungen über das gesamte Jahr verteilt statt. Auf diese Weise bindet der Adamah seine Kunden an sich und macht sie zudem über Events zu Brand-Advokaten.

Ansatz # 10 – Interaktives Storytelling

Die digitalen Tools ermöglichen heute eine neue Form des Storytellings, das den Betrachter oder Nutzer mit in die Story integriert und dadurch ein höheres Engagement mit der Handlung erreicht. Die New York Times legte 2012 mit dem Bericht „**Snow Fall**" einen Meilenstein für ein interaktives Storytelling im Web (Branch 2012) – wenngleich es sich nicht um eine Nachhaltigkeitsstory handelt. Der Autor erzählt hier die Geschichte von 16 Freeskiiern, die in den USA in ein Lawinenunglück involviert waren. Der Bericht ist also mehrperspektivisch angelegt und erzählt das Ereignis aus unterschiedlichen Blickwinkeln der Beteiligten. Die Interaktivität wird dadurch erzeugt, dass der Fließtext zahlreiche Optionen für das Abspielen von Videos aufweist, um sich in eine bestimmte Richtung zu vertiefen. Es sind aber auch grafische Animationen enthalten, die zeigen, wie sich die Schneedecken aufgebaut haben, die die Lawine auslösten. Der Leser navigiert also in der Story noch nach seinem eigenen Interesse. Wenn man durch einige Passagen scrollt, bei der die Route der Freeskiier beschrieben wird, sieht man daneben eine interaktive Grafik, die den Berg mit dem Lawinenhang zeigt, wo diese Erzählung gerade stattfindet.

Interaktion ist beim digitalen Liquid-Storytelling eine Form, wie die Rezipienten mit einer Geschichte interagieren. Dies ist eine fließende Geschichte, die per Video erzählt wird, wobei der Ausgang der Geschichte ungewiss ist. Das Video stoppt an einer Stelle und fragt den Zusehern, ob „A" oder „B" passieren soll. Man drückt auf seine Auswahl und sieht dann den Film in dieser Version weiter. **Tipp-Ex** erzählt 2010 in dem von der Agentur Buzzman produzierten Spot „A Hunter Shoots a Bear!" die komödiantische Geschichte eines Freizeitjägers beim Camping. Er wird beim Zähneputzen von einem Freund gefilmt und gefragt, ob er hinter dem Zelt etwas liegen gelassen habe. Der andere: Nein. Die Freunde argumentieren hin und her. Dann zoomt der filmende Freund hinter das Zelt, wo ein Bär auftaucht und auf seinen Freund zuläuft. Er schnappt sich sein Gewehr und wird von seinem Freund aufgefordert zu schießen. Er könne nicht, so die Antwort. Das geht hin und her, bis das Video stoppt und der Zuseher nach seiner Wahl „Shoot the Bear" oder „Don't shoot the Bear" gefragt wird. Tatsächlich hat Tipp-Ex bis zu 50 unterschiedliche Schluss-Szenen produziert. Hier ein Beispiel, wenn man sich für „Dont't shoot the Bear" entscheidet: Der Mann mit dem Gewehr dreht sich um und zieht das Tipp-Ex aus der Anzeige (direkt neben dem Video angezeigt) in sein Video. Mit dem Tipp-Ex löscht er dann den Titel seiner Headline. Übrig bleibt: „A hunter … a bear …". Dann dreht er sich zum Zuschauer um und sagt zu ihm. „Schreib da rein, was du willst" und geht aus dem Bild. Das ist dann eine interaktive Schaltfläche. Wenn man zum Beispiel „A Hunter Kisses a Bear" hineinschreibt, kommt eine andere Story. Der Bär bekommt einen Spray gegen Mundgeruch verabreicht und dann fallen sich Jäger und Bär in die Arme … Et cetera.

Die Betrachter wurden auch eingeladen, die Story mit ihren Freunden zu teilen. Das Video wurde als Youtube-Kampagne gelauncht, die sich viral verbreitet hat und sich zum Kampagnen-Hit entwickelte. Tatsächlich hat die Kampagne im Jahr 2010 mit 50 Mio. Klicks Massen begeistert und zahlreiche Auszeichnungen erhalten. Dieses Beispiel erläutert nicht nur, wie Liquid-Storytelling funktioniert. Vielmehr zeigt es auch ansatzweise das Potenzial auf, das digital erzählte Storys entfalten können.

Ansatz # 11 – Transparenzzentriertes Storytelling
Die Transparenz ist eine Domäne der Green Davids, die ein hohes Potenzial birgt, um sich von den Greening Goliaths differenzieren können. Eine konsequente und umfassende Transparenz ist eine essenzielle Säule der Green Davids, um ihre Authentizität und das Vertrauen in ihre Produkte zu kommunizieren. **Karma Classics** haben mit ihrem Produzenten **Ethletic** mittels einer Video-Reihe (Ethletic, Karma Classic 2016

oder auch als längere 6-teilige Webserie namens „Give & Take") im Dokumentationsstil einen Einblick in die Herstellung der fairen Sneaker gegeben. Es werden alle wesentlichen Stationen der Herstellung in Pakistan gezeigt. Der Dokumentationsstil wird dadurch realisiert, dass Amira vom Karma Classics als Moderatorin durch die Webdoku-Serie führt. Sie fordert die Betrachter der Webserie auf, mit auf die Reise in die Schuhproduktion zu kommen. Der Geschäftsführer Mark Solterbeck von Ethletics, der den Aufbau einer fairen Schuhproduktion in Pakistan mit aufgebaut hat, erklärt an der jeweiligen Station der Produktion, wie die fairen Schuhe hergestellt werden. Der Blick in die Wertschöpfungskette beginnt zum Beispiel auf jenem Baumwollfeld, wo genau die Baumwolle angebaut wird, die in den Sneakern verwendet wird. Im Dialog wird auch deutlich, welche Steine dann vor Ort noch aus dem Weg geräumt werden müssen, um die biologische und auch faire Produktion erreichen zu können. Zudem werden an den Stationen die Menschen aus der Produktionskette interviewt. Zum Beispiel erzählt der Leiter der Biobaumwoll-Kooperative, warum man sich entschlossen hat, auf eine biologische und faire Produktion umzustellen. Er führt aus, dass die hohen Preisschwankungen normalerweise ein Problem darstellen und die stabilen Preise und die langfristigen Partnerschaften allen Beteiligten in der Kooperative eine gesicherte Existenz und eine höhere Lebensqualität für die Familien ermöglichen. Im Interview erfährt man auch, woran es in der Region von Pakistan aktuell mangelt: Bildung und Gesundheit. Dazwischen werden die für eine Dokumentation entsprechenden Fakten eingeblendet. Zum Beispiel, dass Fair-Trade den Bauern Mindestpreise garantiert und eine 15-prozentige Prämie für soziale Zwecke auszahlt. Beim Baumwollpflücken zeigt die Dokumentation anhand von zwei Frauen die Arbeitsbedingungen der Baumwollernte. Die Zuseher erfahren auch in einer Interviewsituation, in Baumwolle sitzend, welche Kriterien für den Bioanbau und für das Siegel GOTS eingehalten werden müssen. Auf ein werbliches Narrativ wird verzichtet, um einen möglichst authentischen Blick in die reale Welt der Produktion zu vermitteln. Karma Classics hat diese Webserie „Give & Take" vor allem für seine Startnext-Kampagne eingesetzt, um die Produktion durch die Prosumenten, wie Karma Classics seine Käufer nennt, vorfinanzieren zu lassen. Das Finanzierungsziel konnte in der Kampagne im Jahr 2016 übertroffen werden.

Ansatz # 12 – Testimonialzentriertes Storytelling
Weil der Begriff „Testimonial" sehr unterschiedliche Interpretationen zutage bringt, soll er vorab kurz erläutert werden. Wörtlich meint der englische Ausdruck Testimonial, dass eine Person von einem Produkt Zeugnis ablegt und in der Werbung als Fürsprecher oder Repräsentant auftritt. Ein fürsprechendes Testimonial kann ein Produkt, eine Dienstleistung, aber auch eine Idee oder eine gemeinnützige Zielsetzung vertreten. Testimonials haben vor allem im Fall von bekannten Persönlichkeiten eine hohe Glaubwürdigkeit, die sich auf das Ziel überträgt. Typischerweise wird die Qualität, die Nützlichkeit oder die Preiswürdigkeit des Produkts in den Fokus der Fürsprache gestellt. Die Bandbreite von Testimonials ist sehr breit. Grundsätzlich werden folgende Testimonials unterschieden:

a. *Reale Testimonials* – Der Einsatz von realen Personen funktioniert grundsätzlich so gut, weil Menschen sich an dem Handeln anderer Menschen orientieren. Das Testimonial bringt einen sogenannten sozialen Beweis für etwas. Gerade zögerliche und unentschlossene Konsumenten können so sehr gut erreicht werden. Reale Testimonials können in der Öffentlichkeit prominente Persönlichkeiten sein, was meist als klassische Form der Werbung mit Testimonials verstanden wird. Im Nachhaltigkeitsbereich werden aber auch Gründer von nachhaltigen Unternehmen selbst zu Prominenten und treten in der Werbung für das eigene Unternehmen auf. Dies hat beispielsweise **Anita Roddick,** die Gründerin von The Body Shop, erstmals im Nachhaltigkeitsbereich umgesetzt. Sie ist ein Best-Practice-Beispiel dafür, dass sie ihre moralischen Prinzipien aber nicht nur für ihr eigenes Unternehmen, sondern auch für altruistische Zielsetzungen eingesetzt hat, und daher die Marketinginteressen nicht im Vordergrund standen. Dadurch hat sie in der Öffentlichkeit eine hohe nachhaltige Glaubwürdigkeit als Person etabliert, die auch auf ihre Marke The Body Shop abstrahlte. Auch **Claus Hipp** ist zu einem bekannten Unternehmensgründer geworden, dessen Claim „Dafür stehe ich mit meinem Namen" eine hohe Bekanntheit für seine biologische Babynahrung erlangt hat. Die Marke Hipp ist stark mit der Persönlichkeit des Geschäftsführers verwoben, und es ist aus Marketingsicht bemerkenswert, wie sorgsam die Übergabe der Geschäftsführung auf den Sohn Stefan Hipp auch in der Werbung vorbereitet und dann vollzogen wurde. Ein Unikum stellt Trigema dar: Der Gründer **Wolfgang Grupp** bürgt ebenfalls in der Werbung für die ökologische, faire und regionale Herstellung der Textilien. Mit dem berühmt gewordenen **Trigema-Affen** wurde eine Bühne für die Werbung geschaffen, in der der Affe als Nachrichtensprecher in einem Nachrichtenstudio mit einem Trigema-Hemd bekleidet saß und Mundbewegungen machte. Hierzu wurden unterschiedliche Texte gesprochen und dazu im Hintergrund als Nachricht ein Video eingespielt. 2018 führte der Trigema-Affe dann auch ein Interview mit Wolfgang Grupp. Der Affe: „Herr Grupp. Ist es nicht ein bisschen affig, noch immer in Deutschland zu produzieren?" Wolfgang Grupp antwortet darauf: „Ganz im Gegenteil. Dieses Shirt (eingeblendet) muss nicht um die halbe Welt fliegen. Und die Menschen, die es herstellen, haben einen sicheren Arbeitsplatz. Deshalb Deutschland." Dann richtet er sich an den Affen. „Was habe ich gerade gesagt?" Der Affe antwortet: „100 % Qualität. Und 100 % Made in Germany." (Trigema TV-Spot 2018). Dieses Beispiel wurde für ein Massenpublikum im öffentlich-rechtlichen TV konzipiert, dem die Vorteile nachhaltiger und fairer Kleidung in 20 Sekunden erklärt wurden. Mit dem Affen wird eine Differenzierung und zusätzlich eine hohe Erinnerungsleistung erreicht, da der seriös auftretende Unternehmenschef Wolfgang Grupp in seiner seriösen und vertrauensbildenden Rolle bleiben kann. Es ist also der Affe, der die Konsumenten als „Endorser" zunächst erreicht und Aufmerksamkeit generiert, dann aber auch die nachhaltigen Botschaften der Marke Trigema über Wolfgang Grupp im Huckepack transportiert. Der Erfolg dieser Vorgehensweise kann durch das sogenannte **Source-**

Credibility-Modell von Hovland (siehe Ermec Sertoglu, Catli, Korkmaz 2014, S. 66–77) erklärt werden, das besagt, dass die Wirksamkeit einer Botschaft von der Vertrauenswürdigkeit der Quelle bedingt wird. Hierzu liegen zahlreiche Ergebnisse der Werbewirkungsforschung vor.

Bei den realen Testimonials können aber auch nicht prominente Personen herangezogen werden, um Glaubhaftigkeit zu erzeugen. Typisch ist die Verwendung realer Kunden oder Nutzer, die sich zufrieden über die Produkte oder die Leistung äußern oder anderen Interessenten Tipps geben. Relativ häufig werden aber auch Experten herangezogen. Das sind beispielsweise die Wissenschaftler in weißen Mänteln, die die Werbewelt bevölkern und eine wissenschaftlich erwiesene Wirkung erklären.

b. *Nicht reale Testimonials* – Hier werden Charaktere geschaffen, die meist die Marke repräsentieren. Die Reinigungsmarke **Frosch** wurde bereits in den 1980er-Jahren in den deutschen Massenmärkten eingeführt und ist heute eine vertrauensvolle grüne Marke. Zunächst war der Frosch nur Teil des Logos, wurde aber dann aber zu einem Testimonial weiterentwickelt und tritt an allen Touchpoints als sympathischer, grüner Akteur in Form eines Comic-Charakters auf. Der flitzt mit Wäschekörben durch das Internet, duscht happy, riecht an den Aromaprodukten, kuschelt mit Handtüchern und fliegt mit einer Info ins Bild. Auch bei speziellen Kampagnen wie der „Ocean Film Tour", die Frosch unterstützt, ist das Frosch-Testimonial mit einer Schildkröte zusammen auf den Kommunikationsmitteln zu sehen. Damit repräsentiert diese niedliche Comic-Figur seit der Umpositionierung (2000) des Unternehmens zu einer Wohlfühlmarke. Hier wird das **Source-Attractiveness-Modell** angewandt, dessen Wirkung von der Sympathie des Testimonials abhängt. Diesen Sympathie-Effekt nutzt ebenfalls die Biohandelsmarke Ja! Natürlich mit ihrem **Biobauernhof-Schweinchen,** das in Österreich eine hohe Bekanntheit genießt. Da das Bioschweinchen von Ja! Natürlich schon sehr lange als Testimonial eingesetzt wird, kann es die Funktion der Vertrautheit übernehmen, die der Rezipient einer Werbung auch benötigt, um den Effekt der Sympathie zu verstärken und letztlich hohe Bekanntheitswerte der Marke zu erzielen.

Die deutsche Biomarke für Tiefkühlprodukte BioCool hat ebenfalls den Comic-Charakter einer niedlichen Erbse namens „**Pea**" eingeführt. **BioCool** (www.bio-cool. de) ist kein Akteur mit kostenintensiver klassischer Werbung wie beispielsweise Ja! Natürlich mit hohen Kommunikationsbudgets. Die sympathische grüne Comic-Erbse tritt zentral auf der Verpackung neben dem Logo auf und spricht mit dem Käufer. In der Sprechblase von Pea wird auf die Leistungseigenschaften des jeweiligen Produkts hingewiesen: herrlich cremig, mit 25 % Erdbeerpüree, vegetarisch lecker, deutsches Biorindfleisch, für mehr Tierwohl oder Natur pur. Und natürlich weist Pea auf der Website auch darauf hin, dass das Eis von BioCool beim Verbrauchermagazin Öko-test das beste Testergebnis erreicht hat. Die biologischen Siegel werden außerhalb des Aufmerksamkeitszentrums rechts unten, aber dennoch auch am Produkt-Facing platziert. Im Bio-Retail, wo BioCool ausschließlich vertreten ist, ist bio eine Basiseigenschaft, weshalb die Erbse Pea mit bioaffinen Gewohnheitskäufern nicht nur

sympathisch kommuniziert, sondern sie dabei unterstützt, die Differenzierungsmerkmale möglichst schnell am Point of Sale zu erkennen.

Bei der Abwägung, ob ein reales oder nicht reales Testimonial verwendet werden
soll, steht der sogenannte **Vampir-Effekt** stets im Zentrum der strategischen Überlegungen. Der Vampir-Effekt tritt dann ein, wenn ein prominentes Testimonial mit
dem Ziel verwendet wird, eine hohe Aufmerksamkeit auf eine Marke und deren
Produkte zu lenken. Bei diesem Effekt kommt es aber nicht zu einem Transfer von
der nachhaltigen Glaubwürdigkeit des Prominenten auf die Marke, sondern er oder
sie überstrahlt die Botschaft. Das Ergebnis ist, dass die Rezipienten sich nur noch
an den Prominenten, aber nicht an die Botschaft oder an die Marke erinnern. Das
Testimonial „saugt" also sprichwörtlich die Aufmerksamkeit von der Marke ab. Es
gilt also bei der Auswahl des Prominenten abzuschätzen, ob beide Seiten ausgewogen
von dieser Strategie profitieren. Es gilt daher sorgfältig zu prüfen, ob die Persönlichkeit von Prominenten eine hohe Affinität zum Produkt und auch zur Zielgruppe
aufweist. Wenn diese vorliegt, dann spricht man von einem sogenannten **Match-up.**
In der Markentheorie wird die Ähnlichkeit von Persönlichkeitseigenschaften des
Testimonials mit Marke und Zielgruppe auch als Markenfit bezeichnet.

Tipps für eine wirksame Verwendung von Testimonials

1. **Glaubwürdige Testimonials auswählen:** Die Glaubwürdigkeit ist für die
   Wirksamkeit bei der Verwendung von Testimonials am wichtigsten. Es ist also
   bei realen Testimonials in der eigenen Zielgruppe und Community zu überprüfen, ob die Person auch eine hohe Glaubwürdigkeit genießt. Zudem ist
   bei einer langfristigen Strategie zu bedenken, ob diese Glaubwürdigkeit auch
   über einen langen Zeitraum bestehen bleibt. Wenn ein grünes Testimonial in
   die mediale Kritik kommt, nicht wirklich nachhaltig zu handeln, ist auch mit
   einem Imageschaden für die eigene Marke zu rechnen. Beispielsweise genießt
   Leonardo DiCaprio zwar eine hohe Glaubwürdigkeit im Zusammenhang mit
   seinem nachhaltigen Engagement. Doch 2016 zog er die mediale Aufmerksamkeit auf sich, als er ausgerechnet zur Verleihung eines Umweltpreises mit
   seinem Privatjet von Cannes nach New York zurückkreiste. Beim Einsatz von
   Testimonials ist deshalb relevant, was in der Öffentlichkeit kommuniziert wird.
   Hingegen engagiert sich beispielsweise **Emma Watson** für nachhaltige Mode
   und hat auch ihren eigenen Instagram-Account „The Press Tour" eröffnet, in
   dem sie nachhaltige Fashion vor allem von **People Tree** präsentiert, so auch
   auf der Presse-Tour für den Film „Die Schöne und das Biest". Sie trägt zu den
   großen öffentlichen Auftritten auch immer festliche nachhaltige Mode.
2. **Testimonials visualisieren:** Gerade bei der Verwendung von nicht prominenten
   Testimonials muss man darauf achten, diese Testimonials als vollwertige
   Personen zu präsentieren. Wichtig ist, den ganzen Namen auszuschreiben und
   ihnen auch genügend Raum mit ihrer Abbildung zu geben.

3. **Auf Authentizität achten:** Gerade der Nachhaltigkeitsbereich ist mit seinen kritischen Konsumenten sehr sensibel in der Beurteilung von zu werblich orientierten Aussagen. Die Aussagen sollten also wirklich von den Testimonials stammen und zu ihnen passen. Zu übertriebene Fürsprachen wirken schnell unglaubwürdig und gekauft. Die Authentizität geht aber auch dann verloren, wenn die Rezipienten dem Testimonial nicht abnehmen, dass er oder sie die Produkte tatsächlich nutzt. Hierzu das Beispiel des Lebensmittelhändlers Spar, der für sein Premiumsortiment **Pierce Brosnan** als prominentes Testimonial engagiert hat. Die US-Schauspielerin Gwyneth Paltrow vertritt das Veggie-Sortiment, obwohl sie selbst nur bekennende Teilzeit-Vegetarierin ist. Passender und authentischer sind die österreichische TV-Moderatorin **Mirjam Weichselbraun** und der Skistar Hannes Reichelt, die das Biosortiment Natur pur vertreten.

4. **Statements mit Mehrwert auswählen:** Das beschriebene Beispiel mit Mirjam Weichselbraun kann hier als gutes Beispiel weitergeführt werden. Bei ihr passt die Aussage in der Werbung zu ihrer Persönlichkeit. Weichselbraun führt immer wieder aus, dass die Bioprodukte nicht nur gesund sein sollten, sondern auch gut schmecken müssen. Die werbliche Aussage könnte von ihr selbst sein, sie wirkt also authentisch und kommuniziert den Mehrwert für die Käufer bei Spar. Die verwendeten Statements von Weichselbraun fokussieren also in Variationen auf die Leistung des Produkts und thematisieren, welches Problem von durchschnittlich bioaffinen Käufern bei Spar gelöst wird. Denn bei dieser Käufergruppe mit einer geringen Bioaffinität muss die Kaufbarriere „schlechter Geschmack" überwunden werden.

5. **Kurz und funktional versus lang und emotional:** Gerade eine kommunikationsüberlastete Umgebung macht das Durchdringen von Botschaften zunehmend schwieriger. Es gilt also abzuwägen, ob eine sehr kurze und funktionale Botschaft mit dem Testimonial verwendet wird oder eine längere und emotionale. Gerade auf digitalen Kanälen können aber sehr gut beide Versionen miteinander kombiniert werden. Ein kurzer Teaser mit dem Bild des Testimonials und einem Ein-Satz-Statement können Interessierte zu einer längeren und persönlichen (= emotionaleren) Story weiterführen. Hier besteht dann die Möglichkeit, informative Hintergrundgeschichten für die informationsbedürftige Zielgruppe der LOHAS anzubieten.

6. **Interessenten an der richtigen Stelle überzeugen:** Das Beispiel mit der Comic-Figur Pea von BioCool hat gezeigt, dass auch die richtige Platzierung für die Wirkung von zentraler Bedeutung ist. Es müssen aber auch Lesekonventionen berücksichtigt werden. Auf Webseiten hat es sich als Standard etabliert, dass positive Kundenstimmen immer unten platziert werden. Im digitalen Kontext ist auch zu empfehlen, dass die Testimonials in der Nähe einer gewünschten Interaktion platziert werden.

Ansatz # 13 – Communityzentriertes Storytelling
An dieser Stelle muss man nochmals auf die Kraft und die Bedeutung von Storytelling
im ursprünglichen Kontext von Gemeinschaften hinweisen. Denn man sollte nie vergessen, dass Menschen seit Ewigkeiten über mündliche Überlieferungen Gemeinschaften gebildet haben. Auch hier entsteht auch heute noch Verbindung unter
Menschen, wenn sie dieselben Geschichten teilen. Früher hat man noch am Feuer
gesessen und sich Geschichten erzählt, heute geschieht das in Gasthäusern oder in
Hippsterlokalen. Und inzwischen ist das Teilen von Erlebnissen und das Erzählen von
Storys schon über die sozialen Netzwerke in das Alltagsleben eingezogen. Der Tag
beginnt heute für viele Menschen damit, dass sie am Smartphone nachsehen, was es
Neues in ihrem Netzwerk gibt.

Ansatz # 14 – Designzentriertes Storytelling
Design „hübscht" Produkte auf und gestaltet die Verpackungen und die Marke so, dass
sie den Käufern gefallen. Darüber hinaus kann Design auch noch eine veritable Rolle
im Storytelling spielen. Design übernimmt also grundsätzlich eine zentrale Funktion
im Marketing von Green Davids, die meist ein geringes Budget für das Marketing zur
Verfügung haben. Das Design kann durch die Visualisierung einer Story den Konsumenten die Vorstellung darüber vermitteln, wofür ein Green David steht, kann komplexe
Zusammenhänge oder trockene Informationen in eine lebendige Bilderwelt transformieren oder Emotionen transportieren, und Design hat auch das Potenzial, die
Kunden und die Communitys zur Kollaboration oder Interaktion zu animieren. Die
Chance eines design-zentrierten Storytellings liegt darin, dass eine emotionale Verbindung von Marke und Zielgruppe hergestellt werden kann. Daher sollte es sorgfältig
als strategisches Instrument im Marketing begriffen und angewandt werden.

   MyLove-MyLife   (www.mylove-mylife.at/mr-almondo-ms-coco)   sind   vegane
Biodrinks und Biojoghurts aus den pflanzlichen Inhaltstoffen wie Mandel, Hafer oder
Kokos. Das junge Start-up hat als Key Visuals Illustrationen von Mr. Almondo und Ms.
Coco, beide Personifizierungen der Hauptinhaltsstoffe, geschaffen. Sie sind jeweils
ein Stellvertreter der veganen Zielgruppe, die auf sympathische Weise in den direkten
Dialog gehen. Mr. Almondo ist ein typischer urbaner Hippster und Tierliebhaber mit
Bart und Tattoo, dessen Katzen Flora und Fauna heißen. In der Sprechblase stellt sich
Mr. Almondo vor: „Hallo, darf ich mich vorstellen: Ich bin Almondo und Veganer
mit Herz. Ich bin Weltenbummler und genieße das Leben in vollen Zügen. Und habe
sogar mein eigenes Sortiment: MyLove-MyLife Mandel. Lass es dir schmecken. Auf
die Liebe und das Leben" (www.mylove-mylife.at/mr-almondo-ms-coco). Neben ihm
befindet sich eine Illustration seines Steckbriefs. Ms. Coco ist Food-Bloggerin und
reist viel: „Aloha, meine Lieben. Ich bin Ms. Coco. Ihr dürft mich gerne Coco nennen.
Ich bringe euch die Sonne mit. Mit meinen Coco-Produkten dürft ihr die Exotik mit
gutem Gewissen genießen. Also Go Lece for Coco! Lass es dir schmecken. Auf die
Liebe und das Leben" (www.mylove-mylife.at/mr-almondo-ms-coco). Insgesamt ist

das ein perfektes Storytelling der Buying Personae von MyLove-MyLife, das visuelles Storytelling mit einer direkten Dialogisierung mit den Käufern inszeniert. Beide sprechen die Sprache ihrer jungen, veganen und urbanen Käuferschaft und sind letztlich sympathisch inszenierte Repräsentanten der Zielgruppe. MyLove-MyLive realisiert über das Design ein Storytelling, das letztlich die Selbstähnlichkeit der Zielgruppe zur Wirkung bringt. Und der illustrative Charakter des Designs ist zudem gut gewählt, weil dies kategorietypische Designsignale für nachhaltige Produkte von kleineren Marken, also von Green Davids, sind.

Ansatz # 15 – Aktivismuszentriertes Storytelling
Viele Green Davids gehen über ihre grünen Produkte oder Leistungen hinaus und engagieren sich und nun im 4.0-Zeitalter auch in ihrer Community für Themen oder Projekte, die ihnen wichtig sind. Sie setzen sich als zielgerichtet für etwas ein, das sie durchsetzen möchten. Aktivisten streben bei der Durchsetzung ihrer Anliegen nicht die Teilhabe an politischen Prozessen an, sondern sie wählen informelle Mittel. Typisch ist, dass diverse Mittel der Öffentlichkeitsarbeit und kollektive Formen wie Demonstrationen, Petitionen oder Internetaktivitäten angewendet werden. Meist geht dieses Engagement eines Green Davids vom Geschäftsführer persönlich aus, der all seine Stakeholder zum Mitmachen und zum Handeln inspiriert und damit seiner Selbstverpflichtung nachkommt, sich für nachhaltige Ziele zu engagieren. Beispielsweise hat sich das US-Unternehmen **Method,** das nachhaltige Seifen- und Reinigungsmittel herstellt, als erstes Unternehmen weltweit entschlossen, eine Plastikverpackung aus Ozeanplastik herzustellen. Ozeanplastik wurde zu einem zentralen Anliegen des Unternehmens gemacht, und das Unternehmen engagiert sich nicht nur mit einem Anteil seines Profits dafür, sondern widmet sich durchgängig auf allen Ebenen diesem Thema. Die selbstdefinierte Aufgabe ist es, über die Geschäftstätigkeit, mit den Produkten und der Community Aufmerksamkeit für Umweltprobleme zu generieren.

Method hat seinen Aktivismus auch in seiner Mission verankert: „We have big plans to make the world a cleaner, greener, more colorful place. We invite everyone to join us as we pioneer a future where doing business is doing good for all" (Method 2020). Method hat das Ziel, zu einem positiven Wandel, zu mehr Nachhaltigkeit beizutragen.

- Method hat eine Verpackung aus Ozeanmüll entwickelt und erklärt den Käufern durch ein auffälliges Product-Tag im Regal, aus welchem Material diese Verpackung hergestellt wurde.
- Auf der Website informiert Method per Text und Video („From Beach to Bottle") über das generelle Problem von Ozeanmüll und stellt dabei auch in den Fokus, dass jeder einzelne Konsument einen Beitrag zu diesem Problem leistet. Adam Lowry, ein Mitgründer von Method, erklärt in diesen Videos, welchen Beitrag die Produkte im Gesamtsystem leisten. Denn sie haben in einer Zeit die Aufmerksamkeit auf die Thematik gelenkt, als noch wenige davon in den Medien gesprochen haben. Das

Produkt in den Regalen war sozusagen im Handel als Aktivist tätig. Method fordert seine Konsumenten auf, selbst zu Aktivisten zu werden, um letztlich gegenüber der Industrie ein Zeichen zu setzen, dass sie keinen Plastikmüll mehr akzeptieren.

- Method organisiert regelmäßig Aufräumaktionen an unterschiedlichen Stränden mit seiner Community und nutzt diese Gelegenheit, um auch Petitionen unterschreiben zu lassen.
- Auf seinem Blog berichtet Method regelmäßig über seine Aktivitäten zu „Ocean Plastic".

Ein weiteres Unternehmen, das sich einem politischen Aktivismus verschrieben hat, ist **Ben & Jerry's,** das sich schon seit seiner Gründung für soziale Themen und eine faire Produktion seiner Produkte einsetzt. Ben & Jerry's war weltweit das erste Eis, das das Fair-Trade-Siegel für seine Produkte erhielt. Mittlerweile ist diese Eismarke weltbekannt und eine hundertprozentige Tochtergesellschaft von Unilever, die das soziale Engagement dieser Marke noch weiter ausgebaut hat. Auf diese Weise kann Ben & Jerry's heute lokale Initiativen unterstützen und mit seiner sozialen Mission Gleichberechtigung, Chancen und Gerechtigkeit für Minderheiten auf der ganzen Welt fördern, so zum Beispiel in Europa für Geflüchtete. In Deutschland fordern sie ihre Community auf, neu Ankommende als Nachbarn, Freunde oder in ihrer Gemeinschaft willkommen zu heißen, um eine solidarische, offene und bunte Gesellschaft zu realisieren. Sie ermutigen ihre Käufer, auch mit der eigenen Stimme aktiv zu werden und sich für schutzbedürftige Geflüchtete einzusetzen.

Lässt man diese vorgestellten 15 Ansätze zum Storytelling für Green Davids Revue passieren, so kann man für das Storytelling folgende Meta-Grundsätze ableiten:

Key Learnings für das Green Marketing

- Je grüner ein Unternehmen (hohe Nachhaltigkeitsdurchdringung) ist und eine zentrale Brandstory auf allen Kanälen und an allen Touchpoints bespielt wird, umso authentischer und glaubwürdiger (= grüner) vermittelt das Unternehmen seine Nachhaltigkeit.
- Es zeigt sich, dass von Green Davids ein ausführliches und häufiges Story-Posting auf allen Kanälen erwartet wird und sie die aktuellen Updates ihrer Nachhaltigkeitsagenden wirklich als Top-Kommunikationsagenda nutzen, um wirklich mit ihren Käufern und Communitys kommunikativ verbunden zu sein.
- Deutlich wird auch, dass einige Marken weniger in die Verbundenheit investieren und sich mehr auf ein generisches Storytelling über ihr Anliegen verlassen.
- Fazit: Einer Story müssen auch Handlungen folgen oder das Tun ist der Anlass für eine Story, denn Kunden erwarten Ehrlichkeit. Insbesondere das Storytelling bietet den Green Davids die Möglichkeit, diesen Vertrauensanspruch in Worten und Bildern einzulösen.

10.3.3 Bausteine von Storys im Marketing

Es braucht keine Agentur, um eine Story auf den Weg zu bringen. Denn erfreulicherweise funktionieren Storys meist nach demselben Muster. Die Vier-Punkte-Methode hat sich hierfür gut bewährt:

1. **Ausgangslage** – Eine Story beginnt immer mit der Ausgangslage. Jemand steht vor einem Problem, wie zum Beispiel der Earl of Sandwich (Abschn. 11.3).
2. **Spannungsbogen** – Dieser führt direkt zu dem Punkt, wie das Problem gelöst werden konnte. Der Earl of Sandwich hat das Essen in zwei Scheiben Brot verpackt.
3. **Das Ergebnis** – Was ist der Weg und das Ergebnis, um das Problem zu lösen? Der Earl of Sandwich kann endlich beides: ein Essen zu sich nehmen und zugleich Karten spielen. Und hier endet die Story mit dem Earl. Im Marketing brauchen wir aber noch den letzten Punkt.
4. **Call-to-Action** – Am Ende einer Marketingstory steht eine Aufforderung zu handeln oder etwas Bestimmtes zu tun. Das muss nicht, aber kann der „Kauf-Button" sein. Ein Call-to-Action kann aber auch eine Aufforderung an die Brand Community sein, auf eine bestimmte Art nachhaltig zu handeln, ein digitales Trinkgeld an den Hersteller zu übermitteln, selbst eine Story an das Unternehmen zu schicken oder eine Information mit ihrem Netzwerk zu teilen.

Donald Miller (2017) hat diese Story-Formula wiederum in eine Story verpackt, damit man sich die **Grundkonstruktion einer Story** besser merken kann.

Abb. 10.1 zeigt, wie eine Story aufgebaut ist, und dass eine Story immer ein Auf und Ab im Handlungsverlauf aufweist. Das erzeugt die Spannung einer Story. Dieser Rahmen

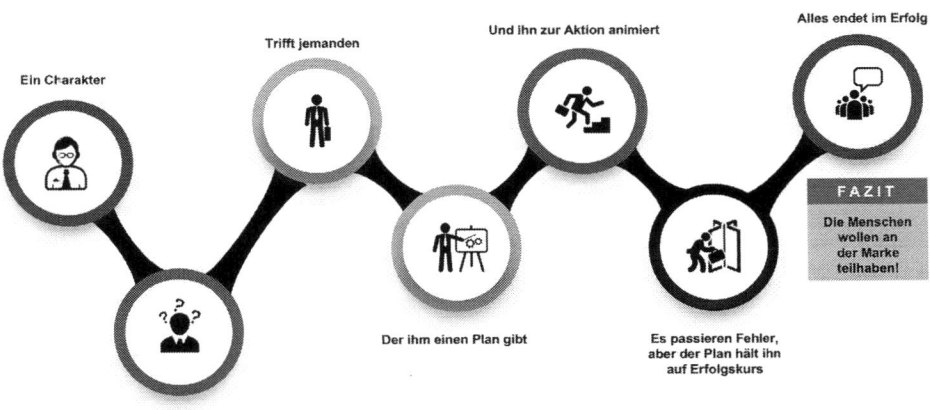

Abb. 10.1   Grundkonstruktion einer Story. (Nach Miller 2017)

für Storys ist allen Menschen aus ihrer Kindheit bekannt, denn jedes Märchen folgt dieser Konstruktion. Und da die Menschen von Kindheit an diese Erzählstruktur kennen, können sie sich anhand kurz erzählter Geschichten schnell orientieren und diese verarbeiten.

Brand Story

Wie aber verfasst man eine Story, damit sie auch wirksam ist und die Menschen am Ende auch wirklich an der Marke teilhaben wollen? Wie sieht eine konsistente Brand Story für eine Green-David-Marke aus?

- **Das „Warum" festlegen:** Simon Sinek (2009) hat mit dem Modell des **Golden Circle** aufgezeigt, dass alle großen Führungspersönlichkeiten wie Martin Luther King, die Wright Brüder oder Steve Jobs ihre Ziele deshalb erreichen konnten, weil ihre Kommunikation stets Frage nach dem Warum im Zentrum stand. Das Warum (the WHY) wurde mit so vielen Menschen wie möglich geteilt. Sinek erklärt in seinem Modell auch, dass das *Warum* im Zentrum des Kreismodells bei der Entwicklung aller Geschichten stehen sollte. Dann erst wird erzählt, wie man was konkret erreicht. Das *Was* steht also für die Produkte, die man herstellt und die das Marketing verkaufen will. In unserer Tradition beginnen die meisten Unternehmen instinktiv immer mit dem *Was,* also mit ihren Produkten, was dazu führt, dass sich die Argumentation automatisch meist zu einer funktionalen Kommunikation entwickelt, mit der die Menschen sich nicht so leicht verbinden können.
- **Eine klare Geschichte erzählen:** Die Botschaft muss auf das Wesentlichste verkürzt werden. Die Grundkonstruktion einer Story hilft, den roten Faden nicht zu verlieren. Am Anfang: ein Satz pro Punkt und dann sehen, ob man die Story verstehen kann. Bei so wenig Raum für Worte kann man nicht zu viele Füllworte und Adjektive verwenden. Weglassen, was geht, ist die Devise.
- **Die Leser der Story in die Story einladen:** Der Kunde ist der Hero, nicht die Marke. Dadurch kann der Kunde aktiviert und involviert werden.
- **Vision:** Die Marke sollte die Vision verfolgen, ein besseres Leben zu leben. Diese ist im Idealfall mit dem *Why* verknüpft.
- **Problemlöser:** Daher hilft die Marke ihren Kunden, ihre persönlichen Probleme zu lösen.

Die Marke eines Green David sollte mittels der Storys wie ein Ratgeber für seine Community agieren und die Kunden durch ihre persönliche Lebensgeschichte begleiten, die letztlich erfolgreich endet.

EinDollarBrille

Die Brand Story eines Social Business.

   Martin Aufmuth erzählt seine Gründungsstory: „Ich bin Martin Aufmuth und ich bin der Gründer der EinDollarBrille. Ich beschäftige mich schon seit Längerem mit den Bereichen Entwicklungshilfe und Klimaschutz. Ich habe dann vor sieben Jahren in einem Buch von Paul Pollak, ‚Out of Poverty' heißt es, gelesen, dass viele Millionen Menschen Brillen bräuchten, sich aber keine leisten können." Dann besuchte Martin Aufmuth in seiner Heimatstadt Erlangen einen Ein-Euro-Shop und sah dort eine Brille zum Preis von genau einem Euro. Und er fragte sich, warum das in Deutschland möglich sei und nicht in Afrika. Dort kosten die Brillen so viel, dass sich die meisten Menschen sich gar keine leisten können. Die Folgen sind gravierend: Kinder können beispielsweise dem Unterricht nicht folgen, Erwachsene können keine qualifizierte Arbeit aufnehmen und ihre Familien nicht ausreichend versorgen. Es wird geschätzt, dass weltweit rund 950 Mio. Menschen eine Brille bräuchten, aber sich keine leisten können. Martin Aufmuth setzte sich das Ziel, möglichst all diesen Menschen Zugang zu Brillen zu ermöglichen.

Die EinDollarBrille besteht aus einem extrem leichten, flexiblen und stabilen Federstahlrahmen und vorgeschliffenen Gläsern aus Polycarbonat. Die Material-kosten inklusive Gläser liegen bei rund 1 US$-Dollar. Verkauft wird sie für zwei bis drei ortsübliche Tageslöhne. Damit ist die EinDollarBrille bezahlbar – auch für sehr arme Menschen. Damit Martin Aufmuth sein ambitioniertes Ziel erreichen kann, hat er nicht nur die Brille entwickelt, sondern ein Social Business Model. Mit einer Biegemaschine können trainierte Fachkräfte vor Ort die Brillen herstellen. Sie funktioniert ohne Strom und kann daher auch in armen und ländlichen Regionen eingesetzt werden. Mit der Brillenwerkstatt werden vor Ort auch Arbeitsplätze geschaffen und leisten einen nachhaltigen Beitrag zur wirtschaftlichen Entwicklung in der Region. Dafür bildet der Verein EinDollarBrille mit einem eigens entwickelten Ausbildungskonzept die EinDollarBrille-Optiker aus. Das Social Business Model macht aus den Menschen, die eine Brille brauchen, auch keine Sozialhilfeempfänger mit alten, unansehnlichen und schlecht sitzenden Brillen, sondern Kunden, die ein individuell angepasstes und durch einige Accessoires personalisiertes Produkt erhalten. Das „Augencamp" kommt in die Dörfer, da die mittellosen Menschen in den ländlichen Regionen auch eine Reise in die Stadt nicht finanzieren können. Damit die Menschen zum Sehtest kommen, führt EinDollarBrille auch Aufklärungskampagnen zum Thema Sehen durch.

Die Brand Story von EinDollarBrille ist auf das auf das Problem der Kunden fokussiert und wird über viele individualisierte Beispiele erzählt. Hier ein Beispiel der 40-jährigen Margaret aus der Stadt Blantyre im Süden Malawis (Afrika): „Als Schülerin konnte ich nichts von der Tafel lesen und habe die Schule dann vorzeitig verlassen. Auch später konnte ich mir nie eine Brille leisten. Seit Monaten trage ich nun meine EinDollarBrille und kann so gut damit sehen!" (EinDollarBrille 2018, S. 3). Diese persönlichen Geschichten, die die Menschen aus ihrem Alltag erzählen, schildern einerseits das Problem, dass das schlechte Sehen Menschen den Zugang zu Bildung oder zu qualifizierten Arbeitsplätzen verwehrt. Die EinDollarBrille ist also der perfekte Problemlöser. Diese persönlichen Geschichten werden immer durch Fakten ergänzt, die belegen, dass es sich nicht um Einzelschicksale, sondern um ein globales Problem armer Länder und armer Menschen handelt. Auf allen Kommunikationskanälen sind Menschen mit ihren neuen Brillen zu sehen, die die Freude über die neue Brille völlig frei von Inszenierung kommunizieren. Zudem können Menschen, die von dem Problem nicht selbst betroffen sind, mittels eines Sehtests auf der Website selber erleben, wie ein Mensch die Welt mit Sehbeeinträchtigung wahrnimmt. ◄

Key Learnings für das Green Marketing

- Die Gründungsstory von Martin Aufmuth ist typisch für den Start-up eines Green David: Sie beschreibt die Entwicklung eines Menschen zum grünen Helden in Kombination mit einem hochrelevanten Problem, das 950 Mio. Menschen betrifft und eine hohe mediale Aufmerksamkeit erzeugt. Die vielen Medienberichte sorgten für einen großen Medienwert und die hohen Reichweiten helfen dem Verein, Spender und ehrenamtliche Helfer zu generieren, ohne Geld für klassische Kampagnen investieren zu müssen.
- Die Bilder und Videos bieten die Möglichkeit, auch aus der Distanz als Dritter an der Tätigkeit des Vereins zu partizipieren. Insgesamt erzeugt die Kommunikation konsistent über alle digitalen Kommunikationskanäle nicht nur ein informatives, sondern eben ein partizipatives Verhältnis.
- Vor allem das Social Business Model ist konsequent auf Nachhaltigkeit ausgerichtet und realisiert eine kontinuierliche und perspektivisch finanziell unabhängige augenoptische Grundversorgung für sehr viele Menschen. Damit zeigt auch dieses Beispiel, dass im Bereich der Nachhaltigkeit dann ein hoher Impact erzielt werden kann, wenn sich ein Geschäftsmodell intelligent mit den Instrumenten des Marketing sowie mit einer aktiven Community aus der Zivilgesellschaft verzahnt.

One Liner für die Marke entwickeln

Donald Miller (2017) rät, viel Zeit in die Entwicklung eines One Liners für die Marke zu investieren. Einen One Liner muss man sich so vorstellen, dass man in einem Satz die Handlung eines Films erklärt. Die Filmindustrie verwendet viel Aufmerksamkeit auf ihre One Liner. Wir kennen das von uns selbst, wenn wir einen Film aussuchen: Der eine Satz entscheidet, wie viele Leute sich einen Film ansehen. Den One Liner sollte jeder im Unternehmen im Schlaf können.

Nach Miller (2017) besteht der One Liner aus drei Bauteilen und wird vom Problem des Kunden her entwickelt:

1. **Erster Satzteil – das Problem des Kunden identifizieren:** Der erste Teil des One Liner fängt mit dem Problem des Kunden an. Das Problem ist der Anker, der das Publikum sofort in die Story zieht. Hier empfiehlt Miller den Beginn mit „Die meisten Leuten haben Probleme mit …" oder „Wissen Sie, wie viele Menschen das Problem mit dem … haben?" oder „Wussten Sie, dass viele Menschen das Problem

haben, dies oder jenes zu tun?" Das Problem muss spezifisch und präzise formuliert sein. Hier sollte man auf keinen Fall vage Formulierungen wählen. Das Problem ist dann gut beschrieben, wenn man das Problem fühlen kann, meint Miller (2017). Zuhörer müssen sagen: „Ja, genau, dass betrifft mich." Dann hat man den Schmerzpunkt des Problems wirklich getroffen. Hier empfiehlt es sich, auf jeden Fall zu testen, ob man auch den richtigen Punkt getroffen hat. Und am Ende muss man dann auch noch überprüfen, ob wirklich viele Menschen dieses Problem haben. Denn der häufigste Fehler ist, dass man überzeugt ist, viele Menschen würden etwas genau so wahrnehmen. Hier muss man also nach empirisch untermauerten Informationen suchen oder sie im Notfall auch in einer Onlinebefragung selbst erheben. *Beispiel: „Viele Hundeliebhaber machen sich Sorgen, ob das Industriefutter für ihre Hunde gesund ist …"*

2. **Zweiter Satzteil – den Plan zur Lösung des Problems erklären:** Hier wird erklärt, was die Marke macht, um das Problem zu lösen. Die Lösung sollte natürlich die Differenzierung zum Wettbewerb sein und daher eine neue Idee beinhalten. Und dann muss die Idee oder die Lösung sofort verstanden werden. *Beispiel: „Die meisten Hundehalter machen sich Sorgen, ob das Industriefutter für ihre Hunde gesund ist … und deshalb verwenden wir nur naturbelassenes Fleisch von regionalen Biobauern in Lebensmittelqualität und mit feldfrischem Gemüse …"*

3. **Dritter Satzteil – das erfolgreiche Ende für den Kunden beschreiben:** Donald Miller (2017) weist hier explizit darauf hin, dass das Produkt nicht das erfolgreiche Ende sein sollte. Es ist vielmehr das Happy End für den Kunden, um das es hier geht. Die Frage ist: Was ist es, das die Kunden wirklich als Happy End betrachten? Und auch hier gilt wieder darum, die Antwort extrem kurz zu halten. *Beispiel: „Die meisten Hundehalter machen sich Sorgen, ob das Industriefutter für ihre Hunde gesund ist … und deshalb verwenden wir nur naturbelassenes Fleisch von regionalen Biobauern in Lebensmittelqualität und mit feldfrischem Gemüse. Sonst nichts. Und deshalb bleibt ihr Hund gesund."*

So könnte der One Liner der Produktlinie „Hundefutter vom Biobauern" der Demeter-Hundefutter-Marke Defu lauten. Auf jeden Fall wird ein One Liner in der Kommunikation in allen Kanälen eingesetzt und konstant wiederholt.

Verpackung als Storyteller
Die Verpackung ist vor allem am Point of Sale der wichtigste Kommunikator mit dem potenziellen Käufer. Es bietet sich daher an, die Verpackung in ein Storytelling-Konzept zu integrieren.

Dr. Bronner

Die Verpackung als Storyteller
    Die Verpackung von Dr. Bronner ist auf den ersten Blick mit extrem viel Text übersät, was für das Design von Seifenverpackungen eher untypisch ist. Doch genau

das unterscheidet Dr. Bronner visuell von dem dichten Wettbewerbsumfeld nachhaltiger Seifen- und Pflegeprodukte. Die Werte und die Mission des Gründers sind auf jeder Verpackung abgedruckt.

Dr. Emanuel Bronner ist ein jüdischer Philosoph und Aktivist, der 1929 von Deutschland in die USA immigrierte. Entsprechend der Tradition seiner Familie, die in Heilbronn Flüssigseifen herstellte, gründete Emanuel Bronner auch in der USA eine Seifenfabrik namens „Dr. Bronner's Magic Soap". Er hielt zahlreiche Vorträge zum Weltfrieden und über die Gleichheit der Menschen und verteilte seine Pfefferminzseife an die Zuhörer. Als er feststellte, dass seine Seifen beliebter waren als seine Vorträge, entschloss er sich, seine Philosophie und Botschaften auf die Verpackungen zu drucken, wo sie auch heute noch zu finden sind. Seit 2015 ist das Unternehmen eine anerkannte gemeinnützige Benefit Corporation (B Corp). Etwa ein Drittel der Gewinne wird in das Unternehmen investiert, ein Teil an die Belegschaft ausgezahlt und der Rest gespendet. So hat die Europa-Niederlassung von Dr. Bronner's den Umweltaktivisten von Sea Sheperd ein Schiff gespendet, das auf den Namen „Emanuel Bronner" getauft wurde.

Noch heute sind die Botschaften des Gründers als „Moral ABC" auf den Verpackungen und im Markenclaim auf einen Satz einprägsam reduziert: „We are all one – or none." Auch wenn man den Onlineshop von Dr. Bronner's besucht, lernt man die „Kosmischen Prinzipien" kennen, die Dr. Bronner's von der Seifenherstellung bis zum Kampf um Frieden leiten:

- **#1 Wir selbst: Arbeite und wachse!** Lerne, mache Fortschritte und lass Deine Arbeit gedeihen. Erfolg ist der Antrieb, der alles möglich macht.
- **#2 Unsere Kunden: Gehe sorgsam mit Deinen Kunden um!** Wichtigster Inhaltsstoff: Liebe! Führe mit dem Herzen, nimm Dir Zeit, gebe Dein Bestes. Behandle Kunden wie Deine eigene Familie.
- **# 3 Unsere Mitarbeiter: Sieh Deine Mitarbeiter als Familie an!** Sei freundlich, bezahle faire Gehälter und unterstütze einen gesunden Lebensstil. Sieh und wecke das Beste in Deinen Mitmenschen. Was uns eint, ist bei Weitem bedeutsamer als das, was uns trennt!
- **# 4 Unsere Lieferanten: Sei fair zu Deinen Lieferanten!** Faire und nachhaltige Lieferketten, Verbesserung der Arbeits- und Lebensbedingungen, Erhaltung der Bodenfruchtbarkeit, Investition in gemeinnützige Projekte.
- **# 5 Unsere Erde: Behandle die Erde wie Dein Zuhause**! Sei bescheiden und achtsam mit den Geschenken, die uns die Erde bietet. Handle nachhaltig und füge weder Mensch noch Tier oder der Umwelt Schaden zu! Was von der Erde kommt, muss zu ihr zurück.
- **# 6 Unsere Gemeinschaft: Setze Dich für das Richtige ein!** Unterstütze und kämpfe für das, was richtig ist. Sei der Antrieb für positive Veränderungen! Bereichere die Welt, bewege Gutes, teile Deinen Gewinn, Dein Talent, Deine Kraft und Deine Stimme. ◄

Key Learnings für das Green Marketing

- Nach jeder Regel des Firmengründers zeigt Dr. Bronner's ausführlich, was das Unternehmen heute in jedem Punkt realisiert, um diesem Markenanspruch gerecht zu werden.
- Das Resultat ist eine Vertrauensmarke par excellence, was dazu führt, dass die Käufer zu Brand-Advokaten werden und ihre geliebten Produkte gerne in ihrem Freundeskreis weiterempfehlen.

Ein neuer und spezifischer Erzählstil der Millennials?

Auf der Berlinale 2019 wurde der 15. Amnesty-Filmpreis an den Film „Espero tua (re) volta" (Your Turn) von der Filmemacherin Eliza Capai ausgezeichnet. Darin wird aus der Perspektive von demonstrierenden Jugendlichen, die in Brasilien ihre Schulen besetzen, die Problematik der Bildung thematisiert. Denn die öffentlichen Schulen, die überwiegend von Jugendlichen aus armen Bevölkerungsschichten besucht werden, wurden einem rigiden Sparkurs unterzogen, und viele Schulen standen vor der Schließung. Das war der Auslöser der Schüleraufstände, die in dem Film dargestellt werden. Inhaltlich zeigt der Film die Entwicklungslinien und Hintergründe auf, wie sich die Protestbewegung in Brasilien im Kleinen formiert und sich dann über das gesamte Land ausbreitete.

Das Neue daran ist der Erzählstil dieser ganz jungen Generation, der mit der konventionellen linearen Erzählstruktur bricht, um ein kollektives Anliegen vielperspektivisch und realitätsnah zu thematisieren. Auch das zeitliche Kontinuum wird aufgebrochen, um mehr Transparenz in den Diskurs zu bringen. So macht die Dokumentation einen Rückgriff auf die öffentlichen Proteste in Brasilien gegen die Preiserhöhungen der öffentlichen Transportmittel. Der Film verzichtet auf ästhetischen Hochglanz und auf eine perfekte Kameraführung. Denn die Bilder wurden während der Proteste mit normalem Equipment gedreht und stammen zu 50 % von unterschiedlichen Menschen aus der Bewegung, die ihr Material zur Verfügung stellten. Zusätzlich wurden die Interviews der Hauptprotagonisten integriert. Der Film ist im Kollektiv entstanden und thematisiert den Zugang zu den Protesten aus unterschiedlichen Perspektiven: ein Mädchen aus sehr armen Verhältnissen, ein heißblütiger Politik-Rapper, ein Farbiger, ein Mädchen im Coming-out oder eine Führerin der Schülerbewegung. Sie haben alle gleich viel Zeit zur Verfügung, um sich selbst und ihren Hintergrund vorzustellen, und sprechen ihren Kommentar auch selbst zu den Bildern. Kein Profisprecher. Sie bringen ihre Fragen und Sorgen sehr persönlich zum Ausdruck:

> „Fuck. Wie wird die Zukunft aussehen? Wie wird der Kampf aussehen? Wirst du Panikattacken haben so wie ich? Wirst du frei und du selbst sein können? Werden Mädchen respektiert werden? Werden die Schulbücher schwarze Menschen erwähnen? Wirst du Unterdrückung zu spüren bekommen, wenn du dich wehrst?" (Espero tua (re)volta).

In diesem Film präsentiert sich eine ganz junge Generation, die sich politisch engagiert, für altruistische Werte einsteht, diese verteidigt und auch zeigt, wie clever diese

Generation sich über soziale Medien kollektiv organisieren und für ihre Ziele als Kollektiv agieren kann. Er ist ein Dokument der Generation 14 plus, die bereit ist, ihre Zukunft selbst zu gestalten. Davon waren wohl auch die vielen Jurys begeistert, die diesen Film mit Auszeichnungen überhäuften.

EINHORN

Schräges, witziges und Aktivismus-induziertes Storytelling als Marketinghebel

Bei Einhorn handelt es sich um den seit 2015 anrüchig-kindlichen und ein wenig verrückten Namen für nachhaltige und faire Kondome, die in Chipstüten verkauft werden. Die Ambition der beiden Gründer des Berliner Start-ups sind Philip Siefer und Waldemar Zeiler war es, den Kondomkauf zu einem spaßigen Erlebnis zu machen. Darum sind die nachhaltigen Kondome in bunte Chipstüten verpackt, auf denen witzige Sprüche rund um das Thema Sex stehen. Schon zwei Jahre später wurde die erste Million verdient und 100.000 € Gewinn gemacht. Heute sind die Kondome bei dm gelistet, werden über Amazon verkauft und sind Marktführer im Segment Biokondome.

Die witzigen Auftritte des Unternehmens in Einhornkostümen bei diversen Start-up-Shows im TV, die Orgasmus-Demos vor dem Brandenburger Tor oder Klagen vor Gericht wegen falscher Deklarationen auf der Verpackung werden als Storyanlässe genutzt, die die Medien gerne aufgreifen und dann multiplizieren. Zum Beispiel schrieb der Stern einen Artikel über die Start-up-Show „Höhle des Löwen" mit einem Fokus auf den Auftritt der beiden Gründer von Einhorn. Daher die Headline: „Wenn Einhörner Kondome verkaufen und die Juroren ‚Arschlöcher' sind".

Einen solchen Medienwert könnte ein Start-up in der Frühphase nicht finanzieren. Die beiden Gründer haben ein gutes Gespür für medienwirksame Storys und auch das Talent, aus Anlässen Storys zu entwickeln, die von der Generation Z selbst aufgegriffen und in ihren persönlichen Netzwerken geteilt werden.

Ihr Produktaufsteller ist auch das Ergebnis ihres Andersmachens: Hier haben sie einen Dinosaurier-Karton mit langen Zähnen entwickelt. Jeder Touchpoint, der kein Potenzial für die Medien hat, enthält aber auch eine humoristische Pointe („Dino beißt symbolisch einen Kunden, der Kondome entnehmen will"), die direkt mit dem Käufer kommuniziert und Potenzial zum Weitererzählen hat. So humorvoll kommuniziert in dieser Sparte kein Mitbewerber. Einhorn macht aus dem Kondomkauf, der sonst eine ernste und ein wenig peinliche Angelegenheit ist, zu einem humorvollen Erlebnis, das den Kunden durch die frechen Sprüche und das Design ein Grinsen in das Gesicht zaubert.

Zudem agieren die Gründer vor allem auf den sozialen Netzwerken und besonders auf Snapchat, das von den ganz Jungen intensiv genutzt wird. Ein Beitrag von Einhorn wird von 1000 bis 2000 Menschen gesehen. ◄

Key Learnings für das Green Marketing

- Nachmachen! Nicht im Sinne von Copycat, sondern im Sinne des Andersmachens im Segment ist der effektive Marketinghebel, der Green Davids ohne großes Marketingbudget, aber mit Erfolg in der Aufmerksamkeitsökonomie in die Märkte bringt. Allerdings muss man die Sprache der Zielgruppe sprechen. Hierin liegt unter anderem das Erfolgspotenzial der jungen Start-ups: Sie sind meist selbst jung, und es gelingt ihnen mühelos, den Ton oder den „Storynerv" ihrer Zielgruppe zu treffen. Der Einhorn-Mix: Humor, Schamlosigkeit und nachhaltige Visionen.
- Was passiert hier in der Marketingstrategie? Das Storytelling hat für Green Davids das Potenzial, die neuen Produkte oder Dienstleistungen nicht über teure Push-Strategien in die Medien und letztlich in die Märkte bringen zu müssen, sondern es fokussiert sich auf eine direkte Kommunikation mit dem Endkunden. Hier „zieht" der Kunde dann das Produkt des Green Davids auf den Markt. Storytelling und das differenzierende Verhalten einer Marke sind hier ein probates Mittel, um die Pull-Strategie mit einem geringen Marketingbudget zu realisieren, weil das Viralitäts-potenzial von Geschichten genutzt und der „Storynerv" der Zielgruppe getroffen wird.
- Ein weiterer Erfolgsfaktor ist die Positionierung der Marke als Lifestyleprodukt. Die nachhaltigen Qualitätsaspekte vegan, fair und nachhaltig bilden hier die Basiseigenschaften des Produkts, nicht aber die Differenzierungsmerkmale. Den Kaufimpuls löst der Lifestyle bei einer weniger nachhaltig-orientierten Käufer-gruppe aus, die weiß, dass das Unternehmen Haltung zeigt. Im Kontext des Transformationsdiskurses liegt hierin auch eine treibende Kraft in Richtung Massenmarkt. Denn Einhorn erreicht mit seinen Produkten eine riesige Käufer-gruppe, die sich ohne Lifestyle-Attitüde eher nicht für ein nachhaltiges Produkt entscheiden würden. Mit ihrem Kauf finanzieren sie letztlich die nachhaltigen Projekte von Einhorn, die 50 % ihrer Profite in die Nachhaltigkeit investieren.

10.3.4 Vom Storytelling zum Storysharing

Das Storysharing ist ein neues Marketinginstrument der 4.0-Ära. Denn das Teilen von Storys ist Teil der digitalen Alltagskultur geworden und wird nun von Unternehmen auch als Marketinginstrument strategisch eingesetzt. Es wird also die Strategie des medial wirksamen PR-Events und von Mund-zu-Mund-Propaganda angewandt, wobei die Story nicht von den Medien, sondern von den Zielgruppen und Interessierten untereinander verteilt werden, wodurch virale Effekte entstehen können.

Folgende Fragen sollte man sich beantworten, wenn man das Storytelling im Marketing einsetzt und ein Sharing zu erzielen versucht:

- Warum hören die Menschen dieser Story zu?
- Was bringt die Menschen dazu, über diese Story zu reden?
- Wie hoch ist die Wahrscheinlichkeit, dass die Menschen die Story teilen?
- Wie hoch ist das emotionale Niveau des Engagements?
- Welche Variablen sind ihnen an der Story wichtig: Inhalt der Story, Opinion Leader, Unzufriedenheit mit dem Produkt, Zufriedenheit mit dem Produkt, Aktivität, involvierte Influencer.

Es gilt auch zu bedenken, dass sich auch negatives Storysharing in den sozialen Netzwerken ebenfalls schneller verbreitet als bei der Mund-zu-Mund-Propaganda. Man muss also auch die Option überprüfen, ob die Botschaft wirklich geglaubt wird. Denn in der Regel gilt, dass ein negatives Storysharing noch mehr Menschen erreicht als ein positives. Deshalb eignet sich das strategische Storysharing tendenziell als ein Tool für Green Davids, die eine hohe Authentizität in ihrer Community aufweisen.

Wie bei allen Regeln gibt es natürlich immer Ausnahmen. Hierzu zwei Beispiele, bei denen das Storysharing sogar essenzieller Teil des Geschäftsmodells ist:

- **Storysharing:** Dies ist eine Kommunikationsplattform des Unternehmens „Openstorytellers". Dabei handelt es sich um personenzentriertes Storytelling, das die Geschichten von Menschen mit einem Kollektiv teilt. Das Ziel des Teilens dieser Geschichten ist Inklusion. Kinder mit Lernschwierigkeiten in der Schule oder beispielsweise Menschen mit Behinderungen erhalten durch ihre Geschichte eine Stimme in einer Gemeinschaft und bauen Beziehungen auf. In diesem Fall erreicht das Storysharing, dass die Zuhörer die Situation anderer Menschen empathisch erleben können.
- **Space of Humanity:** Das ist ein Start-up, das es Zivilisten ermöglicht, den Weltraum zu bereisen. Sie realisieren die welterste Astronauten-Mission für Zivilisten. Es handelt sich dabei um sub-orbitale Weltraumflüge, die den Mitreisenden einen Blick auf die Erde ermöglichen. Das Storysharing ist wesentliches Element dieses Start-ups, das sich der Nachhaltigkeit verpflichtet sieht. Die Mitreisenden fungieren hier als „Social-Impact-Ambassadors", die ihre Erlebnisse vom Anblick der Erde aus dem Weltraum mit möglichst vielen Menschen teilen sollen. Realisiert wird dies mit dem „World View Vehicel", einer Raumkapsel, die über einen Ballon bis in die Stratosphäre hinaufgehoben wird. Per Fallschirm kommt diese Kapsel dann wieder auf die Erde zurück. Daran wird derzeit aber noch gearbeitet und in der Wüste von Arizona getestet. Mit diesen Erlebnissen der ersten 10.000 Menschen, die in den nächsten zehn Jahren den Weltraum besuchen sollen, möchte der Gründer Dylan Tylor ein neues Bewusstsein mitgestalten, das zum Umdenken und zum nachhaltigen Handeln führt. Bis 2027 will man damit bis zum Mond reisen. Zurückgekehrt, sollen sie als Botschafter aus dem All ihre Erfahrungen mit möglichst vielen Menschen teilen. Die Weltraumbotschafter können sich bereits jetzt für eine Reise bewerben. Die Kosten werden von Spenden einer gemeinnützigen Organisation finanziert.

Was bewirken solche geteilten Storys? Die Erlebnisse der Nutzer bilden den Anlass zum Teilen. Die Nutzer sind im Idealfall die Helden der Storys und haben eine hohe Chance, von Menschen im Freundes-Netzwerk geteilt zu werden. Und so kann man genau genommen auch behaupten, dass eine Marke in einem solchen Fall gar kein Storytelling mehr betreibt. Die Menschen inszenieren sich dank der Marke selbst, was andere magnetisch anzieht und Aufmerksamkeit erzeugt.

Beim strategischen Storysharing als Marketing-Tool lässt die Marke also den Nutzer das Markenerlebnis über seine persönlichen Erlebnisse mittransportieren, ohne dabei im Vordergrund zu stehen. Die Marke bietet hier nur den Anlass oder den Rahmen für das Erlebnis.

10.3.5 Kooperatives Storytelling

Die Marke Dove hat 2002 von der Produktkommunikation zu einer Brand Story gewechselt, die sich im Kern auf das Thema **„Real Beauty"** konzentriert. Dove setzt damit einen Kontrapunkt in der Kosmetik- und Pflegewelt und stellt sich gegen die gesellschaftlichen Schönheitsideale, die Menschen konditionieren und ihnen letztlich das akzeptierte Gewicht, die Haare, das Alter und den Look vorschreiben. Dove spricht mit der neuen Brand Story die Erfahrungen vor allem von Frauen an, die durch einen nicht angepassten Körper auch Benachteiligungen im Job und in ihrem sozialen Umfeld erleiden. Seit 2002 hat Dove also dieses gesellschaftliche Problem, von dem viele Menschen betroffen sind, in das Zentrum seiner Markenkommunikation gestellt. Die Mission der Kampagnen ist es, dass möglichst viele Menschen mit ihrer realen Schönheit zufrieden sind. Für die Kampagne „Real Beauty Sketches" hat Dove (2013) beispielsweise einen forensischen Zeichner Menschen nach ihrer eigenen Beschreibung zeichnen lassen, ohne sie vorher gesehen zu haben. Danach beschreibt ein anderer Mensch nochmals diese Person und wird wieder nur aufgrund der Beschreibung von demselben Zeichner gezeichnet. Beim Vergleich der Selbst- und Fremdbilder zeigt sich, dass das Fremdbild immer deutlich schöner ausfällt, womit die Aussage zum Ausdruck gebracht wird, dass viele Menschen viel schöner sind, als sie sich selbst wahrnehmen. Die Kampagne ist ein Appell, dass die Menschen auf ihre natürliche Schönheit vertrauen sollten. Der Claim dieser Kampagne von Ogilvy & Mather ist „You are more beautiful than you think" (Dove 2013). Damit hat Dove ein empathisches und emotionalisierendes Thema kreiert, in das die Menschen sich hineinversetzen können, weil hier die Nutzer im Zentrum der Story stehen. Ausgangspunkt dieser Kampagne war eine Marktforschung, die zutage brachte, dass nur 4 % der befragten Frauen sich selbst als schön beschreiben würden. Es hat sich zudem gezeigt, dass die Frauen ihr eigener größter Kritiker sind. Die außerordentlichen Ergebnisse der Kampagne dokumentieren ein hohes Engagement von Millionen Rezipienten: Bis 2020 haben 67 Mio. Menschen diesen Film auf Youtube gesehen. Sie konnte aber schon innerhalb von wenigen Tagen nach ihrem Release am 14. April 2013 eine virale Reichweite aufbauen. Am 18. April 2013 hatte das Video bereits

7,5 Mio. Views, am 15. April 2013 dann 15 Mio. Views erreicht. AdAge (2013) hat publiziert, dass diese Kampagne bereits in den ersten 10 Tagen über 30 Mio. Views und 600.000 Shares auf Facebook erreicht hat.

Die Dove-Kampagnen der Jahre 2002 bis 2006 stellten zunächst nur die Debatte zum Schönheitsideal in den Kern des Markennarrativs. Ab 2006 wurde die Kampagne zu einem kooperativen Storytelling weiterentwickelt, wobei die Kunden auf ihren digitalen Kanälen einbezogen wurden. Dadurch konnten die Kunden ebenfalls Akteure werden und ihre Geschichten mit anderen Menschen teilen.

Bei der Ko-Kreation findet also eine Kollaboration von Marke und Publikum statt. Dabei kann das Publikum seine individuelle Rolle als Akteur selbst steuern, erläutern Singh und Sonnenburg (2012, S. 191): Sie können sich entscheiden, überwiegend als Zuschauer oder Rezipienten die Storys zu lesen, sie können eigene Kommunikationsbeiträge aktiv beisteuern oder aber auch mit anderen Mitgliedern der Community in Beziehung treten. Dove führte seine Mitglieder der Community aktiv dahin, dass sie im ersten Schritt ihre innere Schönheit akzeptieren sollen. Dann wurde eine Selbstermächtigung initiiert, die die Rezipienten von der Rolle des Zuschauers zur Rolle eines Aktivisten oder Story-Protagonisten weiterentwickelte. Singh und Sonnenburg (2012, S. 192) verweisen darauf, dass die Markenakteure einer ko-kreativen Kampagne darauf achten sollten, dass ein hohes Maß an Diversität von Meinungen und Storys die Kampagne am Laufen hält. Denn dies befeuere das Interesse der Konsumenten und die Wahrscheinlichkeit eines Engagements. Darüber hinaus führen Singh und Sonnenburg (2012, S. 192) aus, dass die Ko-Kreation eines Markennarrativs unterschiedliche Perspektiven anbieten sollte, aus denen die Kernstory rezipiert werden kann:

- Als Fan, der die Marke empfiehlt
- Als Evangelist, der die Marke predigt
- Als Kritiker, der die Marke herausfordert

Die beiden Autoren weisen auch explizit darauf hin, dass dieses Weiterführen der Storys auch zu einem ungeordneten bis chaotischen Prozess führen kann. Mitunter muss sich die Marke auch von dem Vorhaben verabschieden, den Fortgang der Story kontrollieren zu können.

Wie kann man einen co-operativen Narrationsprozess in Aktion bringen? Singh und Sonnenburg (2012, S. 193) empfehlen im Idealfall einen Konflikt, ein Paradox oder eine Biopolarität zu verwenden, die die Ungleichheit der Kräfte dramatisieren. Die Partizipation der Konsumenten wäre nicht erreicht worden, wenn Dove den Konflikt des äußeren Schönheitsideals mit der inneren Schönheit nicht inszeniert hätte. Die disruptive Kraft erwächst aber auch daraus, dass die meisten Schönheitsprodukte sich auf die stereotypen (externen) Schönheitsideale fokussieren, gegen die die Marke Dove antritt. Und an diesem Punkt wird nun deutlich, dass Dove hier als Green David agiert: Eine kleine, gute Marke stemmt sich gegen das böse Große. Der Trick ist hierbei, dass hier keine anderen Player im Markt angegriffen werden, sondern gesellschaftliche Stereotype, die nicht einem einzelnen Player zugeschrieben werden können. Es wird also eine Spannung zwischen dem Einzelnen und der Gesellschaft aufgebaut, die dann letztlich Kampagnen mit dieser Reichweite entfalten.

Insgesamt hat Dove mit der Kernstory seiner Marke „Real Beauty" und mit seinem kooperativen Markennarrativ erreicht, dass die gesellschaftlichen stereotypen Definitionen von Schönheit ein Stück durch einen öffentlichen Diskurs erweitert wurden. Und hierbei spielte die digitale netzwerkorientierte Integration und Kommunikation der Kunden eine zentrale Rolle. Es hat auch gezeigt, dass Konsumenten mithilfe digitaler Technologie und einer guten Kampagnenkonzeption dazu ermächtigt werden, eigene Markenbotschaften zu verfassen und damit Teil des Wertschöpfungsprozesses einer Marke werden.

Literatur

AdAge (2013) Dove's sketches of real Woman hit 30 Million Views, Tops viral Chart. https://adage.com/article/the-viral-video-chart/dove-s-sketches-real-women-top-viral-chart/241055. Zugegriffen: 27. Nov. 2019

Aufmuth M (2017) EinDollarBrille. Video AshokaDE. https://www.youtube.com/watch?v=E4MwCbGGxwY. Zugegriffen: 12. Mai 2019

Bachmann S (2011) Vom David zum Öko-Goliath. 40 Jahre Greenpeace. Beobachter. https://www.beobachter.ch/umwelt/umweltpolitik/40-jahre-greenpeace-vom-david-zum-oko-goliath. Zugegriffen: 6. Mai 2019

Ben & Jerry's (2020) Gemeinsam für Geflüchtete. Mach jetzt mit. https://www.benjerry.at/aktuelle-initiativen/together-for-refugees. Zugegriffen: 23. Feb. 2020

Branch J (2012) Snow fall. The avalanche at tunnel creek. New York Times. https://www.nytimes.com/projects/2012/snow-fall/index.html#/?part=tunnel-creek. Zugegriffen: 23. Feb. 2020

Brühl K (2015) Die neue Wir-Kultur. Wie Gemeinschaft zum treibenden Faktor einer künftigen Wirtschaft wird. Zukunftsinstitut, Frankfurt

Casaretto C, Tanasic J (2017) Digital community management. Communitys erfolgreich aufbauen und das digitale Geschäft meistern. Schäffer-Poeschel, Stuttgart

Dove (2013) Dove Real Beauty Sketches. https://www.youtube.com/watch?v=XpaOjMXyJGk. Zugegriffen: 3. März 2020

EinDollarBrille (2018) Jahresbericht 2018. https://www.eindollarbrille.de/assets/content-images/About_Us/Jahresberichte_Annual%20Reports/EinDollarBrille_Jahresbericht_2018_Web.pdf. Zugegriffen: 2. Feb. 2020

Ethletic, Karma Classics (2016) Behind the Scene. Video-Reihe Teil 1 bis 3. https://www.youtube.com/watch?v=86nPd7mIA2o. Zugegriffen: 18. Jan. 2020

Ermmec Sertoglu A, Catli O, Korkmaz S (2014) Examining the effect of endorser credibility on the consumers' buying intentions: An empirical study in Turkey. In: International Review of Management and Marketing, Vol. 4, No. 1, 2014, 66–77. https://www.acarindex.com/dosyalar/makale/acarindex-1423904541.pdf. Zugegriffen: 25. Jan. 2020

Gardt M (2017) Wie Einhorn Kondome mit unkonventionellem Branding und PR die Umsatz-Million geknackt hat. OMR-Podcast, 25. Januar 2017. https://omr.com/de/einhorn-kondome-podcast/. Zugegriffen: 26. Okt. 2019

Gore-Tex (1994) TV-Werbung Waschstraße. https://www.youtube.com/watch?v=EHc7Np8-Kps. Zugegriffen: 23. Oktober 2021

Greenpeace (2018) Jahresbericht 2018. Greenpeace, Hamburg. https://www.greenpeace.de/sites/www.greenpeace.de/files/publications/b01182_jahresbericht_2018_web_einzelseiten.pdf. Zugegriffen: 11. Feb. 2020

Grove N (2014) The Big Book of Storysharing. A handbook of personal storytelling wieht children and young people who have severe communication difficultiers. Routledge, New York

Gutmann J (2018) Wer spinnt, gewinnt! Geschichten über Freude, Mut & Bauchgefühl. Styria, Wien

Häusel H-G (2011) Die wissenschaftliche Fundierung des Limbic Ansatzes. Gruppe Nymphenburg, München.   https://www.haeusel.com/wp-content/uploads/2016/03/wiss_fundierung_limbic_ansatz.pdf. Zugegriffen: 1. Dez. 2019

Milche H (2020) https://www.hemme-milch.de/unser-milchbeutel/. Zugegriffen: 27. Jan. 2020

Jung CG (2011) Die Archetypen und das kollektive Unbewusste. Edition Jung. Gesammelte Werke. Neunter Band. Patmos, Ostfildern

Klaus E (2009) Öffentlichkeit als Selbstverständigungsprozess. Das Beispiel Bren Spar. In: Röttger U (2009) PR-Kampagnen. Über die Inszenierung von Öffentlichkeit. VS Verlag, Wiesbaden, 47–62

Kotteder F (2014) Der Besser-Esser. Süddeutsche Zeitung, 23. März 2014. https://www.sueddeutsche.de/bayern/landwirtschaft-in-bayern-der-besser-esser-1.1919372. Zugegriffen: 6. Jan. 2020

Marktcheck (2017) Trigema im Check. https://www.youtube.com/watch?v=HJsH4i2UhGg. Zugegriffen: 24. Okt. 2019

Method (2020) Ocean Plastic. https://methodhome.com/beyond-the-bottle/ocean-plastic/. Zugegriffen: 5. Jan. 2020

Miller D (2017) Building a StoryBrand: clarify you message so customers will listen. HarperCollins, New York

NDR (2018) Die Welt der Milch: Von Robotern, Melkkarusell und Biomilch. Wie geht das? NRD-Dokumentation. https://www.youtube.com/watch?v=15mLITIep60. Zugegriffen: 4. Mai 2019

Ökofrost (2019) Gemeinwohlbericht 2019. https://oekofrost.de/wp-content/uploads/2019/02/WEB_Oekofrost_GWOE_Bericht.pdf. Zugegriffen: 20. Feb. 2020

Pyczak T (2017) 12 Archetypen, die sie kennen sollten. Strategisches Storytelling. https://www.strategisches-storytelling.de/12-archetypen/. Zugegriffen: 5. Jan. 2020

Pyczak T (2017) Tell Me! Wie Sie mit Storytelling überzeugen. Reinwerk, Bonn

Schwartz S, Bilsky W (1990) Toward a theory of the universal content and structure of values: extensions and cross cultural replicatios. J Pers Soc Psychol 58(1990):878–891

Schwartz S (1999) A theory of cultural values and some implications for work. Appl Psychol: Int Rev 48(1):24–28

Share (2020) Über uns. https://www.share.eu/ueber-uns/. Zugegriffen: 20. Jan. 2020

Sinek S (2009): How great leaders inspire action. TED. https://www.ted.com/talks/simon_sinek_how_great_leaders_inspire_action. Zugegriffen: 7. Nov. 2019

Singh S, Sonnenburg S (2012) Brand Performances in Social Media. In: Journal of Interactive Marketing, November 2012, 189–197. file:///C:/Users/gra/Downloads/2012JIMSinghSonnenburg.pdf. Zugegriffen: 25. Feb. 2020

Spiegel P (2019) WeQ Economy. Wege zu einer Wirtschaft für den Menschen. Oekom, München

Timbercoast (2020). https://timbercoast.com/de/. Zugegriffen: 24. Jan. 2020

Toms (2019) Unser aller Beitrag. Toms 2019 Global Impact Report. https://media01.toms.com/static/www/images/landingpages/TOMS_Impact/EMEA/EMEA_Impact_Report_DE.pdf. Zugegriffen: 23. Jan. 2020

Trigema (2018) TV-Spot 2018

Weinberg U (2015) Netzwork Thinking Was kommt nach dem Brockhaus-Denken. Murmann, Hamburg

WeQ Institute (2020). https://weq.institute. Zugegriffen: 4. Apr. 2020

Wildrich L (2012) The science of storytelling: why telling a story ist he most powerful way to activate our brains. https://lifehacker.com/the-science-of-storytelling-why-telling-a-story-is-the-5965703. Zugegriffen: 20. Dez. 2019

Marketingansätze für Greening Goliaths

Zusammenfassung

Auch die Greening Goliaths verfolgen nachhaltige Zielsetzungen, aber aufgrund ihrer Größe agieren sie völlig unterschiedlich und sind daher gefordert, andere Schwerpunkte im Green Marketing zu setzen. Zudem sind die herausgefordert, sich mit spezifischen Herausforderungen wie der Widerspruchsfreiheit und mit dem Marketing-Dilemma der Goliaths auseinanderzusetzen. Sie müssen sich den Nachhaltigkeitszweck (Purpose) erst erarbeiten, den die kleinen Green Davids „natürlich" in der DNA ihrer Marken aufweisen. Und ihr Handeln muss glaubwürdig, authentisch und transparent sein. Zudem bieten Kooperationen eine glaubwürdige Basis für ein punktuelles Nachhaltigkeitshandeln.

Gerade Greening Goliaths stehen auf dem Weg in Richtung Nachhaltigkeit vor der strategischen Herausforderung, für das eigene Unternehmen zu klären, welche grundsätzliche Bereitschaft im eigenen Unternehmen besteht, einen nachhaltigen Weg einzuschlagen. Es lassen sich folgende strategische Ausrichtungen verfolgen:

1. **Passiv:** Es wird das Ziel verfolgt, die bestehenden Gesetzgebungen einzuhalten. Das betrifft gerade Großunternehmen, die beispielsweise einer CSR-Berichtspflicht unterliegen.
2. **Selektiv:** Als Unternehmen ist man von einer Konkurrenz umgeben, die zunehmend nachhaltige Initiativen setzt. Dadurch verändert sich die Erwartungshaltung auch der eigenen Kunden. Aber insgesamt erhöht sich der Druck auch aus der Gesellschaft, dass Unternehmen mehr Initiative in Richtung Nachhaltigkeit zeigen sollen. In diesem Fall realisiert ein Unternehmen gezielt einige Nachhaltigkeitsaspekte. Unter selektiv kann aber auch verstanden werden, dass Teile des Produktportfolios als ökologische Variante am Markt angeboten werden.

3. **Intern:** Einige Unternehmen entschließen sich, ihre internen Prozesse nachhaltig zu gestalten, nicht jedoch ihre eigenen Produkte. Das kann von einer nachhaltigen Beschaffung bis hin zu einer nachhaltigen Produktion reichen. Oder die Mitarbeiter engagieren sich in ihren gemeinsamen Initiativen für soziale Projekte.
4. **Innovativ:** Es werden nachhaltige Innovationen realisiert. Die nachhaltigen Innovationen können neben der Umweltleistung aber auch Verbesserungen in der Produktqualität, der Sicherheit oder in der Fairness bei den Herstellungsbetrieben bringen.
5. **Holistisch:** Das bisher nicht nachhaltige Unternehmen transformiert sich zu einem vollständig nachhaltig agierenden Unternehmen. Davon sind alle wesentlichen Prozesse, die Produkte sowie die gesamte Wertschöpfungskette des Unternehmens betroffen und es wird das Ziel verfolgt, das eigene Unternehmen so umfassend wie möglich nach Nachhaltigkeitsprinzipien umzugestalten.

11.1   Herausforderungen für Greening Goliaths

11.1.1 Herausforderung: Widerspruchsfreiheit

Insgesamt haben Greening Goliaths aufgrund ihrer hohen Reichweite das Potenzial, als Botschafter für bewussten Konsum, eine nachhaltige Produktion und ein nachhaltiges Wirtschaften zu agieren. In der letzten Dekade hat sich das gesellschaftliche Klima zudem markant in Richtung der Einforderung von mehr Nachhaltigkeit von Unternehmen verändert. Doch grundsätzlich besteht für Unternehmen immer die Gefahr, dass ein unüberlegtes Handeln schnell zu der öffentlichen Wahrnehmung von Greenwashing führt und dadurch das Image massiv beeinträchtigt wird. Demgegenüber steht aber auch das Potenzial, dass die eigene Marke bei seinen Käufern eine höhere Glaubwürdigkeit erzielen kann. Aber Achtung, die Konsumenten sind inzwischen geübt darin, ein reines Image-Profilierungsbestreben von einem echten Engagement zu unterscheiden. Daher bedarf es einer guten strategischen Herangehensweise.

Beim ersten Schritt in Richtung Nachhaltigkeit ist immer die Green-Marketing-Regel Widerspruchsfreiheit zu beachten: Das bedeutet, Widersprüche zwischen kommunizierten Nachhaltigkeitszielen und dem tatsächlichen Handeln aufzuspüren und aufzulösen. Hier kann zum Beispiel die „Supergeil-Kampagne" von **Edeka** (2014) angeführt werden. Das Video mit Friedrich Liechtenstein wurde mit 21 Mio. Views bei Youtube zu einem viralen Megaerfolg. Dabei wurde primär das strategische Ziel verfolgt, eine junge Zielgruppe anzusprechen, was auch exzellent gelungen ist. Aber in diesem Video wird auch ein Umgang mit Lebensmitteln dargestellt, der zur Gänze konträr zu dem ist, was Nachhaltigkeit im Foodbereich zu erreichen versucht. Zum Beispiel sitzt Liechtenstein in einer Badewanne voller Milch und schüttet aus einer Milchverpackung weiter Milch in sein Bad und meint dazu „supergeil". Dann folgt noch Knuspermüsli, das in das Bad geschüttet wird. Auch „supergeil". Natürlich ist der Kontext eine humorvolle Inszenierung. Aber die Inszenierung kommuniziert sinnlose Verschwendung und einen dekadenten Umgang mit Lebensmitteln. Immerhin werden auch ein Biojoghurt und Bioapfelsaft betrachtet und kommentiert, es sei auch „supergeil". Aber dennoch steht dies im Widerspruch zu den Werten von nachhaltig bewussten Konsumenten, die Edeka ebenfalls ansprechen will. Auch vonseiten der Werbepsychologie wurde hier alles richtig gemacht, denn es kam eine kognitive Reizwirkung zum Einsatz. Hierbei werden bewusst Verstöße inszeniert, wodurch es zu gedanklichen Konflikten kommt. Der Effekt sind eben Widersprüche, die den Rezipienten in der Verarbeitung vor Aufgaben stellt und ihn dadurch aktiviert. Für konventionelle Konsumenten wird diese Szene sicherlich auch nur durch den Filter des Humors dekodiert. In einer rückblickenden Analyse stellt sich nun die Frage, ob die extrem widersprüchlichen Szenen mit der Lebensmittelverschwendung nicht besser weggelassen worden wären. Denn die Dekodierung eines Nachhaltigkeitskonsumenten funktioniert aufgrund seiner oder ihrer nachhaltigen Wertesysteme. Dadurch kommt die Humordekodierung hier nicht zum Tragen. Die nachhaltigen Wertesysteme filtern solche Inszenierungen der Lebensmittelverschwendung ebenfalls und führen zu einer Aktivierung. Aber zu einer negativen Aktivierung, weil das langfristig wirkende Wertesystem die kurzfristige humorige Inszenierung völlig überdeckt. In der Werbepsychologie wird in diesem Fall von kognitiver Dissonanz gesprochen, wenn ein innerer Widerspruch von Erleben und Verhalten besteht. Wenn diese Dissonanz als sehr groß empfunden wird, dann führt das bei einigen Konsumenten auch zu einem aktiven Boykottverhalten. Gerade in Zeiten sozialer Netzwerke können solche Boykottaufrufe beträchtliche Schäden für Unternehmen anrichten.

Bekannt wurde beispielsweise der weitreichende Boykott von Nestlé. Es finden sich viele Influencer, die anderen Interessierten erklären, warum sie dieses Unternehmen unbedingt boykottieren sollten und wie sie das am effektivsten tun können. Und was kann im Fall von Edeka empfohlen werden? Greening Goliaths sollten unbedingt die Wertekonstrukte der nachhaltigen Käufer kennen und durch diese Brille blicken, um zu überprüfen, ob sich im Marketing für andere Produktgruppen oder andere Zielsetzungen große Widersprüche finden lassen. Bei Edeka kam es zu keinem Boykott, aber dennoch wurde Edeka 2015 beim Supermarkt-Ranking in Bezug auf dessen Nachhaltigkeit (www.randabrand.de) noch hinter Netto, Real und Penny gereiht. Ein ernüchterndes Ergebnis. Das war 2015. Inzwischen hat Edeka konsequenter eine Green-Marketingstrategie verfolgt und viele nachhaltige Initiativen mit einem hohen Grad an Glaubwürdigkeit umgesetzt: unter anderem eine Kooperation mit dem WWF.

Nachhaltigkeit hat mittlerweile viele Facetten, unter anderem drückt sich das auch im veränderten Wertewandel und in der Betrachtung von Rollenbildern aus. 2019 hat Edeka mit einem gut gemeinten „Muttertagsspot" namens „Wir sagen Danke". viele Menschen verärgert und einen Boykottaufruf provoziert. In diesem Spot, der knapp 2,5 Mio. mal gesehen wurde, wird ein veraltetes Geschlechterklischee inszeniert, bei dem die Männer mit der Erziehung von Kindern völlig überfordert sind und die Mutter die Heldin ist, bei der sich die Kinder angesichts ihrer inkompetenten Väter bedanken. Das hat die Seher zu über 15.000 Kommentaren gereizt, bei denen meist die Väter in Schutz genommen werden. Es folgten auch Boykottaufrufe auf Twitter und es wurde ein Hashtag #Edekaboykott installiert. Die Entgegnung von Edeka kam auf Facebook: „Mit dem Spot möchten wir Väter keinesfalls schlecht darstellen, sondern etwas überspitzt und auf humorvolle Art und Weise allen Müttern anlässlich des Muttertags Danke sagen. Es tut uns leid, wenn dir der Film nicht gefällt." Aber es gibt auch User, die gegen die Welle der Empörung dagegenhalten. Was ist passiert? In diesem Fall wurde der Humor von offensichtlich vielen Menschen nicht als humorvoll, sondern als degradierend empfunden. Vor allem das veraltete Rollenbild von Mann und Frau wurde zum Stein des Anstoßes.

Und 2020 passiert es wieder und Edeka sieht sich mit einem massiven Boykott von 200 Landwirten konfrontiert, die in Niedersachsen eine Filiale von Edeka belagerten. Diesmal war es eine Plakatkampagne mit dem Komiker „Otto", bei der diese Widerspruchsregel nicht beachtet wurde. Hier wurde eigentlich eine regionale Kampagne von Edeka Minden-Hannover realisiert, die eine regionale Ansprache umsetzen wollte. Die Aussage: „Essen hat einen Preis verdient: den niedrigsten." Und dazu der Marken-Claim „Wir lieben Lebensmittel." Dieser Widerspruch von Liebe zum Lebensmittel und der Geringschätzung ausgedrückt durch das Verdienen des niedrigsten Preises, bewog die Landwirte dazu, gegen diese Abwertung von Lebensmitteln, die sie produzieren, zu protestieren. Das Plakat wird also seitens der Landwirte als Provokation aufgefasst. Hierzu muss erläutert werden, dass die Landwirte zuvor monatelang gegen die negative Spirale der Lebensmittelpreise öffentlich gekämpft hatten und anschließend diese Kampagne von Edeka startete, was zudem einen breiten Shitstorm auf Twitter auslöste. Der hatte unter anderem zur Folge, dass Politiker sich einschalteten und das Ende dieser Kampagne forderten. Edeka kommentierte daraufhin, dass es sich hierbei um ein Missverständnis handle, denn es sei das Ziel gewesen, Ortschaften in den Plakaten anzusprechen. Auf diesem Plakat sei der Ort Essen/Oldenburg gemeint gewesen und nicht Essen als Lebensmittel (ZDF 2020). Tatsächlich bildeten die anderen Plakate in anderen Ortschaften keinen Stein des Anstoßes. Dennoch zeigt auch dieses Beispiel markant auf, dass gerade solche Widersprüche ein hohes Risiko in einer vernetzten Welt in sich bergen, das es vorausschauend zu berücksichtigen gilt.

Diese drei Beispiele von Edeka zeigen, dass solche Widersprüche in den sozialen Netzwerken eine hohe negative Resonanz, also einen Shitstorm, verursachen können. Aber längerfristiger wirken diese Widersprüche auch gegen die Nachhaltigkeitsagenden, die in einem Unternehmen aufgebaut werden wollen, denn ein Unternehmen, das als nachhaltig wahrgenommen werden will, lebt auch von der zugeschriebenen Glaubwürdigkeit.

11.1.2 Herausforderung: Goliath-Marketing-Dilemma

Ein Blick zu **Procter & Gamble** soll das Verhalten und damit das Dilemma von Großkonzernen auf dem Weg zu mehr Nachhaltigkeit verdeutlichen: Der Marketing-chef von Procter & Gamble skizziert das Dilemma des Managements eines Global-giganten und beschreibt, dass solche Unternehmen ihr Management sowie ihr Portfolio an langfristigen Zielen ausrichten. Sie agieren im Vergleich zu den wendigen Start-ups behäbig, sind aber auch gefordert, sich an den konstanten Wandel anzupassen. Er führt das Dilemma der Giganten darauf zurück, dass sie aufgrund ihrer Führungsposition im Markt zu Selbstgefälligkeit neigen und dadurch am Status quo des bisherigen Geschäftes festhalten. Deshalb betrachtet er es als ultimative Herausforderung für Unternehmen wie Procter & Gamble, Kontinuität und Wandel in Balance zu halten (Stengel 2011, S. 22). Das ist grundsätzlich keine neue Erkenntnis, interessant sind jedoch Stengels Darlegungen, wie Giganten damit umgehen. Er beschreibt aus seiner Erfahrung als Marketingmanager die Hintergründe zu diesem Konflikt zwischen Wandel und Status quo und meint, dass die wesentlichen Entscheidungen im Management auf der mensch-lichen Natur basieren – auch in Großkonzernen: Der Wunsch nach Beibehaltung des Status quo würde der menschlichen Natur entspringen, Veränderungen seinen nicht beliebt. Hierdurch ließe sich erklären, warum in Großkonzernen an Erfolgsprinzipien festgehalten wird und ein Wandel erst dann stattfindet, wenn das Unternehmen unter Druck gerät (Stengel 2011, S. 22).

Die Entscheider in Unternehmen akzeptieren die Notwendigkeit zum Wandel, der ja meist neue Arbeitsweisen oder auch neue Verhaltensweisen erfordert, wenn sie die absolute Erfordernis zum Wandel spüren. Dies betrifft die Individuen in einem Unter-nehmen wie auch die Organisation an sich. Aus dieser simplen Erkenntnis sieht Stengel es also als eine essenzielle Aufgabe für Leader an, dass sie den Wandel selbst anführen sollten und nie aufhören dürfen, sich und ihr Unternehmen zu verbessern, da sie ansonsten für die Konkurrenz angreifbar würden. Sein Rezept: konstant von den schnellwachsenden Unternehmen lernen. Dies tat er mit akademischer Unterstützung der führenden US-Universitäten Harvard, Duke und Columbia. Ohne sich auf analysierte Statistiken zu beziehen, kam Stengel zum Schluss, dass die weltweit am schnellsten wachsenden Unternehmen rund um Werte, Sinn und Ideale organisiert sind und sich dadurch von der Konkurrenz differenzieren (Stengel 2011, S. 26) (Abb. 11.1). Die Studien zeigten deutlich auf, dass das Verfolgen von hohen Idealen zu einem schnellen Wachstum, aber auch zu Profit führten.

Der Beitrag von Sinngebung für Wachstum und Profit ist aber keine singuläre Erkenntnis eines Unternehmens oder eines einzelnen Managers. Dies zeigt die weltweit größte Studie von LinkedIn über die Relevanz von Sinngebung am Arbeitsplatz. Eines ihrer Fazits: „Companies of all sizes and industries are realizing the power of inspiring employees with strong social mission, and creating an environment that fosters purpose" (Erickson et al. 2016, S. 3).

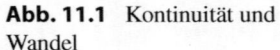 **Abb. 11.1** Kontinuität und Wandel

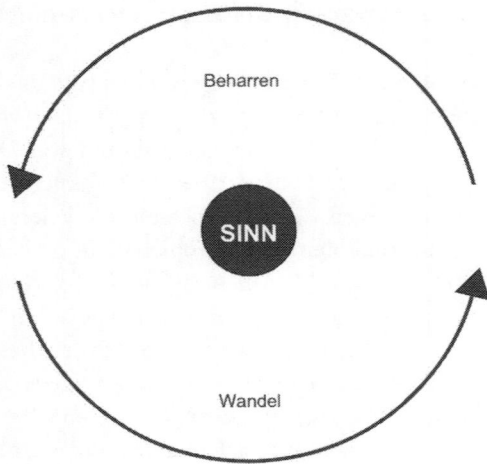

Diese Studie zeigte, dass sinngeleitete Mitarbeiter ein höheres Maß an Engagement aufweisen und in allen Aspekten ihre Arbeitskollegen übertreffen. LinkedIn empfiehlt Unternehmen auf Basis dieser Studie, dass sie in Zukunft die wachsende Bedeutung von Sinnorientierung in ihren Unternehmen verstehen und daher sinnorientierte Führungspersönlichkeiten engagieren sollten, um ihre Existenz für einen langen Zeitraum abzusichern (Erickson et al. 2016, S. 3). Denn sie bringen messbare wirtschaftliche Erfolge für Unternehmen, konkret ein Wachstum von 10 % innerhalb von drei Jahren, wie die Studienautoren ausweisen. Auch Forbes (Castrillon 2019) erhebt „Purpose" zum neuen Wettbewerbsvorteil und stellt die Behauptung auf, dass Unternehmen, die eine Sinnorientierung ignorieren, in Zukunft irrelevant werden würden.

Es zeigt sich also, dass im Kern der Dynamik von Kontinuität und Wandel sinnorientierte Menschen stehen – als Arbeitnehmer, aber auch als Konsumenten –und diese treiben die Entwicklungen an. Warum sie? Sinnorientierte Menschen sind auf den Impact fokussiert, den sie leisten wollen und verhalten sich daher anders. Sie setzen das Bewährte ein, um ihre Sinnziele zu erreichen und suchen proaktiv nach neuen Lösungen. Sie warten also nicht wie klassische Manager auf das Entstehen eines Problems, wie es Stengel beschrieben hat, das sie erst dann zu lösen beginnen, wenn sie es als unausweichlich einstufen, weil sie dem Problem nicht entkommen können.

Nachfolgend werden die drei wesentlichen Tools des Green Marketing für Greening Goliaths vorgestellt. Das bedeutet natürlich nicht, dass Greening Goliaths die Tools der Green Davids nicht anwenden sollen oder können. Hiermit soll nur aufgezeigt werden, dass Purpose Marketing, Glaubwürdigkeit und Authentizität, Transparenz und Kooperationen die Grundpfeiler für Greening Goliaths bilden, um sich dann mit einem spezielleren Marketing auseinanderzusetzen.

11.2   Schlüsselansatz 1: Purpose Driven Marketing

Unter Purpose Driven Marketing wird ein Marketing mit Haltung verstanden. Ein Unternehmen verfolgt dabei gesellschaftlich relevante und „höhere" Ziele. Dabei geht das Purpose Driven Marketing über einzelne sinnstiftende Kampagnen hinaus.

Purpose ist zu Deutsch der Zweck und beschreibt für Unternehmen, warum sie existieren. Damit ist der Purpose das Fundament oder die Essenz ihrer Existenz und dadurch wird eine Marke für seine Stakeholder erst wirklich relevant. das liegt daran, dass Menschen Marken mit einem Zweck auch als relevanter wahrnehmen, so die Studie von Accenture „From Me to We: The Rise oft the Purpose-Led Brand" (Barton et al. 2018). Dabei wurden weltweit rund 30.000 Konsumenten über ihre Erwartungen an Marken und Unternehmen befragt. Die Ergebnisse zeigen, dass Unternehmen mehr denn je kritisch beleuchtet werden und die Konsumenten ihre Kaufentscheidungen nicht primär nach Produktmerkmalen oder nach dem Preis treffen. Sie beschäftigen sich damit, wofür eine Marke steht, wie sie handelt und was sie sagt. Kernaussage der Studie ist, dass 62 % der befragten Konsumenten von Unternehmen erwarten, dass sie eine Position zu relevanten Themen der Zeit, allen voran zu Nachhaltigkeit, Transparenz und zu fairen Arbeitsbedingungen, einen Standpunkt beziehen (Barton et al. 2018, S. 2). Daher werden in Zukunft jene Marken erfolgreicher sein, die sich den Einstellungen der Konsumenten annähern. Das fordert Unternehmen und ihre Marken dazu auf, ihre ausschließliche Profitorientierung zu überdenken und den Weg dahin gehend zu beschreiten, dass sie für etwas stehen, das weit über sie selbst hinausreicht.

Die Autoren dieser Accenture-Studie argumentieren, dass die Konsumenten in dem neuen Zeitalter der radikalen Sichtbarkeit, Technologie und sozialen Medien als Individuen in die Machtposition versetzt wurden, um für ihre Werte einzustehen, und das mit einem großen Skalierungshebel im Hintergrund. Denn so sind auch die globalen Bewegungen wie „MeeToo" oder „Fridays For Future" entstanden. Sie sind ein Kennzeichen für das Wachsen an Intoleranz gegenüber einer nicht nachhaltigen Einstellung. Die Studie macht deutlich, dass die Konsumenten inzwischen eine hohe Bereitschaft aufweisen, auch entsprechend ihrer Überzeugungen zu handeln. So gaben 53 % an, dass sie es zu einem sozialen Anliegen machen, wenn sie von einer Marke enttäuscht sind (Barton et al. 2018, S. 3). Und 17 % von diesen frustrierten Verbrauchern wenden sich von der Marke endgültig ab und kommen nie wieder zurück. Das waren die negativen Aspekte. Aber was macht eine Marke für Menschen attraktiv? Die Studie hat hierzu folgende Ergebnisse zutage gebracht (Barton et al. 2018, S. 8):

- 66 %: Wenn eine Marke eine großartige Kultur hat und tut, was sie behauptet.
- 66 %: Das Unternehmen ist transparent in der Beziehung, woher es die Materialien bezieht und wie mit den Mitarbeitern umgegangen wird.
- 65 %: Das Unternehmen geht gut mit seinen Mitarbeitern um.
- 62 %: Das Unternehmen reduziert Plastik und engagiert sich für die Umwelt.

- 62 %: Das Unternehmen hat ethische Werte und verhält sich authentisch in allem, was es tut.
- 62 %: Das Unternehmen zeigt eine Passion für seine Produkte.
- 52 %: Die Marke steht für etwas Größeres als nur für seine Produkte.
- 23 %: Bevorzugen große und bekannte Marken.

Der Umkehrschluss ist, dass nur noch ein Drittel der Menschen sich nicht für Nachhaltigkeit interessiert und ihr Handeln davon unbeeindruckt bleibt. Gerade für Goliath-Unternehmen ist dieses Potenzial viel zu gering. Und auf dieser Erkenntnis basiert die Empfehlung von Accenture, dass sich Unternehmen und ihre Marken einer Transformation unterziehen sollten, wenn sie langfristig am Markt existieren wollen. Eine zweckbezogene Basis wird also zum Erfolgsfaktor für ein zukünftiges „Living Business" (Barton et al. 2018, S. 10). Hierauf fußt auch die Erkenntnis, dass es eine zukunftssichernde Maßnahme ist, wenn sich Goliaths zu einem Greening entschließen, ohne aber den Weg des Greenwashings zu beschreiten. Denn das führt in eine Sackgasse, weil die Konsumenten smart geworden sind und erkennen, wenn nachhaltige Behauptungen nicht mit dem tatsächlichen Handeln einhergehen. Aus diesem Grund ist der erste Schritt in Richtung eines Greenings immer, das Gegenständliche mit einem Zweck zu verbinden und dies auch zur gelebten Praxis zu machen. Das setzt letztlich einen Wandel und eine Adaption in den Unternehmen in Richtung der Werte ihrer Konsumenten in Gang.

Wie kann nun ein Goliath seinen Purpose aktivieren und seinen Greening-Prozess einläuten?

- **Schritt eins** ist es, **„menschlich"** zu werden. Das entspricht somit der Feststellung von Kotler in Marketing 3.0, wo es darum geht, dass die Unternehmen ihre Kunden als ganzheitliche Menschen mit Herz und Werten begreifen sollen. Im Green Marketing 4.0 tritt an die Unternehmen nun auch die Aufgabe heran, selbst menschlicher zu werden. Das Cluetrain Manifesto beginnt mit einer Provokation, die eben diese Begegnung auf menschlicher Ebene einfordert: „We are not seats or eyballs or end users or consumers. We are human beings – and our reach exceeds your grasp. Deal with it" (Cluetrain Manifesto 1999).
- Denn nur so können sie der Forderung nach der Adaption an ihre Kunden auch wirklich gerecht werden und langfristige und loyale Beziehungen zu ihren Kunden aufgebaut werden. Warum das funktioniert, liegt in der Psychologie des Menschen begründet. Menschen fühlen sich zu Menschen und Marken hingezogen, die ihnen selbst ähnlich sind. Wenn diese Selbstähnlichkeit auch tatsächlich erlebt wird, so bauen sie letztlich Vertrauen auf. Und aus diesem Grund ist das zentrale Ziel von Greening Goliaths, dass sie das Vertrauen ihrer Kunden aufbauen oder behalten.
- Für Greening Goliaths stellt sich in diesem Prozess des Menschlichwerdens nicht nur die Herausforderung, die richtigen Fragen an sich selbst zu stellen, sondern wirklich emotionale Beziehungen zu ihren Käufern herzustellen. Diese Empfehlungen klingen nach den Diskursen, die aktuell im Zusammenhang mit Mensch-Maschinen-Beziehungen

geführt werden. Man gewinnt den Eindruck, dass diese Goliath-Unternehmen als leblose Maschinen betrachtet werden, die in einer mechanistischen Wirtschaft nach Automatismen agieren. Jedenfalls ist die Kommunikation der Schlüssel in diesem transformierenden Prozess. Denn die Menschen finden jene Marken interessanter, die aktiv über ihren Zweck und über ihre Mission kommunizieren.

- **Schritt zwei** ist es, „**authentisch**" zu werden. Es wurde schon angeführt, dass die Konsumenten Marken bevorzugen, bei denen Kommunikation und Handeln in Übereinstimmung mit ihren Werten erfolgt. Ein gutes Beispiel ist hierfür die Marke **KIND.** Bei den Produkten handelt es sich um gesunde Snacks, deren Brand Purpose aktiviert wurde, um die Wettbewerbsfähigkeit zu erhöhen. Die Mission ist es, eine freundlichere (Bezug zu ihrem Namen „kind") und gesündere Welt zu kreieren (KIND 2020). KIND führt auch umfangreich aus, was die leitenden Prinzipien sind, und es wird das Versprechen gegeben, dass nur „real Food" ohne ein Zuviel an Verarbeitung und ungesunden Ingredienzien in den Snacks sind. Aus diesem Grund wird auf dem Facing der Verpackung sehr gut sichtbar angeführt, wieviel Gramm Zucker der entsprechende Snack enthält. Aber in Summe kreieren diese Versprechen noch kein Differenzierungsmerkmal, weshalb KIND zahlreiche Aktionen realisiert. Zum Beispiel informiert KIND die Verbraucher aktiv über irreführende Claims und über versteckte Ingredienzien in der Lebensmittelindustrie. Gemeinsam mit führenden Ernährungswissenschaftlern hat das Unternehmen eine Petition an die US Food & Drug Administration übergeben, die eine Überarbeitung dieser Regelungen und eine höhere Transparenz bei den Deklarationen der Lebensmittel fordert. Natürlich bringt KIND seine Mission auch bei den eigenen Produkten zur Anwendung. 2016 war KIND die erste Snackmarke in den USA, die ihren Zuckergehalt auf der Verpackung deklarierte – also bereits zwei Jahre, bevor es gesetzlich verpflichtend wurde. Die Mission von KIND beinhaltet auch die Verpflichtung „not-only-for-profit". Das ist dem Gründer Daniel Lubetzky besonders wichtig. So realisieren sie mit Cause-related-Kampagnen Sondereditionen, die Spenden generieren, und finanzieren seit Jahren unterschiedliche Communitys mit. Ein Beispiel ist der KIND PRIDE Snack, der eine Organisation finanziert, die sich um Obdachlose Schwule und Lesben kümmern. KIND startete gemäß der eigenen Mission, die Welt ein wenig freundlicher zu machen, das „KIND Movement", gefolgt von „Do the KIND thing". Beide sollen Menschen dazu inspirieren, andere Menschen mit freundlichen Handlungen zu unterstützen. Was auch geschah und auf einer Plattform nachzulesen ist. Somit war auch der erste Schritt in Community Building gesetzt. Oder KIND engagiert sich mit seinen Mitarbeitern, gesundes Essen in lokalen Communitys auszugeben. Die Bandbreite an Aktionen wurde bis heute noch größer. Damit zeigt sich, dass Mission und Handeln übereinstimmen und dies von den Konsumenten offensichtlich positiv goutiert wird. Denn nach eigenen Angaben ist KIND seit seiner Gründung im Jahr 2004 weltweit zum drittgrößten Snackproduzenten aufgestiegen (KIND 2020).

- **Schritt drei** ist es, „**kollaborativ**" zu werden. Es stehen also die Käufer im Fokus, man kommuniziert mit ihnen und verhält sich auch dementsprechend. Und nun fehlt noch eine echte Kooperation oder Kollaboration mit den eigenen Kunden oder Nutzern. Und es haben bereits viele Goliath-Unternehmen auch ohne Nachhaltigkeitsinteressen entdeckt, dass die Integration der Kunden in die Wertschöpfungsprozesse zahlreiche Vorteile mit sich bringt. Dies haben Reichwald und Piller schon 2001 in einem Aufsatz beschrieben, in dem sie die unterschiedlichen Kooperationsformen von Unternehmen und Kunden beleuchteten. Im Kern profitiert ein Unternehmen durch diese Kooperation vor allem in dem Sinne, dass seine Produkte einen höheren Fit aufweisen. Sie entsprechen also mehr den Idealvorstellungen der potenziellen Käufer, wenn sie auch in den Entwicklungsprozess integriert werden, als wenn nur die Entwicklungsabteilung daran arbeitet (Reichwald und Piller 2001, S. 12). Der Grund ist, dass es immer gewisse „sticky" Informationen gibt, die sprichwörtlich an den Kunden hängen bleiben und von klassischen Konsumentenforschungen nicht erhoben werden. Die Unternehmen haben also schon vor dem Jahrtausendwechsel erkannt, dass es profitabler ist, wenn sie ihre Kunden in gewisse Prozesse wie die Produktentwicklung integrieren. DHL führt beispielsweise mit seinen Kunden Workshops durch, um ganz neue Supply-Chain-Lösungen zu kreieren. Daher stellt sich hier die Frage: Was ist im Zusammenhang mit dem Greening von Goliath-Unternehmen nun neu daran? Hier geht es weniger um Wertschöpfung im Sinne einer besseren Produktentwicklung, die bestehende Kernprozesse effizienter machen soll, sondern darum, die Beziehung zwischen der Marke und ihren Käufern als kollaborative Begegnung zu verstehen. Dabei ist der Fokus nicht mehr nur auf den Profit ausgerichtet, vielmehr wird ein holistisches Engagement-Model realisiert, wodurch die Unternehmen mit ihren Kunden gemeinsam ein geteiltes und agiles Ökosystem kreieren. Und gerade in dieser Dimension sind die Green Davids außergewöhnlich kreativ, denn sie haben die unterschiedlichsten Partizipationsformen wie das Crowdsourcing und unzählige Engagementformen ins Leben gerufen. In diesem Punkt hinken die Greening Goliaths aufgrund ihrer weniger agilen Organisation hinterher, deshalb sollten sie sich Zeit dafür nehmen, ein passendes Engagementmodell zu erarbeiten. Die wichtigste Agenda ist es für Greening Goliaths, ihre Kunden nicht nur als Käufer zu definieren, sondern sie eben als echte Menschen zu verstehen, mit denen sich das Unternehmen über geteilte Ziele, Werte oder Zwecke verbindet.

Hierzu ein Beispiel aus der Finanzwelt.

BlackRock

Larry Fink, CEO von **BlackRock,** einem internationalen Treuhänderunternehmen, sieht sich als Investor dazu berufen, die drängendste Aufgabe seiner Kunden zu skizzieren und meint, dass viele Unternehmen es versäumt hätten, sich an einem Purpose auszurichten. Er sieht die Notwendigkeit für einen Purpose, weil dies der Faktor sein wird, der es kleinen Unternehmen ermöglichen wird, schnell zu wachsen.

Daher müssen sich Unternehmen darüber klarwerden, welche Rolle sie in ihrer Community spielen und wie sie einen positiven Impact auf die Umwelt erzielen wollen (Fink 2018).

Bei BlackRock ist vor diesem Hintergrund Nachhaltigkeit zum Herzstück der Anlageprozesse geworden und wurde zum Investmentstandard erhoben, der auch an die Kunden kommuniziert wird.

BlackRock hat daher seine Standards für Investments an Nachhaltigkeit ausgerichtet. Das Unternehmen beabsichtigt, Nachhaltigkeitsfonds zu den Standardbausteinen seiner Lösungen zu machen. Daher werden Umwelt-, Sozial- und Governance-(ESG)-Kriterien verwendet. Beachtlich ist vor allem, dass der CEO sehr persönliche Statements in Form von öffentlichen Briefen an seine Kunden verfasst und detailreich seine Überlegungen und die Positionen seines Unternehmens darstellt. Warum wählt Fink die Form eines Briefes, vermutlich weil allein diese Form bereits aussagt: „Du bist mir wichtig."
Nachhaltigkeit wird nun auch stärker in den Aktien-Anlagenprozess integriert und es wird beispielsweise gänzlich auf Investments in Kohleproduzenten verzichtet. Damit auch die Kunden von BlackRock einen besseren Zugang zum nachhaltigen Investieren haben, versucht das Unternehmen durch gezielte Maßnahmen, die Barrieren für ein nachhaltiges Investment zu senken. Die Erhöhung von Transparenz ist dabei ebenfalls ein essenzielles Ziel. Larry Fink sieht es sowohl als seine persönliche wie auch als die Verpflichtung seines Unternehmens, für ihre Millionen Kunden, die für langfristige Ziele wie den Ruhestand sparen, gerade Nachhaltigkeit auch in dem Sinn ernst zu nehmen. Darüber hinaus sieht er für seine Branche eine notwendige Veränderung bei der Risikobewertung als wesentlichen Baustein der Umgestaltung der Finanzwelt. Auch dieser Baustein zeigt, dass Larry Fink es zu seiner persönlichen Aufgabe gemacht hat, eine Beziehung zu seinen Kunden aufzubauen. Er überlässt das nicht einer PR-Agentur, die wunderschöne, aber anonyme Texte verfasst. Und auch dies ist eine wesentlicher **Touchpoint des Vertrauens,** der letztlich eine Vertrauens-Experience kreiert.
BlackRock ist aber kein singuläres Phänomen in der Wirtschaft, denn inzwischen hat auch die Europäische Kommission (2020) einen Plan für eine nachhaltige Finanzierung vorgelegt, wonach alle drei Komponenten der Nachhaltigkeit integraler Bestandteil für die ökonomische Entwicklung und für die Finanzwelt werden sollen. ◄

Nun soll auch noch der Pionier des Purpose Driven Marketing vorgestellt werden: Benetton.

Benetton

Benetton hat in den 1980er-Jahren erstmals Purpose Driven Marketing als ein Goliath global angewendet. Diese Strategie wurde zu dieser Zeit bereits aufseiten der Green Davids wie The Body Shop verwendet, aber noch von keinem etablierten Mega-konzern. Der Chef von Benetton, Luciano Benetton, war kein Freund von Werbung. Aber die Modemarke plante eine internationale Expansion. Daher fasst er den Ent-schluss, dass, wenn er schon Werbung mache müsse, er sie sinnvoll nutzen wollte, um drängende Probleme der Zeit zu thematisieren: AIDS, Ölverschmutzungen, Armut, Rassenprobleme, Frauenrechte. Zu dieser Zeit veränderte Benetton seinen Marken-namen auch zu United Colors of Benetton und griff mit der ersten Kampagne und dem Fotografen Oliviero Toscani den Markenkern der Diversität auf, der sich auch in dem neuen Namen bereits wiederfand. Gezeigt wurden Kinder aller Hautfarben in allen Farben der bunten Kollektion. Der Slogan „All the colours of the world" ergänzte die visuelle Botschaft. Aus heutiger Perspektive muss man hinsichtlich der Wirkung dieser Werbung auch bedenken, dass Benetton zu dieser Zeit im Umfeld einer eintönigen Modewelt für bunte Farben stand. Die Mission der Marke, anders zu sein, wurde also auf sämtlichen Kanälen einer Marke transportiert.

Die Kampagnen der kommenden Jahre zeigten mit schonungslosen und teil-weise schockierenden Bildern echte Probleme und keine schönen Werbebilder. Zu sehen waren sterbende Aids-Aktivisten im Kreis ihrer trauernden Familien, über-ladene Flüchtlingsschiffe vor der albanischen Küste, die Leiche eines erschossenen Mafioso, eine nackte schwarze Frau, die ein weißes Baby säugt, oder eine Nonne, die einen Pfarrer küsst. Auch die blutverschmierte Kleidung eines erschossenen Soldaten im Bosnienkrieg wurde gezeigt. Die visuelle DNA von Benetton war also „Anti-Werbung". Im Jahr 2000 zeigte Toscani eine Porträtaufnahme eines zum Tode verurteilten Gefängnisinsassen in den USA, was letztlich Toscani und Benetton ent-zweite, weil Benetton sich nun hiervon distanzierte. Die Zusammenarbeit endete und damit auch die Existenz von Benetton als Purpose Driven Brand. Aber inzwischen hat diese eine bis dahin noch nie gesehene Haltung einer Marke Benetton in seiner Andersartigkeit positioniert. Benetton war damals seiner Zeit voraus. Benetton wurde zum „Kult" und von vielen Menschen für seine Haltung geschätzt. Und mit dieser Haltung hat sich Benetton zu einer global vertretenen Kleidungsmarke entwickelt und konnte den Beweis erbringen, dass die Käufer sich bei zwei Pullovern von gleicher Qualität und gleichem Preis für den entscheiden, der mit einer Botschaft verbunden ist.

2013 kam es zum sprichwörtlichen Einsturz der Purpose-Driven-Marketingstrategie, als in Bangladesch die Textilfabrik Rana Plaza einstürzte. Die Folge: 1100 Todesopfer und 1500 traumatisierte Überlebende. Benetton entschied sich zu leugnen, dass in genau dieser Fabrik auch seine Kleidung hergestellt wurde. Erst zwei Jahre später kam es zum Eingeständnis, und Benetton zahlte in den Ent-schädigungsfond 1,1 Mio. US-$ ein. Immerhin, denn viele andere globale Firmen haben bis heute keine Entschädigung bezahlt. Aber das aufgebaute Markenimage von Benetton hatte Schaden genommen. Geblieben ist das Bild, dass Benetton seine Kleidung unter unwürdigen Arbeitsbedingungen fertigen ließ. ◄

11.2.1 Purpose Storytelling

In Zeiten von Marketing 1.0 und 2.0 funktionierte der Markt, indem ein hoher Product Fit für die definierten Zielgruppen zum Erfolg führte. Heute sorgen klare Positionen, Überzeugungen und Werte dafür, dass sich Kunden für bestimmte Marken interessieren. Denn in den Märkten findet sich eine noch nie da gewesene Auswahl an Produkten, die ihren Bedürfnissen entsprechen. Unter dieser Voraussetzung suchen sie Marken, zu denen sie einen **Fit for Purpose** feststellen können. Damit ist gemeint, dass die Kunden und die Marke im Idealfall beide dieselben Werte anstreben und sich hierüber auch austauschen.

Dieser Purpose Fit nimmt für Greening Goliaths aber auch eine zentrale Rolle in der Kommunikation ein und ist ein exzellenter Träger für Botschaften. Er generiert für eine Marke auch authentische Kommunikationsanlässe, die auf die werbliche Kundenansprache völlig verzichten können. Denn die Zeiten der simplen „Kauf-mich-Botschaften" finden in vielen Bereichen ihr Ende, weil ihnen niemand mehr zuhört. Ein Brand Purpose aktiviert dadurch auch die „Talkability", was bedeutet, dass auch die Kunden beginnen, über die gemeinsamen Anliegen zu reden und die Themen in ihren Netzwerken zu teilen. Dies nennt sich Story Sharing. Aus klassischer marketingstrategischer Sicht wird über diesen Umweg eine Penetration aufgebaut, die letzten Endes auch zu einer Reduktion der Preiselastizität führen kann. Daran ist natürlich jeder Marketingexperte interessiert, der sein oder ihr Geschäft versteht. Und so finden sich in letzter Zeit immer mehr Beispiele, bei denen Unternehmen klassische Kampagnen ohne ein wirkliches Konzept realisieren, bei denen kein Fit von Botschaft und Marke vorliegt. Dies zeigt die Kampagne von Pepsi exemplarisch auf.

Pepsi-Kampagne

Wenn kein Fit von Botschaft und Marke vorliegt

Der **Pepsi**-Spot zeigte eine inszenierte Demonstration mit keinem klar erkennbaren Inhalt. Man sah nur junge, hippe Leute auf der Straße marschieren. Dann droht eine Konfrontation mit Polizisten, die aufgereiht als Mauer stehen und die Demonstration beobachten. Das Model Kendall Jenner greift zu einer eingekühlten Pepsi und überreicht sie einem Polizisten, der diese nimmt und daraus trinkt. Die intendierte Wirkungsabsicht: Sie stiftet Frieden mit Pepsi.

Unter Afroamerikanern rief diese Kampagne massive Kritik auf Twitter hervor. Man warf Pepsi vor, Polizeigewalt zu verharmlosen. An der Spitze des Protests stellte sich Bernice King, Martin Luther Kings Tochter, und verfasste einen Tweet mit dem

Titel „If only Daddy would have known about the power of #Pepsi." Es zeigt ein Bild von Martin Luther King bei einer Demonstration, wo er von einem Polizisten massiv zurückgeschoben wird. Dieser Tweet löste einen massiven Shitstorm aus.

Pepsi entschuldigt sich öffentlich auf Twitter: „Pepsi wollte eine globale Botschaft von Zusammenhalt, Frieden und Verständnis verbreiten. Wir haben das Ziel offensichtlich verfehlt und entschuldigen uns. Wir wollten uns nicht über wichtige Dinge lustig machen. Wir ziehen den Inhalt zurück und spielen ihn nicht mehr aus." Zudem entschuldigt sich das Unternehmen bei dem Model und versucht, es aus der Verantwortung zu nehmen. ◄

Key Learnings für das Green Marketing

- Das Beispiel Pepsi zeigt die möglichen Folgen fehlender Authentizität: Das Model Kendall Jenner ist nicht dafür bekannt, dass es demonstriert und sich für sozialkritische Themen einsetzt. Die Aussage des Spots, dass Kendall Jenner einen Polizisten umstimmen kann, wenn sie ihm eine Dose Pepsi anbietet, ist dadurch nicht glaubhaft. Es ist nicht plausibel, dass dadurch die Demonstration friedlich verlaufen könnte, denn dafür liefert die Marke Pepsi in ihren Kernwerten keinerlei Anhaltspunkte.
- Zudem zeigt diese eigentlich positiv beabsichtigte Kampagne, dass Goliath-Marken in Zukunft weitaus inklusiver und empathischer denken lernen müssen, um zu erkennen, ob ihre Botschaft bei anderen Stakeholdern starke Widersprüche evozieren. Denn der folgende Shitstorm zeigte, dass mit Unterstützung der sozialen Netzwerke eine virale Verbreitung mit enormen Reichweiten erfolgen kann. Wenn einer Marke solch ein Fehler mehrfach unterläuft, so kann sich dies auch schädlich auf das Markenimage auswirken oder auch Boykotte nach sich ziehen.

Markus Gull (2020a) vertritt die Ansicht, dass Märkte heute schnelle und schlaue Gespräche seien. Legt man diese Annahme zugrunde, dann gilt es zu hinterfragen, was gute Gespräche ausmacht. Die Menschen scherzen, sind ernst, regen sich auf und dabei ist ihre Sprache eben natürlich. Und gerade die Gesprächskultur in den sozialen Netzwerken ist eine gänzlich andere als in den Hochglanzmagazinen. Das bedeutet, dass Unternehmen ihre Sprache agil an die Kontexte anpassen und letztlich lernen müssen, eine Gesprächskultur zu entwickeln. Hierzu einige Auszüge aus den 95 Themen des Cluetrain Manifesto (1999):

„Markets are conversations.
Markets consist of human beings, not demographic sectors.
Conversations among human beings sound human. They are conducted in a human voice.
Wheter delivering information, opinions, perspectives, dissenting arguments or humorous asides, the human voice is typically open, natural, uncontrived.

People recognize each other as such from the sound of this voice.
The Internet is enabling conversations among human beings that were simply not possible in the era of mass media."

Folgende Regeln sind bei der Purpose-Kommunikation zu beachten (Gull 2020b):

- Der Purpose sollte aus den Werten der Marke gefunden werden.
- Das Thema muss einerseits einen wesentlichen Grundwert der Marke aktivieren und zugleich für etwas stehen, wofür es sich lohnt zu kämpfen.
- Der Brand Purpose muss dem Unternehmen ein authentisches Anliegen sein. Folgende Frage ist zu klären: „Würden Sie sich auch dafür starkmachen, ohne dass es ihrer Marke Werbenutzen bringt?"
- Ein Brand Purpose muss den Menschen nutzen.
- Die Rezipienten müssen aktiviert werden und sollten nicht passiver Beobachter bleiben.
- Die Botschaft des Purpose sollte T-Shirt-fähig sein.

Gull (2020a) richtet sich in seinem Blog an Unternehmen mit zwei persönlichen Empfehlungen:

1. „Menschen wollen mit Unternehmen und Marken nach wie vor Beziehungen eingehen, aber nur gute, ernsthafte, ja: relevante Beziehungen. Und sie wollen sogar noch sehr viel mehr. (…)
2. Unternehmen und Marken sollen an diesem Gespräch nicht nur teilnehmen, sie können es sogar anstoßen, inspirieren, moderieren und ermöglichen."

Purpose Washing
Da Purpose Driven Marketing unzweifelhaft seine positiven Wirkungen entfaltet, doch einige Unternehmen haben sich dieses Ziel auf ihre Fahnen geheftet, ohne danach zu handeln. Und aktuell haben Unternehmen und Agenturen eine intensive Diskussion darüber losgetreten. Katrin Seegers von Rethink hat sich mit einem kritischen Blick in die Purpose-Debatte eingeklinkt. Sie zieht Parallelen zum Greenwashing, weil hier derselbe Mechanismus in einem „anderen Gewand" die Bühne des Marketing betrete, so Seegers (2019). Aus dieser Haltung heraus empfiehlt Seegers Unternehmen unbedingt sicherzustellen, dass der Purpose auch wirklich aus der DNA des Unternehmens komme. Eine Agentur könne den Purpose nur sichtbar machen, aber nicht für ein Unternehmen kreieren.

Die Purpose-Kampagne „Believe in something" von **Nike** warb unter anderem mit dem früheren Quarterback Colin Rand Kaepernick auf einem Plakat mit „Glaube an etwas. Selbst wenn es bedeutet, alles zu opfern." Kaepernick spielte bei den San Francisco

49ers und hatte zwei Jahre zuvor eine Protestwelle ins Leben gerufen, die sich gegen Polizeigewalt und Rassenungleichheit richtete. Als Symbol knieten Spieler am Beginn der Spiele der NFL während der amerikanischen Hymne oder erhoben ihre Fäuste. Trump bemängelte dies und forderte Sanktionen gegen diese Spieler. Kaepernick und die 49ers trennten sich am Ende der Saison 2016/17, womit der Spieler seiner Entlassung zuvorkam. Nike verpflichtete für diese Kampagne auch noch weitere bekannte Sportler. Dennoch fehlt bei dieser Kampagne die Symbiose von Haltung und Handlung, meint Seegers (2019), da sich Nikes Handeln in keiner Weise verändert habe.

11.2.2 Start with Why

Simon Sinek bringt mit seinem Buch „Start with Why" eine neue Denke in die Wirtschaftswelt ein. Er überträgt die Grundidee des goldenen Kreises in eine einfache und leicht verständliche Anwendungsform (Sinek 2009) und argumentiert, dass jedes Unternehmen seine Produkt- und Unternehmensidee genau kenne und wisse, *was* es tue. Die meisten Unternehmen wissen auch ziemlich genau, *wie* sie es tun, aber nur ganz wenige kennen ihr eigentliches *Warum*. Das *Warum* wird als der einstige innere Antrieb beschrieben, es liefert die Gründe, warum das Unternehmen gegründet wurde, welchen Werten man dabei folgte und wie sich diese Werte im Laufe der Zeit veränderten. Üblicherweise kommen wir vom *Was* über das *Wie* zum *Warum*. Sinek führt nun an, dass die inspirierendsten Unternehmen und visionären Leader genau umgekehrt vorgehen – vom Warum zum Was, und zwar unabhängig von der Unternehmensgröße und deren Industrie- und Wirtschaftszweig. Das bekannteste Beispiel dafür ist das Unternehmen Apple unter der Führung von Steve Jobs. Apple erklärt sein Warum folgendermaßen: „Bei allem, was wir tun, glauben wir daran, den Status quo infrage zu stellen. Wir glauben daran, anders zu denken." Apple hat die Reihenfolge der Information vertauscht, nicht vom Was zum Warum, sondern vom Warum über das Wie zum Was. Das Ziel ist laut Sinek nicht, mit jedem Geschäfte zu machen, der das braucht, was man anbietet, sondern das Ziel ist es, mit Menschen, die glauben, woran man als Unternehmen bzw. Marke selbst glaubt. Sinek begründet diese Art von Selektion liege im biologischen Konzept des Menschen, und er führt aus, dass unser limbisches System für Entscheidungen zuständig ist und Menschen deshalb zuerst über das Why und How (Abb. 11.2) angesprochen werden sollen.

Betrachtet man den Querschnitt eines menschlichen Gehirns von oben, dann ist es im Wesentlichen in drei Hauptkomponenten unterteilt, die nach Sinek perfekt mit dem goldenen Kreis korrelieren. Der Neokortex ist verantwortlich für all unser rationales und analytisches Denken und für unsere Sprache. Die beiden mittleren Abschnitte bilden unser limbisches Gehirn, und dieses ist verantwortlich für die Verarbeitung von Emotionen, für die Entstehung des Triebverhaltens sowie für alle menschlichen Verhaltensweisen.

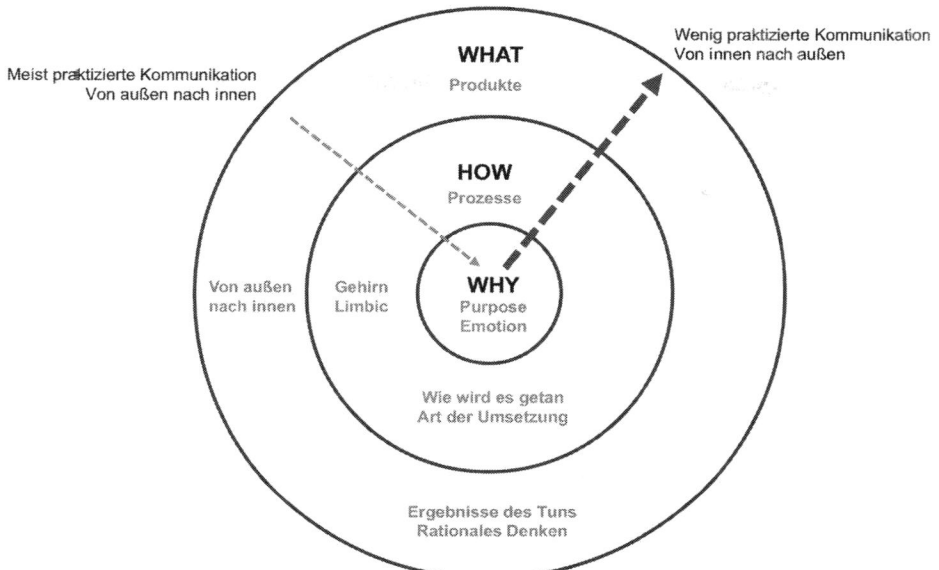

Abb. 11.2   Simon Sinek Why (Sinek 2009)

Mit anderen Worten: Wenn man von außen nach innen kommuniziert, können die Menschen eine Menge komplizierter Informationen wie Merkmale und Vorteile sowie Fakten und Zahlen zwar verstehen, aber das Verhalten wird nicht angesteuert. Wechselt man die Reihenfolge der Argumentation von innen nach außen, richtet man die Information direkt an den Teil des Gehirns, der das Verhalten steuert, also das Bauchgefühl. Und wenn nun rationale Argumente das Bauchgefühle rechtfertigen, dann erreichen wir Menschen, indem sie zuerst emotional begreifen und anschließend rational rechtfertigen.

Beispiel

Hermann

Das Warum schlägt die Brücke von einem Fleischhersteller zur fleischlosen Marke

Das österreichische Familienunternehmen Neuburger hat es mit einem unkonventionellen Zugang geschafft, seine Fleischmarke namens „Neuburger" in einem extrem gesättigten Markt als Premiummarke zu positionieren.

Als der Weg in die Produktion fleischloser, regionaler und biologischer Fleischlosprodukte eingeschlagen wird, bietet das Unternehmen seine neuen Produkte unter dem Markennamen Hermann an. Bei Hermann wird das Warum in den Fokus der Marke gestellt. Gerade zur Markteinführung sind die österreichischen Medien voll mit Interviews der beiden Neuburger, die über diesen unkonventionellen Weg ausführlich berichten. Diese mediale Aufmerksamkeit nutzen die Geschäftsführer, um ihr Warum in den Medien zu teilen. Sie vertreten die Ansicht, dass der übermäßige Fleischkonsum Ressourcen vernichtet, die Umwelt zerstört und ungesund ist. Eine solche kritische Haltung gegenüber der eigenen Branche ist bei keiner anderen Fleischerzeuger-Marke zu hören und lässt aufhorchen.

Das Unternehmen sieht die Zukunft der Fleischbranche kritisch und möchte daher insbesondere Fleischessern eine Alternative anbieten.

Im Fleischsegment sieht Neuburger keinen Platz mehr für Wachstum in der Fleischbranche, sehr wohl aber in den fleischlosen Produkten mit derselben Genussqualität. Die Basis der Hermann-Produkte bilden Pilze, die in einer Vertikal-Farm gezüchtet werden. Diese Kräuterseitlinge zeichnen sich durch ein umamireiches Aroma und durch eine festfaserige Struktur aus, sodass es in der Produktion möglich ist, auf zusätzliche Aromen zu verzichten. Die gesamte Wertschöpfungskette wird regional aufgebaut und ist gänzlich klimaneutral. Das Warum wird also durch einen Proof glaubhaft umgesetzt. So kann auch ökologischer produziert werden:

- 1 kg Pilze: 16 L Wasser, 0,7 kg CO_2, keine Massentierhaltung
- 1 kg Rindfleisch: 15.000 L Wasser, 15 kg CO_2 ◄

Initiative „I mind my Food"

Hermann und Thomas Neuburger gründeten im Mai 2019 eine Initiative mit dem Ziel, Menschen mit Interesse an gesunder Ernährung online wie auch offline zu vernetzen.

Die beiden Unternehmer beziehen hier die Position, dass Fleisch lediglich einen kleinen Teil der Ernährung ausmachen solle, und wollen aufzeigen, dass auch eine fleischreduzierte Ernährung genussvoll und umsetzbar ist. Im Rahmen dieser Initiative teilen bereits rund ein halbes Jahr nach Start über 8500 Menschen ihre Meinung (Businessart 2020). Die Initiative veranstaltet auch Events, führt Projekte durch und informiert möglichst viele Menschen. Das Voneinanderlernen steht im Mittelpunkt. Spitzenköche und Ernährungsexperten teilen ihr Wissen zu Ernährung. Es sind zudem Konferenzen und Blogger-Events geplant, und es werden Kooperationen wie mit der Ärztekammer aufgebaut. „Das Team von I mind my Food möchte nicht im anonymen digitalen Raum kommunizieren, sondern gleichgesinnten Menschen und Unternehmen auf einer persönlichen Ebene begegnen." ◄

Unilever sah bereits vor Jahren, dass Dove und Ben & Jerry's, die beiden Meaningful Brands im Haus, doppelt so rasch wachsen wie die anderen Marken und startete ein Purpose-Programm für das gesamte Unilever-Markenportfolio. Dies brachte Deloitte in seinem Global Marketing Trends Report 2020 deutlich zum Ausdruck. Auf den Punkt gebracht sehen die Studienautoren (O'Brien et al. 2019) es als essenziell an, wie Marken sich in rapid digitalisierenden Geschäfts-, Wirtschafts- und Sozialumfeld verhalten.

Bereits im Sommer 2019 bestätigte Unilever in einer Pressemitteilung den Zusammenhang von Profitgenerierung mittels der Verfolgung von Idealen, also von Nachhaltigkeitszielen (Unilever 2019). Bei Unilever wuchsen die Nachhaltigkeitsmarken um 69 % schneller als der Rest des Geschäfts. 2017 betrug das Wachstum nur 45 %. Dieser deutliche Anstieg zeigt exemplarisch die hohe Wachstumsdynamik, die eine Nachhaltigkeitsstrategie einem konventionellen Unternehmen eröffnet. Man kann davon ausgehen, dass solche Erfolgsmeldungen auch in Zukunft konventionelle Hersteller und Marken zu einem strategischen Umschwenken in Richtung Nachhaltigkeit veranlassen werden. Betrachtet man zudem noch, dass Unilever 2018 mit nachhaltigen Marken 75 % des Unternehmenswachstums erzielt hat, so liegt zudem auf der Hand, dass eine auf Nachhaltigkeit ausgerichtete Strategie profitabler und zukunftssichernder ist als eine gezielte Innovationsstrategie. Bedenkt man, dass Innovationen ein aufwendiger und teurer Prozess mit einem hohen Risikopotenzial für ein Unternehmen sind, werden die Managemententscheidungen der CEOs globaler Unternehmen in den kommenden Jahren aus der etablierten Wachstumszielsetzung „sinnvoll" und auch kurzfristig erfolgversprechend sein, wenn sie sich für Nachhaltigkeitsmarken entscheiden. Als Resultat dieser Entwicklung werden in Zukunft zahlreiche grüne Marken in den Mainstreammärkten auftauchen.

Unilever – Sustainable Living Brands

Ein Wirtschaftsgoliath auf der Reise zur Nachhaltigkeit
Unilever ist weltweit der viertgrößte Konsumgüterkonzern und hat eine unternehmensinterne Definition von „Sustainable Living Brands" (nachhaltig lebende Marken) etabliert: Dies sind Marken, die einen starken umweltbezogenen oder sozialen Zweck kommunizieren. Die Produkte dieser Sustainable Living Brands tragen zum Unternehmensziel von Unilever bei, den Umweltfußabdruck zu halbieren und seinen sozialen Impact zu erhöhen. Unilever betont aber auch, dass sich alle seine Marken auf einer Reise in Richtung Nachhaltigkeit befinden, aber ihre Sustainable Living Brands die Speerspitze bilden.
Auf der „Deutsche Bank Konferenz" 2019 wurde folgende Zukunftsprognose sowie die daraus resultierenden Ausrichtungen für die Marken von Unilever bekanntgegeben:

„Two-thirds of consumers around the world say they choose brands because of their stand on social issues, and over 90% of millennials say they would switch brands for one which champions a cause. (...) We believe the evidence is clear and compelling that brands with purpose grow. Purpose creates relevance for a brand, it drives talkability, builds penetration and reduces price elasticity. In fact, we believe this so strongly that we are prepared to commit that in the future, every Unilever brand will be a brand with purpose. (...) The fantastic work done by brands such as Dove, Vaseline, Seventh Generation, Ben & Jerry's and Brooke Bond shows the huge impact that brands can have in addressing an environmental or social issue. But talking is not enough, it is critical that brands take action and demonstrate their commitment to making a difference" (Unilever 2019).

Hiermit wird eine massive Transformation des Selbstverständnisses eines globalen Konzerns von einem profitorientierten zu einem zweckorientierten Unternehmen skizziert. Wirklich relevant ist die Tatsache, dass Unternehmen wie Unilever eine Nachhaltigkeitsorientierung als Lösung betrachten, um weiterhin Profit generieren zu können. Denn Unilever weist nur mehr verhaltene Wachstumsraten (2018 von 3,1 %) auf und ist ebenfalls den langfristigen Branchentrends ausgesetzt, die von sinkender Markentreue der Käufer gekennzeichnet ist. Zudem befinden sich die Hersteller und Markeninhaber mit dem Handel im Ringen um die Konditionen. Hierzu ein Beispiel: Kaufland hat alle Unilever-Produkte aus den Regalen gelistet.

Konventionelle Marken brauchen also die Nachhaltigkeit, um nicht Terrain in ihren Märkten an die nachhaltige Konkurrenz zu verlieren. In diesem Kontext wird von den Käufern häufig der Vorwurf von Greenwashing diskutiert, weil dieser Wandel der bekannten konventionellen Marken zu einer Marke mit einer nachhaltigen Zielausrichtung als nicht glaubhaft beurteilt wird. Aber letztlich passiert im Moment das, was von den Ökoakteuren in den Nachhaltigkeitsnischen gefordert wurde, um eine höhere ökologische Effizienz erwirken zu können: Nachhaltigkeit muss in den Massenmärkten etabliert werden.

Unilevers Erfolgsbilanz:

- **Dove:** unterstützt verschiedene Initiativen und hat 2018 mit der Real-Beauty-Kampagne ein Siegel eingeführt, das dafür steht, dass Frauen nicht mittels digitaler Bildbearbeitung verändert wurden.
- **Lifebuoy:** Die Seifenmarke hat mit ihrer Kampagne „Handwasch-Gewohnheiten für das Leben" rund eine Milliarde Menschen erreicht und damit die UN Sustainable Development Goals „3 Good Health and Wellbeing", „6 Clean Water and Sanitation" sowie „17 Partnership for the Goals" realisiert.
- **RIN:** ist in Indien die größte Marke im Bereich Haushaltsreinigung und hat die „Career Ready Academy" für Frauen etabliert, um Frauen zu helfen, damit sie sich für einen Job qualifizieren können.
- **Ben & Jerry's:** Kampagnen für Fairness und Klimawandel. ◄

Key Learnings für das Green Marketing

- Mit Unilever zeigt sich, dass Nachhaltigkeit als Megatrend alle Teile der Ökonomie und der Gesellschaft erreicht hat und sich zu einem „Nice-to-have-Aspekt" oder zu einer „Good-will-Initiative" einer Marke zu einem essenziellen Wettbewerbsfaktor in den Massenmärkten entwickelt hat. Das Unternehmen liefert den Beweis, dass nachhaltig orientierte Marken besser und schneller wachsen. Der Brand Purpose hat sich also aus der noblen Verpflichtung ohne Relation zum Profit zu einem Instrument des Marketing weiterentwickelt.
- Im Marketingdiskurs geht man derzeit schon so weit, den Brand Purpose als das neue Buzzwort auszurufen, weil man erkennt, dass die neuen Generationen der

Millennials ihre Kaufpräferenz daran ausrichten, ob eine Marke einen Brand Purpose aufweist oder nicht.

11.3 Schlüsselansatz 2: Glaubwürdigkeit und Authentizität

Laut Rössler und Wirth (1999, S. 55) legen für Glaubwürdigkeit folgende Definition zugrunde:

> „Glaubwürdigkeit kann als prinzipielle Bereitschaft verstanden werden, Botschaften eines bestimmten Objektes als zutreffend zu akzeptieren und bis zu einem gewissen Grad in das eigene Meinungs- und Einstellungsspektrum zu übernehmen. Dabei kann die Bereitschaft auf konkrete Evaluationsprozessen oder auf Images beruhen, die sich beim Subjekt herausgebildet haben."

Menschen durchlaufen bei den Nachhaltigkeitsambitionen eines Greening Goliaths einen Beurteilungsprozess, bei dem vor allem das Image der Marke mit herangezogen wird. Daher ist es unerlässlich, dass die Beurteilenden eine hohe Wahrscheinlichkeit darin sehen, dass die Marke tatsächlich nachhaltige Interessen vertritt. Hier dürfen keine Diskrepanzen wahrgenommen werden zwischen der geplanten nachhaltigen Botschaft und den tatsächlich vorhandenen Erfahrungen der Menschen mit der Marke oder mit dem Unternehmen. Zu berücksichtigen ist auch, dass sich Greening Goliaths dabei immer auf dünnes Eis begeben, denn grundsätzlich haben die zahlreichen negativen Berichterstattungen über Greenwashing und über negatives Agieren von Unternehmen dazu geführt, dass viele Menschen zunächst kritisch eingestellt sind. Sie haben also tendenziell eine kritische Meinung gegenüber Großkonzernen und hinterfragen, ob hinter einer sozialverträglichen oder nachhaltigen Selbstinszenierung die wirtschaftlichen Interessen dominieren. „Vor diesem Hintergrund erkennen die Rezipienten unternehmerische Sozialkampagnen als ein Instrument der Imageaufbesserung und Absatzstimulation und weniger als Dokument echter sozialer Interessen" (Röttger 2009, S. 275).

Röttger (2009, S. 276) hat in Fokusgruppen mit Rezipienten von sozialen Kampagnen die Elemente identifiziert, die zu einem positiven Glaubwürdigkeitsurteil führen: Es müssen sinnvolle soziale Ergebnisse erzielt werden, ohne dabei einen großen Betrag für Werbeaktivitäten zu „verschwenden". Konkret wurde hier die **Kellogg's Kampagne** „Pro Kellogg's-Packung eine Stunde für Kinder in Bildungsnot" diskutiert.

KELLOGG'S Corporate Giving – Bildung für Kinder in Not

Schon der Gründer Will Keith Kellogg, ein Arzt, errichtete im Jahr 1930 eine Kellogg-Stiftung, die sich der Gesundheit und dem Wohlergehen von Kindern widmet. Die Weizenflocken wurden zunächst Patienten im Krankenhaus serviert. Und diesem Ziel ihres Gründers ist die Stiftung bis heute treu geblieben und kann damit nachvollziehbar und glaubhaft darlegen, dass sie im Kern ihrer Tätigkeit altruistisches Handeln durch ihre wirtschaftliche Tätigkeit mitverfolgt. Sie trägt in vielen Ländern aktiv und finanziell dazu bei, dass sich Kinder selbst helfen können. Heute gehört diese Stiftung weltweit zu den größten privaten Stiftungen. Sie finanziert sich dadurch, dass ein Viertel der Dividenden des Unternehmens für gemeinnützige Zwecke verwendet werden.

2009 hat Kellogg's den ersten CSR-Bericht vorgelegt und damit die Nachhaltig-keitsstrategie publiziert. Es wird das Ineinanderwirken der Bereiche Umweltschutz, Mitarbeiter, Markt und Soziales aufgezeigt und durch zahlreiche CSR-Aktivitäten glaubhaft vermittelt, dass eine Win-win-Situation für Unternehmen und externe Stakeholder geschaffen werden konnte. Das heutige soziale Engagement von Kellogg's umfasst zahlreiche Maßnahmen: Jugend trainiert für Olympia, Stiftung Sport in der Schule, Jugend in Bewegung, Frauenlauf in Österreich, Kellogg's macht Schule, Frühstücks-Clubs und Tafeln.

In Deutschland sammelte Kellogg's 2003 gemeinsam mit den Brüdern Klitschko für die Stiftung „UNESCO-Bildung für Kinder in Not". Insgesamt wurden 222.009 € Spenden über die Käufer von Kellogg's eingesammelt. Die Boxerbrüder Klitschko waren nicht nur Promoter dieser Kampagne, sondern stifteten selbst 50.000 an diese Stiftung. Das Kampagnenziel war es, 2,5 Mio. Schulstunden für Kinder in Not zu sichern. Tatsächlich erreichte diese Kampagne 12,5 Mio. Schulstunden (Kellogg's 2020) in Ländern wie Äthiopien, Rumänien und Brasilien. ◄

11.3.1 Glaubwürdigkeit von Greening Goliaths

Glaubhaftigkeit ist essenziell für Greening Goliaths, um den impliziten Vorurteilen ent-gegenzuwirken und die Skepsis der Stakeholder zu minimieren, dass sie in bestimmten Kontexten den Goliaths allein aufgrund ihrer Größe entgegenbringen. Dabei ist Glaubwürdigkeit vor allem in der bestehenden Informationsasymmetrie bei Kaufent-scheidungen relevant (Löffler 2018, S. 5). Konsumenten sind auch im 4.0-Zeitalter nicht in der Lage, die nachhaltigen Eigenschaften eines Produkts oder eine Kampagne objektiv zu überprüfen. Deshalb birgt der Kauf eines nachhaltigen Produkts immer ein Risiko für den Käufer. Und das vor dem Hintergrund, dass sie für nachhaltige Produkte meist einen höheren Preis bezahlen und sich eine höhere Qualität erwarten, die sie ja noch nicht beurteilen können. Das Kaufrisiko wird heutzutage auch von dem zunehmenden Phänomen von Greenwashing befeuert. Denn viele Beispiele für das „grüne Lügen" befeuern den öffentlichen Diskurs und sind den umweltbewussten Konsumenten auch geläufig. Und dieses Wissen erhöht ebenfalls das wahrgenommene Kaufrisiko für die Menschen. Löffler (2018, S. 13) führt aus, dass hier eine Tendenz zur Vorsicht zu erkennen sei.

Nachhaltige Gütesiegel von unabhängigen dritten Institutionen sind die besten etablierten Instrumente zur Herstellung von Vertrauen und Glaubwürdigkeit. Gerade die Unabhängigkeit sowie die hinter einem Gütesiegel stehende Kompetenz ist hier der Grund, warum einem Gütesiegel für glaubwürdig gehalten wird. Doch Konsumentenforschungen konnten auch aufzeigen, dass viele Siegel auf einem Produkt der Glaubwürdigkeit sogar schaden können. Tendenziell neigen qualitativ schwache Hersteller dazu, mehr Siegel zu verwenden als qualitativ starke Hersteller und bei einer hohen Verunsicherung greifen Konsumenten sogar im Zweifelsfall wieder zu konventionellen Produkten.

Die Studie zeigte aber auch, dass eine hohe Glaubwürdigkeit sehr positive Effekte erzeugen kann: eine geringe Preissensibilität, mehr Wirkungssicherheit, eine höhere Attraktivität, mehr Qualitätssicherheit und eine Bereitschaft zur Gewohnheitsänderung (Löffler 2018, S. 24). Die Frage ist nun, welche Informationsquellen die Konsumenten nutzen, um sich ein Urteil über die Glaubwürdigkeit zu bilden. Dies sind: Erzeugerangaben, Gütezeichen, Einkaufsort, Image des Herstellers und eigene Nachforschungen (Löffler 2018, S. 26). Werden dann die Vertrauenswürdigkeiten dieser Informationsquellen beurteilt, so genießen die Gütesiegel entgegen oft gegenteiliger Ergebnisse das höchste Vertrauen bei den Konsumenten.

Wie entsteht Glaubwürdigkeit gegenüber einem Greening Goliath? Zunächst ist die Voraussetzung für Glaubwürdigkeit ein Fundament in **Authentizität** (Abb. 11.3).

Erst wenn jemand ein Unternehmen und dessen Botschaften für authentisch hält, dann wird diesem auch geglaubt. Dieses Echtsein fußt darauf, dass ein Unternehmen nicht mit

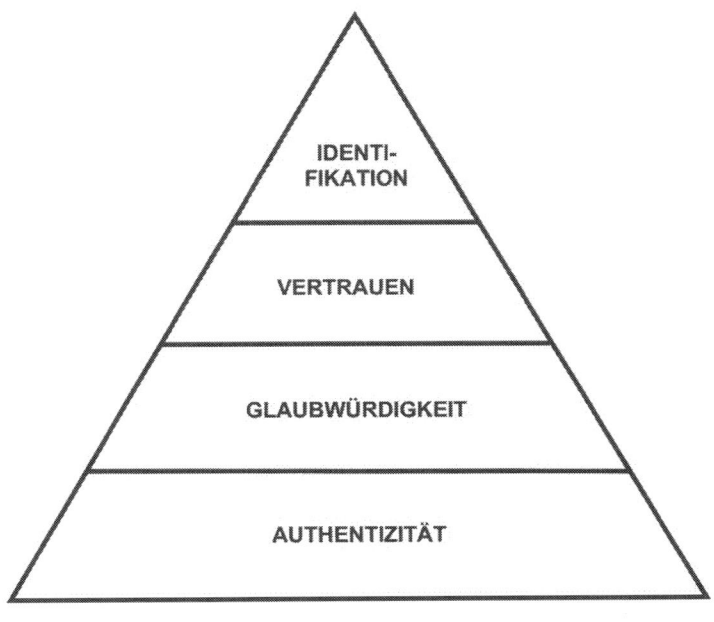

Green Marketing Pyramide

Abb. 11.3 Green-Marketing-Pyramide

dem Vorwurf konfrontiert ist, dass es Nachhaltigkeit vortäuschen würde (s. Kap. 8.3.1 Greenwashing). Die Käufer oder Nutzer haben also den Eindruck, dass sich ein Unternehmen oder eine Marke nach außen nicht anders darstellt, als es tatsächlich ist. Dieser Zustand kann profan auch als **„Storydoing"** bezeichnet werden, weil Botschaft und Handeln sich nicht widersprechen und daher als „wahrhaftig" wahrgenommen werden. Die Sozialpsychologie hält einen Kriterienkatalog zur Beschreibung von Authentizität von Menschen bereit (Goldman und Kernis 2006, S. 294 – 301), der sich auch auf Unternehmen und Marken übertragen lässt. Wenn die folgenden vier Kriterien erfüllt sind, dann wird jemand oder ein Unternehmen als authentisch erlebt:

1. **Bewusstsein** (Awareness): Die eigenen Stärken und Schwächen sowie die Motive und Werte für ein bestimmtes Verhalten sind bewusst. Das resultiert aus einem Prozess der Selbstreflexion. Es bedarf also einer Klarheit über das Selbstkonzept.
2. **Objektive Selbstreflexion** (unbiased Processing): Im Rahmen eines ergebnisoffenen Prozesses setzt man sich mit dem eigenen Selbst auseinander. Dabei werden objektive negative und positive Informationen über sich selbst verarbeitet und diese nicht verfälscht kommuniziert.
3. **Verhalten** (Behavior): Das Verhalten ist sozusagen der Output des objektiven Selbstreflexionsprozesses und spiegelt die eigenen Werte, Motive und Einstellungen wider, ohne anderen dabei gefallen zu wollen.
4. **Relationale Orientierung** (Relational Orientation): Darunter ist zu verstehen, dass man sich in Relation mit seinem Selbst ehrlich verhält. Das Verhalten und die eigenen Werte stimmen also überein. Goldman und Kernis (2006, S. 299) erklären, dass es dennoch zu einem abweichenden Verhalten kommen kann, wenn jemand eine „Bestrafung" durch das soziale Umfeld vermutet und deshalb versucht, dies zu vermeiden. Aus Nachhaltigkeitsperspektive muss man dies aber um den Aspekt ergänzen, dass sich Menschen und Unternehmen dem geforderten nachhaltigen Verhalten des sozialen Umfelds anpassen. Sie passen sich also dem sozialen gewünschten Verhalten ihrer Umwelt an, ohne dass tatsächlich entsprechende Werte vorhanden sind. Das Verhalten orientiert sich damit nicht an den eigenen Werten, sondern an den Werten des sozialen Umfelds. Ein sozial gewünschtes Verhalten wird an den Tag gelegt. In diesem Fall wird bereits eine Grauzone von Greenwashing betreten.

Glaubwürdigkeit wird also nur dann erreicht, wenn das ein Fundament der Authentizität gegeben ist. Glaubwürdigkeit entsteht nach Spelthahn S et al. (2008, S. 64) insgesamt auf drei Ebenen:

• **Kommunikator:** Glauben wird geschenkt, wenn beim Kommunikator ein gewisses Maß an Fachkompetenz vorliegt, die auf Erfahrung und Wissen fußt. Relevant ist hier vor allem, dass ein Greening Goliath präzise ausführt, was er unter Nachhaltigkeit versteht und über seine Umsetzungen und Realisierungserfolge korrekt berichtet. Gerade bei Greening Goliaths tritt hier eine wesentliche Herausforderung auf die

Agenda. Denn auch wenn deren Kerngeschäft nicht direkt im Bereich der Nachhaltigkeit angesiedelt ist, erwarten die nachhaltigkeitsinteressierten Stakeholder eine hohe
Nachhaltigkeitskompetenz. Daher müssen gerade Greening Goliaths darauf bedacht
sein, dass sie fachlich versierte Kommunikatoren engagieren.

- **Botschaft:** Glauben wird geschenkt, wenn die Botschaft plausibel ist. Das bedeutet,
  dass sie widerspruchsfrei ist und verstanden wird. Ihre Inhalte haben eine hohe
  Beweiskraft, das heißt, dass auf Dritte und auf Beweismaterial verwiesen wird.
- **Kommunikationssituation:** Glaubwürdigkeit wird auch durch die Situation der
  Kommunikation kreiert. Glauben wird dann geschenkt, wenn ein adäquates Medium
  mit einem adäquaten Layout und adäquater Sprache gewählt wird und die Umstände
  passend sind. Es soll keine Beeinflussungsabsicht unterstellbar sein. Und es wirkt sich
  eine Kontinuität der Kommunikation positiv auf die Glaubwürdigkeit aus, wodurch
  eine Reputation aufgebaut werden kann.

Auf der Basis von Glaubwürdigkeit entsteht dann **Vertrauen.** Sehr häufig wird beides
fälschlicherweise synonym verwendet. Meist wird Vertrauen als eine positive Haltung
gegenüber Menschen oder Unternehmen beschrieben. Aber tatsächlich besteht zwischen
Glaubwürdigkeit und Vertrauen ein wesentlicher Unterschied, nämlich der Zeitbezug.
Denn die Glaubwürdigkeit weist einen starken Gegenwarts- oder Vergangenheitsbezug
auf. Es wird das Verhalten von Menschen oder Unternehmen und deren Kommunikation
aus der Vergangenheit beurteilt. Das Vertrauen bezieht sich da hingegen auf zukünftiges
Handeln, weil man aufgrund von wiederholten positiven Erfahrungen annimmt, dass sich
jemand in Zukunft entsprechend diesen gebildeten Erwartungen verhalten wird. Diese
Erwartungen haben sich aus glaubwürdigem Handeln und Kommunikation gespeist, die
sich durch einige Wiederholungen stabilisiert haben. Dieser Stabilisierungsprozess ist
dann für die Bildung von Erwartungen verantwortlich. Man nimmt also auf der Basis
von Erwartungen an, dass sich jemand oder ein Unternehmen auch in Zukunft konstant
verhält. Für Greening Goliaths steckt in dieser Tatsache ein wesentlicher Aspekt, der
berücksichtigt werden sollte. Denn wenn ein Greening Goliath mit seinen Nachhaltigkeitsagenden erst kürzlich begonnen hat, kann er eben noch nicht auf vergangenes
Handeln verweisen. Für Dritte erscheint keine Ankerung von Nachhaltigkeit in der Vergangenheit, um eine Vertrauensbasis zu bilden. Augenscheinlich entsteht hier also eine
Inkonsistenz, der sich Greening Goliaths immer gewahr sein müssen. Steht das Nachhaltigkeitsengagement von Greening Goliaths also ganz am Beginn, ist diese Phase sehr
sensibel entlang der Green-Marketing-Pyramide zu entwickeln.

Und im letzten Schritt entwickelt sich auf dieser Basis ein **identifikationsbasiertes
Vertrauen.** Dafür ist wesentlich, dass eine enge Bindung oder eine konstante Beziehung
oder Kommunikation besteht. Die Käufer identifizieren sich über die geteilten Werte,
über die Nachhaltigkeitsziele und anhand des konkreten Handelns mit dem Unternehmen
oder mit der Marke. Es entsteht dann durch eine emotionale Bindung eine Gemeinschaft
zwischen den Vertrauenden, wie die Theorie sagen würde. In der 4.0-Ära aber entstehen
hier grüne Brand Communitys. Die einzelnen Mitglieder einer Community empfinden

gegenseitig Sympathie. Auf dieser obersten Stufe der Green-Marketing-Pyramide sind also die Emotionen und weniger die sachlichen Inhalte wirksam. Hier entstehen loyale Beziehungen zwischen Unternehmen und ihren Käufern, die das goldene Ziel des Green Marketing darstellen. Denn loyale Kunden müssen nicht konstant mit Angeboten, teurer Werbung oder anderen Aktionen zum Kaufen angeleitet werden. Vielmehr sind sie es, die sogar in den sozialen Netzwerken zu Brand-Advokaten werden und das Unternehmen oder die Marke weiterempfehlen oder sie vor Angriffen verteidigen.

11.3.2 Glaubwürdige Kampagnen

Wie erfolgreich eine Kampagne ist, hängt von unterschiedlichsten Faktoren ab. Aber die wesentliche Frage ist, ob die eingesetzten Medien und Instrumente auch die Zielgruppe erreichen und die Botschaft verstanden und unterstützt wird. Um eine Kampagne hinsichtlich der Übereinstimmung von Kampagnenbotschaft mit dem Handeln der Akteure zu beurteilen, sind Fragen wie die folgenden zu bedenken:

- Ist das Ziel dieser Kampagne definiert worden?
- Stimmt die Botschaft mit den Werten und mit dem Handeln überein?
- Kann ausgeschlossen werden, dass Greenwashing vermutet werden könnte?
- Wurde das passende Medium ausgewählt?
- Wird eine umfangreiche Informationstiefe aufbereitet, auf die die Kampagne verweisen kann? Sind die Informationen aus Nachhaltigkeitsperspektive korrekt?
- Ist die Botschaft mit Beweisen untermauert worden?
- Wird auch eine Selbstreflexion zur derzeitigen Situation dargestellt und geteilt?
- Hat die Kampagne Potenzial zur Diskursivität?
- Weist die Kampagne eine Beteiligungsoffenheit auf?

Als Beispiel für einen Greening Goliath soll hier **Zalando** mit seiner Kampagne „Small steps. Big impact." (Herbst 2019) beschrieben werden.

Zalando

Zalando hat sich das langfristige Ziel gesetzt, Europas Nummer-eins-Plattform für nachhaltige Mode zu werden. Für den Beginn zur Umsetzung dieses Ziels hat Zalando mit acht europäischen Fashionbrands wie Filippa K, Designer's Remix, House of Dagmar oder Blanche eine Kooperation geschlossen. Gemeinsam wurde eine nachhaltige Kollektion mit 70 Artikeln realisiert und auf der Kopenhogener Fashion Week vorgestellt. Es wurde nachhaltige Textilien und Reststoffe aus anderen Produktionen verwendet und ein langlebiger Look designt, sodass die Produkte von den Käufern länger getragen werden können. Diese Kollektion war der erste Schritt, der auch zum Namen der Kampagne wurde, der dem Vorurteil, dass nachhaltige Mode nicht modisch sei, ein Gegenstatement setzen sollte. Die Modewelt hat dies als „Paukenschlag" aufgenommen, wie es das Modemagazin Elle (Busch 2020) formulierte. Denn erstmals arbeiteten auch konkurrierende Modelabels gemeinsam mit dem Händler Zalando an einem Ziel und unterstützten sich gegenseitig. Für die Umsetzung der Kampagne schaltete Zalando neben dem genannten Opening-Event für Medienvertreter Print- und Online-Anzeigen und richtete eine Landingpage in seinem Onlinemagazin ein. Hier konnten Interessierte mehr Hintergründe über die nachhaltige Kollektion und über die Motivation von Zalando und der teilnehmenden Brands in Erfahrung bringen. Sara Diez, die Vizepräsidentin von Womenswear, ist dort auch mit folgendem Statement vertreten: „Aufgrund unserer Größe können wir gemeinsam mit anderen wichtigen Akteuren der Branche das Bewusstsein für und die Sichtbarkeit von nachhaltiger Mode erhöhen" (Zalando 2020).

Das verdeutlicht auch, dass der Greening Goliath Zalando als zentraler Akteur die Ökologisierung des Massenmarktes ernst nimmt und aktiv gestaltet und dabei den Weg der Kooperation gewählt hat. Wie umfassend die Kampagne umgesetzt wurde, wird auch dadurch deutlich, dass in einer Videoreihe vor allem die Designer oder Geschäftsführer der Modelabel über nachhaltige Textilien sprechen und ihren Designanspruch und ihre gegenseitige Inspiration wertschätzend beschreiben, die diese Kooperation ihnen gebracht hat. Zalando geht bei dieser Kampagne aber auch in Interaktion mit seinen Käufern. Zum einen gibt Zalando seinen Kunden Tipps, sodass ihre persönliche Kleidung nachhaltiger wird und sie auch einen nachhaltigeren Umgang mit Kleidung realisieren können:

1. **Folge dem Green Button:** Der Nachhaltigkeits-Button macht das nachhaltige Shopping für die Kunden leichter. Dort ist das komplette Sortiment mit über 19.000 nachhaltigen Artikeln gelistet. In der Produktbeschreibung wird dem Interessenten dann auch im Detail erklärt, wie weit die Nachhaltigkeit dieses Produkts geht. Vegane Produkte sind zudem extra ausgewiesen.
2. **Bewusster einkaufen:** Zalando fordert die Käufer auf, sich beim Einkaufen auch die Frage zu stellen, ob sie dieses Kleidungsstück auch wirklich mehrere Saisons tragen werden. Und Zalando rechnet hier vor, dass ein billiges Shirt, das wenig getragen wird, am Ende teurer ist als eines, dass lange getragen wird.
3. **Langlebigkeit durch Pflege:** Die Kunden werden darauf hingewiesen, die Pflegeanleitungen zu beachten und kleine Reparaturen durchführen zu lassen.
4. **Kleidung eine zweite Chance geben:** Zalando verweist seine Käufer an Secondhandplattformen wie Rebelle, Vestiaire oder auf Apps wie Wardrobe und auf Charity Shops.
5. **Liebe, was du kaufst:** In diesen Tipps lässt sich ein an dem Nachhaltigkeitsziel orientiertes Handeln ablesen. Denn hier steht nicht die Wachstumsoptimierung eines Unternehmens im Vordergrund, wonach ja nur „Kaufen" eine Option ist. Zalando stellt mit dieser Kampagne auch unter Beweis, dass ein Greening Goliath nachhaltige Ziele mit wirtschaftlichen Interessen vereinen kann. Und damit ent-

steht insgesamt eine glaubwürdige Kampagne, weil hier keine Widersprüchlichkeiten in der Botschaft und im Handeln zu erkennen sind. ◄

Dass die Kampagne von Zalando auch von den Modemedien als glaubwürdig bewertet
wurde, lässt sich an diesem Kommentar von Elle ablesen: „Dass es Zalando ernst meint,
die Nummer-eins-Plattform für Nachhaltigkeit werden zu wollen und ihnen das Thema
wirklich am Herzen liegt, zeigte das Launch Event in Kopenhagen. So stand nicht nur
die Mode aus Tencel, Biobaumwolle und recycelter Wolle im Fokus – das Thema Nachhaltigkeit zog sich durch den ganzen Abend: Lokales Bioessen wurde serviert, die Tisch-
decken und Stoffservietten waren aus „Organic Cotton", die Stühle aus recyceltem
Plastik" (Busch 2020).
    Weg von diesem Einzelbeispiel und einer einzelnen Kampagne. Die Frage ist, ob und
inwiefern Authentizität und Glaubwürdigkeit nur eine Agenda weniger Kampagnen sind
oder sich als Marketingtrend zunehmend durchsetzen werden. Der **Global Marketing
Trends Report 2020** von Deloitte beleuchtet die aktuellen Marketingtrends und verdeutlicht in Summe, dass die Kundenbeziehungen im digitalen Zeitalter an Relevanz
zunehmen werden. Und aus diesem Grund werden gerade in einem digitalisierten
Geschäfts-, Wirtschafts- und Sozialumfeld wieder menschliche Qualitäten relevanter.
Konkret bedeutet dies, dass auch konventionelle Unternehmen ihre Marken so steuern
werden, dass sie Authentizität, Sinn und Menschlichkeit fördern. Hierdurch wird es
also für nachhaltige Kampagnen schwieriger werden, sich gerade durch eine hohe
Glaubwürdigkeit zu differenzieren. Vielmehr ist zu erwarten, dass sich Authentizität und
Glaubwürdigkeit zu einer neuen Basiseigenschaft im Marketing entwickeln wird. Daher
sollten sich Greening Goliaths die Frage stellen, wie sie ihren Zugang zum Kunden
bauen wollen, und worauf gilt es angesichts des digitalen Umfelds bei der Markenentwicklung zu achten? Der Tenor des Deloitte-Reports ist eindeutig: Die gegenwärtige
High-Tech-Ära braucht mehr Authentizität, und gerade im Marketing wird es wichtiger
denn je, den Menschen ins Zentrum zu rücken. Diese sieben von Deloitte identifizierten
Top-Trends basieren auf Interviews mit mehr als 80 internationalen Marketingexperten:

1. **Mission, Sinnhaftigkeit und Authentizität:** Unternehmen mit einer authentischen
   Ausrichtung, also einem Daseinszweck über das reine Geschäftsmodel hinaus,
   erzielen nachweislich höhere Marktanteile und mehr Wachstum. Diese Mission muss
   authentisch gelebt werden und wirkt als starke Differenzierung gegenüber dem Wettbewerb. Zugleich inspiriert sie Kundenloyalität und Mitarbeiterzufriedenheit, und
   schafft so die Grundlage für eine langfristige, nachhaltige Markenentwicklung.
2. **Die menschliche Dimension der Kundenerfahrung:** Marken müssen für den
   Kunden fühl- und spürbar sein, wenn sie erfolgreich und relevant bleiben wollen.
   Der „Human Touch" sollte bei jeder Interaktion zwischen Marke und Kunde berücksichtigt werden und auch beim Design von Services und Produkten den Nutzer
   empathisch mitnehmen. Dafür müssen Firmen ihre Kunden und deren Werte und Vor-

stellungen gut kennen, geht es doch bei der „menschlichen Erfahrung" um gelebte Sinnhaftigkeit im Austausch mit Kunden, Mitarbeitern und der Gesellschaft insgesamt.

3. **Kooperationen und Verschmelzung der Branchen:** Zukunftsstarke Marken setzen auf Ökosysteme statt auf traditionelle Branchengrenzen und ziehen aus der zunehmenden inneren Verknüpfung der digitalen Welt ihre Vorteile, statt sich abzuschotten. Diese Ökosysteme werden zur Grundlage für Austausch und Zusammenarbeit mit Kunden, Mitarbeitern, Lieferanten, Interessengruppierungen, branchenfernen Marken und sogar mit Wettbewerbern.

4. **Grundlage sind Glaubwürdigkeit und Vertrauen:** Die Basis für das Marketing der Zukunft ist die Vertrauenswürdigkeit von Marken und deren Transparenz beim Umgang mit sensiblen Kundendaten. Elementare Bestandteile der zukünftigen Markenbildung sind dabei neben Transparenz gegenüber dem Kunden vor allem alle Maßnahmen rund um Cyber Security und Datenschutz.

5. **Einbindung und Teilhabe der Kunden schaffen Mehrwert:** Engagierte Kunden sind die bedeutendste Währung für Firmen und die digitalen Technologien ermöglichen eine nie da gewesene Nähe zu den Kunden, die es zu nutzen gilt. Die Rolle des Kunden wandelt sich vom passiven Konsumenten hin zum interagierenden Partner, der aktiv an der Gestaltung „seiner" Marke teilnimmt.

6. **Talent entscheidet, die Mitarbeiter machen den Unterschied:** Kein Unternehmen könnte ohne seine Mitarbeiter existieren, ihr Antrieb und ihre Geschäftigkeit ermöglichen erst, dass etwas unternommen wird und die Dinge ins Laufen kommen. Sie sind wesentlicher Teil des Ökosystems, und daher muss der menschliche Aspekt auch die eigene Belegschaft, freie Mitarbeiter und Externe umfassen.

7. **Lebendige Marken-Agilität erzeugt bedeutsame Erfahrungen:** Eine Marke lebt heutzutage nicht nur vom reinen Nutzen ihrer Angebote, sondern von der unmittelbaren und lebendigen Kommunikation mit ihren Anwendern. Die dazu nötige agile Arbeitsweise basiert auf datengetriebenen, messbaren Methoden und schnellen Feedback-Loops wie in der Software-Entwicklung. Und sie braucht einen organisatorischen Kulturwandel mit crossfunktionalen Teams und digitalen Fähigkeiten.

Glaubwürdige Kampagnen jenseits von durchschaubaren Greenwashing-Kampagnen werden also in den kommenden Jahren zur Pflicht von Greening Goliaths werden. Denn zunehmend werden Greenwashing-Kampagnen von den Käufern entlarvt und in ihren sozialen Netzwerken geteilt. Im Ernstfall kann es zu umfassenden Kaufboykotten als Reaktion darauf kommen. Aus diesem Grund ist es für Greening Goliaths essenziell, dass sie sich um die glaubwürdige Substanz ihrer Kampagnen bemühen und hier viel Zeit und Know-how investieren.

Beispiel

DPD *Greening der Logistik*

DPD hat sein Kerngeschäft, den Pakettransport, klimaneutral gestaltet, ohne dass zusätzliche Kosten für Kunden und Empfänger anfallen. Die Treibhausgasemissionen im Blick, wird daran gearbeitet, den CO_2-Fußabdruck zu reduzieren. Und nicht vermeidbare Transportemissionen gleicht DPD über Investitionen in Projekte für erneuerbare Energien und eine saubere Energieerzeugung aus und kompensiert jährlich 912.000 t CO_2. DPD arbeitet ebenfalls mit EcoVadis zusammen.

Für die besonders belasteten Ballungsräume hat DPD eine Flotte an nachhaltigen Lösungen in seine Lieferkette integriert: Lastenräder in Berlin und Nürnberg. E-Scooter, VW E-Crafter sowie einen digitalen Service zur Optimierung der Wege und Reduktion von Standzeiten.

Über die DPD-Stiftung, die 2016 gegründet wurde, werden überwiegend Nachhaltigkeitsprojekte aus dem sozialen Bereich umgesetzt. Hier wird ein Fokus auf die Bedürfnisse und Rechte von Kindern, jungen Erwachsenen und Familien gelegt. Die Umsetzung erfolgt über etablierte und renommierte Partner wie das Kinderhilfswerk. ◄

Key Learnings für das Green Marketing

- Ohne Glaubwürdigkeit kein Vertrauen. Die Schaffung von Vertrauen muss deshalb ein zentrales unternehmerisches Ziel sein und umfasst alle Handlungsbereiche.
- Authentisches Handeln impliziert, das zu tun, was man nach innen und nach außen verspricht, gemäß dem Motto „Walk your Talk".
- Im Sinne einer Nachhaltigkeit in der gesamten Wertschöpfungskette besteht noch ein hohes Potenzial im Onlinehandel, eine grüne Logistik als grünen Aspekt eines Geschäftsmodells auszuweisen, um die Glaubwürdigkeit untermauern zu können.

11.3.3 Elaboration-Likelihood-Modell

Dieses Modell zeigt die Auswirkungen einer persuasiven Botschaft auf die Einstellung eines Empfängers gegenüber dem Thema der Botschaft auf. Das Modell wurde 1986 von Richard Petty und John Cacioppo entwickelt und ist heute im Fokus der Medienwirkungsforschung. Und letztlich ist genau dies die zentrale Aufgabenstellung eines Greening Goliaths. Denn er muss seine Stakeholder erfolgreich davon überzeugen, dass die neuen Nachhaltigkeitsbestrebungen im ersten Schritt für glaubhaft gehalten werden und bei einem ehrlichen Anliegen letztlich zu einer Einstellungsänderung seiner Käufer führen. Denn es wird ja das Ziel verfolgt, die Welt nachhaltiger zu gestalten und den Wandel in diese Richtung mitzutragen.

Bevor hier dieses Modell näher erläutert wird, muss man sich aber nochmals ins Bewusstsein rufen, dass Menschen grundsätzlich dazu tendieren, an Einstellungen festzuhalten, die als gesellschaftlich „korrekt" aufgefasst werden (Cacioppo und Petty 1986, S. 127). Und in unserer Zeit hat sich der Megatrend Ökologisierung als omnipräsente Thematik in den Medien- und Konsumalltag der Menschen integriert. Dies ist in dem psychologischen Verarbeitungsprozess begründet, dass Menschen die „Korrektheit" ihres Handelns evaluieren und daher ihre Einstellungen mit den Einstellungen anderer abgleichen. Und daher können wir davon ausgehen, dass eine positive Einstellung gegen-über der Nachhaltigkeit als gesellschaftlich „korrekt" beurteilt wird, weil das Thema als positiv konnotiert in den Medien präsent ist.

Das Elaborations-Likelihood-Modell besagt, dass eine Botschaft oder eine Information eine Änderung von Einstellungen erwirkt und dabei zwei unterschiedliche Arten der Verarbeitung (Elaboration) durchlaufen werden: die zentrale oder die periphere Verarbeitung einer Information.

- **Zentrale Informationsverarbeitung** – Kritische Auseinandersetzung mit Informationen: Die Empfänger einer Botschaft haben sich zu dem Thema bereits Wissen angeeignet. Die Informationen werden daher von ihnen eingeschätzt, mit dem bestehenden Wissen abgeglichen und bewertet. Sie wenden sich ohnehin nur jenen Informationen zu, die eine hohe Informationsqualität aufweisen. Hierzu gehören im Nachhaltigkeitskontext vor allem Zielgruppen wie die LOHAS, die Prosumenten oder die überzeugten Intensiv-Käufer, die einerseits eine gefestigte Einstellung wie auch ein hohes Wissen über Nachhaltigkeitsthemen haben, da sie sich aktiv damit auseinandersetzen. Und sie haben eine hohe Motivation, sich mit aufwendigen Informationen auseinanderzusetzen. Ihr hohes Wissensniveau versetzt sie in die Lage, komplexe Informationen zu verarbeiten und erwarten dies auch. Die Konsequenz eines solchen Verarbeitungsprozesses ist, dass Botschaften tendenziell resistent gegenüber den gefestigten Einstellungen sind. Wirksam werden die Botschaften vor allem dann, wenn die Informationen des Greening Goliaths diese bestehenden Ein-stellungen vertiefen. Es tritt also ein sogenannter „Selbstbezeugungseffekt" ein. Der Effekt: Der Greening Goliath wird als glaubwürdiger Absender einer Botschaft ein-gestuft.
- **Periphere Informationsverarbeitung** – Orientierung an oberflächlichen Reizen: Bei diesem Weg der Informationsverarbeitung sind Argumente oder auch die Qualität der Information nicht so relevant, denn es werden periphere Hinweise verwendet. Konkret verwenden Greening Goliaths dabei Verweise auf ihre Attraktivität (der Marke), auf deren Kompetenz oder auf ihre Bekanntheit. Die Information ist hier weniger tief-gehend als bei der zentralen Route der Informationen. Die Information trifft hier auf Menschen, die sich nicht aktiv oder umfassend Wissen angeeignet haben. Sie nehmen die Botschaft nur an der „Peripherie" war, weil sie nicht ausreichend motiviert sind, sich umfassend mit der Thematik wie beispielweise Nachhaltigkeit zu befassen. Die Botschaft aktiviert aber jene Menschen, die ein Umweltbewusstsein aufweisen oder Trendsetter sind und für Inspirationen offen sind. Auch dieser Weg der Informations-

verarbeitung weist ein hohes Potenzial auf, Einstellungen von Menschen zu verändern.

In der Praxis wird von Greening Goliaths in werbestarken Kampagnen der Weg einer
peripheren Informationsverarbeitung gewählt, die aber mit der zentralen Informationsverarbeitung interagiert: Mit der peripheren Route einer Werbekampagne wird das
Kommunikationsziel verfolgt, über diesen Weg eine Aktivierungsleistung und keine Einstellungsänderung zu erzielen. Wenn die Aktivierung tatsächlich erfolgreich war, kann
dann im Nachfolgeprozess von hoch informativen Kommunikationsangeboten (hoher
Umfang und hohe Qualität) der Weg der zentralen Informationsverarbeitung ausgelöst
werden, um dann letztlich von der Glaubwürdigkeit der Nachhaltigkeitsleistung überzeugen zu können. Dafür ist bei der Kampagnenkonzeption zu beachten, dass in die periphere Informationsroute (klassische Werbung) Interaktionsangebote integriert werden,
die den zentralen Informationsprozess auslösen. Im Idealfall kann der Greening Goliath
hier Einblicke in ihre Nachhaltigkeitsmaßnahmen, Ziele und deren Effizienz geben.
In diesem Fall wird davon gesprochen, dass die periphere Route die zentrale Route
moderiert. Auf diesem Weg schafft es ein Greening Goliath, die Öffentlichkeit sowie
seine Stakeholder davon zu überzeugen, dass er sich glaubwürdig für Nachhaltigkeitsagenden engagiert.

Wesentlich ist für eine konstante Veränderung von Einstellungen, dass die Botschaften wiederholt werden. Hierbei muss das richtige Maß gefunden werden. Cacioppo
und Petty (1986, S. 183) konnten belegen, dass Wiederholungen die Chance erhöhen,
dass die Informationen auch verarbeitet werden und den Prozess zur Veränderung der
Einstellung durchlaufen. Aber Vorsicht: Ein Zuviel an Wiederholungen hat den gegen-
teiligen Effekt!

Für die Anwendung in der Praxis ist auch noch folgendes Forschungsergebnis von
hohem Interesse: Petty und Cacioppo (1986, S. 179) konnten zeigen, dass die Route der
zentralen Informationsverarbeitung nicht nur die Einstellung von Menschen, sondern
auch ihr Verhalten (Attitude-Behavior-Link) verändern kann. In einem Experiment
mit Werbung für einen kompostierbaren Rasierer (1986, S. 180) konnten sie diesen
Zusammenhang untersuchen und belegen. Dabei zeigte sich, wenn auch wenig überraschend, dass Personen mit einer hohen Relevanz zu der Thematik ihre Einstellungen
und auch ihre Verhaltensabsicht eher ändern als jene mit einer geringen Relevanz. Für
die heutige Marketingpraxis kann man diese Ergebnisse dahin gehend interpretieren,
dass Nachhaltigkeitsbotschaften vor allem bei Zielgruppen mit einer hohen Relevanz
auch zu Kaufabsichten führen. Auf den ersten Blick ist man geneigt, sich diesen
Zusammenhang auch mit „gesundem Menschenverstand" zu erschließen, weil er so
nahe liegend und als typisch menschliches Verhalten beobachtbar ist. Aber es zeigt
sich, dass Nachhaltigkeitskampagnen vor allem für High-Involvement-Segmente dann
am ehesten zum Kauf führen, wenn im zentralen Informationsprozess umfangreiche
und qualitative Informationen angeboten werden. Bevor solche Kampagnen in die

Planung gehen, ist also zuerst zu erforschen, wie groß das Potenzial dieses Segments ist. Man muss sich aber bewusst sein, dass die Zielgruppensegmente mit einer geringen Relevanz für Nachhaltigkeit andere Instrumente und vor allem emotionale Botschaften benötigen. Die Herausforderung liegt also darin, keine widersprüchlichen Botschaften zu produzieren, um die Glaubhaftigkeit nicht zu unterminieren, aber diese zielgruppengerecht auf ihre Route der Verarbeitung zu schicken. Denn die Praxis hat auch gezeigt, dass sich zahlreiche Unternehmen zu emotionalen Kampagnen entschließen, ohne eine Moderation mit dem zentralen Verarbeitungsweg zu realisieren. Die Wahrnehmung ist dann ein Greenwashing. Emotionalisierung ohne transparente Informationsangebote führt dazu, dass die Glaubwürdigkeit angezweifelt wird. Vielmehr wird darin auch eine Diskrepanz gesehen. Und im 4.0-Zeitalter gehen dann die High-Involvement-Zielgruppen mit viralen Boykottaufrufen gegen solche Unternehmen aktiv vor und versuchen in ihren Communitys, andere Menschen vom Kauf solcher Marken abzuhalten.

11.4 Schlüsselansatz 3: Transparenz

Das Good Company Ranking (Kirchhoff 2018) bewertete 2006 erstmals die 120 umsatzstärksten Unternehmen Europas. Dabei wird die Sozialverträglichkeit der Geschäftstätigkeit von Unternehmen von einer unabhängigen Jury bewertet. Die ausgezeichnete Transparenz der Kriterien kann einen Greening Goliath bei seinen Bemühungen um eine kontinuierliche Verbesserung seiner Nachhaltigkeitsleistung unterstützen und anleiten. Das Good Company Ranking sieht ebenfalls die eigene Leistung als wertvollen Beitrag zu einer Professionalisierung der Corporate Social Responsibility von börsennotierten Unternehmen. Dies sind die Top 5 im Ranking von 2018 (Kirchhoff 2018, S. 43–52):

- Rang 1 – Deutsche Telekom AG
- Rang 2 – Adidas AG
- Rang 3 – SAP SE
- Rang 4 – Merck KGAA
- Rang 5 – Henkel AG

Es ist ein Impulsgeber in der Wirtschaft und kann mit der Weiterentwicklung ihrer Nachhaltigkeitswirkung systematische Verbesserungen in den Massenmärkten implementieren. Denn zu bedenken ist, dass diese Greening Goliaths mit ihren umfangreichen Netzwerken an Lieferanten in der Wertschöpfungskette eine hohe Reichweite mit ihren Maßnahmen aufweisen. Zudem geben die Kommentierungen der Autoren einen Einblick in übergreifende Schwachstellen und zeigen Benchmarks und Best-Practice-Beispiele auf.

Das Good Company Ranking zieht folgende Kriterien (Kirchhoff 2018, S. 15–34) heran.

- **Mitarbeiter:** Bewertet wird, wie das Unternehmen mit den Mitarbeitern umgeht. Kriterien: Gehaltsstruktur, Transparenz der Entlohnung, Personalentwicklung, Commitment-Index, Diversity, Familienfreundlichkeit, Frauenförderung, Wertekatalog, Humankapitalstrategie. Das Ranking orientiert sich in den Kriterien an den HCRICO-Standard. Diese Norm für Human Capital Reporting wurde von der Universität Saarland mit Experten aus Wissenschaft, Praxis, Wirtschaftsprüfung und Beratern entwickelt. Zusammengefasst werden die Detailkriterien in drei Dimensionen: Offenheit bei HR-Zentralfakten, Vollständigkeit der HR-Beschreibung, Schlüssigkeit der HR-Story. Negative Punkte werden hier vergeben, wenn Vorstandsvorsitzende jenseits von fairen Gehältern über 500.000 € pro Jahr erhalten, wenn Ermittlungsverfahren gegen den Vorstand laufen, bei hohen Verlusten, wenn hohe Boni gezahlt oder bei hohen Gewinnen Werke geschlossen werden.
- **Umwelt:** Bewertet wird, wie ressourcenschonend das Unternehmen agiert. Kriterien: gesamtbetriebliche Ökoperformance, Berücksichtigung von Umweltaspekten entlang der Wertschöpfungskette, ökologische Innovation, Dialog und Kooperation mit der interessierten Öffentlichkeit. Der Prüfung wurden der Umweltmanagementkreislauf gemäß EMAS/ISO 14001, die Wertschöpfungskette nach Porter, die Klassifizierung umweltorientierter Innovationen sowie die Richtlinien der Global Reporting Initiative (GRI-Guidelines) zugrunde gelegt. Es folgt eine kurze Übersicht der Umweltanforderungen an Greening Goliaths, die als Selbst-Checkliste dienlich sein soll (Kirchhoff 2018, 26–29):
- *Integration von Umweltaspekten in die Geschäftsprozesse:* Ist in den allgemeinen Unternehmensleitlinien der Umweltschutz enthalten? Wurden Umweltleitlinien festgelegt? Wurden zu den Umweltzielen Verantwortlichkeiten und Zeithorizonte festgeschrieben? Hat das Unternehmen ein Umweltmanagementsystem, das anerkannte Standards erfüllt? Hat das Unternehmen ein Energiemanagementsystem, das anerkannte Standards erfüllt? Wurde die Integration von Umweltaspekten im Unternehmen von Externen positiv bewertet? Beteiligt sich das Unternehmen an Selbstverpflichtungserklärungen?
  a) *Betriebliche Umweltleistung:* Werden die direkten Umweltaspekte des Unternehmens (in einer Sachbilanz) erfasst? Werden die direkten Umweltaspekte ökologisch bewertet? Werden ökonomische Bewertungen hinsichtlich der direkten Umweltaspekte durchgeführt? Wurden Umweltmaßnahmen zur Verbesserung der Umweltleistung durchgeführt? Wird eine Zielerreichung der Umweltziele angegeben?
  b) *Umweltaspekte entlang der Wertschöpfungskette:* Werden umweltbezogene Anforderungen an Lieferanten gestellt? Wird aktiv mit dem Thema Gebäudemanagement umgegangen? Werden Umweltaspekte der Nutzung berücksichtigt? Wird die Wertschöpfungsstufe Ver- und Entsorgung umweltorientiert gesteuert? Wird der Umgang mit Logistikprozessen umweltorientiert gesteuert? Sind die Mitarbeiter in die Verbesserung der Umweltleistungen einbezogen?

c) *Ökologische Innovation:* Ist die F&E im Unternehmen umweltorientiert aus-
gerichtet? Gibt es umweltorientierte Produkte, Produktbestandteile oder
Dienstleistungen des Unternehmens? Gibt es umweltorientierte institutionelle
Innovationen? Werden Umweltinvestitionen angegeben?

d) *Dialog mit den Stakeholdern und Kooperationen bezüglich Umwelt:* Zusammenarbeit mit Branchenorganisationen/Wettbewerbern? Engagement zur Entwicklung
und Veränderung von rechtlichen Rahmenbedingungen (Lobby, Gremien, Politik)?
Zusammenarbeit mit (umweltorientierten) NGOs, Gesellschaft, Nachbarschaft?
Engagement in Natur- und Artenschutzprogrammen? Engagement in Klimaschutz-
programmen?

e) *Umweltkommunikation – Transparenz:* Geschäftsbericht enthält umweltorientierte
Ausführungen? Internetseite enthält umweltorientierte Ausführungen? Informiert
das Unternehmen über umweltrelevante Schäden/Unfälle, Schadenszahlungen,
Strafzahlungen, Skandale im Unternehmen in den letzten zwei Jahren?

- **Gesellschaft:** Bewertet wird, wie zugänglich das Unternehmen für soziale Belange
  ist. Kriterien: soziales Engagement, Offenheit und Transparenz, Beteiligung an
  politischen Debatten, Integration der CSR-Aktivitäten in die Gesamtstrategie.
- **Performance:** Bewertet wird, wie viel Geld das Unternehmen verdient. Kriterien:
  Eigenkapitalquote, Wachstum und Volatilität des Cashflows, Total Shareholder
  Return, die Transparenz der Finanzberichterstattung, Qualität der Unternehmensführung und Gesamtstrategie.

Das sind vordergründig keine Bereiche eines klassischen Marketingverständnisses.
Aber Green Marketing ist immer ein holistisches Instrument, das sich über alle Teil-
bereiche eines Unternehmens erstreckt. Nur ein ganzheitliches Agieren kann als Good
Marketing ernst genommen werden. Denn beispielsweise nur nachhaltige Produkte zu
verkaufen, während die Mitarbeiter unfairen Praktiken ausgesetzt sind, ist letztlich noch
kein Good (= Green) Marketing. Deshalb ist es wichtig zu erkennen, dass das Green
Marketing keine Silofunktion einer Good Company darstellen sollte. Marketing umfasst
alle Stakeholder und alle unternehmerischen Prozesse über die gesamte Wertschöpfungskette. Alle diese Prozesse müssen nachhaltig organisiert sein und zudem muss eine hohe
Transparenzqualität etabliert werden, denn sonst erfüllt Green Marketing nicht seinen
Anspruch an sich selbst.

Nachfolgend sollen die wesentlichen Schwachpunkte aufzeigen, die ein Greening
Goliath unbedingt vermeiden sollte. Und zudem spiegeln die Kommentierungen der Jury
die kommunikative Wirkung der Unternehmen wider, die sie bei ihren Stakeholdern entfaltet.

Fehler, die Greening Goliaths unbedingt vermeiden sollten
- **Mitarbeiter:** Die Ergebnisse klaffen hier weit auseinander. Denn hier gehen
  einerseits einige Unternehmen bereits mit einer beeindruckenden Transparenz

beispielhaft voran und andererseits werden essenzielle Themen gar nicht reportet. Die Jury fand aber auch groteske Argumentationen in Bezug auf die Nachhaltigkeit, wo Unternehmen den Abbau von Stellen bei guter Gewinnlage mit dem Argument der Nachhaltigkeit begründet haben (Kirchhoff 2018, 14). Als Good Company tragen die Unternehmen aber im Sinne der Fairness auch die Verantwortung. Gerade in der Dimension der Mitarbeiter der Corporate Social Responsibility treten nach Analyse der Experten-Jury große Lücken zwischen Anspruch und Realisierung auf. Viele Unternehmen wiesen hoch-professionelle Broschüren auf, in denen in einer „Werbepoesie" mit wunder-baren Bildern eine Unternehmensrealität konstruiert wird, die viel zu schön ist, um wahr zu sein, so die Ausdrucksweise der Jury. Unter dem Strich mangelt es den meisten Unternehmen also an Authentizität und damit letztlich an Glaubwürdigkeit. Zudem verschleiern die meisten DAX 30-Unternehmen ihre HR-Zentralfakten und lassen wesentliche Fakten wie den Commitment-Index einfach aus. Oder es finden sich Kommentierungen, dass im Geschäftsbericht dafür kein Platz zur Verfügung stehen würde. 25 der 30 bewerteten Unter-nehmen geben gar nichts an und nur die Deutsche Bank erbringt eine hervor-ragende Informationsqualität, so die Bilanz (Kirchhoff 2018, S. 16).

- Zu der Informationsqualität trägt auch die Schlüssigkeit der HR-Story bei. Hier ist es das Ziel, über alle Reportings (Geschäftsbericht, Nachhaltigkeits-bericht, Personalbericht, HR-Factbook, nicht finanzieller Bericht) hinweg den Leser in die Lage zu versetzen, die Personalstrategie zu verfolgen, die Ziel-erreichung oder Nichterreichung aufzuzeigen und die Gründe zu verstehen und die Positionen zu zukunftssichernden Themen wie Digitalisierung, New Work, Generationenvielfalt oder Kompetenzprofilierung zu erhalten. Die Jury hat abschließend eine relativ schlechte Performance in der Dimension der Mit-arbeiter festgestellt und konstatiert, dass in Einzelfällen bewusste Irreführung vorliegt (Kirchhoff 2018, 19). Als Maßnahme wird empfohlen, die Dimension „Mitarbeiter" in Richtung einer verstärkten Transparenz zu entwickeln. Best-Practice-Unternehmen in der Dimension Mitarbeiter sind die Deutsche Bank, Deutsche Telekom sowie E.ON.
- **Umwelt:** Hierüber wird aufgrund der hochgradigen Komplexität und der schweren Vergleichbarkeit von Unternehmen unterschiedlicher Branchen keine übergreifende Kommentierung veröffentlicht. Best-Practice-Unternehmen in der Dimension Umwelt sind Henkel, E.ON, Infineon, Merck.
- **Finanzielle Performance:** Hier wird vom Good Company Ranking einerseits die unternehmerische Leistungsfähigkeit und Stabilität beurteilt als auch die Kompetenz, „dies allen Stakeholdern vollständig, verständlich und glaubwürdig darzulegen" (Kirchhoff 2018, S. 30). Warum fließt das in die Bewertung ein? Es wird die Leistungsfähigkeit als essenzielle Bedingung für ein nachhaltiges Handeln gesehen. Auch Profit und Nachhaltigkeit werden als untrennbare

Konstrukte vorgestellt. Denn die Folge sind unsichere Arbeitsplätze, geringe Möglichkeiten zur Unterstützung sozialer Projekte oder zur Einhaltung ökologischer Standards. Der Report von Good Company Ranking ruft nochmals in das Bewusstsein, dass es ein ureigenes Interesse von Investoren ist, Einsicht in die Agenden der Unternehmensführung zu erhalten. Sie untersuchen ihr Kerninstrument der Finanzinformation nach Glaubwürdigkeit. Und je glaubwürdiger diese ist, „desto weniger riskant schätzen Investoren eine Kapitalanlage ein" (Kirchhoff 2018, S. 31). Hier wird also der Zusammenhang von Transparenz aufgezeigt, die auch durch Glaubwürdigkeit begründet wird. Als Resultat einer transparenten Finanzinformation werden Informationsasymmetrien abgebaut. Und wenn diese abgebaut werden, investieren mehr Anleger in das Unternehmen und die Kapitalkosten beginnen zu sinken. Also erwirkt eine hohe Transparenzleistung auch die Finanzleistung eines Unternehmens.

- Um Transparenz zu erwirken, werden viele Dimensionen vom Good Company Ranking gefordert. Im Fokus steht zunächst die Auseinandersetzung mit dem Geschäftsmodell. Hier ist von Interesse, ob die Unternehmen über ihre Erfolgsfaktoren berichten, zum Beispiel, welche Produkte oder Dienstleistungen eine hohe Relevanz für den Erfolg haben oder wie das Konkurrenzumfeld beurteilt wird. Auch die Kaptialmarktperformance ist ein wesentliches Transparenztool. Aber auch Art und Umfang der digitalen Kommunikation ist Gegenstand dieser Analyse. Dies bezieht sich allerdings nur auf die Investor-Relation-Website, was an dieser Stelle aus der Perspektive des Green Marketing zu einer Weiterentwicklung angeregt werden soll. Denn auch anderen Stakeholdern wie den Käufern der Produkte oder Dienstleistungen sollte ein transparenter Zugang zu wesentlichen Informationen gewährt werden. Jedenfalls wird hier die Kohärenz der Informationen untersucht. Es wird auch der Entwicklungsgrad der Digitalisierung in Form und Aufbereitung, Verknüpfung und Nutzbarkeit der Daten gewürdigt (Kirchhoff 2018, S. 33).
- Vor allem dem Bereich der Strategieberichterstattung wird für deutsche Unternehmen „Stiefmütterlichkeit" attestiert: in allen geforderten Bereichen (Strategieanalyse, -formulierung, -implementierung und -kontrolle). Best-Practice-Unternehmen in der Dimension Finanzielle Performance beziehungsweise Integrität sind Adidas, Covestro und SAP.

11.5 Schlüsselansatz 4: Kooperationen

Kooperationen zwischen Unternehmen und Umweltorganisationen haben bereits eine längere Tradition. Dennoch hat sich gezeigt, dass in den letzten zwei Dekaden diese Zusammenarbeit zugenommen hat und in vielen Greening Goliaths zum Standardrepertoire geworden ist, was auch daran liegt, dass sich Umweltorganisationen professionalisiert haben und nun ein organisierterer Partner sind. Welche Formen von Kooperationen können angestrebt werden und was sind die Erfolgsfaktoren?

Sperfeld et al. (2017, S. 8) definieren eine Zusammenarbeit von Unternehmen und Nichtregierungsorganisationen (NRO) dann als Kooperation, wenn das gemeinsame Ziel verfolgt wird, einen Nutzen für die Umwelt zu erzielen. Dies müsste also im Fall von Green Marketing noch um die soziale Nachhaltigkeitsdimension ergänzt werden. Sperfeld et al. verstehen unter einer Kooperation, „wenn beide Partner die Verantwortung für die Zusammenarbeit tragen und von den positiven Effekten der Kooperation profitieren" (Sperfeld et al. 2017, S. 8). In der Praxis wird eine Kooperation meist dann eingegangen, wenn beide Partner zugleich auch individuelle Ziele realisieren können. Und daher bedeutet eine Kooperation immer auch ein Austarieren der individuellen Zielsetzungen. Aus dieser Tatsache erwächst grundsätzlich auch das Risiko, dass Kooperationen scheitern und beide Partner möglicherweise Schaden nehmen könnten. In der Praxis finden sich jedoch mehr Beispiele für gelungene Kooperationen.

Kooperationstypen

Greening Goliaths stehen zahlreiche Möglichkeiten für Kooperationen zur Verfügung. Sperfeld et al. (2017, S. 10 – 13) haben sieben Kooperationstypen identifiziert:

- **Spenden:** Ein Unternehmen unterstützt eine Organisation mit finanziellen Mitteln oder mit Sachleistungen. Eine Spende liegt dann vor, wenn die Organisation keine Gegenleistung dafür zu erbringen hat. Die Spende kann jedoch an einen Zweck gebunden sein, der im Interesse des Unternehmens ist. Wenn ein Unternehmen im Kontext der Nachhaltigkeit mit Spenden agiert, so empfiehlt es sich, sehr wohl ein Spendenziel zu vereinbaren. Zudem ist es ratsam, darüber hinaus zwischen den Partnern einen Austausch über die Verwendung der Spenden zu vereinbaren, damit das Unternehmen über die Wirksamkeit seiner Spenden berichten kann.
- **Impact Investing:** Unternehmen geben Organisationen für einen guten Zweck einen Kredit, der zurückgezahlt werden muss. Diese relativ junge Form der Kooperation wird im Nachhaltigkeitsbereich nicht häufig eingesetzt und bewährt sich vor allem bei Investmentunternehmen, Versicherungen oder bei anderen Finanzdienstleistern, bei denen das Kerngeschäft die Vergabe von Krediten ist.
- **Sponsoring:** Diese Kooperationsform wird auch Corporate Giving genannt. Das Unternehmen transferiert Geld an die Organisation und erhält eine Gegenleistung, die meistens Marketingaktivitäten umfasst. Das Unternehmen wird also in der Kommunikation der Umweltorganisation prominent genannt.
- **Cause related Marketing:** Genau genommen handelt es sich hierbei um eine Sonderform des Sponsorings, weil hier ein Unternehmen über den Verkauf seiner Produkte einen nachhaltigen Zweck der Umweltorganisation finanziert und auch damit wirbt. Dadurch wird gegenüber den Kunden des Unternehmens die Übereinkunft des Geldtransfers kommuniziert. Dabei ist es das Ziel des Unternehmens, das

eigene Image mit dem guten Zweck zu verknüpfen. Die Höhe des Betrags ist vom Konsumverhalten der Käufer abhängig.

- **Corporate Volunteering:** Hier stellen Unternehmen ihre Mitarbeiter für eine Organisation zur Verfügung. Die Mitarbeiter verwenden einen Teil ihrer Arbeitszeit (hands-on) oder ihr Know-how, um einen nachhaltigen Zweck mit der Umweltorganisation realisieren zu können.
- **Stakeholder-Dialoge:** Unternehmen gehen zu nachhaltigen Themen in Dialog mit unterschiedlichen Stakeholdergruppen. Dabei kommt es auch häufig vor, dass mehrere Unternehmen miteinander kooperieren, um ein bestimmtes Thema aufzugreifen. Wenn ein solcher Stakeholder-Dialog institutionalisiert ist, dann wird er regelmäßig durchgeführt. In diesem Fall wird auch ein Stakeholder-Beirat zu einer speziellen Nachhaltigkeitsthematik eingeführt. Der Dialog ist einem bestimmten Zweck gewidmet.
- **Social Lobbying:** Es werden gemeinsam die Kontakte des Unternehmens genutzt, um sich für die Ziele einer gemeinnützigen Organisation einzusetzen. Es kann aber auch sein, dass eine große Umweltorganisation mit einem Ökopionier-Unternehmen zusammenarbeitet und ihm bei der Umsetzung von Nachhaltigkeitszielen behilflich ist. Es ist aber auch möglich, dass sich die Kompetenzen auf einer gleichwertigen Basis begegnen, um diese Synergien zu bündeln und in der Öffentlichkeit wirksam zu werden.
- **Kooperation mit Einfluss auf die Geschäftstätigkeit von Unternehmen:** Umweltorganisationen sind hier beratend tätig und gewähren Unternehmen Einblick umweltbezogene Prozesse. Dies wird zum Beispiel typischerweise bei einem Zertifizierungsprozess durchgeführt, möglich ist aber auch die Durchführung von kooperativen Produktentwicklungen, für die das Know-how der Umweltorganisation wesentlich ist.
- **Transformative Kooperationen:** Bei einer solchen Kooperation steht eine integrative Zusammenarbeit im Mittelpunkt. Der transformative Aspekt bezieht sich darauf, dass diese Form der Kooperation eine Veränderung in einer Branche anstrebt oder die Transformation einer gesamten Lieferkette ökologisiert wird. Alle Partner streben hier gemeinsam eine gesellschaftliche Veränderung in Richtung nachhaltigen Wirtschaftens an.

EcoVadis

Kollaborationsplattform für mehr Nachhaltigkeit in der Lieferkette

Für Greening Goliaths ist die Lieferkette ein starker ökologischer Hebel, um ihre Nachhaltigkeitsleistungen zu verbessern. EcoVadis betreibt hierfür eine kollaborative Plattform, die CSR-Ratings von nationalen und globalen Lieferanten bereitstellt. Dafür wurde eine umfassende CSR-Bewertungsmethode entwickelt, die eine Beurteilung von Umweltindikatoren, die Einhaltung der Arbeits- und Menschenrechte sowie ethische Aspekte umfasst. Und so betrachtet es EcoVadis als seine Mission,

Unternehmen zu unterstützen, Nachhaltigkeit in ihre Kunden- und Lieferanten-beziehungen möglichst einfach zu integrieren. Es kommen hier unterschiedliche Tools der Kollaboration zur Anwendung:

- Auf der **kollaborativen Plattform** werden Informationen geteilt, verglichen und auch Leistungen überwacht.
- Die **kollaborativen Werkzeuge** sind zum Beispiel Pläne zur Verbesserung der Nachhaltigkeitsleistung.
- **Einheitliche Standards** sind die Basis, um die Nachhaltigkeitsratings unter Berücksichtigung sozialer, ethischer und ökologischer Kriterien zu erfüllen.

Diese Plattform wird bereits von zahlreichen Großkonzernen wie Verizon, Nestlé, Johnson & Johnson, Heineken, Coca-Cola Enterprises, Nokia, L'Oréal, Bayer, Alcatel-Lucent, ING Bank, Air France-KLM, Centrica/British Gas, BASF und Merck genutzt. Sie optimieren ihre Beschaffung nach Nachhaltigkeitskriterien, die von EcoVadis entwickelt wurden und auf der Plattform geteilt werden, weil sie dadurch das Risiko minimieren können, mit kritischen Zulieferern zusammenzuarbeiten. Für die Greening Goliaths steht also die Einhaltung von Compliance zunächst im Vorder-grund. Es werden durch diese Kooperation zwar unternehmensspezifische Ziele ver-folgt, dennoch werden gleichzeitig Vorteile für die Gemeinschaft kreiert. Daraus sind diverse Brancheninitiativen wie die folgenden entstanden:

- Gesundheitswesen: Responsible Health Initiative
- Beauty: Responsible Beauty Initiative
- Telekommunikation: JAC Cooperation
- Chemie: Together for Sustainability
- Eisenbahnen: Railsponsible

In diesen Brancheninitiativen werden nachhaltige Leistungen erbracht, aber auch für die Unternehmen Benefits kreiert. So werden zum Beispiel redundante Audits und Bewertungen sowie typische Risiken vermieden oder detaillierte Analysen bereit-gestellt. Die Kollaboration ermöglicht die Transformation der gesamten Lieferkette, wodurch im Wesentlichen das Ziel einer Beschleunigung zu einer nachhaltigen Branche verfolgt wird. Und letztlich erhalten Mitglieder Zugang zu der Akademie für nachhaltige Beschaffung. Hier werden die verantwortlichen Mitarbeiter neuer Mit-glieder mit Know-how versorgt.

Uwe Schulte (2019) betont in seinem Webinar von EcoVadis weitere Vorteile: Die Geschäftsrisiken und die Lieferanten werden generell besser gemanagt. Schulte weist auf die Chance hin, dass sich die Markenreputation verbessern lässt, wenn Greening Goliaths durch diese Kontrolle von Dritten auch nachweisen können, dass sich ihre Lieferkette an Standards der Nachhaltigkeit hält. ◄

Key Learnings für das Green Marketing

- In der Kollaboration innerhalb ganzer Branchen liegt das Potenzial zur Beschleunigung einer nachhaltigen Transformation.
- Abseits dieses Aspekts sollte ein Greening Goliath über eine solche Kooperation nachdenken, um den langen Prozess des Know-how-Aufbaus abzukürzen und hierdurch auch eine möglichst hohe Glaubwürdigkeit etablieren zu können.

Horizontale und vertikale Kooperationen

Von einer horizontalen Kooperation wird dann gesprochen, wenn sich verschiedene Abnehmer zusammenschließen, um denselben Rohstoff zu beschaffen. Bei einer vertikalen Kooperation in der Wertschöpfungskette schließen sich hingegen unterschiedliche Akteure aus den unterschiedlichen Stufen der Kette zusammen. Gerade in puncto Nachhaltigkeitserfordernisse kann gemeinsam mehr realisiert werden. Dies bietet die Chance, vor allem den Aufwand oder das Risiko zu minimieren, wenn ein neues Nachhaltigkeitsprojekt etabliert und finanziert werden muss.

Fokus-Thema: Cause related Marketing

Wie erwähnt, wird bei dieser Kooperationsform die Leistung selten in Form einer Spende zur Verfügung gestellt. Heute ist das Cause related Marketing ein typisches Instrument von Greening Goliaths, die dadurch ihre unternehmerischen Zielsetzungen mit ihrer sozialen und nachhaltigen Verantwortung vereinen können.

In den USA gab es bereits frühe erste Kampagnen nach dieser Definition. Aber erst American Express hat diesen Begriff erstmals eingesetzt und damit geprägt (Kienzle 2009, S. 1). 1983 launchte **American Express** eine Kampagne, deren Ziel (Cause) es war, die Freiheitsstatue zu renovieren. Jede Transaktion spendete einen Penny zugunsten dieses amerikanischen Symbols der Freiheit und Unabhängigkeit, also für die amerikanischen Werte per se. Die New York Times publizierte dann einen Artikel mit dem Titel „Cashing in on higher Cause" (Gottlieb 1986), wodurch es gelungen ist, innerhalb von zwei Monaten zwei Millionen US$-Dollar zu generieren. O'Brien (2014) von American Express bezieht sich auf eine Studie der Duke Universität und untermauert damit die Win-win-Vorteile für beide Partner beim Cause related Marketing:

- Die Non-Profit-Organisation profitiert von der Aufmerksamkeit für ihr Anliegen. 42 % würden einem Freund von einer Charity berichten, auf das sie im Rahmen einer Partnerschaft mit einem Unternehmen gestoßen sind. Ein Drittel würde auch an diese Organisation spenden.

- 79 % der Konsumenten würden zu einem nicht profitorientierten Unternehmen wechseln, wenn der Preis sowie die Qualität mit dem bisherigen Kauf identisch sind.
- Ein Blick auf die kommende Generation zeigt zudem, dass die Millennials noch affiner zu Cause-bezogenen Marketingkonzepten sind. 42 % würden Produkte oder Leistungen aus diesem Kontext bevorzugen.

In Deutschland war 2002 bis 2004 das „Regenwaldprojekt" von **Krombacher** die erste Cause-related-Kampagne mit einer hohen medialen Aufmerksamkeit. Stephanie Kienzle weist darauf hin, dass deutsche Unternehmen erst durch diese Kampagne auf dieses Marketinginstrument aufmerksam wurden und dann eine steigende Verwendung verzeichnet werden konnte (2009, S. 1). Der Grund für diese relativ späte Anwendung im Vergleich zu den USA ist auch darin zu sehen, dass Cause-related-Marketingkampagnen häufig als wettbewerbswidrig eingestuft wurden. Die heutige Rechtslage hat sich hier verändert.

Save the Children arbeitet beispielsweise mit Cause related Marketing als Fundraising-Tool. Zum Beispiel wurde 2017 (Mai bis August) eine Kampagne mit **Tchibo** durchgeführt und mit dem Produkt „African Blue" pro verkauftem Pfund mit 10 Cent ein Ausbildungsprojekt von Save the Children mitfinanziert. Save the Children hat sich auf dieses Tool spezialisiert, informiert interessierte Unternehmen und zeigt ihnen die Vorteile auf (www.savethechildren.de):

1. Steigerung des Verkaufs
2. Reichenweitenstarke Kommunikation macht das soziale Engagement sichtbar
3. Den Kindern in Not wird geholfen

Tchibo hat das Projekt in seinen Filialen mit Bannern, Flyern und Aufklebern auf den Kaffeeverpackungen beworben. Die eine deutschlandweite Werbekampagne wurde auch über Social-Media-Kanäle breit kommuniziert. Für Save the Children konnte mithilfe dieser Kampagne eine Sensibilisierung der Öffentlichkeit für die Problematik der unzureichenden Zukunftsperspektiven von Kindern und Jugendlichen erreicht werden.

Mit **IKEA** hat Save the Children bereits seit 1994 eine globale Partnerschaft aufgebaut. Sie realisieren konstant Kampagnen, die Projekte für Kinder in Not finanzieren. Das Ziel ist die psychosoziale Unterstützung von Kindern mit belasteten Erfahrungen. Konkret werden Kitas und Schulhorte bei ihrer Arbeit mit Familien aus einem Fluchthintergrund unterstützt. Diese Kampagne namens „Kinderleicht – Kinderstark" lief von 2018 bis 2020. Save the Children veröffentlichte einen ausführlichen Bericht über die Wirksamkeit dieser Kampagne. Die Finanzierung dieses Projektes wurde bei IKEA durch den Verkaufserlös der Kuscheltiere „Sagoskatt" gefördert. Das besondere an dieser Kooperation ist zudem, dass diese Kuscheltiere auch von Kindern entworfen worden sind. Dadurch wurden auch Kinder mit ihrer Kreativität in das Projekt integriert. Am Ende der Kampagne stockte IKEA den Erlös durch eine Unternehmensspende auf, sodass insgesamt 750.000 € für dieses Projekt gesammelt werden konnten. IKEA nimmt diese Partnerschaft sehr ernst und unterstützt Save the Children auch mit weiteren Maßnahmen, so zum Beispiel mit Standflächen in den IKEA-Häusern, wo Save the Children Menschen über seine Projekte informieren kann.

Übersicht

Kurz-Guide Cause related Marketing (O'Brien 2014):

1. **Das Ziel (Cause) muss eine hohe Relevanz haben.** Greening Goliaths und natürlich auch Green Davids müssen etwas finden, was zu ihrem Unternehmenszweck und zu der Marke passt. Es sollte auch für die Menschen im Unternehmen selber eine hohe Relevanz haben. Wichtig bei der Auswahl ist auch, dass das Ziel für die Konsumenten und für die Non-Profit-Organisation eine hohe Relevanz hat. Es sollte etwas sein, worum sich die Menschen wirklich Sorgen machen oder was ihnen wirklich wichtig ist.
2. **Eine Armee rekrutieren.** Die Non-Profit-Organisation sollte das Potenzial aufweisen, neue Kunden in das eigene Unternehmen zu bringen. Oder man beteiligt sich an Non-Profit-Initiativen, die eine Armee an Unterstützern involviert, wie beispielsweise die Pink-Ribbon-Kampagne, die sich für Früherkennung von Brustkrebs engagiert.
3. **Mit Emotionen führen.** Emotionen, die ein gemeinsames Ziel bei den Unterstützern anspricht, sind für den Erfolg entscheidend. Die Emotionen sprechen meist die geteilte Hoffnung aller Beteiligten an. Das verbindet jeden Einzelnen mit dem Ziel einer Kampagne. Und: Auch die Menschen und vor allem die Führungspersonen in einem profitorientierten Unternehmen sollten diese emotionale Verbindung selbst mit diesem Thema haben, damit dies auch glaubhaft vertreten werden kann.
4. **Match von Ziel und Unternehmenszweck.** Verkauft man nachhaltige Kinderkleidung, dann ist eine Partnerschaft mit einem lokalen Kindergarten ein perfekter Match. Ein Miss-Match wurde hingegen bei der ersten großen Kampagne von Krombacher intensiv in der Öffentlichkeit diskutiert. Jeder verkaufte Kasten Bier spendete an den WWF. Argumentiert wurde, dass mit jedem Kasten Bier ein Quadratmeter Regenwald im Dzanga-Sangha-Gebiet in Zentralafrika nachhaltig geschützt würde. Diese Kampagne wurde mittels TV-Spots intensiv, also mit einem hohen Budget, beworben und auch von TV-Moderator Günther Jauch vertreten. Im ersten Jahr hat Krombacher eine Million Euro an den WWF zur Verfügung gestellt.
5. **Den Plan umsetzen.** Broschüren drucken, Website einrichten und Spendenbox aufstellen. Und auch in der Umsetzung ist es essenziell, dass das ganze Unternehmen auf diese Kampagne stolz ist und seinen Kunden gerne darüber berichtet. Je jünger die Kunden sind, desto eher verlagert sich das Storytelling

über die Kampagne in die sozialen Medienkanäle. Also: Nicht nur Gutes tun, sondern auch darüber reden.

Erfolgsfaktor: Cause-Involvement

Für das Green Marketing ist im engeren Sinn besonders interessant, ob und wie eine zielgerichtete Kooperation beim Cause related Marketing das Involvement der Konsumenten erhöhen kann. Wenn das Ziel (Cause) für die Konsumenten ebenfalls eine hohe Relevanz aufweist, kann man grundsätzlich von einem höheren Interesse an dem definierten Spendenzweck ausgehen. Das Cause-Involvement ist daher der Fokus des Green Marketing. Das Involvement kommt meist zustande, wenn die Konsumenten zuvor schon Erfahrungen mit dem Ziel gemacht haben oder es zu ihrem persönlichen Selbstkonzept passt. Das Involvement wird aber auch von der wahrgenommenen Distanz des Spendenzwecks beeinflusst. Dabei gilt: Je näher und lokaler der Spendenzweck ist, desto höher ist der Anreiz für eine Beteiligung der Menschen. Das bedeutet, dass lokale Kampagnen meist eine höhere Beteiligung aufweisen als nationale Kampagnen.

Ein weiterer positiver Faktor ist bei einer Cause-related-Kampagne, wenn sich die Käufer mit dem Unternehmen in einem besonderen Maße identifizieren, denn dann verstärkt sich ebenfalls das Kaufverhalten. Konsumenten sind dann eher bereit, den Spendenzweck zu unterstützen, da sie eigentlich das Unternehmen bei seinen Agenden unterstützen möchten.

Ansätze für ein Kooperationsmanagement

Kooperationen werden in Unternehmen wie Projekte gehandhabt. Die Qualität von Kooperationen ist davon abhängig, ob sie gut geplant und gesteuert sind. Über sie muss berichtet und der Erfolg kontrolliert werden. Für eine gute Zusammenarbeit bei einer Kooperation empfiehlt es sich gerade bei der Planung einer gemeinsamen Kooperation, auf folgende Aspekte besonderen Wert zu legen (Sperfeld et al. 2017, S. 92):

- **Strategie:** Beide Partner sollten eine gemeinsame Strategie ausarbeiten, die vor allem klar formulierte Ziele enthält.
- **Rahmen der Kooperation:** Zu Beginn ist es wichtig, dass beide Kooperationspartner klar die jeweilige Form ihrer Kooperation festlegen und die Rollen des jeweiligen Partners möglichst präzise beschreiben.
- **Steuerungsstruktur:** Das Wesentlichste ist hier, dass die Entscheidungsstrukturen definiert sind.
- **Prozesse:** Es wird ein gemeinsames Verständnis über die zentralen Prozesse etabliert.
- **Lernen und Innovationen:** Im Idealfall lernen beide Partner durch die gemeinsame Kooperation, was sie zu neuen Erkenntnissen führt. Wenn eine gute Kultur des Lernens aufgebaut wurde, so können im Idealfall aus diesem Lernen auch gemeinsame Innovationen hervorgehen.

Eine Kooperation wir über folgende Phase hinweg gemanagt:

1. **Voraussetzungen für eine Kooperation schaffen:** Gerade für Unternehmen, die am Beginn eines Greening-Prozesses stehen, ist zu empfehlen, dass sie vorab ihre internen Werte klären und sich darüber klarwerden, welchen Beitrag eine Kooperation mit einer nachhaltigen Organisation dazu leisten kann. Des Weiteren ist im eigenen Unternehmen zu definieren, welche internen (Nachhaltigkeits-)Ziele damit erreicht werden sollen. Gut aufgestellte NGOs haben diese Punkte meist in Guidelines für eine gelungene Kooperation erarbeitet und stellen diese ihren künftigen Partnern zur Verfügung. Im Idealfall sind dort auch Prüfkriterien enthalten, die ein Kooperations-partner erfüllen sollte, damit eine Zusammenarbeit überhaupt angestrebt werden kann. Hier sind vor allem auch Ausschlusskriterien zu definieren.
2. **Kooperationsvereinbarungen treffen:** Hier werden vor allem die Ziele, die Rollen der Partner und die Form der Zusammenarbeit schriftlich festgehalten. Zentraler Inhalt der Vereinbarung ist auch der definierte Beitrag, den jeder Partner der Kooperation zu leisten hat. Es empfiehlt sich, auch die Erfolgskriterien gemeinsam zu vereinbaren. Wenn die Erfolge später einem Monitoring unterzogen werden, ist auch zu definieren, welche Kennzahlen in welcher Form erhoben werden müssen. Damit das wirklich funktioniert, ist auch der Reportingprozess gemeinsam auszuarbeiten und festzulegen.
3. **Durchführung:** In dieser Phase wird die Kooperation in einem Projektmanagement umgesetzt. Bei Kooperationen sollte gerade das Unternehmen darauf bedacht sein, die eigenen Mitarbeiter ausreichend über diese Kooperation zu informieren.
4. **Evaluation:** Am Ende wird gemeinsam die Zielerreichung reflektiert. Im Nachhaltig-keitskontext steht in dieser Phase vor allem der Wirkungsaspekt der Nachhaltigkeit im Fokus der Evaluation, denn CSR-berichtspflichtige Unternehmen werden diese Kenn-zahlen in ihre Nachhaltigkeitsberichte einpflegen.

Sperfeld et al. (2017, S. 98) haben im Rahmen ihrer Arbeit Interviews mit Experten für Kooperationen zwischen Unternehmen und Umweltorganisationen geführt und weisen explizit auf die Bedeutung der Messbarkeit der Umweltwirkung hin, die gerade für das Unternehmen einen großen Wert hat. Denn im Sinne der Transparenz ist so präzise wie möglich zu dokumentieren, was diese Kooperation bewirkt hat, um letztlich auch eine hohe Glaubwürdigkeit erzeugen zu können. Und erst auf diesem Fundament kann eine gute Kommunikationskampagne um diese Kooperation aufgebaut werden.

Literatur

Barton R et al (2018) To Affinity and Beyond. From Me to We, the Rise oft he Purpose-led Brand. Accenture Strategy. https://www.accenture.com/_acnmedia/thought-leadership-assets/pdf/ accenture-competitiveagility-gcpr-pov.pdf. Zugegriffen: 4. April 2020

Busch A (2020) „Small Steps. Big Impact" by Zalando: Diese 9 Skandi-Designer zeigen uns, wie Nachhaltigkeit geht. Elle, 7. Februar 2020. https://www.elle.de/mode-zalando-nachhaltigkeit-smallsteps-bigimpact. Zugegriffen: 26. Okt. 2020

Businessart (2020) Thomas & Hermann Neuburger. Businessart. https://www.businessart.at/thomas-hermann-neuburger. Zugegriffen: 8. Apr. 2020

Cacioppo J, Petty R (1986) The elaboration likelihood model of persuation. Advaces in experimental social psychology (Ed. 19, 123 – 205), Academic Press, New York. https://www.researchgate.net/publication/270271600_The_Elaboration_Likelihood_Model_of_Persuasion/link/5ad7433f0f7e9b285939712e/download. Zugegriffen: 3. Feb. 2020

Castrillon C (2019) Why Purpose Is The New Competitive Advantage. https://www.forbes.com/sites/carolinecastrillon/2019/04/28/why-purpose-is-the-new-competitive-advantage/?sh=4543f834711f. Zugegriffen: 24. Mai 2021

Cluetrain Manifesto (1999) The Cluetrain Manifesto. https://www.cluetrain.com/cluetrain.pdf. Zugegriffen: 27. Nov. 2019

Europäische Kommission (2020) Nachhaltige Finanzierung. https://ec.europa.eu/info/business-economy-euro/banking-and-finance/sustainable-finance_de. Zugegriffen: 7. Mai 2020

Erickson C et al. (2016) Purpose at Work. The Largest Global Study on the Role of Purpose in the Workforce. LindedIn, Sunnyvale

Fink L (2018) A sense of purpose. Larry Fink's anual letter to ceos. https://www.fundacionmicrofinanzasbbva.org/revistaprogreso/wp-content/uploads/2018/03/pub-Larry-Finks-letter-to-CEOs-_-BlackRock.pdf. Zugegriffen: 7. Mai 2019

Goldman B, Kernis M (2006) A multicomponent conceptualization of authenticity: theory and research. Advances in Experimental Psychology 38:283–357

Gottlieb M (1986) Cashing in on higher cause. New York Times, July 6. https://www.nytimes.com/1986/07/06/business/cashing-in-on-higher-cause.html. Zugegriffen: 5. Mai 2019

Gull M (2020a) Brand with Purpose. 6 wichtige Erkenntnisse aus der Pepsi/Kendall-Explosion. https://www.markusgull.com/6-wichtige-erkenntnisse-aus-pepsi-kendall-explosion-pepsi-panne/. Zugegriffen: 11. Jan. 2020

Gull M (2020b) Brand with Purpose. Brandstory: Ist Mean-Washing das neue Green-Washing? https://www.markusgull.com/brandstory-ist-mean-washing-das-neue-green-washing/. Zugegriffen 11. Jan. 2020

Kellogg's (2020) Soziales Engagement. https://www.kelloggs.de/de_DE/who-we-are/our-community.html. Zugegriffen: 11. Feb. 2020

Kienzle S (2009) Erfolgsfaktoren im Cause-Related Marketing. Munich Business School, Working Paper, München. https://www.munich-business-school.de/fileadmin/mbs_daten/dateien/working_papers/mbs-wp-2009-05.pdf. Zugegriffen: 5. Mai 2019

KIND (2020) Our mission. https://www.kindsnacks.com/our-mission.html. Zugegriffen: 8. März 2020

Kirchhoff K (2018) Good Company Ranking. Corporate Social Responsibility-Wettbewerb der DAX 30-Unternehmen. Kirchhoff Consulting, Hamburg. https://www.kirchhoff.de/fileadmin/20_Download/Studien/20180924_CGR_final.pdf. Zugegriffen: 11. Feb. 2020

Löffler L (2018) Die Glaubwürdigkeit von grünen Produkten im Lebensmittelhandel. Auswirkungen auf das Verhalten von Konsumenten und Empfehlungen für Unternehmen. Arbeitspapier Nr. 19, Fachhochschule Leibniz, Hannover. https://www.leibniz-fh.de/fileadmin/Redaktion/pdf/FH/Arbeitspapiere/19_Glaubwürdigkeit_von_grünen_Produkten_im_Lebensmittelhandel.pdf. Zugegriffen: 15. Okt. 2019

O'Brien D et al. (2019) 2020 Global marketing trends: bringing authenticity to our digital age. Deloitte Insights, London

O'Brien J (2014) The 90 % edge: discover the power of cause marketing. American express. https://www.americanexpress.com/en-us/business/trends-and-insights/articles/the-90-edge-discover-the-power-of-cause-marketing/. Zugegriffen: 5. Mai 2019

Reichwald R, Piller F (2001) Der Kunde als Wertschöpfungspartner: Formenund Prinzipien, Research Group Mass Customization, Technische Universität München. https://www.downloads.mass-customization.de/pil2002-3.pdf. Zugegriffen: 28. März 2019

Rössler P, Wirth W (Hrsg.) (1999) Glaubwürdigkeit im Internet. Fragestellungen, Modelle, empirische Befunde. Fischer, München

Röttger U (2009) PR-Kampagnen. Über die Inszenierung von Öffentlichkeit. VS Verlag, Wiesbaden

Seegers K (2019) Niemand braucht Purpose-Washing. Warum wir einen Purpose-Hype erleben und Agenturen die Debatee vor Scheinheiligkeit schützen müssen. W&V, 16.8.2019. https://www.wuv.de/agenturen/niemand_braucht_purpose_washing. Zugegriffen: 13. Jan. 2020

Schulte U (2019) „Ist Ihre nachhaltige Beschaffungsinitative ergebnis- und wirkungsorientiert?", Expertenwebinar, EcoVadis: https://resources.ecovadis.com/de-webinars-wistia/ecovadis-expertenwebinare-2019-session-4. Zugegriffen: 9. Jan. 2020

Sinek S (2009) Start with Why. How Great Leaders Inspire everyone to take action. Penguin, New York

Spelthahn S et al. (2008) Glaubwürdigkeit in der Nachhaltigkeitsberichterstattung. Springer, Wiesbaden. file:///C:/Users/gra/Downloads/Spelthahn2009_Article_Glaubw%C3%BCrdigkeitInDer Nachhaltig.pdf. Zugegriffen: 26. Okt. 2020

Sperfeld F et al. (2017) Innovative NRO-Unternehmens-Kooperationen für nachhaltiges Wirtschaften. Umweltbundesamt, Berlin. https://www.bmu.de/fileadmin/Daten_BMU/Pools/Forschungsdatenbank/fkz_3716_16_701_nro_unternehmens_kooperationen_bf.pdf. Zugegriffen: 18. Mai 2019

Stengel J (2011) Grow: How Ideals Power Growth and Profit at the World's Greatest Companies. Virgin Books, New York

Unilever (2019) Profit through purpose: eight years of pioneering and learning. https://www.unilever.com/news/news-and-features/Feature-article/2019/profit-through-purpose-eight-years-of-pioneering-and-learning.html. Zugegriffen: 24. Mai 2021

Zalando (2020) Kleine Schritte – große Wirkung. https://corporate.zalando.com/de/magazin/kleine-schritte-grosse-wirkung. Zugegriffen: 26. Okt. 2020

ZDF (2020) Edeka-Fail: Landwirte haben „Schnauze voll", ZDFheute Nachrichten, 28.1.2020. https://www.youtube.com/watch?v=_N3NePYFNSM. Zugegriffen: 15. Febr. 2020

Druck:
Customized Business Services GmbH
im Auftrag der
KNV Zeitfracht GmbH
Ein Unternehmen der Zeitfracht - Gruppe
Ferdinand-Jühlke-Str. 7
99095 Erfurt